동아출판이 만든 진짜 기출예상문제집

특급기출

기말고사

중학 수학 2-2

Structure 구성과 특징

단원별 개념 정리

중단원별 핵심 개념을 정리하였습니다.

| 개념 Check |

개념과 1 : 1 맞춤 문제로 개념 학습을 마무리
할 수 있습니다.

기출 유형

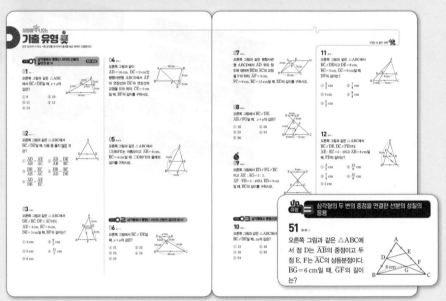

전국 1000여 개 학교 시험 문제를 분석하여 출제율 높은 문제만 선별해 구성하였습니다.
시험에 자주 나오는 빈출 유형과 난이도가 조금 높지만 중요한 **Up유형** 까지 학습해 실력을
올려 보세요.

기출 서술형

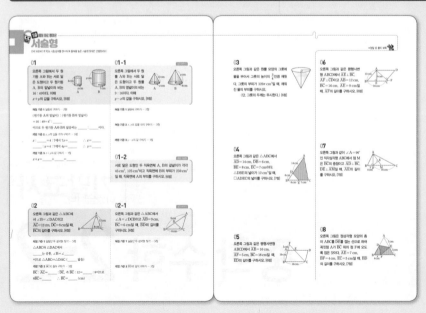

전국 1000여 개 학교 시험 문제 중 출제율 높은 서술
형 문제만 선별해 구성하였습니다.
틀리기 쉽거나 자주 나오는 서술형 문제는 쌍둥이
문항으로 한번 더 학습할 수 있습니다.

"전국 1000여 개 최신 기출문제를 분석해
학교 시험 적중률 100%에 도전합니다."

모의고사 형식의 중단원별 학교 시험 대비 문제

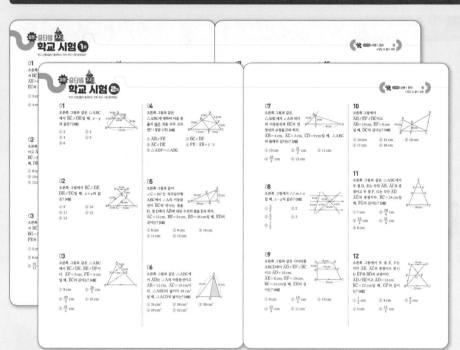

학교 선생님들이 직접 출제한 모의고사 형식의 시험 대비 문제로 실전 감각을 키울 수 있도록 하였습니다.

교과서 속 특이 문제

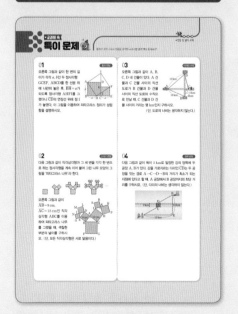

중학교 수학 교과서 10종을 완벽 분석하여 발췌한 창의·융합 문제로 구성하였습니다.

부록

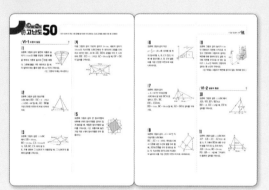

기출에서 pick한 고난도 50

전국 1000여 개 학교 시험 문제에서 자주 나오는 고난도 기출문제를 선별하여 학교 시험 만점에 대비할 수 있도록 구성하였습니다.

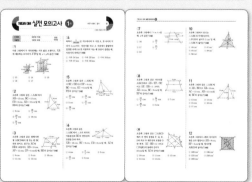

실전 모의고사 5회

실제 학교 시험 범위에 맞춘 예상 문제를 풀어 보면서 실력을 점검할 수 있도록 하였습니다.

🌐 **특별한 부록**
동아출판 홈페이지
(www.bookdonga.com)에서 실전 모의고사 5회를 다운 받아 사용하세요.

나의 오답 Note

오답 Note를 만들면...

실력을 향상하기 위해선 자신이 틀린 문제를 분석하여 다음에는 틀리지 않도록 해야 합니다. 오답노트를 만들면 내가 어려워하는 문제와 취약한 부분을 쉽게 파악할 수 있어요. 자신이 틀린 문제의 유형을 알고, 원인을 파악하여 보완해 나간다면 어느 틈에 벌써 실력이 몰라보게 향상되어 있을 거예요.

오답 Note 한글 파일은 동아출판 홈페이지 (www.bookdonga.com)에서 다운 받을 수 있습니다.

★ 다음 오답 Note 작성의 5단계에 따라 〈나의 오답 Note〉를 만들어 보세요. ★

1단계

제목 쓰기
공부한 날짜와 해당 주요 개념을 적습니다.

2단계

틀린 문제 다시 쓰기
틀린 문제를 직접 손으로 적거나 오려 붙이세요. 문제를 적으면서 문제의 의미에 대해 한 번 더 생각해 보세요.

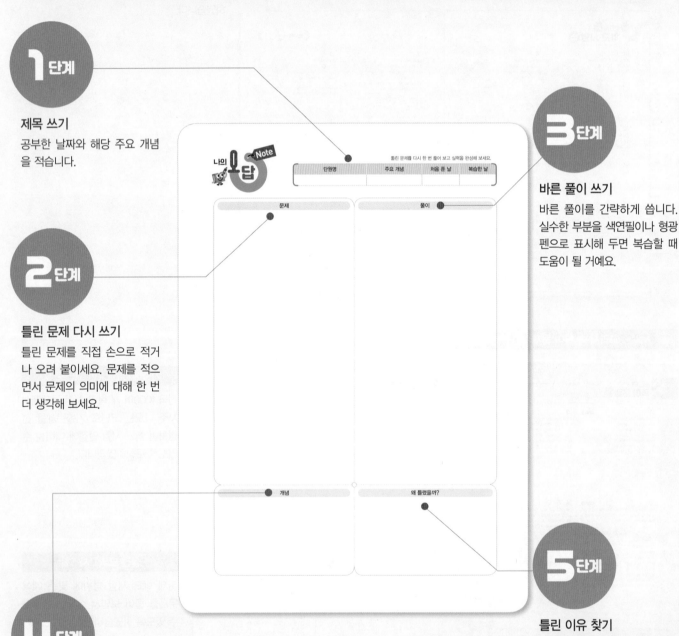

3단계

바른 풀이 쓰기
바른 풀이를 간략하게 씁니다. 실수한 부분을 색연필이나 형광펜으로 표시해 두면 복습할 때 도움이 될 거예요.

5단계

틀린 이유 찾기
왜 문제를 틀렸는지 한 번 더 생각해 보세요. 틀린 이유를 분석해서 내가 부족한 부분을 확인하고 다시 틀리지 않도록 해요.

4단계

개념 확인하기
문제와 관련된 주요 개념을 정리하고 복습합니다.

나의 오답 Note

틀린 문제를 꼭 다시 한 번 풀어 보고 실력을 완성해 보세요.

단원명	주요 개념	처음 푼 날	복습한 날

문제

풀이

개념

왜 틀렸을까?

문제	풀이

Contents 차례

① 도형의 닮음

② 닮음의 활용

③ 피타고라스 정리

단원별로 학습 계획을 세워 실천해 보세요.

학습 날짜	월 일	월 일	월 일	월 일
학습 계획				
학습 실행도	0 100	0 100	0 100	0 100
자기 반성				

1 도형의 닮음

❶ 닮은 도형

(1) **닮음** : 한 도형을 일정한 비율로 확대 또는 축소한 도형이 다른 도형과 합동일 때, 두 도형은 서로 (1) 인 관계에 있다고 한다.

(2) **닮은 도형** : 서로 닮음인 관계에 있는 두 도형

(3) **닮음의 기호** : △ABC와 △DEF가 서로 닮은 도형일 때, 기호를 사용하여 △ABC∽△DEF와 같이 나타낸다.

> 참고 닮은 도형을 기호를 사용하여 나타낼 때는 반드시 대응점의 순서를 맞추어 쓴다.

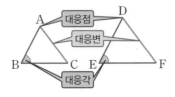

❷ 닮음의 성질

(1) **평면도형에서의 닮음의 성질**

서로 닮은 두 평면도형에서

① 대응변의 길이의 비는 일정하다.
→ $\overline{AB} : \overline{DE} = \overline{BC} : \overline{EF} = \overline{CA} : \overline{FD}$

② 대응각의 크기는 각각 (2) .
→ ∠A=∠D, ∠B=∠E, ∠C=∠F

(2) **닮음비** : 서로 닮은 두 도형에서 대응변의 길이의 비

> 참고 합동인 두 도형은 닮음비가 1 : 1인 닮은 도형이다.

(3) **입체도형에서의 닮음의 성질**

서로 닮은 두 입체도형에서

① 대응하는 모서리의 길이의 비는 일정하다.
→ $\overline{AB} : \overline{EF} = \overline{BC} : \overline{FG} = \cdots$

② 대응하는 면은 서로 (3) 도형이다.
→ △ABC∽△EFG, △ACD∽△EGH, …

> 참고 입체도형에서의 닮음비는 대응하는 모서리의 길이의 비이다.

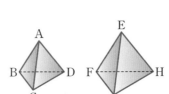

❸ 닮은 두 평면도형에서의 비

서로 닮은 두 평면도형의 닮음비가 $m : n$이면

(1) 둘레의 길이의 비 → $m : n$

(2) 넓이의 비 → $m^2 :$ (4)

❹ 닮은 두 입체도형에서의 비

서로 닮은 두 입체도형의 닮음비가 $m : n$이면

(1) 겉넓이의 비 → $m^2 : n^2$

(2) 부피의 비 → (5) $: n^3$

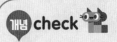

1 아래 그림에서 △ABC∽△DEF일 때, 다음을 구하시오.

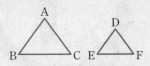

(1) 점 B의 대응점

(2) $\overline{AC}$의 대응변

(3) ∠F의 대응각

2 아래 그림에서 □ABCD∽□EFGH일 때, 다음을 구하시오.

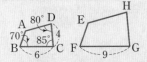

(1) 두 사각형의 닮음비

(2) $\overline{HG}$의 길이   (3) ∠E의 크기

3 아래 그림에서 두 직육면체는 서로 닮은 도형이고 $\overline{AB}$에 대응하는 모서리가 $\overline{IJ}$일 때, 다음을 구하시오.

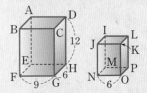

(1) 두 직육면체의 닮음비

(2) $\overline{IM}$의 길이   (3) $\overline{OP}$의 길이

4 아래 그림에서 △ABC∽△DEF일 때, 다음을 구하시오.

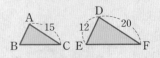

(1) 두 삼각형의 닮음비

(2) 두 삼각형의 둘레의 길이의 비

(3) 두 삼각형의 넓이의 비

답 (1) 닮음 (2) 같다 (3) 닮은 (4) n^2 (5) m^3

⑤ 삼각형의 닮음 조건

두 삼각형이 다음 조건 중 어느 하나를 만족시키면 서로 닮은 도형이다.

(1) 세 쌍의 대응변의 길이의 비가 같다. (SSS 닮음)

$\rightarrow \overline{AB} : \overline{A'B'} = \overline{BC} : \overline{B'C'} = \overline{CA} : \overline{C'A'}$
$\qquad\qquad\quad$└─ 닮음비

(2) 두 쌍의 대응변의 길이의 비가 같고, 그 ⟨ (6) ⟩의 크기가 같다. (SAS 닮음)

$\rightarrow \overline{AB} : \overline{A'B'} = \overline{BC} : \overline{B'C'}, \angle B = \angle B'$
$\qquad\qquad\quad$└─ 닮음비

(3) 두 쌍의 대응각의 크기가 각각 같다. (⟨ (7) ⟩ 닮음)

$\rightarrow \angle B = \angle B', \angle C = \angle C'$
$\qquad$└─ 삼각형의 내각의 크기의 합은 180°이므로
$\qquad\quad \angle B = \angle B', \angle C = \angle C'$이면 $\angle A = \angle A'$이다.

⑥ 직각삼각형의 닮음

$\angle A = 90°$인 직각삼각형 ABC의 꼭짓점 A에서 빗변 BC에 내린 수선의 발을 D라 할 때,

$\triangle ABC \backsim \triangle DBA \backsim \triangle DAC$ (AA 닮음)

(1) $\triangle ABC \backsim \triangle DBA$이므로

$\overline{AB} : \overline{DB} = \overline{BC} : \overline{BA} \qquad \therefore \overline{AB}^2 = \overline{BD} \times ⟨ (8) ⟩$

(2) $\triangle ABC \backsim \triangle DAC$이므로

$\overline{BC} : \overline{AC} = \overline{AC} : \overline{DC} \qquad \therefore \overline{AC}^2 = \overline{CD} \times \overline{CB}$

(3) $\triangle DBA \backsim \triangle DAC$이므로

$\overline{BD} : \overline{AD} = \overline{AD} : \overline{CD} \qquad \therefore \overline{AD}^2 = \overline{DB} \times \overline{DC}$

참고 직각삼각형 ABC의 넓이에서

$\frac{1}{2} \times \overline{AB} \times \overline{AC} = \frac{1}{2} \times \overline{BC} \times \overline{AD}$이므로 $\overline{AB} \times \overline{AC} = \overline{BC} \times \overline{AD}$

⑦ 닮음의 활용

직접 측정하기 어려운 거리나 높이 등은 닮음을 이용하여 간접적으로 측정할 수 있다.

(1) **축도** : 어떤 도형을 일정한 비율로 줄인 그림

(2) **축척** : 축도에서의 길이와 실제 길이의 비율

(3) **축도, 실제 길이, 축척 사이의 관계**

① (축척) $= \dfrac{(\text{축도에서의 길이})}{(\text{실제 길이})}$

② (실제 길이) $= \dfrac{(\text{축도에서의 길이})}{(\text{축척})}$

③ (축도에서의 길이) $=$ (실제 길이) $\times$ (⟨ (9) ⟩)

개념 check

5 다음 보기에서 서로 닮은 삼각형을 모두 찾아 기호로 나타내고, 그 때의 닮음 조건을 말하시오.

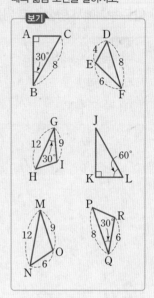

6 다음 그림과 같이 $\angle A = 90°$인 직각삼각형 ABC에서 $\overline{AD} \perp \overline{BC}$일 때, x의 값을 구하시오.

(1)
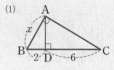

(2)
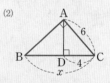

(3)
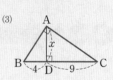

7 어떤 지도에서의 거리가 4 cm인 두 지점 사이의 실제 거리가 1 km 일 때, 다음 물음에 답하시오.

(1) 지도의 축척을 구하시오.

(2) 지도에서의 거리가 10 cm인 두 지점 사이의 실제 거리는 몇 km인지 구하시오.

답 (6) 끼인각　(7) AA　(8) $\overline{BC}$　(9) 축척

시험에 꼭 나오는

기출 유형

전국 1000여 개 학교 시험 문제를 분석하여 출제율 높은 문제만 선별했어요!

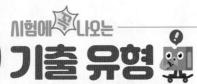

유형 01 닮은 도형

01

다음 보기에서 항상 서로 닮은 도형인 것을 모두 고른 것은?

보기

ㄱ. 두 이등변삼각형　　ㄴ. 두 정사각형
ㄷ. 두 원뿔　　ㄹ. 두 정육면체
ㅁ. 두 마름모　　ㅂ. 두 부채꼴

① ㄱ, ㄹ　② ㄴ, ㄹ　③ ㄱ, ㄴ, ㅁ
④ ㄴ, ㄷ, ㅂ　⑤ ㄹ, ㅁ, ㅂ

02

다음 중 항상 서로 닮은 도형이라 할 수 없는 것을 모두 고르면? (정답 2개)

① 합동인 두 도형
② 넓이가 같은 두 직사각형
③ 반지름의 길이가 다른 두 원
④ 꼭지각의 크기가 같은 두 이등변삼각형
⑤ 두 밑각의 크기가 각각 같은 두 등변사다리꼴

유형 02 평면도형에서의 닮음의 성질 최다 빈출

03

다음 그림에서 $\triangle ABC \backsim \triangle DEF$일 때, $x+y$의 값을 구하시오.

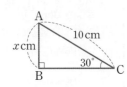

04

오른쪽 그림에서 $\square ABCD \backsim \square EFGH$일 때, 다음 중 옳지 않은 것은?

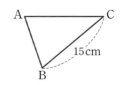

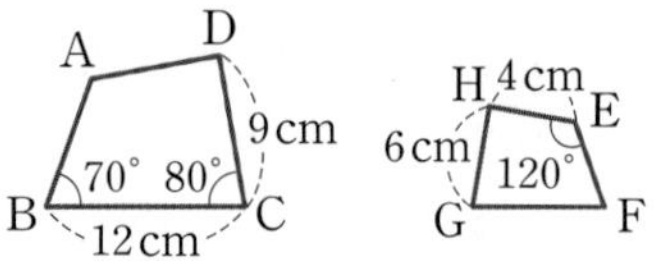

① $\overline{AD}=6\,cm$　② $\overline{GF}=8\,cm$
③ $\angle F=70°$　④ $\angle D=90°$
⑤ $\square ABCD$와 $\square EFGH$의 닮음비는 2 : 1이다.

05

다음 그림에서 $\triangle ABC \backsim \triangle DEF$이고, $\triangle ABC$와 $\triangle DEF$의 닮음비는 5 : 3일 때, $\triangle ABC$의 둘레의 길이를 구하시오.

실수 주의

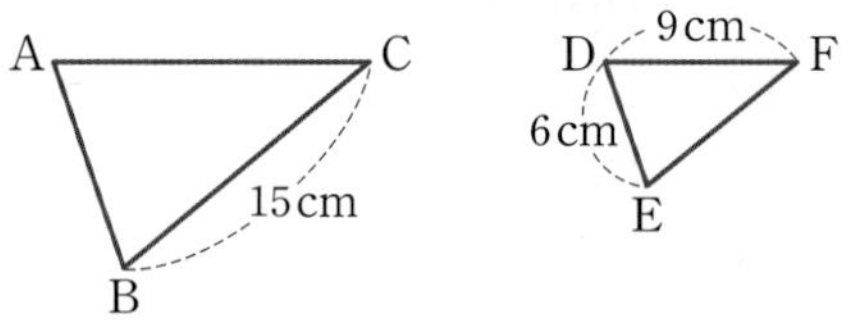

06

오른쪽 그림과 같이 A0 용지를 반으로 접을 때마다 생기는 용지의 크기를 차례대로 A1, A2, A3, A4, …이라 할 때, 이것은 모두 서로 닮은 도형이다. 이때 A0 용지와 A4 용지의 닮음비를 가장 간단한 자연수의 비로 나타내시오.

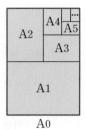

유형 **03** 입체도형에서의 닮음의 성질

07 ●●●

오른쪽 그림에서 두 삼각기둥은 서로 닮은 도형이고 △ABC에 대응하는 면이 △GHI일 때, 다음 중 옳지 <u>않은</u> 것은?

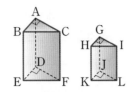

① △DEF∽△JKL
② ∠ADF=∠GJL
③ ∠DEF=∠JKL
④ $\dfrac{\overline{BC}}{\overline{HI}}=\dfrac{\overline{BE}}{\overline{HK}}=\dfrac{\overline{EF}}{\overline{KL}}$
⑤ □BEDA∽□GJLI

08 ●●●

오른쪽 그림에서 두 사면체는 서로 닮은 도형이고 $\overline{OA}$에 대응하는 모서리가 $\overline{O'A'}$일 때, $x+y+z$의 값을 구하시오.

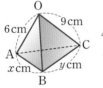

09 ●●●

오른쪽 그림과 같은 두 원기둥 A, B가 서로 닮은 도형일 때, 원기둥 B의 밑면의 둘레의 길이를 구하시오.

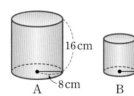

10 ●●●

오른쪽 그림과 같은 원뿔 모양의 그릇에 물을 부어서 그릇의 높이의 $\dfrac{2}{3}$만큼 채웠을 때, 수면의 반지름의 길이를 구하시오. (단, 그릇의 두께는 무시한다.)

유형 **04** 닮은 두 평면도형에서의 비   최다 빈출

11 ●●●

다음 그림에서 □ABCD∽□EFGH이고 □ABCD의 넓이가 72 cm²일 때, □EFGH의 넓이를 구하시오.

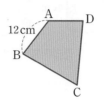

12 ●●●

서로 닮음인 □ABCD와 □EFGH의 넓이의 비가 4 : 9일 때, □ABCD와 □EFGH의 둘레의 길이의 비를 가장 간단한 자연수의 비로 나타내시오.

13 ●●●

오른쪽 그림과 같이 중심이 같은 세 원으로 이루어진 과녁이 있다. A 부분의 넓이가 20π cm²일 때, C 부분의 넓이를 구하시오.

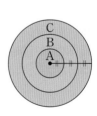

14 ●●●

어느 피자 가게에서 지름의 길이가 48 cm인 피자의 가격이 24000원이다. 피자의 가격은 피자의 넓이에 정비례할 때, 지름의 길이가 36 cm인 피자의 가격을 구하시오.
(단, 피자는 원 모양이고 피자의 두께는 무시한다.)

유형 **05** 닮은 두 입체도형에서의 비 최다 빈출

15 ●●●

오른쪽 그림과 같이 높이가 각각 4 cm, 6 cm인 두 원기둥은 서로 닮은 도형이다. 작은 원기둥의 옆넓이가 8π cm²일 때, 큰 원기둥의 옆넓이를 구하시오.

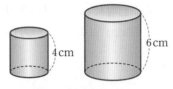

16 ●●●

오른쪽 그림과 같이 원뿔을 $\overline{OA} : \overline{AB} = 3 : 2$가 되도록 밑면에 평행한 평면으로 잘랐을 때, 원뿔 P_1과 원뿔대 P_2의 부피의 비를 가장 간단한 자연수의 비로 나타내시오.

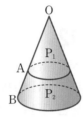

17 ●●●

지름의 길이가 6 cm인 구 모양의 쇠구슬 1개를 녹여서 지름의 길이가 2 cm인 구 모양의 쇠구슬을 만들려고 한다. 이때 지름의 길이가 2 cm인 쇠구슬을 몇 개 만들 수 있는지 구하시오.

18 ●●●

오른쪽 그림과 같이 높이가 30 cm인 원뿔 모양의 그릇에 일정한 속력으로 물을 채우고 있다. 16분이 지난 후 물의 높이가 12 cm일 때, 그릇에 물을 가득 채우려면 몇 분이 더 걸리는지 구하시오. (단, 그릇의 두께는 무시한다.)

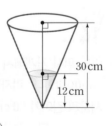

유형 **06** 삼각형의 닮음 조건

19 ●●●

다음 중 보기에서 서로 닮음인 것을 찾아 기호로 바르게 나타낸 것을 모두 고르면? (정답 2개)

보기

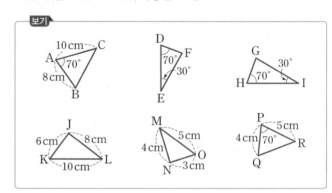

① △ABC∽△DEF ② △ABC∽△PQR
③ △DEF∽△JKL ④ △JKL∽△NOM
⑤ △GHI∽△NOM

20 ●●●

오른쪽 그림과 같은 △ABC와 △DEF가 서로 닮은 도형이 되려면 다음 중 어느 조건을 추가해야 하는가?

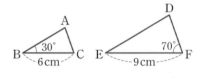

① ∠A=80°, ∠E=30° ② ∠C=70°, ∠D=70°
③ ∠E=30°, $\overline{AC}$=3 cm ④ $\overline{AB}$=8 cm, $\overline{DE}$=12 cm
⑤ $\overline{AC}$=4 cm, $\overline{DE}$=6 cm

유형 **07** 삼각형의 닮음 조건의 응용 - SAS 닮음

21 ●●●

오른쪽 그림에서 $\overline{AC}$와 $\overline{BD}$의 교점을 E라 할 때, $\overline{CD}$의 길이를 구하시오.

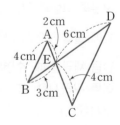

•정답 및 풀이 7쪽

22 ●●●

오른쪽 그림에서
∠CAB＝∠DCB일 때, $\overline{BD}$의
길이를 구하시오.

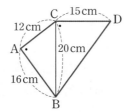

23 ●●●

오른쪽 그림과 같은 △ABC에서
$\overline{DE}$의 길이를 구하시오.

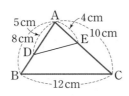

24 ●●●

오른쪽 그림과 같은 △ABC에서
$\overline{AD}$의 길이를 구하시오.

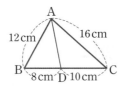

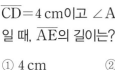

유형 **08** 삼각형의 닮음 조건의 응용
－ AA 닮음   최다 빈출

25 ●●●

오른쪽 그림과 같은 △ABC에서
$\overline{BE}＝5\,cm$, $\overline{BD}＝6\,cm$,
$\overline{CD}＝4\,cm$이고 ∠ACB＝∠BED
일 때, $\overline{AE}$의 길이는?

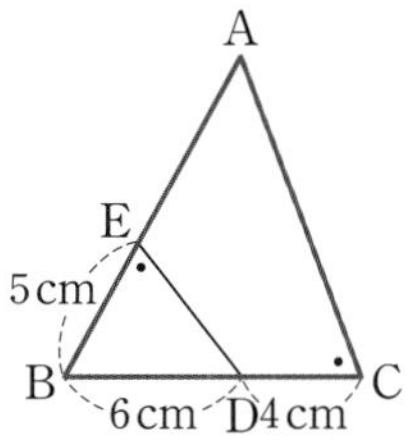

① 4 cm   ② 5 cm
③ 6 cm   ④ 7 cm
⑤ 8 cm

26 ●●●

오른쪽 그림과 같은 △ABC에서
∠ACB＝∠BDE이고
$\overline{AD}＝2\,cm$, $\overline{BD}＝6\,cm$,
$\overline{BE}＝4\,cm$일 때, 다음 보기에서
옳은 것을 모두 고르시오.

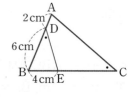

> 보기
>
> ㄱ. △ABC∽△EBD   ㄴ. ∠CAB＝∠DEB
> ㄷ. $\overline{BE}:\overline{BC}＝2:5$ ㄹ. $\overline{EC}＝8\,cm$

27 ●●●

오른쪽 그림에서 $\overline{AB}\,/\!/\,\overline{DE}$,
$\overline{AD}\,/\!/\,\overline{BC}$이고 $\overline{AE}＝10\,cm$,
$\overline{BC}＝12\,cm$, $\overline{CE}＝5\,cm$일 때,
$\overline{AD}$의 길이를 구하시오.

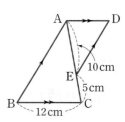

28 ●●●

오른쪽 그림과 같은 △ABC에서 세 변
AB, BC, CA 위의 세 점 D, E, F에
대하여 □DBEF는 마름모이다.
$\overline{AB}＝18\,cm$, $\overline{BC}＝12\,cm$일 때, 마름
모 DBEF의 한 변의 길이를 구하시오.

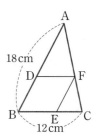

유형09 직각삼각형의 닮음

29 ●●●

오른쪽 그림과 같이 ∠A=90°인
직각삼각형 ABC에서 $\overline{ED}\perp\overline{BC}$
이고 $\overline{BE}=5\,cm$, $\overline{BD}=4\,cm$,
$\overline{CD}=6\,cm$일 때, $\overline{AE}$의 길이를
구하시오.

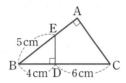

30 ●●●

오른쪽 그림과 같은 △ABC에서
$\overline{AD}\perp\overline{BC}$, $\overline{BE}\perp\overline{AC}$일 때, 다음
중 △ADC와 닮은 삼각형이 <u>아닌</u>
것을 모두 고르면? (정답 2개)

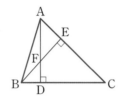

① △ADB   ② △AEF
③ △BDF   ④ △BEA
⑤ △BEC

31 ●●●

오른쪽 그림과 같이
∠B=90°인 직각삼각형
ABC의 두 꼭짓점 A, C에
서 점 B를 지나는 직선에 내
린 수선의 발을 각각 D, E라
하자. $\overline{AD}=6\,cm$, $\overline{BE}=9\,cm$, $\overline{CE}=12\,cm$일 때, $\overline{DB}$의
길이를 구하시오.

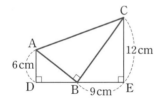

32 ●●●

오른쪽 그림과 같은 직사각형
ABCD에서 $\overline{PQ}$는 대각선 AC
를 수직이등분하고 점 O는 $\overline{AC}$
와 $\overline{PQ}$의 교점이다.
$\overline{AB}=12\,cm$, $\overline{BC}=16\,cm$,
$\overline{OA}=10\,cm$일 때, $\overline{AP}$의 길이를 구하시오.

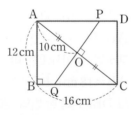

유형10 직각삼각형의 닮음의 응용   최다 빈출

33 ●●●

오른쪽 그림과 같이 ∠A=90°인
직각삼각형 ABC에서 $\overline{AD}\perp\overline{BC}$
일 때, 다음 보기에서 옳은 것을 모
두 고르시오.

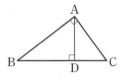

보기
ㄱ. $\overline{AD}^2=\overline{DB}\times\overline{DC}$ ㄴ. $\overline{AC}^2=\overline{CD}\times\overline{DB}$
ㄷ. $\overline{AB}^2=\overline{BD}\times\overline{BC}$ ㄹ. $\overline{AB}\times\overline{AC}=\overline{BD}\times\overline{CD}$

34 ●●●

오른쪽 그림과 같이 ∠A=90°인
직각삼각형 ABC에서 $\overline{AD}\perp\overline{BC}$
이고 $\overline{AB}=20\,cm$, $\overline{BD}=16\,cm$
일 때, $x+y$의 값을 구하시오.

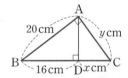

35 ●●●

오른쪽 그림과 같이 ∠A=90°인
직각삼각형 ABC의 꼭짓점 A에
서 $\overline{BC}$에 내린 수선의 발을 D라
하자. $\overline{AD}=6\,cm$, $\overline{CD}=4\,cm$일
때, △ABC의 넓이를 구하시오.

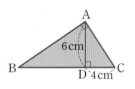

36 ●●●

오른쪽 그림과 같이 ∠A=90°인
직각삼각형 ABC의 꼭짓점 A에서
$\overline{BC}$에 내린 수선의 발을 D, 점 D에
서 $\overline{AC}$에 내린 수선의 발을 E라 하
자. $\overline{AB}=9\,cm$, $\overline{BC}=15\,cm$일 때, $\overline{DE}$의 길이를 구하시
오.

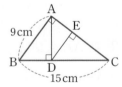

UP 유형 11 종이접기

37 •••

오른쪽 그림은 직사각형 모양의 종이 ABCD를 $\overline{EC}$를 접는 선으로 하여 꼭짓점 B가 $\overline{AD}$ 위의 점 B′에 오도록 접은 것이다. $\overline{AE}=4\,cm$, $\overline{AB'}=3\,cm$, $\overline{DC}=9\,cm$일 때, $\overline{B'D}$의 길이를 구하시오.

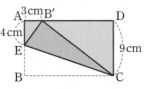

38 •••

오른쪽 그림은 정사각형 모양의 종이 ABCD를 $\overline{EF}$를 접는 선으로 하여 꼭짓점 A가 $\overline{BC}$ 위의 점 A′에 오도록 접은 것이다.
$\overline{AE}=5\,cm$, $\overline{EB}=3\,cm$,
$\overline{BA'}=4\,cm$일 때, $\overline{PA'}$의 길이를 구하시오.

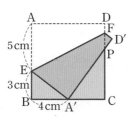

39 •••

오른쪽 그림은 정삼각형 모양의 종이 ABC를 $\overline{DF}$를 접는 선으로 하여 꼭짓점 A가 $\overline{BC}$ 위의 점 E에 오도록 접은 것이다. $\overline{DB}=5\,cm$,
$\overline{BE}=8\,cm$, $\overline{DE}=7\,cm$일 때, $\overline{AF}$의 길이를 구하시오.

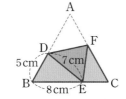

유형 12 닮음의 활용

40 •••

오른쪽 그림과 같이 어느 날 같은 시각에 어떤 석탑의 그림자의 길이와 바로 옆에 있던 키가 166 cm인 사람의 그림자의 길이를 재었더니 각각 6 m, 1.2 m이었다. 석탑의 높이는 몇 m인지 구하시오.

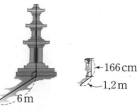

41 •••

오른쪽 그림과 같이 어느 건물의 높이를 구하기 위하여 건물의 그림자의 끝 B 지점에서 4 m 떨어진 E 지점에 길이가 2 m인 막대기를 그 그림자의 끝이 건물의 그림자의 끝과 일치하도록 세웠다. 막대기와 건물 사이의 거리가 10 m일 때, 건물의 높이를 구하시오.

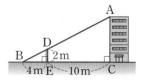

유형 13 축도와 축척

42 •••

축척이 $\dfrac{1}{20000}$인 지도에서의 두 지점 A, B 사이의 거리가 20 cm이다. A 지점에서 출발하여 B 지점까지 시속 4 km로 걸으면 몇 시간이 걸리는지 구하시오.

43 •••

어떤 지도에서 종묘와 박물관 사이의 거리는 12 cm이고, 실제 거리는 6 km이다. 이 지도에서 박물관과 시청 사이의 거리가 10 cm일 때, 박물관과 시청 사이의 실제 거리는 몇 km인지 구하시오.

서술형

전국 1000여 개 학교 시험 문제를 분석하여 출제율 높은 서술형 문제만 선별했어요!

01

오른쪽 그림에서 두 원기둥 A와 B는 서로 닮은 도형이고 두 원기둥 A, B의 밑넓이의 비는 16 : 49이다. 이때 $x+y$의 값을 구하시오. [6점]

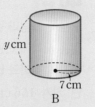

채점 기준 1 닮음비 구하기 … 2점

(원기둥 A의 밑넓이) : (원기둥 B의 밑넓이)

$=16:49=4^2:$ _____

이므로 두 원기둥 A와 B의 닮음비는 _____ : _____ 이다.

채점 기준 2 x, y의 값을 각각 구하기 … 3점

$x:$ _____ $=4:7$에서 $7x=$ _____ $\quad\therefore\ x=$ _____

_____ $:y=4:7$에서 $4y=$ _____ $\quad\therefore\ y=$ _____

채점 기준 3 $x+y$의 값 구하기 … 1점

$x+y=$ _____ $+$ _____ $=$ _____

01-1

조건 바꾸기

오른쪽 그림에서 두 원뿔 A와 B는 서로 닮은 도형이고 두 원뿔 A, B의 옆넓이의 비는 9 : 16이다. 이때 $y-x$의 값을 구하시오. [6점]

채점 기준 1 닮음비 구하기 … 2점

채점 기준 2 x, y의 값을 각각 구하기 … 3점

채점 기준 3 $y-x$의 값 구하기 … 1점

01-2

응용 서술형

서로 닮은 도형인 두 직육면체 A, B의 겉넓이가 각각 45 cm², 125 cm²이고 직육면체 B의 부피가 250 cm³일 때, 직육면체 A의 부피를 구하시오. [6점]

02

오른쪽 그림과 같은 △ABC에서 ∠B=∠DAC이고 $\overline{AC}=12$ cm, $\overline{DC}=8$ cm일 때, $\overline{BC}$의 길이를 구하시오. [6점]

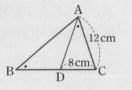

채점 기준 1 닮음인 두 삼각형 찾기 … 3점

△ABC와 △DAC에서

_____ 는 공통, ∠B=∠ _____

이므로 △ABC∽△DAC (_____ 닮음)

채점 기준 2 $\overline{BC}$의 길이 구하기 … 3점

$\overline{BC}:\overline{AC}=$ _____ $:\overline{DC}$, 즉 $\overline{BC}:12=$ _____ $:8$이므로

$8\overline{BC}=$ _____ $\quad\therefore\ \overline{BC}=$ _____ (cm)

02-1

조건 바꾸기

오른쪽 그림과 같은 △ABC에서 ∠A=∠DCB이고 $\overline{AB}=9$ cm, $\overline{BC}=6$ cm일 때, $\overline{BD}$의 길이를 구하시오. [6점]

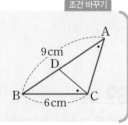

채점 기준 1 닮음인 두 삼각형 찾기 … 3점

채점 기준 2 $\overline{BD}$의 길이 구하기 … 3점

03

오른쪽 그림과 같은 원뿔 모양의 그릇에 물을 부어서 그릇의 높이의 $\frac{3}{4}$만큼 채웠다. 그릇의 부피가 320π cm³일 때, 채워진 물의 부피를 구하시오.

(단, 그릇의 두께는 무시한다.) [6점]

04

오른쪽 그림과 같은 △ABC에서 $\overline{AD}=14$ cm, $\overline{DB}=6$ cm, $\overline{BE}=8$ cm, $\overline{EC}=7$ cm이다. △DBE의 넓이가 12 cm²일 때, □ADEC의 넓이를 구하시오. [7점]

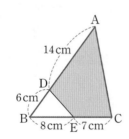

05

오른쪽 그림과 같은 평행사변형 ABCD에서 $\overline{AB}=10$ cm, $\overline{AF}=5$ cm, $\overline{BC}=18$ cm일 때, $\overline{ED}$의 길이를 구하시오. [6점]

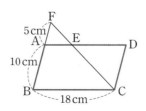

06

오른쪽 그림과 같은 평행사변형 ABCD에서 $\overline{AE}\perp\overline{BC}$, $\overline{AF}\perp\overline{CD}$이고 $\overline{AB}=12$ cm, $\overline{BC}=16$ cm, $\overline{AE}=9$ cm일 때, $\overline{AF}$의 길이를 구하시오. [6점]

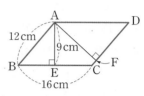

07

오른쪽 그림과 같이 $\angle A=90°$인 직각삼각형 ABC에서 점 M은 $\overline{BC}$의 중점이고 $\overline{AD}\perp\overline{BC}$, $\overline{DE}\perp\overline{AM}$일 때, $\overline{AE}$의 길이를 구하시오. [7점]

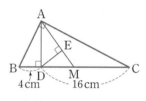

08

오른쪽 그림은 정삼각형 모양의 종이 ABC를 $\overline{DE}$를 접는 선으로 하여 꼭짓점 A가 $\overline{BC}$ 위의 점 F에 오도록 접은 것이다. $\overline{AE}=7$ cm, $\overline{BF}=4$ cm, $\overline{EC}=5$ cm일 때, $\overline{BD}$의 길이를 구하시오. [7점]

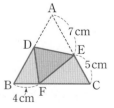

01

오른쪽 그림에서
△ABC∽△DEF일
때, 다음 중 $\overline{AB}$의 대응
변과 ∠F의 대응각을
차례대로 적은 것은? [3점]

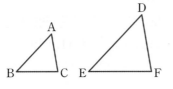

① $\overline{DE}$, ∠B   ② $\overline{DE}$, ∠C   ③ $\overline{DF}$, ∠C

④ $\overline{EF}$, ∠A   ⑤ $\overline{EF}$, ∠B

02

다음 그림에서 □ABCD∽□EFGH일 때, $x+y$의 값
은? [3점]

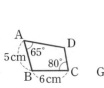 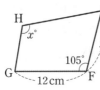

① 80   ② 90   ③ 100

④ 110   ⑤ 120

03

오른쪽 그림과 같은 △ABC와
서로 닮음이고 가장 긴 변의 길
이가 25 cm인 △DEF가 있을
때, △DEF의 둘레의 길이는? [4점]

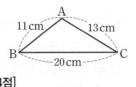

① 50 cm   ② 52 cm   ③ 55 cm

④ 58 cm   ⑤ 60 cm

04

오른쪽 그림에서 두 원뿔
A, B가 서로 닮은 도형일
때, 원뿔 B의 높이는? [3점]

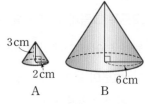

① 9 cm   ② 10 cm   ③ 11 cm

④ 12 cm   ⑤ 13 cm

05

오른쪽 그림과 같이 중심이 같은 두
원이 있다. 두 원의 반지름의 길이의
비가 2 : 3일 때, 두 부분 A, B의 넓
이의 비는? [3점]

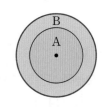

① 2 : 3   ② 3 : 2   ③ 4 : 5

④ 4 : 9   ⑤ 5 : 4

06

다음 그림과 같은 두 구 O, O′에서 두 구의 중심을 지나
는 평면으로 잘랐더니 단면의 넓이의 비가 9 : 16이었다.
구 O의 부피가 243π cm³일 때, 구 O′의 부피는? [4점]

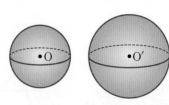

① 324π cm³   ② 360π cm³   ③ 432π cm³

④ 504π cm³   ⑤ 576π cm³

07

다음 중 오른쪽 그림의 △ABC와 △DEF가 서로 닮은 도형이라 할 수 없는 것은? [3점]

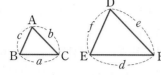

① $a:d=b:e=c:f$

② $a:d=b:e$, ∠A=∠D

③ $a:d=c:f$, ∠B=∠E

④ ∠B=∠E, ∠C=∠F

⑤ $\dfrac{d}{a}=\dfrac{e}{b}=\dfrac{f}{c}$

08

오른쪽 그림에서 ∠ABC=∠CBD이고 $\overline{AB}=8\,cm$, $\overline{AC}=6\,cm$, $\overline{BC}=12\,cm$, $\overline{BD}=18\,cm$일 때, $\overline{CD}$의 길이는? [4점]

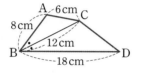

① 5 cm   ② 6 cm   ③ 7 cm

④ 8 cm   ⑤ 9 cm

09

오른쪽 그림과 같은 △ABC에서 $\overline{AB}=12\,cm$, $\overline{AD}=6\,cm$, $\overline{BD}=9\,cm$, $\overline{CD}=7\,cm$일 때, $\overline{AC}$의 길이는? [4점]

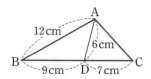

① 6 cm   ② 7 cm   ③ 8 cm

④ 9 cm   ⑤ 10 cm

10

오른쪽 그림에서 $\overline{AB}/\!/\overline{ED}$, $\overline{AE}/\!/\overline{BC}$이고 $\overline{AB}=9\,cm$, $\overline{BC}=18\,cm$, $\overline{DE}=6\,cm$일 때, $\overline{AE}$의 길이는? [4점]

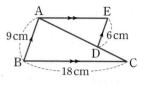

① 8 cm   ② 9 cm   ③ 10 cm

④ 11 cm   ⑤ 12 cm

11

오른쪽 그림과 같은 △ABC에서 세 변 AB, BC, CA 위의 세 점 D, E, F에 대하여 □DBEF는 마름모이다. $\overline{AB}=15\,cm$, $\overline{BC}=12\,cm$일 때, □DBEF의 둘레의 길이는? [4점]

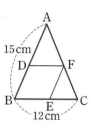

① $\dfrac{68}{3}\,cm$ ② 24 cm   ③ 26 cm

④ $\dfrac{80}{3}\,cm$ ⑤ 28 cm

12

오른쪽 그림과 같은 △ABC에서 ∠BAD=∠CBE=∠ACF이고 $\overline{AB}=8\,cm$, $\overline{BC}=9\,cm$, $\overline{CA}=7\,cm$, $\overline{FD}=6\,cm$일 때, △FDE의 둘레의 길이는? [5점]

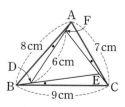

① 14 cm   ② 15 cm   ③ 16 cm

④ 17 cm   ⑤ 18 cm

13

오른쪽 그림과 같은 △ABC에서 $\overline{CD}\perp\overline{AB}$, $\overline{BE}\perp\overline{AC}$이고 $\overline{AD}=2\,cm$, $\overline{DB}=5\,cm$, $\overline{AE}=3\,cm$일 때, $\overline{EC}$의 길이는? [4점]

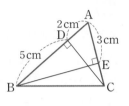

① $\dfrac{5}{3}\,cm$ ② $2\,cm$ ③ $\dfrac{7}{3}\,cm$

④ $\dfrac{8}{3}\,cm$ ⑤ $4\,cm$

14

오른쪽 그림과 같이 $\angle B=90°$인 직각삼각형 ABC의 두 꼭짓점 A, C에서 점 B를 지나는 직선에 내린 수선의 발을 각각 D, E라 하자. $\overline{AD}=3\,cm$, $\overline{BE}=6\,cm$, $\overline{CE}=9\,cm$일 때, $\overline{DB}$의 길이는? [4점]

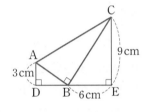

① $\dfrac{9}{2}\,cm$ ② $5\,cm$ ③ $\dfrac{11}{2}\,cm$

④ $6\,cm$ ⑤ $\dfrac{13}{2}\,cm$

15

오른쪽 그림과 같이 $\angle A=90°$인 직각삼각형 ABC의 꼭짓점 A에서 $\overline{BC}$에 내린 수선의 발을 D라 하자. $\overline{AB}=15\,cm$, $\overline{BC}=25\,cm$일 때, $y-x$의 값은? [4점]

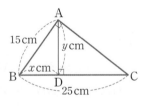

① $\dfrac{6}{5}$ ② 2 ③ $\dfrac{12}{5}$

④ 3 ⑤ $\dfrac{18}{5}$

16

오른쪽 그림과 같은 직사각형 ABCD의 꼭짓점 D에서 대각선 AC에 내린 수선의 발을 E라 할 때, $\overline{AE}=9\,cm$, $\overline{DE}=12\,cm$이다. 이때 □ABCD의 둘레의 길이는? [5점]

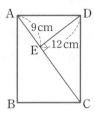

① $66\,cm$ ② $68\,cm$ ③ $70\,cm$

④ $72\,cm$ ⑤ $74\,cm$

17

성호가 다음 그림과 같이 바닥에 거울을 놓고 빛이 거울에 비칠 때 입사각과 반사각의 크기가 서로 같음을 이용하여 나무의 높이를 구하려고 한다. 성호의 눈높이는 $1.5\,m$이고 나무와 성호는 거울로부터 각각 $10\,m$, $2.5\,m$만큼 떨어져 있을 때, 나무의 높이는?

(단, 거울의 두께는 무시한다.) [5점]

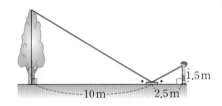

① $6\,m$ ② $6.5\,m$ ③ $7\,m$

④ $7.5\,m$ ⑤ $8\,m$

18

어떤 지도에서의 거리가 $2\,cm$인 두 지점 사이의 실제 거리가 $500\,m$일 때, 이 지도에서의 넓이가 $16\,cm^2$인 땅의 실제 넓이는? [4점]

① $1\,km^2$ ② $2\,km^2$ ③ $4\,km^2$

④ $5\,km^2$ ⑤ $10\,km^2$

19

다음 그림에서 △ABC∽△DEF일 때, △ABC의 둘레의 길이를 구하시오. [4점]

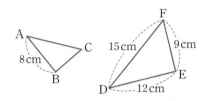

20

오른쪽 그림과 같은 원뿔 모양의 그릇에 일정한 속력으로 물을 부으면 물을 가득 채우는 데 96초가 걸린다고 한다. 현재 그릇의 높이의 $\frac{1}{2}$까지 물이 채워져 있을 때, 남은 부분을 모두 채우는 데 걸리는 시간은 몇 초인지 구하시오. (단, 그릇의 두께는 무시한다.) [6점]

21

오른쪽 그림과 같은 △ABC에서 ∠ABC=∠ACD이다. $\overline{AB}=10\,cm$, $\overline{AC}=8\,cm$이고 △ADC의 넓이가 $32\,cm^2$일 때, △DBC의 넓이를 구하시오. [6점]

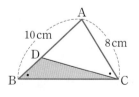

22

오른쪽 그림과 같은 직사각형 ABCD에서 $\overline{EF}$는 대각선 AC를 수직이등분하고 점 O는 $\overline{AC}$와 $\overline{EF}$의 교점이다. $\overline{BC}=8\,cm$, $\overline{DC}=6\,cm$, $\overline{OC}=5\,cm$일 때, $\overline{EF}$의 길이를 구하시오. [7점]

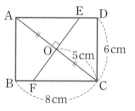

23

오른쪽 그림은 직사각형 모양의 종이 ABCD를 대각선 BD를 접는 선으로 하여 접은 것이다. $\overline{BD}\perp\overline{EF}$이고 $\overline{AB}=6\,cm$, $\overline{BC}=8\,cm$, $\overline{BD}=10\,cm$일 때, △EBF의 둘레의 길이를 구하시오. [7점]

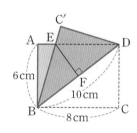

01

다음 보기에서 항상 서로 닮은 도형인 것은 모두 몇 개인가? [3점]

보기
ㄱ. 두 원   ㄴ. 두 직각삼각형
ㄷ. 두 직육면체   ㄹ. 두 정오각형
ㅁ. 두 원기둥   ㅂ. 두 반구

① 2개   ② 3개   ③ 4개
④ 5개   ⑤ 6개

02

아래 그림에서 △ABC∽△DEF이고 △ABC와 △DEF의 닮음비가 3 : 4일 때, 다음 중 옳지 않은 것을 모두 고르면? (정답 2개) [3점]

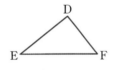

① ∠F=50°   ② $\overline{EF}$=12 cm
③ ∠A=100°   ④ $\overline{AC} : \overline{DF}$=3 : 4
⑤ ∠B : ∠E=3 : 4

03

오른쪽 그림과 같은 직사각형 ABCD에서 □ABCD∽□BCFE 이다. $\overline{AD}$=16 cm, $\overline{EB}$=12 cm 일 때, $\overline{DF}$의 길이는? [4점]

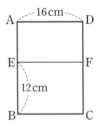

① 9 cm   ② $\frac{28}{3}$ cm

③ $\frac{29}{3}$ cm   ④ 10 cm

⑤ $\frac{31}{3}$ cm

04

아래 그림에서 두 삼각기둥은 서로 닮은 도형이고 $\overline{AC}$에 대응하는 모서리가 $\overline{GI}$일 때, 다음 중 옳지 않은 것은? [3점]

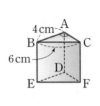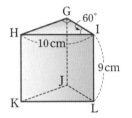

① $\overline{BC}$에 대응하는 모서리는 $\overline{HI}$이다.
② 두 삼각기둥의 닮음비는 3 : 5이다.
③ $\overline{CF}=\frac{36}{5}$ cm
④ $\overline{GH}=\frac{20}{3}$ cm
⑤ ∠DEF=30°

05

가로의 길이와 세로의 길이가 각각 2 m, 1 m인 직사각형 모양의 벽면을 빈틈없이 칠하는 데 400 mL의 페인트가 사용된다고 한다. 가로의 길이와 세로의 길이가 각각 5 m, 2.5 m인 직사각형 모양의 벽면을 빈틈없이 칠하는 데 필요한 페인트의 양은? (단, 필요한 페인트의 양은 벽면의 넓이에 정비례한다.) [4점]

① 2200 mL   ② 2350 mL   ③ 2500 mL
④ 2650 mL   ⑤ 2800 mL

06

오른쪽 그림과 같이 A3 용지를 반으로 접을 때마다 생기는 용지의 크기를 차례대로 A4, A5, A6, …이라 할 때, 이것은 모두 서로 닮은 도형이다. 이때 A3 용지의 넓이는 A7 용지의 넓이의 몇 배인가? [4점]

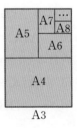

① 4배   ② 8배   ③ 16배
④ 32배   ⑤ 64배

07

오른쪽 그림과 같이 모선을 3등분하는 점을 지나고 밑면에 평행한 평면으로 원뿔을 잘랐을 때, 생기는 세 입체도형 A, B, C의 부피의 비는? [4점]

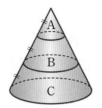

① 1 : 2 : 3   ② 1 : 3 : 5

③ 1 : 4 : 9   ④ 1 : 7 : 19

⑤ 1 : 8 : 27

08

다음 중 오른쪽 보기의 삼각형과 서로 닮은 도형인 것은? [3점]

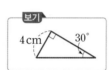

보기

①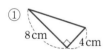

②

③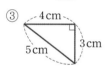

④

⑤

09

오른쪽 그림에서 $\overline{AD}$와 $\overline{BE}$의 교점을 C라 할 때, $\overline{AB}$의 길이는?

[4점]

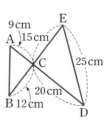

① 14 cm   ② 15 cm

③ 16 cm   ④ 17 cm

⑤ 18 cm

10

오른쪽 그림과 같은 △ABC에서 $\overline{DA}=\overline{DB}=\overline{DE}=6\,cm$, $\overline{BE}=8\,cm$, $\overline{EC}=1\,cm$일 때, $\overline{AC}$의 길이는? [4점]

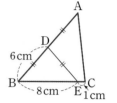

① 8 cm   ② 9 cm

③ 10 cm   ④ 11 cm

⑤ 12 cm

11

오른쪽 그림과 같은 △ABC에서 ∠ADE=∠C이고 $\overline{AD}=6\,cm$, $\overline{AC}=12\,cm$, $\overline{DE}=8\,cm$일 때, $\overline{BC}$의 길이는? [4점]

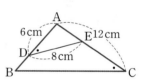

① 14 cm   ② 15 cm   ③ 16 cm

④ 17 cm   ⑤ 18 cm

12

오른쪽 그림과 같은 평행사변형 ABCD에서 ∠A, ∠D의 이등분선이 $\overline{BC}$와 만나는 점을 각각 E, F라 하고 $\overline{AE}$, $\overline{DF}$의 교점을 O라 하자. $\overline{AB}=7\,cm$, $\overline{AD}=10\,cm$일 때, $\overline{AO}:\overline{EO}$는? [5점]

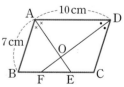

① 3 : 1   ② 4 : 1   ③ 5 : 2

④ 7 : 3   ⑤ 8 : 3

13

오른쪽 그림과 같이 $\overline{AB}=\overline{AC}$인 이등변삼각형 ABC에서 $\angle B=\angle APQ$이고 $\overline{AB}:\overline{BC}=3:2$이다. $\overline{BP}=4\,\text{cm}$, $\overline{PC}=6\,\text{cm}$일 때, $\overline{QC}$의 길이는? [5점]

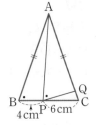

① $\dfrac{4}{5}\,\text{cm}$ ② $1\,\text{cm}$ ③ $\dfrac{6}{5}\,\text{cm}$

④ $\dfrac{7}{5}\,\text{cm}$ ⑤ $\dfrac{8}{5}\,\text{cm}$

14

오른쪽 그림에서 $\angle ABC=\angle DEC=90°$이고 $\overline{AE}=\overline{EC}=9\,\text{cm}$, $\overline{DE}=12\,\text{cm}$, $\overline{DC}=15\,\text{cm}$일 때, $\overline{AB}$의 길이는?
[4점]

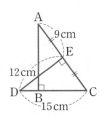

① $\dfrac{62}{5}\,\text{cm}$ ② $13\,\text{cm}$ ③ $\dfrac{68}{5}\,\text{cm}$

④ $14\,\text{cm}$ ⑤ $\dfrac{72}{5}\,\text{cm}$

15

오른쪽 그림과 같은 직사각형 ABCD에서 $\overline{PQ}$는 대각선 AC를 수직이등분하고 점 O는 $\overline{AC}$와 $\overline{PQ}$의 교점이다. $\overline{AB}=3\,\text{cm}$, $\overline{BC}=4\,\text{cm}$, $\overline{AC}=5\,\text{cm}$일 때, $\overline{PD}$의 길이는? [5점]

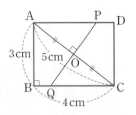

① $\dfrac{7}{8}\,\text{cm}$ ② $1\,\text{cm}$ ③ $\dfrac{9}{8}\,\text{cm}$

④ $\dfrac{5}{4}\,\text{cm}$ ⑤ $\dfrac{11}{8}\,\text{cm}$

16

오른쪽 그림과 같이 $\angle A=90°$인 직각삼각형 ABC에서 $\overline{AD}\perp\overline{BC}$일 때, 다음 중 옳지 않은 것은? [3점]

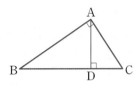

① $\triangle ABC \circ \triangle DBA$ ② $\triangle ABC \circ \triangle DAC$
③ $\triangle DBA \circ \triangle DAC$ ④ $\overline{AB}^2=\overline{BD}\times\overline{DC}$
⑤ $\overline{AD}^2=\overline{DB}\times\overline{DC}$

17

오른쪽 그림과 같이 $\angle A=90°$인 직각삼각형 ABC에서 $\overline{AD}\perp\overline{BC}$이고 $\overline{AD}=6\,\text{cm}$, $\overline{BD}=9\,\text{cm}$일 때, $\triangle ADC$의 넓이는? [4점]

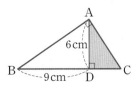

① $8\,\text{cm}^2$ ② $9\,\text{cm}^2$ ③ $10\,\text{cm}^2$

④ $11\,\text{cm}^2$ ⑤ $12\,\text{cm}^2$

18

다음 그림과 같이 키가 $160\,\text{cm}$인 소윤이가 나무로부터 $6\,\text{m}$ 떨어진 곳에 서 있을 때, 소윤이의 그림자의 끝과 나무의 그림자의 끝이 일치하였다. 소윤이의 그림자의 길이가 $2\,\text{m}$일 때, 나무의 높이는? [4점]

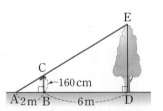

① $6\,\text{m}$ ② $6.4\,\text{m}$ ③ $6.8\,\text{m}$

④ $7.2\,\text{m}$ ⑤ $7.6\,\text{m}$

19

과일주스를 만들어 파는 가게에서 오른쪽 그림과 같이 닮음비가 $3:4$ 인 두 종류의 컵 A, B에 주스를 각 각 담아 판매한다고 한다. 컵 A에 가득 담은 주스의 가격이 1350원일 때, 컵 B에 가득 담은 주스의 가격을 구하시오. (단, 주스의 가격은 부피에 정비례하고 컵의 두께는 무시한다.) [6점]

20

오른쪽 그림과 같은 △ABC에 대하여 다음 물음에 답하시오.
[4점]

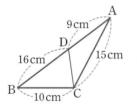

(1) 닮은 두 삼각형을 찾아 기호 로 나타내고 닮음 조건을 말 하시오. [2점]

(2) $\overline{DC}$의 길이를 구하시오. [2점]

21

오른쪽 그림과 같이 $\overline{AD} /\!/ \overline{BC}$인 사다리꼴 ABCD에서 점 O는 두 대각선의 교점이다. $\overline{AD}=6\,cm$, $\overline{BC}=9\,cm$이고 △OBC의 넓이 가 $27\,cm^2$일 때, △ACD의 넓 이를 구하시오. [7점]

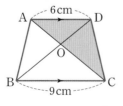

22

오른쪽 그림과 같은 정사각형 ABCD에서 $\overline{AD}$의 연장선 위의 한 점 E에 대하여 $\overline{BE}$ 와 $\overline{DC}$의 교점을 F라 하자. $\overline{AB}=16\,cm$, $\overline{FC}=12\,cm$ 일 때, △DEF의 넓이를 구하시오. [7점]

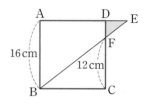

23

오른쪽 그림은 정삼각형 모양의 종 이 ABC를 $\overline{DF}$를 접는 선으로 하 여 꼭짓점 A가 $\overline{BC}$ 위의 점 E에 오도록 접은 것이다. $\overline{BE}=2\,cm$, $\overline{AC}=10\,cm$, $\overline{AF}=7\,cm$일 때, $\overline{AD}$의 길이를 구하시오. [6점]

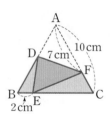

정답 및 풀이 16쪽

01

미래엔 변형

다음 그림과 같이 가로, 세로의 길이가 각각 25 cm, 20 cm인 직사각형 모양의 액자가 있다. 이 액자의 폭이 3 cm로 일정할 때, □ABCD와 □EFGH는 서로 닮은 도형인지 말하고 그 이유를 설명하시오.

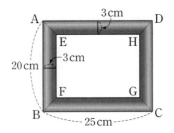

02

비상 변형

다음 그림과 같이 정사각형의 각 변을 3등분하여 9개의 정사각형으로 나누고 한가운데 정사각형을 지우는 과정을 반복할 때, 처음 정사각형과 [4단계]에서 지워지는 한 정사각형의 닮음비를 가장 간단한 자연수의 비로 나타내시오.

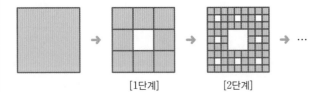

[1단계]　　　[2단계]

03

동아 변형

다음 그림과 같이 높이가 60 cm인 원기둥이 지면에 닿아 있고, 이 원기둥의 한 밑면인 원 O의 중심 위의 A 지점에서 전등이 원기둥을 비추게 하였다. 지면에 생긴 고리 모양의 그림자의 넓이가 원기둥의 밑넓이의 3배가 되었을 때, 작은 원뿔의 높이 $\overline{AO}$는 몇 cm인지 구하시오.

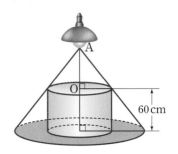

04

천재 변형

다음 그림과 같이 건물 외벽에서 30 cm 떨어진 위치에 높이가 50 cm인 꽃이 심어져 있다. 이 꽃의 그림자가 건물 외벽에 의해 꺾인 일부분의 길이가 40 cm일 때, 건물 외벽이 없다면 꽃의 그림자의 전체 길이는 몇 cm인지 구하시오.

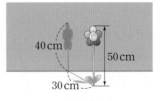

26 Ⅵ. 도형의 닮음과 피타고라스 정리

① 도형의 닮음

② 닮음의 활용

③ 피타고라스 정리

단원별로 학습 계획을 세워 실천해 보세요.

학습 날짜	월 일	월 일	월 일	월 일
학습 계획				
학습 실행도	0 100	0 100	0 100	0 100
자기 반성				

2 닮음의 활용

① 삼각형에서 평행선과 선분의 길이의 비

(1) $\triangle ABC$에서 $\overline{AB}$, $\overline{AC}$ 또는 그 연장선 위에 각각 두 점 D, E가 있을 때, $\overline{BC}\,/\!/\,\overline{DE}$이면

① $\overline{AB}:\overline{AD}=\overline{AC}:\overline{AE}=\overline{BC}:\boxed{(1)}$

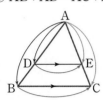 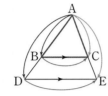

② $\overline{AD}:\overline{DB}=\overline{AE}:\overline{EC}$

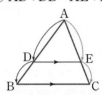 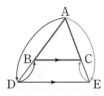 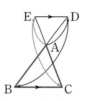

(2) $\triangle ABC$에서 $\overline{AB}$, $\overline{AC}$ 또는 그 연장선 위에 각각 두 점 D, E가 있을 때

① $\overline{AB}:\overline{AD}=\overline{AC}:\overline{AE}=\overline{BC}:\overline{DE}$이면 $\overline{BC}\,/\!/\,\overline{DE}$

② $\overline{AD}:\overline{DB}=\overline{AE}:\overline{EC}$이면 $\overline{BC}\,\boxed{(2)}\,\overline{DE}$

② 삼각형의 각의 이등분선

(1) $\triangle ABC$에서 $\angle A$의 이등분선이 $\overline{BC}$와 만나는 점을 D라 하면

$\overline{AB}:\overline{AC}=\boxed{(3)}:\overline{CD}$

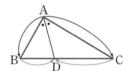

(2) $\triangle ABC$에서 $\angle A$의 외각의 이등분선이 $\overline{BC}$의 연장선과 만나는 점을 D라 하면

$\overline{AB}:\overline{AC}=\overline{BD}:\overline{CD}$

③ 평행선 사이의 선분의 길이의 비

(1) 평행선 사이의 선분의 길이의 비

세 개 이상의 평행선이 다른 두 직선과 만나서 생긴 선분의 길이의 비는 같다.

→ $l\,/\!/\,m\,/\!/\,n$이면 $a:b=a':\boxed{(4)}$

 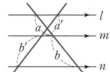

(2) 사다리꼴에서 평행선과 선분의 길이의 비

사다리꼴 ABCD에서 $\overline{AD}\,/\!/\,\overline{EF}\,/\!/\,\overline{BC}$이면

$$\overline{EF}=\dfrac{an+bm}{m+n}$$

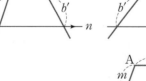

참고 $\overline{AC}$와 $\overline{BD}$의 교점을 E라 할 때, $\overline{AB}\,/\!/\,\overline{EF}\,/\!/\,\overline{DC}$이면

① $\overline{EF}=\dfrac{ab}{a+b}$　　② $\overline{BF}:\overline{FC}=a:b$

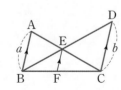

개념 check

1 다음 그림에서 $\overline{BC}\,/\!/\,\overline{DE}$일 때, x, y의 값을 각각 구하시오.

(1)

(2)

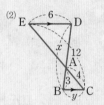

2 다음 그림과 같은 $\triangle ABC$에서 $\overline{AD}$는 $\angle A$의 내각의 이등분선이고 $\overline{AE}$는 $\angle A$의 외각의 이등분선일 때, x의 값을 구하시오.

(1)

(2)

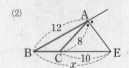

3 다음 그림에서 $l\,/\!/\,m\,/\!/\,n$일 때, x의 값을 구하시오.

(1)

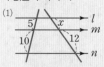

(2)

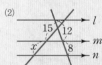

4 다음 그림과 같은 사다리꼴 ABCD에서 $\overline{AD}\,/\!/\,\overline{EF}\,/\!/\,\overline{BC}$, $\overline{AH}\,/\!/\,\overline{DC}$일 때, $\overline{EF}$의 길이를 구하시오.

답 (1) $\overline{DE}$　(2) $/\!/$　(3) $\overline{BD}$　(4) b'

❹ 삼각형의 두 변의 중점을 연결한 선분의 성질

(1) 삼각형의 두 변의 중점을 연결한 선분은 나머지 한 변과 평행하고 그

길이는 나머지 한 변의 길이의 $\frac{1}{2}$이다.

→ △ABC에서 $\overline{AM}=\overline{MB}$, $\overline{AN}=\overline{NC}$이면

$\overline{MN}\,/\!/\,\overline{BC}$, $\overline{MN}=\boxed{(5)}\,\overline{BC}$

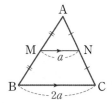

(2) 삼각형의 한 변의 중점을 지나고 다른 한 변에 평행한 직선은 나머지

한 변의 중점을 지난다.

→ △ABC에서 $\overline{AM}=\overline{MB}$, $\overline{MN}\,/\!/\,\overline{BC}$이면

$\overline{AN}=\overline{NC}$

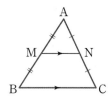

❺ 삼각형의 중선과 무게중심

(1) **중선** : 삼각형에서 한 꼭짓점과 그 대변의 $\boxed{(6)}$을 이은 선분

(2) **삼각형의 중선의 성질**

삼각형의 한 중선은 그 삼각형의 넓이를 이등분한다.

→ △ABD=△ADC=$\frac{1}{2}$△ABC

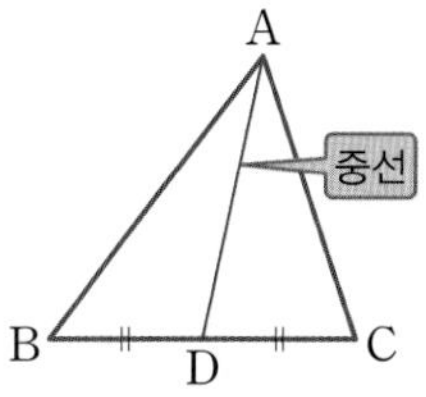

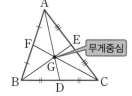

중선

(3) **무게중심** : 삼각형의 세 중선의 교점

(4) **삼각형의 무게중심의 성질**

① 삼각형의 세 중선은 한 점(무게중심)에서 만난다.

② 삼각형의 무게중심은 세 중선의 길이를 각 꼭짓점으로부터

각각 2 : 1로 나눈다.

→ $\overline{AG}:\overline{GD}=\overline{BG}:\overline{GE}=\overline{CG}:\overline{GF}=\boxed{(7)}:1$

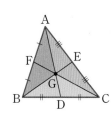

무게중심

(5) **삼각형의 무게중심과 넓이**

① 삼각형의 세 중선에 의하여 삼각형의 넓이는 6등분된다.

→ △GAF=△GFB=△GBD=△GDC

$=$△GCE$=$△GEA$=\frac{1}{6}$△ABC

② 삼각형의 무게중심과 세 꼭짓점을 이어서 생기는 세 삼각형

의 넓이는 같다.

→ △GAB=△GBC=△GCA=$\boxed{(8)}$△ABC

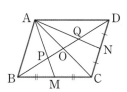

(6) **평행사변형에서 삼각형의 무게중심**

평행사변형 ABCD에서 두 점 M, N이 각각 $\overline{BC}$, $\overline{CD}$의 중점

일 때

① 두 점 P, Q는 각각 △ABC, △ACD의 무게중심이다.

② $\overline{BP}:\overline{PO}=\overline{DQ}:\overline{QO}=2:1$

③ $\overline{BP}=\overline{PQ}=\overline{QD}=\frac{1}{3}\overline{BD}$

개념 check

5 다음 그림과 같은 △ABC에서 x

의 값을 구하시오.

(1)

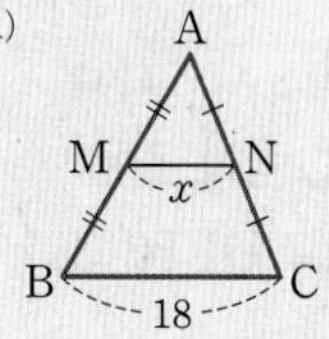

(2)

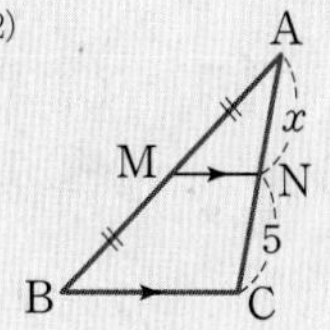

6 다음 그림에서 점 G가 △ABC의

무게중심일 때, x, y의 값을 각각

구하시오.

(1)

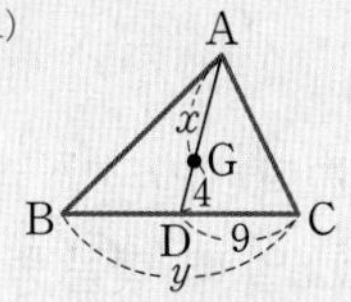

(2)

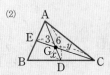

7 다음 그림에서 점 G는 △ABC의

무게중심이고 △ABC의 넓이가

$54\ cm^2$일 때, 색칠한 부분의 넓이

를 구하시오.

(1)

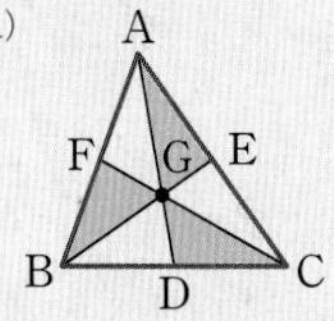

(2)

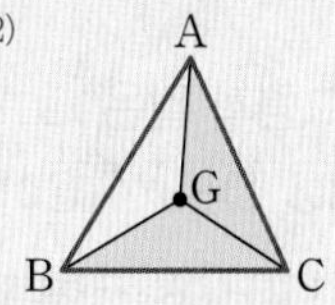

8 다음 그림과 같은 평행사변형

ABCD에서 $\overline{BC}$, $\overline{CD}$의 중점을

각각 M, N이라 할 때, $\overline{PQ}$의 길

이를 구하시오.

(단, 점 O는 두 대각선의 교점)

답 (5) $\frac{1}{2}$ (6) 중점 (7) 2 (8) $\frac{1}{3}$

유형 01 삼각형에서 평행선 사이의 선분의 길이의 비 (1) [최다 빈출]

01

오른쪽 그림과 같은 △ABC에서 $\overline{BC} /\!/ \overline{DE}$일 때, $x+y$의 값은?

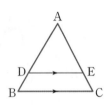

① 9
② 10
③ 11
④ 12
⑤ 13

02

오른쪽 그림과 같은 △ABC에서 $\overline{BC} /\!/ \overline{DE}$일 때, 다음 중 옳지 않은 것은?

① $\dfrac{\overline{AD}}{\overline{AB}} = \dfrac{\overline{AE}}{\overline{AC}}$
② $\dfrac{\overline{AD}}{\overline{AB}} = \dfrac{\overline{DE}}{\overline{BC}}$
③ $\dfrac{\overline{DB}}{\overline{AB}} = \dfrac{\overline{EC}}{\overline{AC}}$
④ $\dfrac{\overline{DB}}{\overline{AD}} = \dfrac{\overline{BC}}{\overline{DE}}$
⑤ $\dfrac{\overline{AD}}{\overline{DB}} = \dfrac{\overline{AE}}{\overline{EC}}$

03

오른쪽 그림과 같은 △ABC에서 $\overline{DE} /\!/ \overline{BC}$, $\overline{DF} /\!/ \overline{AC}$이다. $\overline{AE}=4$ cm, $\overline{EC}=6$ cm, $\overline{DE}=3$ cm일 때, $\overline{BF}$의 길이는?

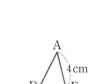

① 4 cm
② $\dfrac{9}{2}$ cm
③ 5 cm
④ $\dfrac{11}{2}$ cm
⑤ 6 cm

04

오른쪽 그림과 같이 $\overline{AD}=16$ cm, $\overline{DC}=9$ cm인 평행사변형 ABCD에서 $\overline{AF}$의 연장선과 $\overline{DC}$의 연장선의 교점을 E라 하자. $\overline{CE}=3$ cm일 때, $\overline{BF}$의 길이를 구하시오.

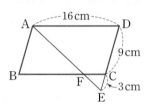

05

오른쪽 그림과 같은 △ABC에서 □DBFE는 마름모이고 $\overline{AB}=6$ cm, $\overline{BC}=4$ cm일 때, □DBFE의 둘레의 길이를 구하시오.

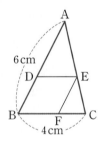

유형 02 삼각형에서 평행선 사이의 선분의 길이의 비 (2)

06

오른쪽 그림에서 $\overline{BC} /\!/ \overline{DE}$일 때, $x+y$의 값은?

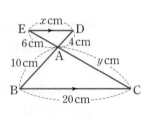

① 21
② 22
③ 23
④ 24
⑤ 25

07 ●●

오른쪽 그림과 같은 평행사변형 ABCD에서 $\overline{AD}$ 위의 점 E에 대하여 $\overline{BE}$와 $\overline{AC}$의 교점을 F라 하자. $\overline{AF}=3\,cm$, $\overline{FC}=9\,cm$, $\overline{BC}=15\,cm$일 때, $\overline{ED}$의 길이를 구하시오.

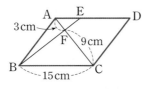

08 ●●

오른쪽 그림에서 $\overline{BC}\,/\!/\,\overline{DE}$, $\overline{DB}\,/\!/\,\overline{FG}$일 때, $x+y$의 값은?

① 18　　　② 20

③ 22　　　④ 24

⑤ 26

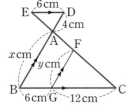

09 ●●

오른쪽 그림에서 $\overline{ED}\,/\!/\,\overline{FG}\,/\!/\,\overline{BC}$이고 $\overline{AE}:\overline{AG}=3:2$, $\overline{AF}:\overline{FB}=3:4$이다. $\overline{ED}=9\,cm$일 때, $\overline{BC}$의 길이를 구하시오.

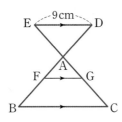

유형 **03** 삼각형에서 평행선과 선분의 길이의 비의 응용

10 ●●

오른쪽 그림과 같은 △ABC에서 $\overline{BC}\,/\!/\,\overline{DE}$일 때, xy의 값은?

① 12　　　② 16

③ 18　　　④ 20

⑤ 24

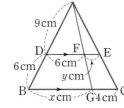

11 ●●

오른쪽 그림과 같은 △ABC에서 $\overline{BC}\,/\!/\,\overline{DE}$이고 $\overline{DE}=8\,cm$, $\overline{BG}=3\,cm$, $\overline{GC}=9\,cm$일 때, $\overline{DF}$의 길이는?

① $\dfrac{3}{2}\,cm$　　　② $\dfrac{7}{4}\,cm$

③ $2\,cm$　　　④ $\dfrac{9}{4}\,cm$

⑤ $\dfrac{5}{2}\,cm$

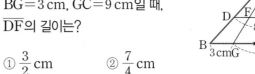
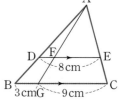

12 ●●

오른쪽 그림과 같은 △ABC에서 $\overline{BC}\,/\!/\,\overline{DE}$, $\overline{DC}\,/\!/\,\overline{FE}$이다. $\overline{AE}:\overline{EC}=5:3$이고 $\overline{AB}=8\,cm$일 때, $\overline{FD}$의 길이는?

① $\dfrac{3}{2}\,cm$　　　② $\dfrac{13}{8}\,cm$

③ $\dfrac{7}{4}\,cm$　　　④ $\dfrac{15}{8}\,cm$

⑤ $2\,cm$

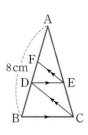

13 ●●●

오른쪽 그림과 같은 △ABC에서 $\overline{DE}\,/\!/\,\overline{AC}$, $\overline{DF}\,/\!/\,\overline{AE}$이다. $\overline{BE}=12\,cm$, $\overline{EC}=6\,cm$일 때, $\overline{FE}$의 길이는?

① $4\,cm$　　　② $\dfrac{17}{4}\,cm$　　　③ $\dfrac{9}{2}\,cm$

④ $\dfrac{19}{4}\,cm$　　　⑤ $5\,cm$

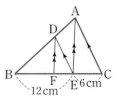

유형 **04** 삼각형에서 평행선 찾기 최다 빈출

14 •••

다음 중 $\overline{BC}\,/\!/\,\overline{DE}$인 것은?

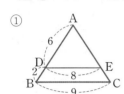

①

②

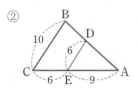

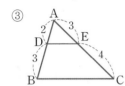

③

④

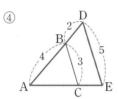

⑤

15 •••

오른쪽 그림과 같은 △ABC에서 $\overline{AD}:\overline{DB}=\overline{AE}:\overline{EC}$이고 $\overline{AD}=6$ cm, $\overline{DB}=4$ cm, $\overline{BC}=15$ cm일 때, 다음 중 옳지 <u>않은</u> 것은?

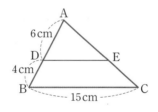

① $\overline{BC}\,/\!/\,\overline{DE}$

② $\overline{AE}:\overline{AC}=3:5$

③ $\overline{DE}:\overline{BC}=3:2$

④ $\overline{DE}=9$ cm

⑤ △ABC∽△ADE

16 •••

오른쪽 그림과 같은 △ABC에서 $\overline{BC}\,/\!/\,\overline{DE}$이고 $\overline{AD}=6$ cm, $\overline{DB}=9$ cm, $\overline{BC}=20$ cm이다. 이때 $\overline{AB}\,/\!/\,\overline{EF}$가 되도록 하는 $\overline{BF}$의 길이를 구하시오.

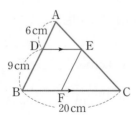

17 •••

오른쪽 그림과 같은 △ABC에 대하여 다음 중 옳은 것을 모두 고르면? (정답 2개)

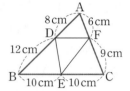

① $\overline{AB}\,/\!/\,\overline{FE}$

② $\overline{BC}\,/\!/\,\overline{DF}$

③ $\overline{AC}\,/\!/\,\overline{DE}$

④ ∠BAC=∠BDE

⑤ △ABC∽△ADF

유형 **05** 삼각형의 내각의 이등분선

18 •••

오른쪽 그림과 같은 △ABC에서 $\overline{AD}$는 ∠A의 이등분선이다. $\overline{AB}=18$ cm, $\overline{BC}=15$ cm, $\overline{AC}=12$ cm일 때, $\overline{BD}$의 길이를 구하시오.

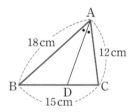

19 •••

오른쪽 그림과 같은 △ABC에서 ∠BAD=∠CAD이고 점 C를 지나고 $\overline{AD}$에 평행한 직선과 $\overline{BA}$의 연장선의 교점을 E라 하자. $\overline{AB}=9$ cm, $\overline{BC}=10$ cm, $\overline{AC}=6$ cm일 때, 다음 중 옳지 <u>않은</u> 것은?

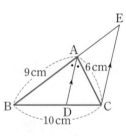

① $\overline{AE}=6$ cm

② $\overline{BD}=6$ cm

③ $\overline{CD}=4$ cm

④ ∠ACE=∠AEC

⑤ $\overline{AD}:\overline{EC}=3:4$

20 ◦◦

오른쪽 그림과 같은 △ABC에서 $\overline{AD}$는 ∠A의 이등분선이고 $\overline{AB}=\overline{AE}$이다. $\overline{AB}=12$ cm, $\overline{BC}=14$ cm, $\overline{AC}=16$ cm일 때, $\overline{DE}$의 길이를 구하시오.

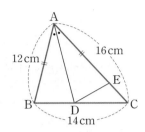

21 ◦◦◦

오른쪽 그림과 같은 △ABC에서 $\overline{AD}$는 ∠A의 이등분선이고 $\overline{AB} /\!/ \overline{ED}$이다. $\overline{AB}=6$ cm, $\overline{AC}=10$ cm일 때, $\overline{CE}$의 길이를 구하시오.

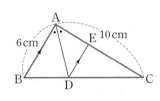

유형 **06** 삼각형의 내각의 이등분선과 넓이

22 ◦◦

오른쪽 그림과 같은 △ABC에서 $\overline{BD}$는 ∠B의 이등분선이다. $\overline{AB}=8$ cm, $\overline{BC}=10$ cm이고 △ABC의 넓이가 36 cm²일 때, △DBC의 넓이를 구하시오.

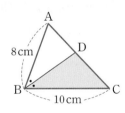

23 ◦◦

오른쪽 그림과 같은 △ABC에서 ∠BAD=∠CAD이고 $\overline{AB}:\overline{AC}=3:5$이다. △ADC의 넓이가 40 cm²일 때, △ABC의 넓이를 구하시오.

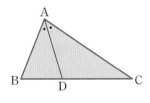

24 ◦◦

오른쪽 그림에서 점 I는 △ABC의 내심이고, $\overline{AI}$의 연장선이 $\overline{BC}$와 만나는 점을 D라 하자. $\overline{AB}=6$ cm, $\overline{AC}=4$ cm이고 △ABC의 넓이가 30 cm²일 때, △ABD의 넓이를 구하시오.

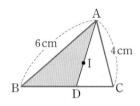

유형 **07** 삼각형의 외각의 이등분선

25 ◦◦

오른쪽 그림과 같은 △ABC에서 ∠A의 외각의 이등분선과 $\overline{BC}$의 연장선의 교점을 D라 하자. $\overline{AB}=5$ cm, $\overline{AC}=3$ cm, $\overline{CD}=6$ cm일 때, $\overline{BC}$의 길이를 구하시오.

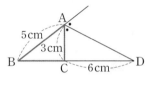

26 ◦◦◦

오른쪽 그림과 같은 △ABC에서 ∠A의 외각의 이등분선과 $\overline{CB}$의 연장선의 교점을 D라 하자. $\overline{AC}=9$ cm, $\overline{BC}=4$ cm, $\overline{DB}=8$ cm일 때, $\overline{AB}$의 길이를 구하시오.

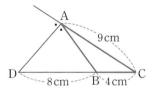

27 ◦◦

오른쪽 그림과 같은 △ABC에서 ∠A의 외각의 이등분선과 $\overline{BC}$의 연장선의 교점을 D라 하자. $\overline{AB}=10$ cm, $\overline{BC}=8$ cm, $\overline{AC}=6$ cm일 때, △ABC와 △ACD의 넓이의 비는?

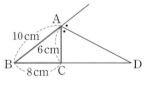

① 1 : 2   ② 2 : 3   ③ 2 : 5

④ 3 : 4   ⑤ 3 : 5

28 ●●

오른쪽 그림과 같은 △ABC
에서 ∠A의 외각의 이등분선
과 $\overline{BC}$의 연장선의 교점을 D
라 하자. $\overline{AB}=9\,cm$,
$\overline{AC}=6\,cm$이고 △ACD의 넓이가 $36\,cm^2$일 때, △ABC
의 넓이를 구하시오.

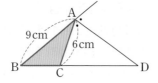

32 ●●●

오른쪽 그림에서
$l \,/\!/\, m \,/\!/\, n$일 때, x의 값
을 구하시오.

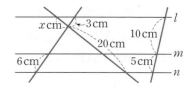

유형 08 평행선 사이의 선분의 길이의 비 [최다 빈출]

29 ●●●

오른쪽 그림에서 $l \,/\!/\, m \,/\!/\, n$일 때,
x의 값은?

① 9   ② 10
③ 11   ④ 12
⑤ 13

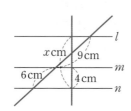

30 ●●●

오른쪽 그림에서 $l \,/\!/\, m \,/\!/\, n$
일 때, $x-y$의 값을 구하시
오.

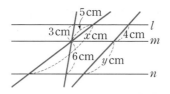

31 ●●

오른쪽 그림에서 $k \,/\!/\, l \,/\!/\, m \,/\!/\, n$
일 때, $x+y$의 값을 구하시오.

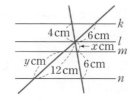

유형 09 사다리꼴에서 평행선과 선분의 길이의 비

33 ●●

오른쪽 그림에서 $l \,/\!/\, m \,/\!/\, n$일 때,
x의 값을 구하시오.

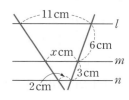

34 ●●●

오른쪽 그림과 같은 사다리꼴
ABCD에서 $\overline{AD} \,/\!/\, \overline{EF} \,/\!/\, \overline{BC}$
일 때, $x+y$의 값을 구하시오.

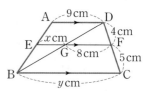

35 ●●●

오른쪽 그림과 같은 사다리꼴
ABCD에서 $\overline{AD} \,/\!/\, \overline{EF} \,/\!/\, \overline{BC}$일
때, $\overline{EF}$의 길이를 구하시오.

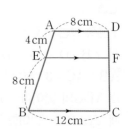

36 ●●●

오른쪽 그림과 같은 사다리꼴 ABCD에서 $\overline{AD} /\!/ \overline{EF} /\!/ \overline{BC}$이고 $\overline{AE}=2\overline{EB}$이다. $\overline{AD}=7$ cm, $\overline{BC}=10$ cm일 때, $\overline{EF}$의 길이를 구하시오.

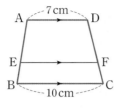

37 ●●●

오른쪽 그림과 같은 사다리꼴 ABCD에서 $\overline{AD} /\!/ \overline{EF} /\!/ \overline{BC}$이고 $\overline{AE} : \overline{EB}=3 : 2$이다. $\overline{AD}=20$ cm, $\overline{BC}=25$ cm일 때, $\overline{MN}$의 길이를 구하시오.

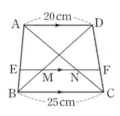

38 ●●●

오른쪽 그림과 같이 $\overline{AD} /\!/ \overline{BC}$인 사다리꼴 ABCD에서 점 O는 두 대각선의 교점이고 $\overline{EF}$는 점 O를 지난다. $\overline{EF} /\!/ \overline{BC}$이고 $\overline{AD}=6$ cm, $\overline{BC}=12$ cm일 때, $\overline{EF}$의 길이를 구하시오.

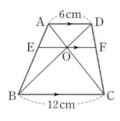

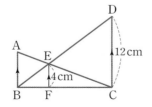
유형 10 평행선 사이의 선분의 길이의 비의 응용

39 ●●●

오른쪽 그림에서 $\overline{AB} /\!/ \overline{EF} /\!/ \overline{DC}$이고 $\overline{EF}=4$ cm, $\overline{DC}=12$ cm일 때, $\overline{AB}$의 길이를 구하시오.

40 ●●●

오른쪽 그림에서 $\overline{AB} /\!/ \overline{EF} /\!/ \overline{DC}$이고 $\overline{AB}=6$ cm, $\overline{BC}=8$ cm, $\overline{DC}=10$ cm일 때, $x-y$의 값은?

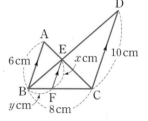

① $\dfrac{1}{4}$ ② $\dfrac{1}{2}$

③ $\dfrac{2}{3}$ ④ $\dfrac{3}{4}$

⑤ 1

41 ●●●
실수주의

오른쪽 그림에서 $\overline{AB} /\!/ \overline{EF} /\!/ \overline{DC}$이고 $\overline{AB}=6$ cm, $\overline{DC}=8$ cm일 때, 다음 중 옳지 않은 것은?

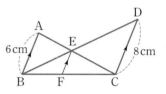

① $\triangle ABE \backsim \triangle CDE$ ② $\triangle BCD \backsim \triangle BFE$
③ $\overline{BF} : \overline{BC}=3 : 7$ ④ $\overline{EF} : \overline{DC}=3 : 4$
⑤ $\overline{BE} : \overline{DE}=3 : 4$

42 ●●●

오른쪽 그림에서 $\overline{AD}$, $\overline{BC}$는 모두 $\overline{AB}$에 수직이고 $\overline{AB}=21$ cm, $\overline{AD}=9$ cm, $\overline{BC}=12$ cm일 때, $\triangle ABE$의 넓이는?

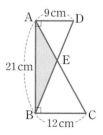

① 36 cm^2 ② 45 cm^2
③ 54 cm^2 ④ 60 cm^2
⑤ 72 cm^2

유형 01 삼각형의 두 변의 중점을 연결한 선분의 성질 (1) ⟨최다 빈출⟩

43 ••∘

오른쪽 그림과 같은 △ABC에서 두 점 M, N은 각각 $\overline{AC}$, $\overline{BC}$의 중점이고 $\overline{MN}=12$ cm, ∠A=80°, ∠MNC=40°일 때, $y-x$의 값을 구하시오.

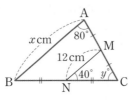

44 ••∘

오른쪽 그림과 같은 △ABC에서 두 점 M, N은 각각 $\overline{AB}$, $\overline{AC}$의 중점이고 $\overline{AB}=12$ cm, $\overline{BC}=10$ cm, $\overline{NC}=4$ cm일 때, △AMN의 둘레의 길이를 구하시오.

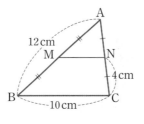

45 ••∘

오른쪽 그림과 같이 ∠B=90°인 직각삼각형 ABC에서 두 점 M, N은 각각 $\overline{AB}$, $\overline{AC}$의 중점이고 $\overline{AB}=16$ cm, $\overline{BC}=14$ cm일 때, □MBCN의 넓이를 구하시오.

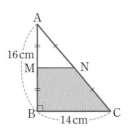

46 ••∘

오른쪽 그림과 같은 △ABC와 △DBC에서 네 점 M, N, P, Q는 각각 $\overline{AB}$, $\overline{AC}$, $\overline{DB}$, $\overline{DC}$의 중점이다. $\overline{MN}=4$ cm일 때, $\overline{PQ}$의 길이를 구하시오.

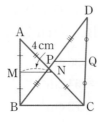

유형 02 삼각형의 두 변의 중점을 연결한 선분의 성질 (2)

47 ••∘

오른쪽 그림과 같은 △ABC에서 $\overline{AM}=\overline{MB}$, $\overline{MN}/\!/\overline{BC}$이고 $\overline{AC}=14$ cm, $\overline{MN}=8$ cm일 때, $x+y$의 값은?

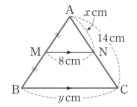

① 19 ② 20
③ 21 ④ 22
⑤ 23

48 ••∘

오른쪽 그림과 같은 △ABC에서 점 D는 $\overline{AB}$의 중점이고 $\overline{DE}/\!/\overline{BC}$, $\overline{DF}/\!/\overline{AC}$이다. $\overline{AC}=24$ cm, $\overline{BF}=9$ cm일 때, □DFCE의 둘레의 길이를 구하시오.

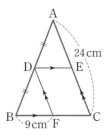

49 ••∘

오른쪽 그림과 같은 △ABC에서 $\overline{AM}=\overline{MB}$, $\overline{MN}/\!/\overline{BC}$이다. $\overline{BC}=16$ cm, $\overline{BQ}=6$ cm일 때, $\overline{PN}$의 길이를 구하시오.

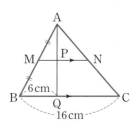

50 ••∘

오른쪽 그림에서 두 점 M, N은 각각 $\overline{BD}$, $\overline{AC}$의 중점이고 $\overline{NM}$의 연장선과 $\overline{AB}$의 교점 E에 대하여 $\overline{AD}/\!/\overline{EN}/\!/\overline{BC}$이다. $\overline{AD}=6$ cm, $\overline{BC}=12$ cm일 때, $\overline{MN}$의 길이를 구하시오.

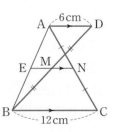

●정답 및 풀이 23쪽

유형 13 삼각형의 두 변의 중점을 연결한 선분의 성질의 응용

51 •••

오른쪽 그림과 같은 △ABC에서 점 D는 $\overline{AB}$의 중점이고 두 점 E, F는 $\overline{AC}$의 삼등분점이다. $\overline{BG}=6\,cm$일 때, $\overline{GF}$의 길이는?

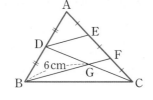

① $\dfrac{3}{2}\,cm$ ② $2\,cm$ ③ $\dfrac{5}{2}\,cm$

④ $3\,cm$ ⑤ $\dfrac{7}{2}\,cm$

52 •••

오른쪽 그림과 같은 △ABC에서 점 D는 $\overline{AB}$의 중점이고 $\overline{AC}$ 위의 점 E에 대하여 $\overline{DE}$의 연장선과 $\overline{BC}$의 연장선의 교점을 F라 하자. $\overline{DE}=\overline{EF}$이고 $\overline{BC}=4\,cm$일 때, $\overline{BF}$의 길이는?

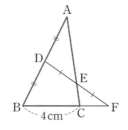

① $5\,cm$ ② $\dfrac{16}{3}\,cm$ ③ $\dfrac{17}{3}\,cm$

④ $6\,cm$ ⑤ $\dfrac{19}{3}\,cm$

53 •••

오른쪽 그림과 같은 △ABC에서 $\overline{BA}$의 연장선 위에 $\overline{AB}=\overline{AD}$가 되도록 점 D를 잡고 $\overline{AC}$의 중점을 E, $\overline{DE}$의 연장선과 $\overline{BC}$의 교점을 F라 하자. $\overline{BC}=24\,cm$일 때, $\overline{CF}$의 길이를 구하시오.

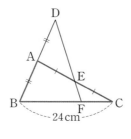

유형 14 각 변의 중점을 연결하여 만든 도형

54 •••

오른쪽 그림과 같은 △ABC에서 $\overline{AB}$, $\overline{BC}$, $\overline{CA}$의 중점을 각각 D, E, F라 하자. $\overline{AB}=6\,cm$, $\overline{BC}=8\,cm$, $\overline{CA}=7\,cm$일 때, △DEF의 둘레의 길이를 구하시오.

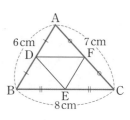

55 •••

오른쪽 그림과 같은 △ABC에서 $\overline{AB}$, $\overline{BC}$, $\overline{CA}$의 중점을 각각 D, E, F라 하자. $\overline{AB}=10\,cm$, $\overline{BC}=6\,cm$이고 △DEF의 둘레의 길이가 $12\,cm$일 때, $\overline{AC}$의 길이를 구하시오.

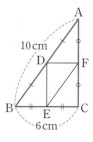

56 •••

오른쪽 그림과 같은 □ABCD에서 $\overline{AB}$, $\overline{BC}$, $\overline{CD}$, $\overline{DA}$의 중점을 각각 E, F, G, H라 하자. $\overline{AC}=12\,cm$, $\overline{BD}=14\,cm$일 때, □EFGH의 둘레의 길이를 구하시오.

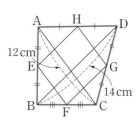

57 •••

오른쪽 그림과 같은 직사각형 ABCD에서 $\overline{AB}$, $\overline{BC}$, $\overline{CD}$, $\overline{DA}$의 중점을 각각 E, F, G, H라 하자. $\overline{AC}=16\,cm$일 때, □EFGH의 둘레의 길이를 구하시오.

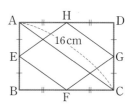

유형 15 사다리꼴의 두 변의 중점을 연결한 선분의 성질

58 •••

오른쪽 그림과 같이 $\overline{AD} /\!/ \overline{BC}$인 사다리꼴 ABCD에서 $\overline{AB}$, $\overline{DC}$의 중점을 각각 M, N이라 하자. $\overline{AD}=8$ cm, $\overline{BC}=14$ cm일 때, $\overline{PQ}$의 길이는?

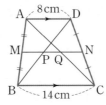

① 2 cm   ② $\dfrac{5}{2}$ cm

③ 3 cm   ④ $\dfrac{7}{2}$ cm

⑤ 4 cm

59 •••

오른쪽 그림과 같이 $\overline{AD} /\!/ \overline{BC}$인 사다리꼴 ABCD에서 $\overline{AB}$, $\overline{DC}$의 중점을 각각 M, N이라 하자. $\overline{AD}=10$ cm, $\overline{PQ}=3$ cm일 때, $\overline{BC}$의 길이는?

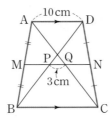

① 14 cm   ② $\dfrac{29}{2}$ cm   ③ 15 cm

④ $\dfrac{31}{2}$ cm   ⑤ 16 cm

60 •••

오른쪽 그림과 같이 $\overline{AD} /\!/ \overline{BC}$인 사다리꼴 ABCD에서 $\overline{AB}$, $\overline{DC}$의 중점을 각각 M, N이라 하자. $\overline{AD}=9$ cm, $\overline{MN}=12$ cm일 때, $\overline{BC}$의 길이는?

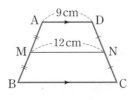

① 15 cm   ② $\dfrac{61}{4}$ cm   ③ $\dfrac{31}{2}$ cm

④ $\dfrac{63}{4}$ cm   ⑤ 16 cm

61 •••

오른쪽 그림과 같이 $\overline{AD} /\!/ \overline{BC}$인 사다리꼴 ABCD에서 $\overline{AB}$, $\overline{DC}$의 중점을 각각 M, N이라 하자.
$\overline{MP} : \overline{PQ} = 3 : 2$일 때,
$\overline{AD} : \overline{MN} : \overline{BC}$를 가장 간단한 자연수의 비로 나타내시오.

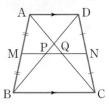

유형 16 삼각형의 중선의 성질

62 •••

오른쪽 그림과 같은 △ABC에서 $\overline{AM}$은 △ABC의 중선이고 점 N은 $\overline{AM}$의 중점이다. △ABC의 넓이가 32 cm²일 때, △NBM의 넓이는?

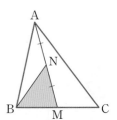

① 6 cm²   ② 8 cm²

③ 10 cm²   ④ 12 cm²

⑤ 14 cm²

63 •••

오른쪽 그림에서 $\overline{AM}$은 △ABC의 중선이고 $\overline{AM}$ 위의 두 점 P, Q에 대하여 $\overline{AP}=\overline{PQ}=\overline{QM}$이다. △PBQ의 넓이가 4 cm²일 때, △ABC의 넓이를 구하시오.

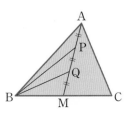

64 •••

오른쪽 그림에서 $\overline{AD}$는 △ABC의 중선이고 $\overline{AH} \perp \overline{BC}$이다. $\overline{BC}=8$ cm이고 △ABD의 넓이가 10 cm²일 때, $\overline{AH}$의 길이를 구하시오.

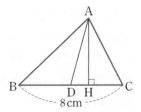

유형 17 삼각형의 무게중심의 성질   최다 빈출

65 •••

오른쪽 그림에서 점 G는 △ABC의 무게중심이다. $\overline{AD}=21$ cm, $\overline{DC}=8$ cm일 때, $x+y$의 값은?

① 13 ② 15

③ 17 ④ 19

⑤ 21

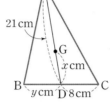

New
66 •••

오른쪽 좌표평면 위의 두 점 A$(27,\ 7)$, B$(27,\ -7)$에 대하여 △OAB의 무게중심의 x좌표를 구하시오. (단, O는 원점)

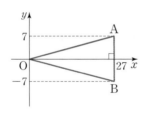

67 •••

오른쪽 그림에서 점 G는 $\angle$C$=90°$인 직각삼각형 ABC의 무게중심이다. $\overline{AB}=12$ cm일 때, $\overline{GD}$의 길이를 구하시오.

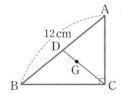

68 •••

오른쪽 그림에서 점 G는 △ABC의 무게중심이고 점 G′은 △GBC의 무게중심이다. $\overline{AD}=18$ cm일 때, $\overline{GG'}$의 길이를 구하시오.

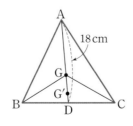

69 •••

오른쪽 그림에서 점 G는 △ABC의 무게중심이고 점 G′은 △GBC의 무게중심이다. $\overline{GG'}=6$ cm일 때, $\overline{AD}$의 길이를 구하시오.

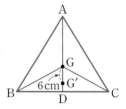

유형 18 삼각형의 무게중심의 응용

70 •••

오른쪽 그림에서 점 G는 △ABC의 무게중심이고 $\overline{BE}\ /\!/\ \overline{DF}$이다. $\overline{GE}=4$ cm일 때, xy의 값을 구하시오.

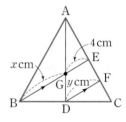

실수주의
71 •••

오른쪽 그림에서 점 G는 △ABC의 무게중심이고 점 M은 $\overline{DC}$의 중점이다. $\overline{EM}=9$ cm일 때, $\overline{AG}$의 길이는?

① 8 cm ② 9 cm

③ 10 cm ④ 11 cm

⑤ 12 cm

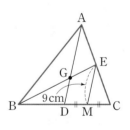

72 •••

오른쪽 그림에서 점 G는 △ABC의 무게중심이고 $\overline{DE}\ /\!/\ \overline{BC}$이다. $\overline{BC}=12$ cm, $\overline{GM}=3$ cm일 때, $x+y$의 값을 구하시오.

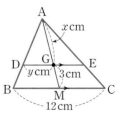

73 ●●●

오른쪽 그림에서 점 G는 △ABC
의 무게중심이고 $\overline{EF}$ // $\overline{AD}$일 때,
$\overline{BF}$: $\overline{FC}$를 가장 간단한 자연수의
비로 나타내시오.

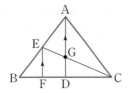

74 ●●●

오른쪽 그림에서 점 G는 △ABC
의 무게중심이고 $\overline{EF}$ // $\overline{BC}$이다.
$\overline{AD}$=18 cm일 때, $\overline{FG}$의 길이를
구하시오.

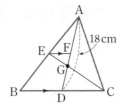

75 ●●●

오른쪽 그림과 같은 △ABC에서
$\overline{BC}$ 위의 점 D에 대하여 두 점 G,
G'은 각각 △ABD, △ADC의 무
게중심이다. $\overline{BC}$=30 cm일 때,
$\overline{GG'}$의 길이를 구하시오.

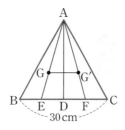

유형 **19** 삼각형의 무게중심과 넓이   최다 빈출

76 ●●●

오른쪽 그림에서 점 G가 △ABC의
무게중심일 때, 다음 중 옳지 않은
것은?

① △GBD=△GDC
② $\overline{AG}$: $\overline{GF}$=2 : 1
③ $\overline{BE}$: $\overline{GE}$=3 : 1
④ △AGE=$\frac{1}{6}$△ABC
⑤ △ABG=$\frac{2}{3}$△ABD

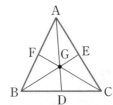

77 ●●●

오른쪽 그림에서 점 G가 △ABC
의 무게중심이고 △ABC의 넓이
가 54 cm²일 때, □EBDG의 넓
이를 구하시오.

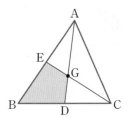

78 ●●●

오른쪽 그림과 같이 ∠C=90°
인 직각삼각형 ABC에서 점
G는 △ABC의 무게중심이
다. $\overline{AC}$=8 cm, $\overline{BC}$=12 cm
일 때, △GDC의 넓이를 구
하시오.

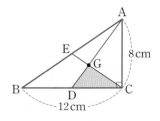

79 ●●●

오른쪽 그림에서 점 G는 △ABC
의 무게중심이고 점 G'은 △GBC
의 무게중심이다. △GBG'의 넓이
가 4 cm²일 때, △ABC의 넓이는?

① 32 cm²   ② 36 cm²
③ 40 cm²   ④ 44 cm²
⑤ 48 cm²

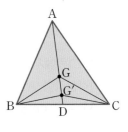

80 ●●●

오른쪽 그림에서 점 G는 △ABC
의 무게중심이다. △ABC의 넓이
가 84 cm²일 때, △DGE의 넓이
를 구하시오.

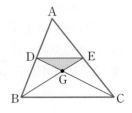

• 정답 및 풀이 26쪽

81 •••

오른쪽 그림에서 점 G는 △ABC 의 무게중심이고 두 점 D, E는 각 각 $\overline{BG}$, $\overline{CG}$의 중점이다. △ABC 의 넓이가 $60\,cm^2$일 때, 색칠한 부 분의 넓이를 구하시오.

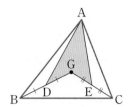

84 •••

오른쪽 그림과 같은 평행사변형 ABCD에서 두 점 M, N은 각각 $\overline{BC}$, $\overline{CD}$의 중점이고 두 점 P, Q 는 각각 대각선 BD와 $\overline{AM}$, $\overline{AN}$ 의 교점이다. $\overline{PQ}=4\,cm$일 때, $\overline{MN}$의 길이를 구하시오.

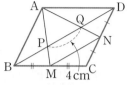

up 유형 20 평행사변형에서 무게중심의 응용

82 •••

오른쪽 그림과 같은 평행사변형 ABCD에서 두 점 M, N은 각각 $\overline{BC}$, $\overline{CD}$의 중점이고 두 점 P, Q 는 각각 대각선 BD와 $\overline{AM}$, $\overline{AN}$ 의 교점이다. $\overline{BD}=24\,cm$일 때, $\overline{PQ}$의 길이는?

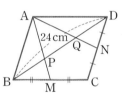

① 5 cm   ② 6 cm   ③ 7 cm
④ 8 cm   ⑤ 9 cm

85 •••

오른쪽 그림과 같은 평행사변형 ABCD에서 두 점 M, N은 각 각 $\overline{BC}$, $\overline{CD}$의 중점이고 두 점 P, Q는 각각 대각선 BD와 $\overline{AM}$, $\overline{AN}$의 교점일 때, 다음 중 옳지 <u>않은</u> 것은?

(단, 점 O는 두 대각선의 교점)

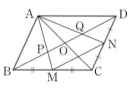

① $\overline{BP}=\overline{PQ}=\overline{QD}$ ② $\overline{AN}=3\overline{QN}$
③ $\overline{AP}=\overline{AQ}$ ④ $\triangle APQ=\dfrac{1}{6}\square ABCD$
⑤ $\triangle APO=\triangle AQO$

83 •••

오른쪽 그림과 같은 평행사변형 ABCD에서 두 점 M, N은 각 각 $\overline{BC}$, $\overline{CD}$의 중점이고 두 점 P, Q는 각각 대각선 BD와 $\overline{AM}$, $\overline{AN}$의 교점이다. △APQ의 넓 이가 $4\,cm^2$일 때, □ABCD의 넓이를 구하시오.

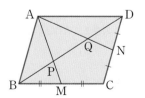

86 •••

오른쪽 그림과 같은 평행사변 형 ABCD에서 두 점 M, N 은 각각 $\overline{BC}$, $\overline{CD}$의 중점이고 두 점 P, Q는 각각 대각선 BD 와 $\overline{AM}$, $\overline{AN}$의 교점이다. □ABCD의 넓이가 $48\,cm^2$일 때, □PMNQ의 넓이를 구하시오.

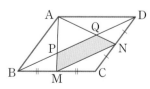

서술형

전국 1000여 개 학교 시험 문제를 분석하여 출제율 높은 서술형 문제만 선별했어요!

01

오른쪽 그림과 같은 사다리꼴 ABCD에서 $\overline{AD} \parallel \overline{EF} \parallel \overline{BC}$ 이고 $\overline{AE} : \overline{EB} = 1 : 3$이다. $\overline{AD} = 20$ cm, $\overline{BC} = 24$ cm일 때, $\overline{MN}$의 길이를 구하시오.

[6점]

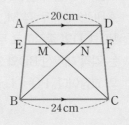

채점 기준 1 $\overline{EN}$의 길이 구하기 ⋯ 2점

△BAD에서 $\overline{BE}$: _____ = $\overline{EN}$: $\overline{AD}$이므로

_____ : _____ = $\overline{EN}$: 20, $4\overline{EN}$ = _____

∴ $\overline{EN}$ = _____ (cm)

채점 기준 2 $\overline{EM}$의 길이 구하기 ⋯ 2점

△ABC에서 $\overline{AE}$: $\overline{AB}$ = $\overline{EM}$: _____ 이므로

_____ : _____ = $\overline{EM}$: 24, $4\overline{EM}$ = _____

∴ $\overline{EM}$ = _____ (cm)

채점 기준 3 $\overline{MN}$의 길이 구하기 ⋯ 2점

$\overline{MN} = \overline{EN} - \overline{EM}$ = _____ − _____ = _____ (cm)

01-1

숫자 바꾸기

오른쪽 그림과 같은 사다리꼴 ABCD에서 $\overline{AD} \parallel \overline{EF} \parallel \overline{BC}$이 고 $\overline{AE} = 2\overline{EB}$이다. $\overline{AD} = 15$ cm, $\overline{BC} = 18$ cm일 때, $\overline{MN}$의 길이를 구하시오. [6점]

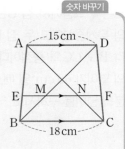

채점 기준 1 $\overline{EN}$의 길이 구하기 ⋯ 2점

채점 기준 2 $\overline{EM}$의 길이 구하기 ⋯ 2점

채점 기준 3 $\overline{MN}$의 길이 구하기 ⋯ 2점

02

오른쪽 그림에서 점 G는 △ABC 의 무게중심이고 점 G′은 △GBC 의 무게중심이다. △G′BD의 넓 이가 3 cm²일 때, △ABG′의 넓 이를 구하시오. [6점]

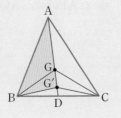

채점 기준 1 △GBC의 넓이 구하기 ⋯ 2점

점 G′은 △GBC의 무게중심이므로

△GBC = _____ △G′BD = _____ × 3 = _____ (cm²)

채점 기준 2 △ABC의 넓이 구하기 ⋯ 2점

점 G는 △ABC의 무게중심이므로

△ABC = _____ △GBC = _____ × _____ = _____ (cm²)

채점 기준 3 △ABG′의 넓이 구하기 ⋯ 2점

$\triangle ABD = \dfrac{1}{2}\triangle ABC = \dfrac{1}{2} \times$ _____ = _____ (cm²)이므로

△ABG′ = △ABD − △G′BD

= _____ − _____ = _____ (cm²)

02-1

조건 바꾸기

오른쪽 그림에서 점 G는 △ABC 의 무게중심이고 점 G′은 △GBC 의 무게중심이다. △GBG′의 넓 이가 4 cm²일 때, 색칠한 부분의 넓이를 구하시오. [6점]

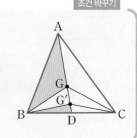

채점 기준 1 △GBC의 넓이 구하기 ⋯ 2점

채점 기준 2 △ABC의 넓이 구하기 ⋯ 2점

채점 기준 3 색칠한 부분의 넓이 구하기 ⋯ 2점

● 정답 및 풀이 28쪽

03

오른쪽 그림에서
$\overline{AB} /\!/ \overline{EF} /\!/ \overline{CD}$이고
$\overline{AB}=10$ cm, $\overline{BF}=3$ cm,
$\overline{FG}=5$ cm, $\overline{CD}=4$ cm일
때, x, y의 값을 각각 구하
시오. [4점]

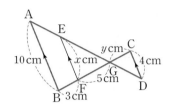

04

오른쪽 그림과 같은 △ABC에
서 ∠B=∠CAD,
∠BAE=∠DAE이다.
$\overline{AB}=15$ cm, $\overline{AC}=12$ cm,
$\overline{DC}=8$ cm일 때, $\overline{BE}$의 길이
를 구하시오. [7점]

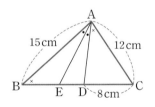

05

오른쪽 그림에서
$\overline{AB} /\!/ \overline{EF} /\!/ \overline{DC}$일 때,
$\overline{BF}+\overline{EF}$의 길이를 구하
시오. [6점]

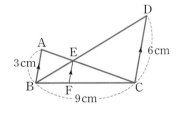

06

오른쪽 그림과 같이 $\overline{AD} /\!/ \overline{BC}$인
사다리꼴 ABCD에서 두 점 M,
N은 각각 $\overline{AB}$, $\overline{DC}$의 중점이고
$\overline{MP}=\overline{PQ}=\overline{QN}$이다.
$\overline{BC}=20$ cm일 때, $\overline{AD}$의 길이
를 구하시오. [6점]

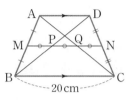

07

오른쪽 그림과 같은 △ABC에
서 점 D는 $\overline{BC}$의 중점이고 두
점 E, F는 $\overline{AC}$의 삼등분점이
다. △ABC의 넓이가 72 cm^2
일 때, $\overline{BF}$와 $\overline{ED}$의 교점 P에
대하여 △PBD의 넓이를 구하시오. [6점]

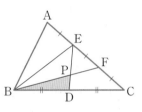

08

오른쪽 그림과 같은 평행사변
형 ABCD에서 두 점 M, N은
각각 $\overline{BC}$, $\overline{CD}$의 중점이고 두
점 P, Q는 각각 대각선 BD와
$\overline{AM}$, $\overline{AN}$의 교점이다. $\overline{BP}=5$ cm이고 □ABCD의 넓이
가 60 cm^{2}일 때, 다음을 구하시오.
(단, 점 O는 두 대각선의 교점) [7점]

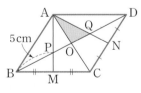

(1) $\overline{BD}$의 길이 [4점]

(2) △AOQ의 넓이 [3점]

01

오른쪽 그림과 같은 △ABC에서 $\overline{BC} \parallel \overline{DE}$이고 $\overline{AD}=10$ cm, $\overline{AE}=8$ cm, $\overline{DB}=5$ cm일 때, $\overline{EC}$의 길이는? [3점]

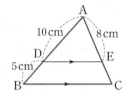

① 3 cm ② $\dfrac{10}{3}$ cm ③ $\dfrac{11}{3}$ cm

④ 4 cm ⑤ $\dfrac{13}{3}$ cm

02

오른쪽 그림에서 $\overline{BC} \parallel \overline{DE}$이고 $\overline{AC}=4$ cm, $\overline{BC}=5$ cm, $\overline{CE}=12$ cm일 때, $\overline{DE}$의 길이는? [3점]

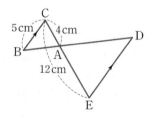

① 8 cm ② 9 cm

③ 10 cm ④ 11 cm

⑤ 12 cm

03

오른쪽 그림과 같은 △ABC에서 $\overline{BC} \parallel \overline{DE}$이고 $\overline{DE}=9$ cm, $\overline{BG}=3$ cm, $\overline{GC}=8$ cm일 때, $\overline{FE}$의 길이는? [4점]

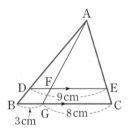

① 5 cm ② $\dfrac{64}{11}$ cm

③ 6 cm ④ $\dfrac{68}{11}$ cm

⑤ $\dfrac{72}{11}$ cm

04

다음 중 $\overline{BC} \parallel \overline{DE}$인 것을 모두 고르면? (정답 2개) [3점]

① 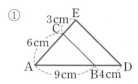 ②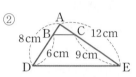

③ 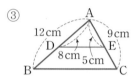 ④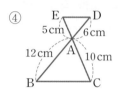

⑤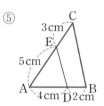

05

오른쪽 그림과 같은 △ABC에서 $\overline{AD}$는 ∠A의 이등분선이다. $\overline{AB}=15$ cm, $\overline{AC}=12$ cm, $\overline{DC}=8$ cm일 때, $\overline{BD}$의 길이는? [3점]

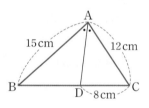

① 10 cm ② $\dfrac{21}{2}$ cm ③ 11 cm

④ $\dfrac{23}{2}$ cm ⑤ 12 cm

06

오른쪽 그림과 같은 △ABC에서 $\overline{AD}$는 ∠A의 이등분선이고 $\overline{AC} \parallel \overline{ED}$이다. $\overline{AB}=9$ cm, $\overline{AC}=6$ cm이고 △EBD의 넓이가 24 cm²일 때, △ADC의 넓이는? [4점]

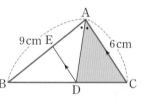

① 26 cm² ② $\dfrac{80}{3}$ cm² ③ $\dfrac{82}{3}$ cm²

④ 28 cm² ⑤ $\dfrac{86}{3}$ cm²

07

오른쪽 그림에서
$k /\!/ l /\!/ m /\!/ n$일 때, $x+y$의
값은? [3점]

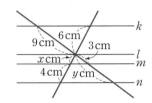

① 7 ② 8

③ 9 ④ 10

⑤ 11

08

오른쪽 그림과 같은 사다리꼴
ABCD에서 $\overline{AD} /\!/ \overline{EF} /\!/ \overline{BC}$일
때, $\overline{EF}$의 길이는? [4점]

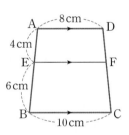

① $\dfrac{36}{5}$ cm ② 8 cm

③ $\dfrac{44}{5}$ cm ④ $\dfrac{48}{5}$ cm

⑤ $\dfrac{52}{5}$ cm

09

오른쪽 그림에서 $\overline{AB}$,
$\overline{DC}$는 모두 $\overline{BC}$에 수직
이고 $\overline{AB}=6$ cm,
$\overline{BC}=16$ cm,
$\overline{DC}=10$ cm일 때,
$\triangle EBC$의 넓이는? [5점]

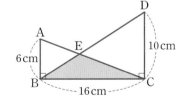

① 30 cm² ② 32 cm² ③ 34 cm²

④ 36 cm² ⑤ 38 cm²

10

오른쪽 그림과 같이 $\overline{AD} /\!/ \overline{BC}$
인 등변사다리꼴 ABCD에서
세 점 P, Q, R는 각각 $\overline{AD}$,
$\overline{AC}$, $\overline{BC}$의 중점이다.
$\overline{AB}=12$ cm, $\overline{AD}=8$ cm,
$\overline{BC}=16$ cm일 때, $\overline{PQ}+\overline{QR}$
의 길이는? [4점]

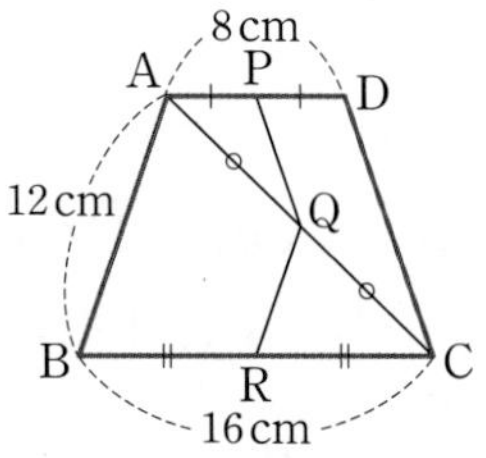

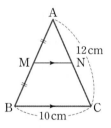

① 10 cm ② 11 cm ③ 12 cm

④ 13 cm ⑤ 14 cm

11

오른쪽 그림과 같이 $\overline{AB}=\overline{AC}$인
이등변삼각형 ABC에서 점 M은
$\overline{AB}$의 중점이고 $\overline{MN} /\!/ \overline{BC}$이다.
$\overline{AC}=12$ cm, $\overline{BC}=10$ cm일 때,
$\triangle AMN$의 둘레의 길이는? [4점]

① 14 cm ② 15 cm ③ 16 cm

④ 17 cm ⑤ 18 cm

12

오른쪽 그림과 같은 $\triangle ABC$에서
두 점 D, E는 $\overline{AB}$의 삼등분점이
고 점 F는 $\overline{AC}$의 중점이다. $\overline{DF}$
와 $\overline{BC}$의 연장선의 교점을 G라
하고 $\overline{DF}=5$ cm일 때, $\overline{FG}$의 길
이는? [4점]

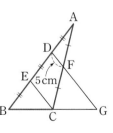

① 11 cm ② 12 cm ③ 13 cm

④ 14 cm ⑤ 15 cm

13

오른쪽 그림과 같은 △ABC에서 $\overline{AB}$, $\overline{BC}$, $\overline{CA}$의 중점을 각각 D, E, F라 하자. $\overline{DE}=6\,cm$, $\overline{EF}=5\,cm$, $\overline{FD}=6\,cm$일 때, △ABC의 둘레의 길이는? [4점]

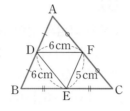

① 32 cm   ② 34 cm   ③ 36 cm

④ 38 cm   ⑤ 40 cm

14

오른쪽 그림과 같이 $\overline{AD}$∥$\overline{BC}$인 사다리꼴 ABCD에서 $\overline{AB}$, $\overline{DC}$의 중점을 각각 M, N이라 하자. $\overline{AD}=12\,cm$, $\overline{BC}=18\,cm$일 때, $\overline{MN}$의 길이는? [4점]

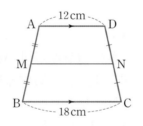

① 15 cm   ② $\frac{31}{2}$ cm   ③ 16 cm

④ $\frac{33}{2}$ cm   ⑤ 17 cm

15

오른쪽 그림에서 점 G는 △ABC의 무게중심이고 점 G′은 △GBC의 무게중심이다. $\overline{G'D}=2\,cm$일 때, $\overline{AG'}$의 길이는? [4점]

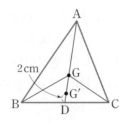

① 12 cm   ② 13 cm   ③ 14 cm

④ 15 cm   ⑤ 16 cm

16

오른쪽 그림과 같은 △ABC에서 $\overline{BC}$ 위의 점 D에 대하여 두 점 G, G′은 각각 △ABD, △ADC의 무게중심이다. $\overline{BC}=36\,cm$일 때, $\overline{GG'}$의 길이는? [5점]

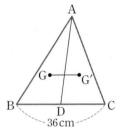

① 10 cm   ② $\frac{21}{2}$ cm

③ 11 cm   ④ $\frac{23}{2}$ cm

⑤ 12 cm

17

오른쪽 그림에서 점 G는 △ABC의 무게중심이고 $\overline{BE}=\overline{EG}$이다. △ABC의 넓이가 $96\,cm^2$일 때, △GED의 넓이는? [4점]

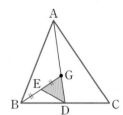

① $5\,cm^2$ ② $6\,cm^2$

③ $7\,cm^2$ ④ $8\,cm^2$

⑤ $9\,cm^2$

18

오른쪽 그림과 같은 평행사변형 ABCD에서 두 점 M, N은 각각 $\overline{BC}$, $\overline{CD}$의 중점이고 두 점 P, Q는 각각 대각선 BD와 $\overline{AM}$, $\overline{AN}$의 교점이다. □ABCD의 넓이가 $36\,cm^2$일 때, △APQ의 넓이는? [5점]

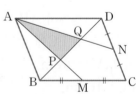

① $6\,cm^2$ ② $8\,cm^2$ ③ $9\,cm^2$

④ $10\,cm^2$ ⑤ $12\,cm^2$

19

오른쪽 그림과 같은 △ABC에
서 $\overline{BC} /\!/ \overline{DE}$, $\overline{DC} /\!/ \overline{FE}$이다.
$\overline{AF}=9$ cm, $\overline{AE}=12$ cm,
$\overline{EC}=8$ cm일 때, $\overline{FB}$의 길이를
구하시오. [6점]

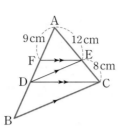

20

오른쪽 그림과 같은
△ABC에서 ∠A의 외각
의 이등분선과 $\overline{BC}$의 연장
선의 교점을 D라 하자.
$\overline{AB}=12$ cm, $\overline{AC}=6$ cm, $\overline{CD}=9$ cm일 때, $\overline{BC}$의
길이를 구하시오. [4점]

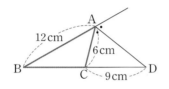

21

오른쪽 그림과 같은 사다리꼴
ABCD에서 $\overline{AD} /\!/ \overline{EF} /\!/ \overline{BC}$
이고 $\overline{AE} : \overline{EB}=1 : 2$이다.
$\overline{AD}=4$ cm, $\overline{BC}=6$ cm일 때,
대각선을 이용하여 $\overline{EF}$의 길이
를 구하시오. [6점]

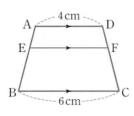

22

오른쪽 그림과 같은 △ABC에
서 $\overline{BA}$의 연장선 위에
$\overline{AB}=\overline{AD}$가 되도록 점 D를 잡
고 $\overline{AC}$의 중점을 E, $\overline{DE}$의 연
장선과 $\overline{BC}$의 교점을 F라 하자.
$\overline{FC}=5$ cm일 때, $\overline{BF}$의 길이
를 구하시오. [7점]

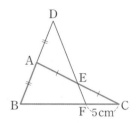

23

오른쪽 그림에서 점 G는 △ABC
의 무게중심이고 점 H는 $\overline{AD}$와
$\overline{EF}$의 교점이다. $\overline{AH} : \overline{HG} : \overline{GD}$
를 가장 간단한 자연수의 비로 나
타내시오. [7점]

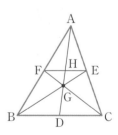

학교 선생님들이 출제하신 진짜 학교 시험 문제예요!

01

오른쪽 그림과 같은 △ABC에서 $\overline{BC} /\!/ \overline{DE}$일 때, $x-y$의 값은? [3점]

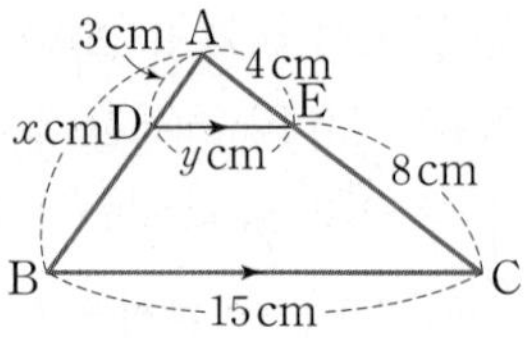

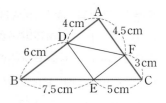

① 2 ② 3 ③ 4 ④ 5 ⑤ 6

02

오른쪽 그림에서 $\overline{BC} /\!/ \overline{DE}$, $\overline{DB} /\!/ \overline{FG}$일 때, $x+y$의 값은? [4점]

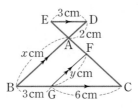

① 9 ② 10 ③ 11 ④ 12 ⑤ 13

03

오른쪽 그림과 같은 △ABC에서 $\overline{BC} /\!/ \overline{DE}$, $\overline{BE} /\!/ \overline{DF}$이다. $\overline{AF}=3\,\text{cm}$, $\overline{FE}=4\,\text{cm}$일 때, $\overline{EC}$의 길이는? [4점]

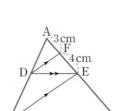

① 9 cm ② $\frac{28}{3}$ cm ③ $\frac{29}{3}$ cm ④ 10 cm ⑤ $\frac{31}{3}$ cm

04

오른쪽 그림과 같은 △ABC에 대하여 다음 중 옳지 않은 것을 모두 고르면? (정답 2개) [4점]

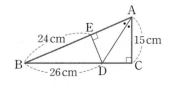

① $\overline{AB} /\!/ \overline{FE}$ ② $\overline{BC} /\!/ \overline{DF}$ ③ $\overline{AC} /\!/ \overline{DE}$ ④ $\overline{FE} : \overline{AB} = 2 : 5$ ⑤ △ADF∽△ABC

05

오른쪽 그림과 같이 ∠C=90°인 직각삼각형 ABC에서 ∠A의 이등분선이 $\overline{BC}$와 만나는 점을 D, 점 D에서 $\overline{AB}$에 내린 수선의 발을 E라 하자. $\overline{AC}=15\,\text{cm}$, $\overline{BE}=24\,\text{cm}$, $\overline{BD}=26\,\text{cm}$일 때, $\overline{ED}$의 길이는? [5점]

① 8 cm ② 9 cm ③ 10 cm ④ 11 cm ⑤ 12 cm

06

오른쪽 그림과 같은 △ABC에서 $\overline{AD}$는 ∠A의 이등분선이고 $\overline{AB}=12\,\text{cm}$, $\overline{AC}=10\,\text{cm}$이다. △ABD의 넓이가 $48\,\text{cm}^2$일 때, △ACD의 넓이는? [4점]

① $34\,\text{cm}^2$ ② $36\,\text{cm}^2$ ③ $38\,\text{cm}^2$ ④ $40\,\text{cm}^2$ ⑤ $42\,\text{cm}^2$

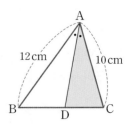

07

오른쪽 그림과 같은
△ABC에서 ∠A의 외각
의 이등분선과 $\overline{BC}$의 연
장선의 교점을 D라 하자.
$\overline{AB}=4\,cm$, $\overline{AC}=3\,cm$, $\overline{CD}=9\,cm$일 때, △ABC
의 둘레의 길이는? [3점]

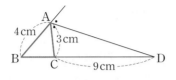

① 10 cm   ② $\dfrac{21}{2}$ cm   ③ 11 cm

④ $\dfrac{23}{2}$ cm   ⑤ 12 cm

08

오른쪽 그림에서 $l\,/\!/\,m\,/\!/\,n$
일 때, $x-y$의 값은? [3점]

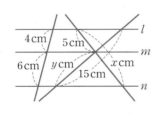

① $\dfrac{3}{2}$ ② 2

③ $\dfrac{5}{2}$ ④ 3

⑤ $\dfrac{7}{2}$

09

오른쪽 그림과 같은 사다리꼴
ABCD에서 $\overline{AD}\,/\!/\,\overline{EF}\,/\!/\,\overline{BC}$
이고 $\overline{AD}=16\,cm$,
$\overline{AE}=6\,cm$, $\overline{EF}=19\,cm$,
$\overline{BC}=24\,cm$일 때, $\overline{EB}$의 길
이는? [4점]

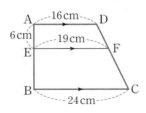

① 9 cm   ② $\dfrac{19}{2}$ cm   ③ 10 cm

④ $\dfrac{21}{2}$ cm   ⑤ 11 cm

10

오른쪽 그림에서
$\overline{AB}\,/\!/\,\overline{EF}\,/\!/\,\overline{DC}$이고
$\overline{AB}=10\,cm$, $\overline{EF}=6\,cm$
일 때, $\overline{DC}$의 길이는? [4점]

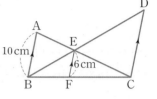

① 14 cm   ② 15 cm   ③ 16 cm

④ 17 cm   ⑤ 18 cm

11

오른쪽 그림과 같은 △ABC에서
두 점 D, E는 각각 $\overline{AB}$, $\overline{AC}$의 중
점이고 두 점 F, G는 각각 $\overline{AD}$,
$\overline{AE}$의 중점이다. $\overline{BC}=28\,cm$일
때, $\overline{FG}$의 길이는? [3점]

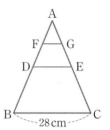

① 7 cm   ② $\dfrac{29}{4}$ cm

③ $\dfrac{15}{2}$ cm   ④ $\dfrac{31}{4}$ cm

⑤ 8 cm

12

오른쪽 그림에서 두 점 E, F는
각각 $\overline{AB}$, $\overline{AC}$의 중점이고 점 G
는 $\overline{EF}$와 $\overline{BD}$의 교점이다.
$\overline{AD}\,/\!/\,\overline{BC}$이고 $\overline{AD}=14\,cm$,
$\overline{BC}=22\,cm$일 때, $\overline{GF}$의 길이
는? [4점]

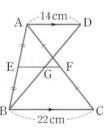

① $\dfrac{7}{2}$ cm   ② 4 cm   ③ $\dfrac{9}{2}$ cm

④ 5 cm   ⑤ $\dfrac{11}{2}$ cm

13

오른쪽 그림과 같은 △ABC 에서 두 점 D, E는 $\overline{AB}$의 삼 등분점이고 두 점 F, G는 $\overline{AC}$ 의 삼등분점이다. $\overline{DF}=3$ cm 일 때, $\overline{PQ}$의 길이는? [5점]

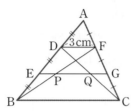

① 3 cm

② $\dfrac{10}{3}$ cm

③ $\dfrac{11}{3}$ cm

④ 4 cm

⑤ $\dfrac{13}{3}$ cm

14

오른쪽 그림과 같이 $\overline{AD}\,/\!/\,\overline{BC}$인 사다리꼴 ABCD에서 $\overline{AB}$, $\overline{DC}$의 중 점을 각각 M, N이라 하자. $\overline{MQ} : \overline{PQ}=5 : 2$이고 $\overline{BC}=25$ cm일 때, $\overline{AD}$의 길이는? [4점]

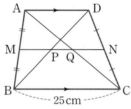

① 10 cm

② 12 cm

③ 15 cm

④ 16 cm

⑤ 18 cm

15

오른쪽 그림과 같은 △ABC에서 $\overline{AD}$는 △ABC의 중선이고 $\overline{DE}$ 는 △ABD의 중선이다. △ABC 의 넓이가 24 cm²일 때, △AED 의 넓이는? [3점]

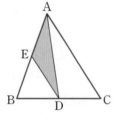

① 4 cm²

② $\dfrac{9}{2}$ cm²

③ 5 cm²

④ $\dfrac{11}{2}$ cm²

⑤ 6 cm²

16

오른쪽 그림에서 점 G는 △ABC 의 무게중심이고 $\overline{EF}\,/\!/\,\overline{BC}$이다. $\overline{AC}=21$ cm, $\overline{DC}=9$ cm일 때, $x+y$의 값은? [4점]

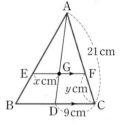

① 12

② 13

③ 14

④ 15

⑤ 16

17

오른쪽 그림에서 점 G는 △ABC의 무게중심이고 두 점 M, N은 각각 $\overline{BG}$, $\overline{CG}$의 중점 이다. 색칠한 부분의 넓이가 9 cm²일 때, △ABC의 넓이 는? [4점]

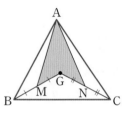

① 24 cm²

② 25 cm²

③ 26 cm²

④ 27 cm²

⑤ 28 cm²

18

오른쪽 그림과 같은 평행사 변형 ABCD에서 두 점 M, N은 각각 $\overline{BC}$, $\overline{DC}$의 중점 이고 두 점 P, Q는 각각 대 각선 BD와 $\overline{AM}$, $\overline{AN}$의 교 점이다. △APQ, □PMNQ, △MCN의 넓이를 각각 S_1, S_2, S_3라 할 때, $S_1 : S_2 : S_3$를 가장 간단한 자연수 의 비로 나타내면? [5점]

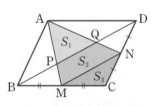

① 2 : 3 : 1

② 3 : 4 : 2

③ 4 : 5 : 2

④ 4 : 5 : 3

⑤ 5 : 6 : 4

서술형

19

오른쪽 그림과 같은 △ABC에서 $\overline{BC}/\!/\overline{DE}$이고 $\overline{DF}=5\,cm$, $\overline{FE}=10\,cm$, $\overline{BG}=7\,cm$일 때, $\overline{BC}$의 길이를 구하시오. [4점]

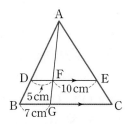

20

오른쪽 그림과 같은 △ABC에서 $\overline{AD}$, $\overline{CE}$는 각각 ∠A, ∠C의 이등분선이다. $\overline{AC}=16\,cm$, $\overline{BD}=4\,cm$, $\overline{DC}=8\,cm$일 때, $\overline{BE}$의 길이를 구하시오. [6점]

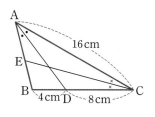

21

오른쪽 그림과 같은 △ABC에서 두 점 E, F는 각각 $\overline{AB}$, $\overline{AC}$의 중점이고, $\overline{BD}:\overline{DC}=2:3$이다. $\overline{BF}$와 $\overline{DE}$의 교점 G에 대하여 $\overline{BG}=4\,cm$일 때, $\overline{GF}$의 길이를 구하시오. [7점]

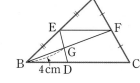

22

오른쪽 그림에서 점 G는 △ABC의 무게중심이고 $\overline{DE}/\!/\overline{BC}$이다. △ABC의 넓이가 $66\,cm^2$일 때, △AFE의 넓이를 구하시오. [6점]

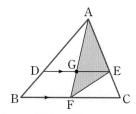

23

오른쪽 그림과 같이 $\overline{AB}=12\,cm$, $\overline{BC}=18\,cm$인 직사각형 ABCD에서 $\overline{BC}$의 중점을 E라 하고 $\overline{AC}$와 $\overline{DE}$의 교점을 F라 하자. 이때 △OEF의 넓이를 구하시오.

(단, 점 O는 두 대각선의 교점) [7점]

중학교 수학 교과서 10종을 분석한 교과서별 출제 예상 문제예요!

01

비상 변형

다음 그림과 같이 평행하고 간격이 일정한 줄이 있는 공책 위에 $\overline{AB}=9\,cm$인 정사각형 모양의 색종이를 올려 놓았다. 두 점 A, B가 공책의 두 번째, 8번째 줄과 각각 만날 때, 공책의 4번째, 6번째 줄과 만나는 곳을 각각 C, D라 하자. 이때 $\overline{CD}$의 길이를 구하시오.

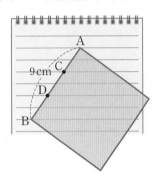

02

천재 변형

오른쪽 그림과 같이 일정한 간격으로 다리가 놓여 있는 사다리에서 밑에서 세 번째 다리가 파손되어 없어져 새로 만들어야 한다. 이때 새로 만들어야 할 다리의 길이를 구하시오. (단, 사다리의 다리들은 서로 평행하고, 다리의 두께는 생각하지 않는다.)

03

신사고 변형

오른쪽 그림과 같이 $\overline{AD}\,/\!/\,\overline{BC}$인 사다리꼴 ABCD에서 $\overline{AC}$와 $\overline{BD}$의 교점 O를 지나면서 $\overline{AD}$에 평행한 직선을 그어 $\overline{AB}$, $\overline{DC}$와 만나는 점을 각각 E, F라 하고, $\overline{BD}$, $\overline{CE}$의 교점 G를 지나면서 $\overline{EF}$에 평행한 직선을 그어 $\overline{AC}$와 만나는 점을 H라 하자. $\overline{AD}=12\,cm$, $\overline{BC}=15\,cm$일 때, 다음 물음에 답하시오.

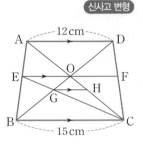

(1) $\overline{AE}:\overline{EB}$를 가장 간단한 자연수의 비로 나타내시오.

(2) $\overline{EO}$의 길이를 구하시오.

(3) $\overline{GH}$의 길이를 구하시오.

04

미래엔 변형

오른쪽 그림에서 점 G는 △ABC의 무게중심이고 점 G를 지나고 $\overline{BC}$에 평행한 직선이 $\overline{AB}$, $\overline{AC}$와 만나는 점을 각각 D, E라 하자. 다음 물음에 답하시오.

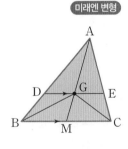

(1) $\overline{DE}=\dfrac{2}{3}\overline{BC}$임을 설명하시오.

(2) □DBCE의 넓이는 △ADE의 넓이의 몇 배인지 구하시오.

VI 도형의 닮음과 피타고라스 정리

① 도형의 닮음

② 닮음의 활용

3 피타고라스 정리

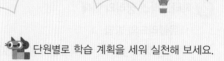

단원별로 학습 계획을 세워 실천해 보세요.

학습 날짜	월 일	월 일	월 일	월 일
학습 계획				
학습 실행도	0　　　　　100	0　　　　　100	0　　　　　100	0　　　　　100
자기 반성				

3 피타고라스 정리

개념 check

① 피타고라스 정리

직각삼각형 ABC에서 직각을 낀 두 변의 길이를 각각 a, b라 하고, 빗변의 길이를 c라 하면

$$a^2 + b^2 = c^2$$

참고 • a, b, c는 변의 길이이므로 항상 양수이다.

　　• 직각삼각형에서 두 변의 길이를 알면 피타고라스 정리를 이용하여 나머지 한 변의 길이를 구할 수 있다.

→ $c^2 = a^2 + b^2$, $b^2 = c^2 - a^2$, $a^2 =$ ⬚(1)

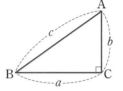

② 피타고라스 정리의 이해

(1) 유클리드의 방법

오른쪽 그림과 같이 직각삼각형 ABC의 세 변을 각각 한 변으로 하는 세 정사각형 ACDE, AFGB, BHIC를 그리면

① △ACE＝△ABE＝△AFC＝△AFL

　→ □ACDE＝□AFML

② △BCH＝△BAH＝△BGC＝△BGL

　→ □BHIC＝□LMGB

③ □ACDE＋□BHIC＝ ⬚(2) 이므로

　$\overline{AC}^2 + \overline{BC}^2 = \overline{AB}^2$

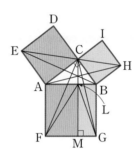

(2) 피타고라스의 방법

[그림 1]과 같이 직각삼각형 ABC와 이와 합동인 직각삼각형 3개를 이용하여 한 변의 길이가 $a+b$인 정사각형을 만들면

① [그림 1]에서 □AGHB는 한 변의 길이가 c인 정사각형이다.

② [그림 1]에서 직각삼각형 ㉠, ㉡, ㉢을 [그림 2]와 같이 이동시키면 [그림 1]과 [그림 2]는 모두 한 변의 길이가 $a+b$인 정사각형이므로 넓이가 같다.

③ 색칠한 부분의 넓이는 같으므로 $c^2 = a^2 + b^2$

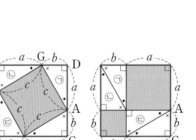

[그림 1]　　　　　[그림 2]

③ 직각삼각형이 되는 조건

세 변의 길이가 각각 a, b, c인 △ABC에서

$$a^2 + b^2 = c^2$$

이면 이 삼각형은 빗변의 길이가 ⬚(3) 인 직각삼각형이다.

참고 피타고라스 정리 $a^2 + b^2 = c^2$을 만족시키는 세 자연수 a, b, c를 피타고라스 수라 한다. 피타고라스 수를 (a, b, c)로 나타내면 다음과 같은 수들이 있다.

　　$(3, 4, 5)$, $(5, 12, 13)$, $(6, 8, 10)$, $(7, 24, 25)$, $(8, 15, 17)$, …

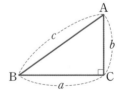

개념 check

1 다음 그림과 같은 직각삼각형에서 x의 값을 구하시오.

(1)

(2)

2 다음 그림은 ∠C＝90°인 직각삼각형 ABC의 세 변을 각각 한 변으로 하는 정사각형을 그린 것이다. □ACDE의 넓이가 7 cm^2, □BHIC의 넓이가 15 cm^2일 때, □AFGB의 넓이를 구하시오.

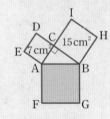

3 다음 그림과 같은 정사각형 ABCD에서 $\overline{AE} = 5 \text{ cm}$이고 $\overline{AH} = \overline{BE} = \overline{CF} = \overline{DG} = 12 \text{ cm}$일 때, □EFGH의 넓이를 구하시오.

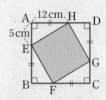

4 세 변의 길이가 각각 다음과 같은 삼각형 중에서 직각삼각형인 것에는 ○표, 직각삼각형이 아닌 것에는 ×표를 하시오.

(1) 6 cm, 8 cm, 11 cm　(　)

(2) 9 cm, 12 cm, 15 cm　(　)

(3) 10 cm, 11 cm, 15 cm
　　　　　　　　　　　(　)

답 (1) $c^2 - b^2$　(2) □AFGB　(3) c

④ 삼각형의 변의 길이와 각의 크기 사이의 관계

$\triangle ABC$에서 $\overline{AB}=c$, $\overline{BC}=a$, $\overline{CA}=b$이고 c가 가장 긴 변의 길이일 때

① $c^2 < a^2+b^2$이면 $\angle C < 90°$ ➡ $\triangle ABC$는 예각삼각형

② $c^2 = a^2+b^2$이면 $\angle C = 90°$ ➡ $\triangle ABC$는 직각삼각형

③ $c^2 > a^2+b^2$이면 $\angle C \boxed{(4)} 90°$ ➡ $\triangle ABC$는 둔각삼각형

참고 삼각형의 세 변의 길이 사이의 관계

➡ (가장 긴 변의 길이) < (나머지 두 변의 길이의 합)

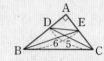

⑤ 피타고라스 정리의 활용

(1) 피타고라스 정리를 이용한 직각삼각형의 성질

$\angle A = 90°$인 직각삼각형 ABC에서 $\overline{AB}$, $\overline{AC}$ 위의 두 점 D, E에 대하여

$$\overline{DE}^2 + \overline{BC}^2 = \overline{BE}^2 + \overline{CD}^2$$

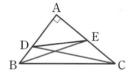

(2) 두 대각선이 직교하는 사각형의 성질

사각형 ABCD에서 두 대각선이 직교할 때,

$$\overline{AB}^2 + \overline{CD}^2 = \boxed{(5)} + \overline{BC}^2 \longrightarrow$$ 사각형의 두 대변의 길이의 제곱의 합은 서로 같다.

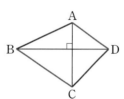

(3) 피타고라스 정리를 이용한 직사각형의 성질

직사각형 ABCD의 내부에 있는 임의의 한 점 P에 대하여

$$\overline{AP}^2 + \overline{CP}^2 = \overline{BP}^2 + \overline{DP}^2$$

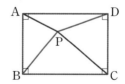

(4) 직각삼각형의 세 반원 사이의 관계

직각삼각형 ABC에서 직각을 낀 두 변을 지름으로 하는 반원의 넓이를 각각 S_1, S_2, 빗변을 지름으로 하는 반원의 넓이를 S_3이라 할 때,

$$S_1 + S_2 = \boxed{(6)}$$

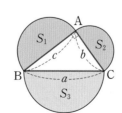

(5) 히포크라테스의 원의 넓이

직각삼각형 ABC의 세 변을 각각 지름으로 하는 세 반원에서

$$(\text{색칠한 부분의 넓이}) = \triangle ABC = \frac{1}{2}bc$$

 히포크라테스의 원의 넓이라 한다.

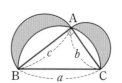

답 (4) > (5) $\overline{AD}^2$ (6) S_3

5 세 변의 길이가 각각 다음과 같은 삼각형은 어떤 삼각형인지 말하시오.

(1) 3, 4, 5

(2) 5, 7, 11

(3) 6, 7, 8

6 다음 그림과 같이 $\angle A = 90°$인 직각삼각형 ABC에서 $\overline{DE}^2 + \overline{BC}^2$의 값을 구하시오.

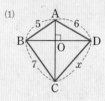

7 다음 그림과 같은 □ABCD에서 x^2의 값을 구하시오.

(1)

(2)

8 다음 그림과 같이 $\angle A = 90°$인 직각삼각형 ABC의 세 변을 각각 지름으로 하는 세 반원을 그렸다. 색칠한 부분의 넓이를 구하시오.

(1)

(2)

유형 01 피타고라스 정리

01 ...

오른쪽 그림과 같이
∠C=90°인 직각삼각형
ABC에서 $\overline{AB}$=13 cm,
$\overline{AC}$=5 cm일 때, △ABC
의 넓이를 구하시오.

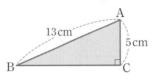

02 ...

지면에 수직으로 서 있던 나무가
오른쪽 그림과 같이 부러져 기둥
이 서로 직각을 이루고 있다. 이
나무의 키가 7 m이었을 때, 나무
가 서 있던 지점에서 부러진 나무의 끝이 닿은 지점까지의
거리는 몇 m인지 구하시오.

03 ...

오른쪽 그림과 같이 넓이가 각각
4 cm², 36 cm²인 두 정사각형
ABCD와 CEFG를 세 점 B, C,
E가 한 직선 위에 오도록 이어 붙
였을 때, $\overline{BF}$의 길이를 구하시오.

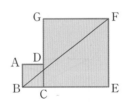

실수
주의
04 ...

오른쪽 그림에서 점 G는
∠A=90°인 직각삼각형 ABC
의 무게중심이다. $\overline{AC}$=12 cm,
$\overline{AG}$=$\frac{20}{3}$ cm일 때, $\overline{AB}$의 길
이를 구하시오.

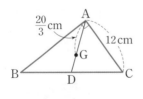

유형 02 삼각형에서 피타고라스 정리 이용하기 최다 빈출

05 ...

오른쪽 그림과 같은 △ABC에서
$\overline{AD}⊥\overline{BC}$이고 $\overline{AC}$=17 cm,
$\overline{BD}$=6 cm, $\overline{CD}$=15 cm일 때,
$\overline{AB}$의 길이를 구하시오.

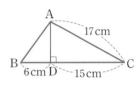

06 ...

오른쪽 그림과 같이 ∠B=90°인
직각삼각형 ABC에서
$\overline{AD}$=13 cm, $\overline{BD}$=5 cm,
$\overline{CD}$=11 cm일 때, $\overline{AC}$의 길이를
구하시오.

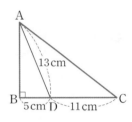

07 ...

오른쪽 그림에서
∠B=∠ACD=∠ADE=90°이
고 $\overline{AB}$=$\overline{BC}$=$\overline{CD}$=$\overline{DE}$=2 cm
일 때, $\overline{AE}$의 길이를 구하시오.

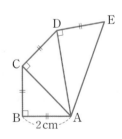

08 ...

오른쪽 그림과 같이 ∠A=90°
인 직각삼각형 ABC에서
$\overline{AD}⊥\overline{BC}$이고 $\overline{AB}$=9 cm,
$\overline{AC}$=12 cm일 때, $\overline{BD}$의 길이
를 구하시오.

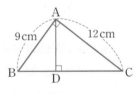

09 ···

오른쪽 그림과 같이 ∠A=90°
인 직각삼각형 ABC의 꼭짓점
A에서 $\overline{BC}$에 내린 수선의 발을
H라 하자. $\overline{AB}$=20 cm,
$\overline{BH}$=16 cm일 때, △ABC의 넓이를 구하시오.

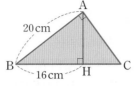

유형 03 사각형에서 피타고라스 정리 이용하기

10 ···

오른쪽 그림과 같은 □ABCD
에서 ∠A=∠C=90°이고
$\overline{AB}$=11 cm, $\overline{BC}$=9 cm,
$\overline{CD}$=7 cm일 때, $\overline{AD}$의 길이를
구하시오.

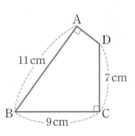

11 ···

오른쪽 그림과 같은 □ABCD에
서 ∠C=∠D=90°이고
$\overline{AB}$=13 cm, $\overline{AD}$=11 cm,
$\overline{BC}$=16 cm일 때, $\overline{BD}$의 길이를
구하시오.

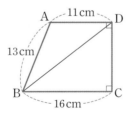

12 ···

오른쪽 그림과 같이
$\overline{AB}$=$\overline{DC}$=10 cm,
$\overline{AD}$=4 cm, $\overline{BC}$=16 cm인 등
변사다리꼴 ABCD의 넓이는?

① 68 cm^2　　② 72 cm^2
③ 76 cm^2　　④ 80 cm^2
⑤ 84 cm^2

유형 04 직사각형의 대각선의 길이

13 ···

오른쪽 그림과 같이 가로의 길이가
12 cm이고 대각선의 길이가
15 cm인 직사각형 ABCD의 넓
이는?

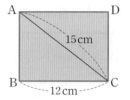

① 104 cm^2　　② 108 cm^2
③ 112 cm^2　　④ 116 cm^2
⑤ 120 cm^2

14 ···

가로와 세로의 길이의 비가 3 : 4이고, 대각선의 길이가
40 cm인 직사각형의 둘레의 길이는?

① 96 cm　　　② 100 cm　　　③ 104 cm
④ 108 cm　　⑤ 112 cm

15 ···

오른쪽 그림과 같이 가로, 세로
의 길이가 각각 16 cm, 12 cm
인 직사각형 ABCD에서 두 대
각선의 교점을 O라 할 때, $\overline{OC}$
의 길이를 구하시오.

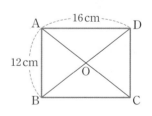

16 ···

오른쪽 그림과 같이 반지름의 길이가
5 cm인 원 O에 내접하는 직사각형의
가로의 길이가 8 cm일 때, 세로의 길이
를 구하시오.

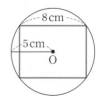

유형 05 이등변삼각형의 높이와 넓이

17 ●●●

오른쪽 그림과 같이
$\overline{AB}=\overline{AC}=5$ cm,
$\overline{BC}=8$ cm인 이등변삼각형
ABC의 넓이를 구하시오.

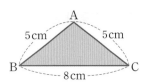

18 ●●●

오른쪽 그림과 같이 $\overline{AB}=\overline{AC}$이고
$\overline{BC}=12$ cm인 이등변삼각형 ABC
의 넓이가 48 cm²일 때, △ABC
의 둘레의 길이를 구하시오.

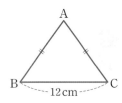

유형 06 종이접기

19 ●●●

오른쪽 그림과 같이
$\overline{AB}=9$ cm, $\overline{BC}=15$ cm인
직사각형 ABCD를 $\overline{AP}$를
접는 선으로 하여 꼭짓점 D가
$\overline{BC}$ 위의 점 Q에 오도록 접었
을 때, $\overline{PQ}$의 길이를 구하시오.

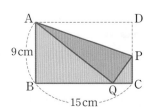

20 ●●●

오른쪽 그림은 직사각형
ABCD를 대각선 BD를 접는
선으로 하여 접은 것이다.
$\overline{AB}=12$ cm, $\overline{DF}=13$ cm일
때, $\overline{BC}$의 길이를 구하시오.

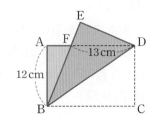

유형 07 피타고라스 정리의 이해   최다 빈출

21 ●●●

오른쪽 그림은 ∠A=90°인 직각
삼각형 ABC의 세 변을 각각 한 변
으로 하는 세 정사각형을 그린 것이
다. 두 정사각형 ACHI, BFGC의
넓이가 각각 17 cm², 81 cm²일 때,
$\overline{AB}$의 길이를 구하시오.

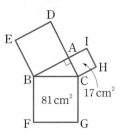

🔥실수주의 22 ●●●

오른쪽 그림은 ∠C=90°인 직각
삼각형 ABC의 세 변을 각각 한
변으로 하는 세 정사각형을 그린
것이다. 두 정사각형 ADEB,
BFGC의 넓이가 각각 74 cm²,
49 cm²일 때, △ABC의 넓이는?

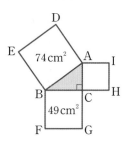

① $\dfrac{35}{2}$ cm²   ② 18 cm²   ③ $\dfrac{37}{2}$ cm²

④ 19 cm²   ⑤ $\dfrac{39}{2}$ cm²

23 ●●●

오른쪽 그림은 ∠A=90°인 직
각삼각형 ABC의 세 변을 각각
한 변으로 하는 세 정사각형을
그린 것이다. $\overline{AB}=8$ cm,
$\overline{BC}=10$ cm일 때, △AGC의
넓이는?

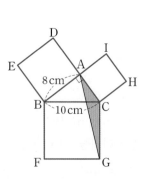

① 18 cm²   ② 22 cm²
③ 26 cm²   ④ 30 cm²
⑤ 34 cm²

24 •••

오른쪽 그림은 ∠A=90°인 직각삼각형 ABC의 세 변을 각각 한 변으로 하는 세 정사각형을 그린 것이다. 다음 중 넓이가 나머지 넷과 다른 하나는?

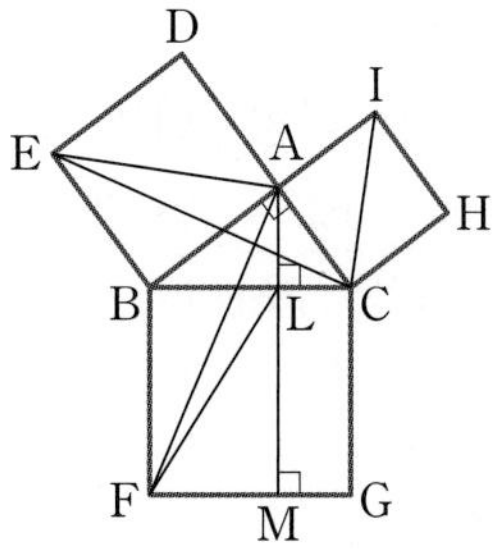

① △EBC   ② △ABF
③ △IBC   ④ △LBF
⑤ △EBA

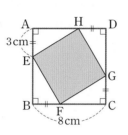

25 •••

오른쪽 그림에서 □ABCD는 한 변의 길이가 8 cm인 정사각형이다. $\overline{AE}=\overline{BF}=\overline{CG}=\overline{DH}=3$ cm일 때, □EFGH의 넓이를 구하시오.

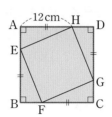

26 •••

오른쪽 그림과 같은 정사각형 ABCD에서 $\overline{AH}=\overline{BE}=\overline{CF}=\overline{DG}=12$ cm이고 □EFGH의 넓이가 169 cm²일 때, □ABCD의 넓이를 구하시오.

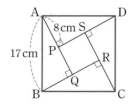

27 •••

오른쪽 그림에서 4개의 직각삼각형은 모두 합동이고 $\overline{AB}=17$ cm, $\overline{AP}=8$ cm일 때, 다음 중 옳지 않은 것은?

① $\overline{DS}=8$ cm   ② $\overline{BR}=15$ cm
③ $\overline{PQ}=7$ cm   ④ △ABQ=65 cm²
⑤ □PQRS=49 cm²

유형 **08** 직각삼각형이 되는 조건

28 •••

세 변의 길이가 각각 다음과 같은 삼각형 중 직각삼각형인 것은?

① 3 cm, 8 cm, 9 cm
② 5 cm, 12 cm, 15 cm
③ 7 cm, 10 cm, 13 cm
④ 8 cm, 14 cm, 17 cm
⑤ 10 cm, 24 cm, 26 cm

실수주의
29 •••

세 변의 길이가 각각 6 cm, 9 cm, x cm인 삼각형이 직각삼각형이 되도록 하는 x^2의 값을 모두 구하시오.

유형 **09** 삼각형의 변의 길이와 각의 크기 사이의 관계   최다 빈출

30 •••

삼각형의 세 변의 길이가 각각 다음과 같을 때, 둔각삼각형인 것을 모두 고르면? (정답 2개)

① 3, 4, 5   ② 4, 5, 6   ③ 5, 6, 8
④ 6, 8, 9   ⑤ 7, 8, 11

31 •••

△ABC에서 $\overline{AB}=10$ cm, $\overline{BC}=6$ cm, $\overline{CA}=7$ cm일 때, 다음 중 △ABC에 대한 설명으로 옳은 것은?

① 예각삼각형이다.
② ∠A=90°인 직각삼각형이다.
③ ∠C=90°인 직각삼각형이다.
④ ∠B>90°인 둔각삼각형이다.
⑤ ∠C>90°인 둔각삼각형이다.

32

세 변의 길이가 각각 $9\,\text{cm}$, $x\,\text{cm}$, $15\,\text{cm}$인 삼각형이 예각 삼각형이 되도록 하는 모든 자연수 x의 값의 합을 구하시오.

(단, $x > 15$)

유형 10 피타고라스 정리를 이용한 직각삼각형의 성질

33

오른쪽 그림과 같이 $\angle A = 90°$인 직각삼각형 ABC에서 $\overline{BC} = 8$, $\overline{BE} = 7$, $\overline{DE} = 3$일 때, $\overline{CD}^2$의 값을 구하시오.

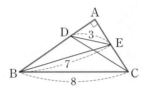

34

오른쪽 그림과 같이 $\angle B = 90°$인 직각삼각형 ABC에서 두 점 D, E는 각각 $\overline{AB}$, $\overline{BC}$의 중점이다. $\overline{AC} = 10$일 때, $\overline{AE}^2 + \overline{CD}^2$의 값을 구하시오.

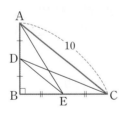

35

오른쪽 그림과 같이 $\angle A = 90°$인 직각삼각형 ABC에서 $\overline{AB} = 8$, $\overline{AC} = 6$, $\overline{CD} = 8$일 때, $\overline{BE}^2 - \overline{DE}^2$의 값을 구하시오.

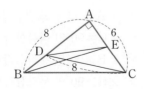

36

오른쪽 그림과 같이 $\angle C = 90°$인 직각삼각형 ABC에서 $\overline{BD} = 3$, $\overline{DC} = \overline{EC} = 5$일 때, $\overline{AB}^2 - \overline{AD}^2$의 값을 구하시오.

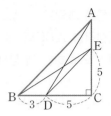

유형 11 피타고라스 정리를 이용한 사각형의 성질

37

오른쪽 그림과 같은 □ABCD에서 $\overline{AC} \perp \overline{BD}$이고 $\overline{AB} = 5\,\text{cm}$, $\overline{AD} = 8\,\text{cm}$일 때, $y^2 - x^2$의 값은?

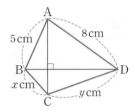

① 33 ② 39
③ 42 ④ 45
⑤ 48

38

오른쪽 그림과 같은 □ABCD에서 $\overline{AC} \perp \overline{BD}$이고 $\overline{AB} = 8$, $\overline{AO} = 4$, $\overline{CD} = 7$, $\overline{DO} = 3$일 때, $\overline{BC}^2$의 값은?

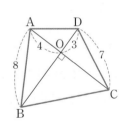

① 84 ② 86
③ 88 ④ 90
⑤ 92

39

오른쪽 그림과 같은 □ABCD에서 $\overline{AC} \perp \overline{BD}$이고 $\overline{AB}$, $\overline{BC}$, $\overline{CD}$를 각각 한 변으로 하는 세 정사각형의 넓이가 각각 $25\,\text{cm}^2$, $36\,\text{cm}^2$, $81\,\text{cm}^2$일 때, $\overline{AD}$를 한 변으로 하는 정사각형의 넓이를 구하시오.

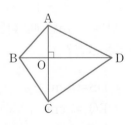

40 •••

오른쪽 그림과 같이 네 지점 A, B, C, D를 선으로 연결하면 직사각형이 된다. P 지점에 있는 학교에서 세 지점 A, B, C까지의 거리가 각각 2 km, 6 km, 9 km일 때, 학교에서 D 지점까지의 거리를 구하시오.

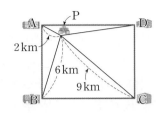

41 •••

오른쪽 그림과 같이 직사각형 ABCD의 내부의 한 점 P에 대하여 $\overline{BP}=13$ cm, $\overline{DP}=9$ cm이고 $\overline{AP}:\overline{CP}=3:1$일 때, $\overline{CP}$의 길이를 구하시오.

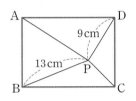

유형 **12** 직각삼각형의 세 반원 사이의 관계   최다 빈출

42 •••

오른쪽 그림과 같이 $\angle A=90°$인 직각삼각형 ABC의 세 변을 각각 지름으로 하는 세 반원의 넓이를 각각 P, Q, R라 하자. $\overline{BC}=10$일 때, $P+Q+R$의 값은?

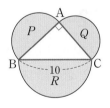

① 10π ② $\dfrac{25}{2}\pi$ ③ 25π

④ 50π ⑤ 100π

43 •••

오른쪽 그림과 같이 $\angle A=90°$인 직각삼각형 ABC의 세 변을 각각 지름으로 하는 세 반원을 그렸다. $\overline{AB}=15$ cm, $\overline{BC}=17$ cm일 때, 색칠한 부분의 넓이를 구하시오.

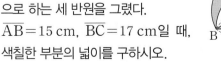

44 •••

오른쪽 그림과 같이 $\angle A=90°$인 직각삼각형 ABC의 세 변을 각각 지름으로 하는 세 반원을 그렸다. $\overline{AD}\perp\overline{BC}$, $\overline{AB}=9$ cm이고 색칠한 부분의 넓이가 54 cm²일 때, $\overline{AD}$의 길이를 구하시오.

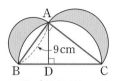

유형 **13** 입체도형에서의 최단 거리

45 •••

오른쪽 그림과 같은 직육면체의 꼭짓점 A에서 출발하여 겉면을 따라 $\overline{BC}$를 거쳐 꼭짓점 G에 이르는 최단 거리는?

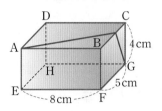

① 10 cm   ② 11 cm   ③ 12 cm

④ 13 cm   ⑤ 14 cm

46 •••

오른쪽 그림과 같은 삼각기둥의 꼭짓점 A에서 출발하여 겉면을 따라 $\overline{BE}$, $\overline{CF}$를 거쳐 꼭짓점 D에 이르는 최단 거리를 구하시오.

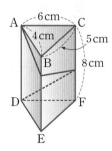

47 •••

오른쪽 그림과 같이 밑면의 반지름의 길이가 6 cm이고 높이가 7π cm인 원기둥의 점 A에서 출발하여 원기둥의 옆면을 따라 두 바퀴 돌아 점 B에 이르는 최단 거리를 구하시오.

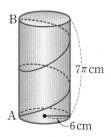

01

오른쪽 그림과 같이 넓이가 각각 25 cm², 49 cm²인 두 정사각형 ABCD와 CEFG를 세 점 B, C, E가 한 직선 위에 오도록 이어 붙였을 때, $\overline{AE}$의 길이를 구하시오. [6점]

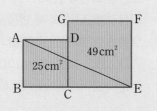

채점 기준 1 $\overline{BC}$의 길이 구하기 … 2점

정사각형 ABCD의 넓이가 25 cm²이므로

$\overline{BC}^2 = $ _____ ∴ $\overline{BC} = $ _____ (cm) ($\because \overline{BC} > 0$)

채점 기준 2 $\overline{CE}$의 길이 구하기 … 2점

정사각형 CEFG의 넓이가 49 cm²이므로

$\overline{CE}^2 = $ _____ ∴ $\overline{CE} = $ _____ (cm) ($\because \overline{CE} > 0$)

채점 기준 3 $\overline{AE}$의 길이 구하기 … 2점

$\triangle ABE$에서 $\overline{AE}^2 = $ _____ $^2 + ($ _____ $+$ _____ $)^2 = $ _____

∴ $\overline{AE} = $ _____ (cm) ($\because \overline{AE} > 0$)

01-1
숫자 바꾸기

오른쪽 그림과 같이 넓이가 각각 81 cm², 9 cm²인 두 정사각형 ABCD와 CEFG를 세 점 B, C, E가 한 직선 위에 오도록 이어 붙였을 때, $\overline{AE}$의 길이를 구하시오. [6점]

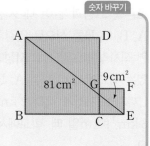

채점 기준 1 $\overline{BC}$의 길이 구하기 … 2점

채점 기준 2 $\overline{CE}$의 길이 구하기 … 2점

채점 기준 3 $\overline{AE}$의 길이 구하기 … 2점

02

오른쪽 그림과 같은 $\triangle ABC$는 어떤 삼각형인지 구하시오. [6점]

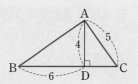

채점 기준 1 $\overline{DC}$의 길이 구하기 … 2점

$\triangle ADC$에서 $\overline{DC}^2 = $ _____ $^2 - $ _____ $^2 = $ _____

∴ $\overline{DC} = $ _____ ($\because \overline{DC} > 0$)

채점 기준 2 $\overline{AB}^2$의 값 구하기 … 2점

$\triangle ABD$에서 $\overline{AB}^2 = 6^2 + $ _____ $^2 = $ _____

채점 기준 3 $\triangle ABC$가 어떤 삼각형인지 구하기 … 2점

$\overline{AB}^2 + \overline{AC}^2 = $ _____ $+$ _____ $^2 = $ _____

$\overline{BC}^2 = (6 + $ _____ $)^2 = $ _____

따라서 $\overline{AB}^2 + \overline{AC}^2$ ☐ $\overline{BC}^2$이므로

$\triangle ABC$는 _____ 삼각형이다.

02-1
조건 바꾸기

오른쪽 그림과 같은 $\triangle ABC$는 어떤 삼각형인지 구하시오. [6점]

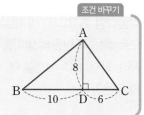

채점 기준 1 $\overline{AC}^2$의 값 구하기 … 2점

채점 기준 2 $\overline{AB}^2$의 값 구하기 … 2점

채점 기준 3 $\triangle ABC$가 어떤 삼각형인지 구하기 … 2점

02-2
응용 서술형

세 점 A(1, 2), B(4, −1), C(6, 5)를 꼭짓점으로 하는 $\triangle ABC$는 어떤 삼각형인지 구하시오. [7점]

●정답 및 풀이 41쪽

03

오른쪽 그림과 같이 ∠C=90°인 직각삼각형 ABC에서 $\overline{AD}$는 ∠A의 이등분선이다. $\overline{BD}=5$ cm, $\overline{CD}=3$ cm일 때, △ABD의 넓이를 구하시오. [6점]

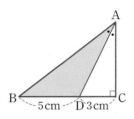

04

오른쪽 그림과 같이 한 변의 길이가 12 cm인 정사각형 ABCD에서 $\overline{DC}$ 위의 점 E에 대하여 $\overline{BE}$의 연장선과 $\overline{AD}$의 연장선의 교점을 F라 하자. $\overline{BE}=15$ cm일 때, △DEF의 넓이를 구하시오. [7점]

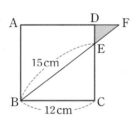

05

오른쪽 그림과 같이 $\overline{AB}=3$ cm, $\overline{BC}=4$ cm인 직사각형 ABCD에서 $\overline{AP}\perp\overline{BD}$, $\overline{CQ}\perp\overline{BD}$일 때, $\overline{PQ}$의 길이를 구하시오. [6점]

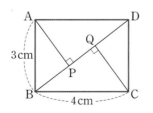

06

오른쪽 그림은 ∠A=90°인 직각삼각형 ABC의 세 변을 각각 한 변으로 하는 세 정사각형을 그린 것이다. $\overline{AC}=6$ cm, $\overline{BC}=10$ cm일 때, △LFM의 넓이를 구하시오. [6점]

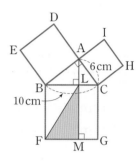

07

세 변의 길이가 각각 6, 7, a인 삼각형에 대하여 다음 물음에 답하시오. (단, $a>7$인 자연수) [6점]

(1) 예각삼각형이 되도록 하는 자연수 a의 값을 모두 구하시오. [3점]

(2) 둔각삼각형이 되도록 하는 자연수 a의 값을 모두 구하시오. [3점]

08

오른쪽 그림과 같이 원에 내접하는 직사각형 ABCD의 네 변을 각각 지름으로 하는 네 반원을 그렸다. $\overline{AB}=14$ cm, $\overline{BC}=9$ cm일 때, 색칠한 부분의 넓이를 구하시오. [7점]

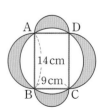

01

오른쪽 그림과 같이 $\angle A = 90°$
인 직각삼각형 ABC에서
$\overline{AC} = 8 \text{ cm}$, $\overline{BC} = 10 \text{ cm}$일
때, $\triangle ABC$의 넓이는? [3점]

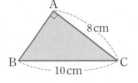

① 20 cm^2 ② 24 cm^2 ③ 28 cm^2

④ 32 cm^2 ⑤ 36 cm^2

02

오른쪽 그림에서 점 D는
$\angle C = 90°$인 직각삼각형
ABC의 외심이다.
$\overline{AC} = 8 \text{ cm}$, $\overline{BC} = 15 \text{ cm}$
일 때, $\overline{CD}$의 길이는? [3점]

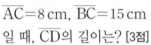

① 7 cm ② $\dfrac{15}{2} \text{ cm}$ ③ 8 cm

④ $\dfrac{17}{2} \text{ cm}$ ⑤ 9 cm

03

오른쪽 그림에서 점 G는 $\angle B = 90°$
인 직각삼각형 ABC의 무게중심이
다. $\overline{AB} = 5 \text{ cm}$, $\overline{BG} = 3 \text{ cm}$일 때,
정사각형 BDEC의 넓이는? [5점]

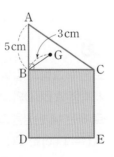

① 54 cm^2 ② 56 cm^2

③ 58 cm^2 ④ 60 cm^2

⑤ 62 cm^2

04

오른쪽 그림과 같이
$\angle B = 90°$인 직각삼각형
ABC에서 $\overline{AD} = 10 \text{ cm}$,
$\overline{BD} = 6 \text{ cm}$, $\overline{CD} = 9 \text{ cm}$일
때, $\overline{AC}$의 길이는? [4점]

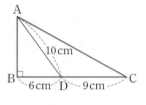

① 16 cm ② 17 cm ③ 18 cm

④ 19 cm ⑤ 20 cm

05

오른쪽 그림과 같은 두 직각
삼각형 ABC와 DBC에서
$\overline{AB} = \overline{AC}$이고 $\overline{BD} = 13$,
$\overline{DC} = 5$일 때, $\overline{AB}^2$의 값
은? [4점]

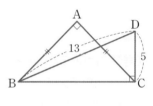

① 72 ② 128 ③ 144

④ 256 ⑤ 512

06

오른쪽 그림에서 두 직각
삼각형 ABC, CDE는
서로 합동이고 세 점 B,
C, D는 한 직선 위에 있
다. $\overline{AB} = 3 \text{ cm}$,
$\overline{ED} = 6 \text{ cm}$일 때, $\triangle ACE$의 넓이는? [4점]

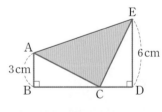

① $\dfrac{43}{2} \text{ cm}^2$ ② 22 cm^2 ③ $\dfrac{45}{2} \text{ cm}^2$

④ 23 cm^2 ⑤ $\dfrac{47}{2} \text{ cm}^2$

07

오른쪽 그림과 같은 □ABCD
에서 ∠C=∠D=90°이고
$\overline{AB}$=10 cm, $\overline{AD}$=8 cm,
$\overline{BC}$=14 cm일 때, $\overline{DC}$의 길
이는? [4점]

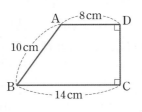

① $\dfrac{13}{2}$ cm   ② 7 cm   ③ $\dfrac{15}{2}$ cm

④ 8 cm   ⑤ $\dfrac{17}{2}$ cm

08

다음 그림에서 두 직사각형의 대각선의 길이가 같을 때,
x^2의 값은? [3점]

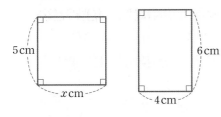

① 25   ② 27   ③ 30
④ 32   ⑤ 36

09

오른쪽 그림과 같은 직사각형
ABCD의 꼭짓점 D에서 대각
선 AC에 내린 수선의 발을 H
라 하자. $\overline{AB}$=9 cm,
$\overline{BC}$=12 cm일 때, $\overline{DH}$의 길이는? [4점]

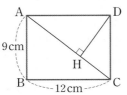

① $\dfrac{32}{5}$ cm   ② $\dfrac{33}{5}$ cm   ③ $\dfrac{34}{5}$ cm

④ 7 cm   ⑤ $\dfrac{36}{5}$ cm

10

오른쪽 그림과 같이
$\overline{AB}$=$\overline{AC}$=17 cm,
$\overline{BC}$=16 cm인 이등변삼각형
ABC의 넓이는? [4점]

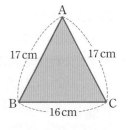

① 104 cm^2 ② 108 cm^2
③ 112 cm^2 ④ 116 cm^2
⑤ 120 cm^2

11

오른쪽 그림과 같이
$\overline{AB}$=3 cm, $\overline{AD}$=5 cm인
직사각형 ABCD를 $\overline{AF}$를
접는 선으로 하여 꼭짓점 D
가 $\overline{BC}$ 위의 점 E에 오도록
접었을 때, $\overline{EF}$의 길이는? [5점]

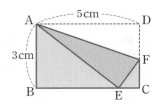

① $\dfrac{4}{3}$ cm   ② $\dfrac{5}{3}$ cm   ③ 2 cm

④ $\dfrac{7}{3}$ cm   ⑤ $\dfrac{8}{3}$ cm

12

오른쪽 그림은 ∠B=90°인 직각
삼각형 ABC의 세 변을 각각 한
변으로 하는 세 정사각형을 그린
것이다. 두 정사각형 ACHI,
ADEB의 넓이가 각각 169 cm^2,
25 cm^{2}일 때, $\overline{BC}$의 길이는? [3점]

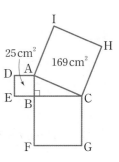

① 10 cm   ② 11 cm
③ 12 cm   ④ 13 cm
⑤ 14 cm

13

오른쪽 그림에서 □ABCD는 한 변의 길이가 14 cm인 정사각형이다. $\overline{AH}=\overline{BE}=\overline{CF}=\overline{DG}=6$ cm일 때, □EFGH의 둘레의 길이는? [4점]

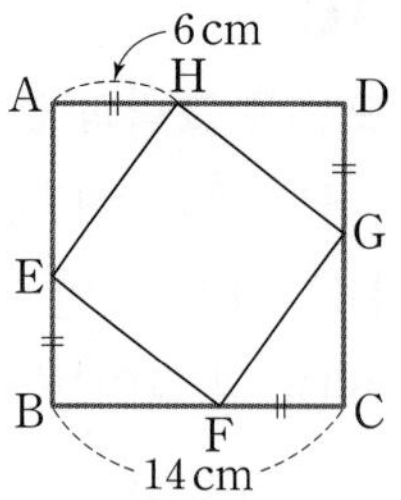

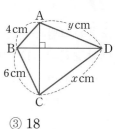

① 36 cm   ② 40 cm
③ 44 cm   ④ 48 cm
⑤ 52 cm

14

길이가 각각 12 cm, 5 cm인 빨대에 길이가 x cm인 빨대를 추가하여 세 빨대를 세 변으로 하는 직각삼각형을 만들려고 할 때, 모든 x^2의 값의 합은?

(단, 빨대의 두께는 무시한다.) [4점]

① 256   ② 264   ③ 272
④ 280   ⑤ 288

15

$\triangle ABC$에서 $\overline{AB}=c$, $\overline{BC}=a$, $\overline{CA}=b$라 할 때, 다음 중 옳지 않은 것을 모두 고르면? (정답 2개) [4점]

① $a^2>b^2+c^2$이면 $\triangle ABC$는 둔각삼각형이다.
② $a^2=b^2+c^2$이면 $\triangle ABC$는 직각삼각형이다.
③ $a^2<b^2+c^2$이면 $\triangle ABC$는 예각삼각형이다.
④ $a^2+b^2<c^2$이면 $\angle A<90°$이다.
⑤ $a^2+b^2>c^2$이면 $\angle A>90°$이다.

16

오른쪽 그림과 같은 □ABCD에서 $\overline{AC}\perp\overline{BD}$이고 $\overline{AB}=4$ cm, $\overline{BC}=6$ cm일 때, x^2-y^2의 값은? [3점]

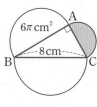

① 14   ② 16   ③ 18
④ 20   ⑤ 22

17

오른쪽 그림과 같이 $\angle A=90°$인 직각삼각형 ABC의 세 변을 각각 지름으로 하는 세 반원을 그렸다. $\overline{AB}$를 지름으로 하는 반원의 넓이가 6π cm²이고 $\overline{BC}=8$ cm일 때, $\overline{AC}$를 지름으로 하는 반원의 넓이는? [4점]

① 2π cm²   ② $\frac{5}{2}\pi$ cm²   ③ 3π cm²

④ $\frac{7}{2}\pi$ cm²   ⑤ 4π cm²

18

오른쪽 그림과 같은 직육면체의 꼭짓점 E에서 출발하여 겉면을 따라 $\overline{AB}$, $\overline{DC}$를 거쳐 꼭짓점 G에 이르는 최단 거리는? [5점]

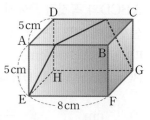

① 15 cm   ② 16 cm   ③ 17 cm
④ 18 cm   ⑤ 20 cm

19

오른쪽 그림과 같은 마름모 ABCD의 둘레의 길이를 구하시오. (단, 점 O는 두 대각선의 교점) [6점]

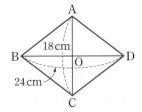

20

오른쪽 그림과 같이 ∠B=90° 인 직각삼각형 ABC에서 점 G 는 △ABC의 무게중심이고 $\overline{BG}$의 연장선과 $\overline{AC}$의 교점을 M, 점 G에서 $\overline{BC}$에 내린 수선의 발을 H라 하자. $\overline{AC}=10\,\mathrm{cm}$, $\overline{BC}=8\,\mathrm{cm}$일 때, △GBH의 넓이를 구하시오. [7점]

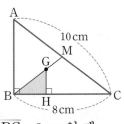

21

오른쪽 그림에서 4개의 직각삼각형은 모두 합동이고 $\overline{BF}=5\,\mathrm{cm}$, □ABCD의 넓이는 $146\,\mathrm{cm}^2$일 때, □EFGH의 둘레의 길이를 구하시오. [7점]

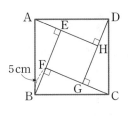

22

오른쪽 그림과 같이 ∠A=90° 인 직각삼각형 ABC에서 $\overline{AD}=\overline{AE}=3$, $\overline{BE}=8$일 때, $\overline{BC}^2-\overline{CD}^2$의 값을 구하시오. [4점]

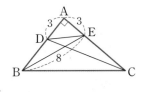

23

오른쪽 그림과 같은 직사각형 ABCD에서 내부의 한 점 P에 대하여 $\overline{AP}=2$, $\overline{CP}=5$일 때, 다음 물음에 답하시오. [6점]

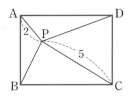

(1) $\overline{AP}^2+\overline{CP}^2=\overline{BP}^2+\overline{DP}^2$임을 설명하시오. [4점]

(2) $\overline{BP}^2+\overline{DP}^2$의 값을 구하시오. [2점]

01

오른쪽 그림과 같은 원뿔의 부피는? [3점]

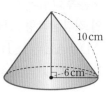

① 96π cm³ ② 144π cm³

③ 192π cm³ ④ 240π cm³

⑤ 288π cm³

02

오른쪽 그림과 같이 $\angle A = 90°$인 직각삼각형 ABC에서 점 G는 $\triangle ABC$의 무게중심이다. $\overline{AB} = 4$ cm, $\overline{AC} = 3$ cm일 때, $\overline{AG}$의 길이는? [4점]

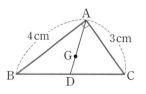

① $\dfrac{4}{3}$ cm ② $\dfrac{5}{3}$ cm ③ 2 cm

④ $\dfrac{7}{3}$ cm ⑤ $\dfrac{8}{3}$ cm

03

오른쪽 그림과 같은 $\triangle ABC$에서 $\overline{AD} \perp \overline{BC}$이고 $\overline{AC} = 13$ cm, $\overline{BD} = 9$ cm, $\overline{CD} = 5$ cm일 때, $x - y$의 값은? [3점]

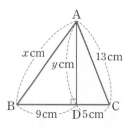

① 2 ② 3

③ 4 ④ 5

⑤ 6

04

오른쪽 그림에서 $\angle A = \angle OBC = \angle OCD = 90°$이고 $\overline{OA} = \overline{AB} = \overline{BC} = \overline{CD} = 3$ cm일 때, $\overline{OD}$의 길이는? [4점]

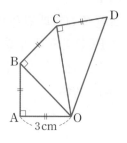

① 5 cm ② $\dfrac{16}{3}$ cm

③ $\dfrac{17}{3}$ cm ④ 6 cm

⑤ $\dfrac{19}{3}$ cm

05

오른쪽 그림과 같이 $\angle A = 90°$인 직각삼각형 ABC에서 $\overline{BC}$의 중점을 M이라 하자. $\overline{AH} \perp \overline{BC}$이고 $\overline{AB} = 8$ cm, $\overline{AM} = 5$ cm일 때, $\overline{MH}$의 길이는? [5점]

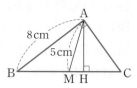

① 1 cm ② $\dfrac{6}{5}$ cm ③ $\dfrac{4}{3}$ cm

④ $\dfrac{7}{5}$ cm ⑤ $\dfrac{5}{3}$ cm

06

오른쪽 그림과 같은 $\square ABCD$에서 $\angle B = \angle D = 90°$이고 $\overline{AB} = 4$, $\overline{AD} = 5$, $\overline{CD} = 7$일 때, $\overline{BC}^2$의 값은? [3점]

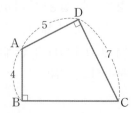

① 54 ② 56

③ 58 ④ 60

⑤ 62

07

오른쪽 그림과 같은 □ABCD에서 ∠A=∠B=90°이고 $\overline{AD}$=9 cm, $\overline{BC}$=15 cm, $\overline{DC}$=10 cm일 때, $\overline{AC}$의 길이는? [4점]

① 16 cm
② $\frac{65}{4}$ cm
③ $\frac{33}{2}$ cm
④ $\frac{67}{4}$ cm
⑤ 17 cm

08

가로, 세로의 길이가 각각 7 cm, 24 cm인 직사각형의 대각선의 길이는? [3점]

① 25 cm
② 26 cm
③ 27 cm
④ 28 cm
⑤ 29 cm

09

오른쪽 그림과 같이 $\overline{BC}$=11 cm인 직사각형 ABCD에서 $\overline{AD}$ 위의 점 E에 대하여 $\overline{BE}$=10 cm, $\overline{ED}$=6 cm일 때, $\overline{BD}$의 길이는? [4점]

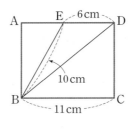

① 12 cm
② 13 cm
③ 14 cm
④ 15 cm
⑤ 16 cm

10

오른쪽 그림과 같이 반지름의 길이가 10 cm인 원 O에서 $\overline{AB}$=12 cm일 때, △OAB의 넓이는? [4점]

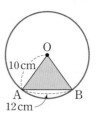

① 48 cm^2
② 50 cm^2
③ 52 cm^2
④ 54 cm^2
⑤ 56 cm^2

11

오른쪽 그림은 직사각형 ABCD를 대각선 BD를 접는 선으로 하여 접은 것이다. $\overline{AB}$=12 cm, $\overline{DF}$=15 cm 때, $\overline{BC}$의 길이는? [5점]

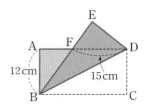

① 22 cm
② 24 cm
③ 26 cm
④ 28 cm
⑤ 30 cm

12

오른쪽 그림은 ∠A=90°인 직각삼각형 ABC의 세 변을 각각 한 변으로 하는 세 정사각형을 그린 것이다. $\overline{AM}\perp\overline{FG}$이고 $\overline{BC}$=10 cm, △EBC의 넓이가 30 cm^{2}일 때, □LMGC의 넓이는? [4점]

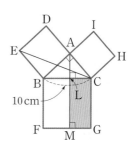

① 28 cm^2
② 32 cm^2
③ 36 cm^2
④ 40 cm^2
⑤ 44 cm^2

13

오른쪽 그림에서 4개의 직각삼각형은 모두 합동이고 $\overline{AB}=10$ cm, $\overline{AE}=8$ cm일 때, □EFGH의 넓이는? [4점]

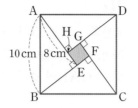

① $\dfrac{1}{4}$ cm^2　　　② 1 cm^2

③ $\dfrac{9}{4}$ cm^2　　　④ 4 cm^2

⑤ $\dfrac{25}{4}$ cm^2

14

세 변의 길이가 각각 보기와 같은 삼각형 중에서 직각삼각형인 것을 모두 고른 것은? [3점]

> 보기
> ㄱ. 3 cm, 3 cm, 5 cm　ㄴ. 5 cm, 12 cm, 13 cm
> ㄷ. 6 cm, 8 cm, 12 cm　ㄹ. 8 cm, 15 cm, 17 cm

① ㄱ, ㄴ　　② ㄱ, ㄷ　　③ ㄴ, ㄷ

④ ㄴ, ㄹ　　⑤ ㄷ, ㄹ

15

세 변의 길이가 각각 10 cm, 5 cm, x cm인 삼각형이 둔각삼각형이 되도록 하는 자연수 x의 개수는?

(단, $x>10$) [4점]

① 1　　② 2　　③ 3

④ 4　　⑤ 5

16

오른쪽 그림과 같이 $\angle A=90°$인 직각삼각형 ABC에서 $\overline{AD}=4$, $\overline{AE}=3$, $\overline{EC}=9$일 때, $\overline{BC}^2-\overline{BE}^2$의 값은? [4점]

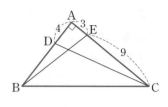

① 120　　② 125　　③ 130

④ 135　　⑤ 140

17

오른쪽 그림과 같이 $\angle A=90°$인 직각삼각형 ABC의 세 변을 각각 지름으로 하는 세 반원을 그렸다. $\overline{AB}=6$ cm, $\overline{BC}$의 중점 M에 대하여 $\overline{BM}=5$ cm일 때, 색칠한 부분의 넓이는? [4점]

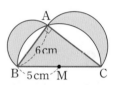

① 46 cm^2　　② 47 cm^2　　③ 48 cm^2

④ 49 cm^2　　⑤ 50 cm^2

18

오른쪽 그림에서 $\overline{CA}\perp\overline{AB}$, $\overline{DB}\perp\overline{AB}$이고 점 P는 $\overline{AB}$ 위를 움직인다. $\overline{AB}=12$ cm, $\overline{CA}=4$ cm, $\overline{DB}=5$ cm일 때, 점 C에서 점 P를 거쳐 점 D까지 가는 최단 거리는? [5점]

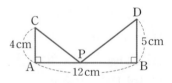

① 15 cm　　② 16 cm　　③ 17 cm

④ 18 cm　　⑤ 20 cm

19

오른쪽 그림과 같이 건물에서 7 m 떨어져 있는 사다리차의 사다리의 길이는 25 m이고 지면에서 사다리 밑까지의 높이가 1 m일 때, 지면에서 사다리가 건물에 닿은 부분까지의 높이는 몇 m인지 구하시오. [4점]

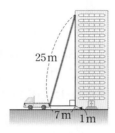

20

오른쪽 그림과 같이 일차방정식 $12x+5y=60$의 그래프가 x축, y축과 만나는 점을 각각 A, B라 하고 원점 O에서 이 그래프에 내린 수선의 발을 H라 할 때, $\overline{OH}$의 길이를 구하시오. [7점]

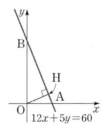

21

오른쪽 그림과 같은 정사각형 ABCD에서 $\overline{AE}=\overline{BF}=\overline{CG}=\overline{DH}=5$ cm, $\overline{AH}=6$ cm일 때, $\square$EFGH의 넓이를 구하시오. [6점]

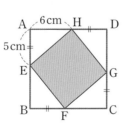

22

오른쪽 그림과 같은 $\square$ABCD에서 $\overline{AC}\perp\overline{BD}$이고 $\overline{AD}=5$ cm, $\overline{BO}=9$ cm이다. $\overline{AB}^2+\overline{CD}^2=250$일 때, $\triangle$OBC의 넓이를 구하시오. [6점]

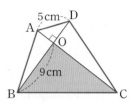

23

오른쪽 그림과 같은 직각삼각형 ABC에서 $\overline{AB}$ 위의 한 점 P에 대하여 $\overline{BC}$, $\overline{AC}$에 내린 수선의 발을 각각 Q, R라 하자. 점 P가 $\overline{AB}$ 위를 움직일 때, 가장 짧은 $\overline{QR}$의 길이를 구하시오. [7점]

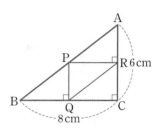

01
동아 변형

오른쪽 그림과 같이 한 변의 길이가 각각 a, b인 두 정사각형 GCEF, ABCD를 한 선분 위에 나란히 놓은 후, $\overline{BH}=a$가 되도록 정사각형 AHFI를 그렸더니 $\overline{CD}$의 연장선 위에 점 I가 놓였다. 이 그림을 이용하여 피타고라스 정리가 성립함을 설명하시오.

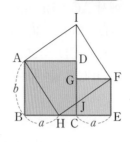

02
신사고 변형

다음 그림과 같이 직각삼각형과 그 세 변을 각각 한 변으로 하는 정사각형을 계속 이어 붙여 그린 나무 모양의 그림을 '피타고라스 나무'라 한다.

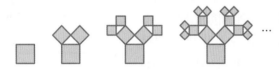

오른쪽 그림과 같이 $\overline{AB}=9\,\mathrm{cm}$, $\overline{AC}=12\,\mathrm{cm}$인 직각삼각형 ABC를 이용하여 피타고라스 나무를 그렸을 때, 색칠한 부분의 넓이를 구하시오. (단, 모든 직각삼각형은 서로 닮음이다.)

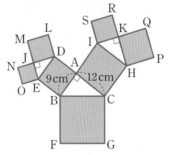

03
미래엔 변형

오른쪽 그림과 같이 A, B, C, D 네 건물이 있다. A 건물과 C 건물 사이의 직선 도로가 B 건물과 D 건물 사이의 직선 도로와 수직으로 만날 때, C 건물과 D 건물 사이의 거리는 몇 km인지 구하시오. (단, 도로의 너비는 생각하지 않는다.)

04
천재 변형

다음 그림과 같이 폭이 2 km로 일정한 강의 양쪽에 두 공장 A, B가 있다. 강을 가로지르는 다리인 $\overline{CD}$는 두 공장을 잇는 경로 A→C→D→B의 거리가 최소가 되는 지점에 있다고 할 때, A 공장에서 B 공장까지의 최단 거리를 구하시오. (단, 다리의 너비는 생각하지 않는다.)

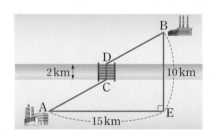

1 경우의 수

② 확률

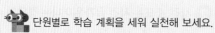

단원별로 학습 계획을 세워 실천해 보세요.

학습 날짜	월 일	월 일	월 일	월 일
학습 계획				
학습 실행도	0 ──── 100	0 ──── 100	0 ──── 100	0 ──── 100
자기 반성				

1 경우의 수

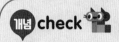

1 사건과 경우의 수

(1) **사건** : 동일한 조건에서 반복할 수 있는 실험이나 관찰의 결과

(2) **경우의 수** : 어떤 사건이 일어나는 경우의 ⎡ (1) ⎤

  예 한 개의 동전을 던질 때, 일어나는 모든 경우는 앞면, 뒷면의 2가지이므로 일어나는 모든 경우의 수는 2이다.

  참고 경우의 수를 구할 때는 모든 경우를 빠짐없이, 중복되지 않게 구한다.

2 사건 A 또는 사건 B가 일어나는 경우의 수

두 사건 A, B가 동시에 일어나지 않을 때, 사건 A가 일어나는 경우의 수가 m이고, 사건 B가 일어나는 경우의 수가 n이면

  (사건 A 또는 사건 B가 일어나는 경우의 수)$= m$ ⎡ (2) ⎤ n

예 한 개의 주사위를 던질 때,

  2 이하의 눈이 나오는 경우 : 1, 2의 2가지 ⎤
                                              ⎦ 두 사건이 동시에 일어나지 않는다.
  4 이상의 눈이 나오는 경우 : 4, 5, 6의 3가지 ⎦

  → 2 이하 또는 4 이상의 눈이 나오는 경우의 수 : 2+3=5

참고 ① 두 사건 A, B가 동시에 일어나지 않는다는 것은 사건 A가 일어나면 사건 B가 일어날 수 없고, 사건 B가 일어나면 사건 A가 일어날 수 없다는 뜻이다.

  ② 일반적으로 '또는', '~이거나'와 같은 표현이 있으면 각 사건이 일어나는 경우의 수를 더한다.

3 사건 A와 사건 B가 동시에 일어나는 경우의 수

사건 A가 일어나는 경우의 수가 m이고, 그 각각의 경우에 대하여 사건 B가 일어나는 경우의 수가 n이면

  (사건 A와 사건 B가 동시에 일어나는 경우의 수)$= m$ ⎡ (3) ⎤ n

예 동전 한 개와 주사위 한 개를 동시에 던질 때,

  동전의 앞면이 나오는 경우 : 1가지 ⎤
                                      ⎦ 두 사건이 동시에 일어난다.
  주사위가 짝수의 눈이 나오는 경우 : 2, 4, 6의 3가지 ⎦

  → 동전은 앞면이 나오고 주사위는 짝수의 눈이 나오는 경우의 수 : 1×3=3

참고 ① 두 사건 A, B가 동시에 일어난다는 것은 사건 A도 일어나고 사건 B도 일어난다는 뜻이다.

  ② 일반적으로 '동시에', '~와', '~이고', '~하고 나서'와 같은 표현이 있으면 각 사건이 일어나는 경우의 수를 곱한다.

개념 check

1 한 개의 주사위를 던질 때, 다음을 구하시오.

(1) 홀수의 눈이 나오는 경우의 수

(2) 2의 배수의 눈이 나오는 경우의 수

(3) 6의 약수의 눈이 나오는 경우의 수

2 1부터 10까지의 자연수가 각각 하나씩 적힌 10장의 카드 중에서 한 장을 뽑을 때, 다음을 구하시오.

(1) 3의 배수가 적힌 카드가 나오는 경우의 수

(2) 4의 배수가 적힌 카드가 나오는 경우의 수

(3) 3의 배수 또는 4의 배수가 적힌 카드가 나오는 경우의 수

3 준서의 책꽂이에는 서로 다른 소설책 7권과 서로 다른 만화책 2권이 꽂혀 있다. 이 책꽂이에서 소설책 또는 만화책을 한 권 꺼내는 경우의 수를 구하시오.

4 어느 햄버거 가게에 햄버거 6종류와 음료수 4종류가 있다. 이 가게에서 햄버거와 음료수를 각각 한 가지씩 주문하는 경우의 수를 구하시오.

5 동전 한 개와 주사위 한 개를 동시에 던질 때, 일어날 수 있는 모든 경우의 수를 구하시오.

답 (1) 가짓수 (2) + (3) ×

4 한 줄로 세우는 경우의 수

(1) 한 줄로 세우는 경우의 수

① n명을 한 줄로 세우는 경우의 수 ➡ $n \times (n-1) \times (n-2) \times \cdots \times 2 \times 1$

② n명 중에서 2명을 뽑아 한 줄로 세우는 경우의 수 ➡ $\boxed{(4)} \times (n-1)$

③ n명 중에서 3명을 뽑아 한 줄로 세우는 경우의 수 ➡ $n \times (n-1) \times (n-2)$

참고 n명 중에서 r명을 뽑아 한 줄로 세우는 경우의 수

➡ $n \times (n-1) \times (n-2) \times \cdots \times (n-r+1)$ (단, $n \geq r$)

(2) 이웃하여 한 줄로 세우는 경우의 수

❶ 이웃하는 것을 하나로 묶어서 한 줄로 세우는 경우의 수를 구한다.

❷ 묶음 안에서 자리를 바꾸는 경우의 수를 구한다.

❸ ❶에서 구한 경우의 수와 ❷에서 구한 경우의 수를 곱한다.

➡ (이웃하는 것을 하나로 묶어 한 줄로 세우는 경우의 수)

× (묶음 안에서 자리를 바꾸는 경우의 수)

└→ 묶음 안에서 한 줄로 세우는 경우의 수

5 자연수를 만드는 경우의 수

(1) 0을 포함하지 않는 경우

0이 아닌 서로 다른 한 자리의 숫자가 각각 하나씩 적힌 n장의 카드 중에서

① 2장을 뽑아 만들 수 있는 두 자리의 자연수의 개수 ➡ $n \times (n-1)$

② 3장을 뽑아 만들 수 있는 세 자리의 자연수의 개수 ➡ $n \times (n-1) \times (n-2)$

참고 0을 포함하지 않는 n장의 카드를 모두 사용하여 만들 수 있는 n자리의 자연수의 개수는 n명을 한 줄로 세우는 경우의 수와 같다.

(2) 0을 포함하는 경우

0을 포함한 서로 다른 한 자리의 숫자가 각각 하나씩 적힌 n장의 카드 중에서

① 2장을 뽑아 만들 수 있는 두 자리의 자연수의 개수 ➡ $(\boxed{(5)}) \times (n-1)$

② 3장을 뽑아 만들 수 있는 세 자리의 자연수의 개수 ➡ $(n-1) \times (n-1) \times (n-2)$

└→ 맨 앞자리에 0이 올 수 없으므로 0을 제외한 $(n-1)$가지

6 대표를 뽑는 경우의 수

(1) 자격이 다른 대표를 뽑는 경우 → 뽑는 순서와 관계가 있다.

① n명 중에서 자격이 다른 대표 2명을 뽑는 경우의 수 ➡ $n \times (n-1)$

② n명 중에서 자격이 다른 대표 3명을 뽑는 경우의 수 ➡ $n \times (n-1) \times (n-2)$

(2) 자격이 같은 대표를 뽑는 경우 → 뽑는 순서와 관계가 없다.

① n명 중에서 자격이 같은 대표 2명을 뽑는 경우의 수 ➡ $\dfrac{n \times (n-1)}{\boxed{(6)}}$

(A, B), (B, A)가 서로 같은 경우이므로 2로 나눈다. ←

② n명 중에서 자격이 같은 대표 3명을 뽑는 경우의 수 ➡ $\dfrac{n \times (n-1) \times (n-2)}{6}$

중복되는 개수로 나눈다. ←

6 A, B, C, D, E 5명의 학생이 있을 때, 다음을 구하시오.

(1) 5명을 한 줄로 세우는 경우의 수

(2) 5명 중에서 2명을 뽑아 한 줄로 세우는 경우의 수

(3) 5명 중에서 3명을 뽑아 한 줄로 세우는 경우의 수

(4) 5명을 한 줄로 세울 때, B와 D가 이웃하여 서는 경우의 수

7 1, 2, 3, 4의 숫자가 각각 하나씩 적힌 4장의 카드가 있을 때, 다음을 구하시오.

(1) 2장을 뽑아 만들 수 있는 두 자리의 자연수의 개수

(2) 3장을 뽑아 만들 수 있는 세 자리의 자연수의 개수

8 0, 1, 2, 3의 숫자가 각각 하나씩 적힌 4장의 카드가 있을 때, 다음을 구하시오.

(1) 2장을 뽑아 만들 수 있는 두 자리의 자연수의 개수

(2) 3장을 뽑아 만들 수 있는 세 자리의 자연수의 개수

9 A, B, C, D 4명의 후보 중에서 대표를 뽑을 때, 다음을 구하시오.

(1) 회장 1명, 부회장 1명을 뽑는 경우의 수

(2) 대표 2명을 뽑는 경우의 수

답 (4) n (5) $n-1$ (6) 2

유형 01 경우의 수

01 ...

서로 다른 두 개의 주사위를 동시에 던질 때, 나오는 두 눈의 수의 차가 1인 경우의 수는?

① 6   ② 8   ③ 10
④ 12   ⑤ 14

02 ...

각 면에 1부터 12까지의 자연수가 각각 하나씩 적힌 정십이면체 모양의 주사위가 있다. 이 주사위를 한 번 던져서 바닥에 닿는 면에 적힌 수를 확인할 때, 다음 사건 중 경우의 수가 나머지 넷과 다른 하나는?

① 소수가 나온다.
② 홀수가 나온다.
③ 7 이상의 수가 나온다.
④ 2의 배수가 나온다.
⑤ 12의 약수가 나온다.

03 ...

A, B, C 세 명이 가위바위보를 한 번 할 때, 세 명 모두 서로 다른 것을 내는 경우의 수는?

① 6   ② 8   ③ 9
④ 12   ⑤ 16

04 ...

한 개의 주사위를 두 번 던져서 첫 번째에 나오는 눈의 수를 x, 두 번째에 나오는 눈의 수를 y라 할 때, $2x+y=9$를 만족시키는 경우의 수는?

① 2   ② 3   ③ 4
④ 5   ⑤ 6

05 ...

규민이는 500원짜리 동전 1개와 100원짜리, 50원짜리 동전을 각각 5개씩 가지고 있다. 상점에서 물건을 사고 거스름돈 없이 750원을 지불하는 방법은 모두 몇 가지인가?

① 2가지   ② 3가지   ③ 4가지
④ 5가지   ⑤ 6가지

06 ...

1000원짜리 지폐 2장과 500원짜리 동전 3개로 물건을 살 때, 거스름돈 없이 지불할 수 있는 금액의 종류는 모두 몇 가지인가?

① 6가지   ② 7가지   ③ 9가지
④ 11가지   ⑤ 12가지

07 ...

오른쪽 그림과 같은 4개의 계단을 오르는 데 한 걸음에 1계단 또는 2계단을 오를 수 있다. 이때 4계단을 오르는 방법은 모두 몇 가지인가?

① 5가지   ② 6가지   ③ 7가지
④ 8가지   ⑤ 9가지

08 ...

오른쪽 그림과 같이 일정한 간격으로 놓여 있는 9개의 점 중에서 서로 다른 4개의 점을 꼭짓점으로 하는 정사각형을 만들 때, 만들 수 있는 정사각형의 개수를 구하시오.

● 정답 및 풀이 48쪽

유형 02 사건 A 또는 사건 B가 일어나는 경우의 수 [최다 빈출]

09

오른쪽 표는 서울에서 대전까지 가는 교통편을 조사하여 나타낸 것이다. 서울에서 대전까지 고속버스 또는 기차를 타고 가는 경우의 수는?

고속버스	기차
일반	KTX
우등	새마을호
	무궁화호

① 2   ② 3   ③ 4
④ 5   ⑤ 6

10

MP3 플레이어에 가요 4곡, 팝 6곡, 클래식 7곡이 저장되어 있다. 이 플레이어에서 팝 또는 클래식을 한 곡 듣는 경우의 수는?

① 6   ② 7   ③ 10
④ 13   ⑤ 17

11

다음 표는 어느 반 학생들의 혈액형을 조사하여 나타낸 것이다. 이 반 학생 중 한 명을 선택할 때, 선택된 학생의 혈액형이 B형 또는 O형인 경우의 수를 구하시오.

혈액형	A형	B형	O형	AB형
학생 수(명)	11	9	5	7

12

오른쪽은 어느 해 10월의 달력이다. 서현이가 10월 중 어느 하루를 선택하여 외할머니 댁에 다녀오려고 할 때, 선택한 날이 화요일 또는 목요일인 경우의 수를 구하시오.

10월						
일	월	화	수	목	금	토
			1	2	3	4
5	6	7	8	9	10	11
12	13	14	15	16	17	18
19	20	21	22	23	24	25
26	27	28	29	30	31	

13

한 개의 주사위를 두 번 던질 때, 나오는 두 눈의 수의 합이 8 또는 10인 경우의 수는?

① 4   ② 5   ③ 6
④ 7   ⑤ 8

14

다음 그림과 같이 8등분된 서로 다른 두 개의 원판에 1부터 8까지의 자연수가 각각 하나씩 적혀 있다. 두 원판을 동시에 돌린 후 두 원판이 멈추었을 때, 두 원판의 각 바늘이 가리키는 수의 합이 5 또는 9인 경우의 수를 구하시오.

(단, 바늘이 경계선을 가리키는 경우는 생각하지 않는다.)

15

서로 다른 두 개의 주사위를 동시에 던질 때, 나오는 두 눈의 수의 차가 4 이상인 경우의 수를 구하시오.

16

1부터 20까지의 자연수가 각각 하나씩 적힌 20장의 카드 중에서 한 장을 뽑을 때, 4의 배수 또는 6의 배수가 나오는 경우의 수를 구하시오.

유형 03 사건 A와 사건 B가 동시에 일어나는 경우의 수 최다 빈출

17 ●●●

6종류의 피자와 3종류의 디저트를 파는 가게가 있다. 이 가게에서 피자와 디저트를 각각 한 가지씩 주문하는 경우의 수를 구하시오.

18 ●●●

다음 그림과 같이 자음이 적힌 카드 4장과 모음이 적힌 카드 3장이 있다. 자음과 모음이 적힌 카드를 각각 한 장씩 뽑아 만들 수 있는 글자의 개수는?

① 7   ② 8   ③ 10
④ 12   ⑤ 16

19 ●●●

우리나라에서 영국으로 가는 항공편이 5가지, 영국에서 미국으로 가는 항공편이 4가지일 때, 항공편을 이용하여 우리나라에서 영국을 거쳐 미국으로 가는 방법은 모두 몇 가지인가?

① 9가지   ② 12가지   ③ 15가지
④ 16가지   ⑤ 20가지

20 ●●●

한 개의 주사위를 두 번 던질 때, 첫 번째는 짝수의 눈이 나오고 두 번째는 소수의 눈이 나오는 경우의 수는?

① 5   ② 6   ③ 7
④ 8   ⑤ 9

21 ●●●

서로 다른 동전 2개와 주사위 1개를 동시에 던질 때, 동전은 서로 다른 면이 나오고, 주사위는 홀수의 눈이 나오는 경우의 수는?

① 2   ② 4   ③ 6
④ 8   ⑤ 12

22 ●●●

오른쪽 그림과 같이 세 지점 A, B, C를 연결하는 도로가 있다. 이때 A 지점에서 C 지점으로 가는 방법의 수를 구하시오. (단, 한 번 지나간 지점은 다시 지나지 않는다.)

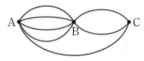

23 ●●●

오른쪽 그림은 어느 도서관의 평면도이다. 열람실에서 책을 보고 나와 휴게실을 지나 화장실에 들렀다가 도서관 밖으로 나가는 방법은 모두 몇 가지인가?

① 7가지   ② 10가지
③ 12가지   ④ 16가지
⑤ 24가지

24 ●●●

오른쪽 그림과 같은 도로가 있다. A 지점을 출발하여 P 지점을 거쳐 B 지점까지 최단 거리로 가는 경우의 수를 구하시오.

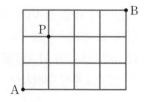

유형 04 한 줄로 세우는 경우의 수

25 •••

A, B, C, D 4명을 한 줄로 세우는 경우의 수는?

① 12   ② 18   ③ 20
④ 24   ⑤ 30

26 •••

미현, 지혜, 서영, 우리, 현재, 태민 6명은 이어달리기 후보이다. 이 후보 중에서 4명을 뽑아 이어달리기 순서를 정하는 경우의 수를 구하시오.

27 •••

어느 박물관에 1관부터 7관까지 7개의 전시실이 있다. 지민이가 이 중에서 3개의 전시실을 선택하여 순서대로 관람하려고 할 때, 지민이가 관람 순서를 정하는 경우의 수는?

① 60   ② 120   ③ 144
④ 192   ⑤ 210

유형 05 특정한 사람의 자리를 고정하거나 이웃하여 한 줄로 세우는 경우의 수   최다 빈출

28 •••

A, B, C, D, E, F 6명을 한 줄로 세울 때, B는 맨 앞에, E는 맨 뒤에 서는 경우의 수를 구하시오.

29 •••

부모님을 포함하여 5명의 가족이 한 줄로 서서 사진을 찍으려고 한다. 이때 부모님이 양 끝에 서는 경우의 수는?

① 9   ② 12   ③ 18
④ 20   ⑤ 24

30 •••

K, O, R, E, A 5개의 알파벳을 한 줄로 나열할 때, 자음끼리 이웃하는 경우의 수는?

① 12   ② 18   ③ 24
④ 36   ⑤ 48

31 •••

남학생 2명과 여학생 4명을 한 줄로 세울 때, 남학생 2명을 이웃하여 세우는 경우의 수를 구하시오.

32 •••

인애, 현지, 다혜, 정화, 한결 5명을 한 줄로 세울 때, 현지와 다혜는 이웃하고 인애는 한결이 바로 뒤에 서는 경우의 수는?

① 3   ② 6   ③ 9
④ 12   ⑤ 15

유형 06 색칠하는 경우의 수

33 •••

오른쪽 그림과 같은 원판의 A, B, C
세 부분을 빨강, 노랑, 초록, 파랑, 보라
의 5가지 색을 사용하여 칠하려고 한다.
이때 A, B, C 세 부분에 서로 다른 색
을 칠하는 경우의 수를 구하시오.

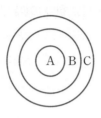

34 •••

오른쪽 그림과 같은 A, B, C, D
네 부분에 빨강, 노랑, 파랑, 보라의
4가지 색을 사용하여 칠하려고 한다.

A		
B	C	D

같은 색을 여러 번 사용해도 되지만 이웃하는 부분은 서로
다른 색을 칠할 때, 칠할 수 있는 경우의 수를 구하시오.

유형 07 자연수의 개수 - 0을 포함하지 않는 경우

35 •••

1부터 7까지의 자연수가 각각 하나씩 적힌 7장의 카드 중에
서 3장을 뽑아 만들 수 있는 세 자리의 자연수의 개수를 구
하시오.

36 •••

다음 그림과 같은 6장의 카드 중에서 2장을 뽑아 만들 수 있
는 두 자리의 자연수 중 홀수의 개수를 구하시오.

37 •••

1부터 5까지의 자연수가 각각 하나씩 적힌 5장의 카드가 있
다. 이 중에서 3장을 뽑아 세 자리의 자연수를 만들어 크기
가 작은 것부터 나열할 때, 27번째에 오는 수를 구하시오.

유형 08 자연수의 개수 - 0을 포함하는 경우 **최다 빈출**

38 •••

0, 1, 2, 3, 4, 5의 숫자가 각각 하나씩 적힌 6장의 카드 중에
서 2장을 뽑아 만들 수 있는 두 자리의 자연수의 개수는?

① 20   ② 25   ③ 30
④ 35   ⑤ 40

39 •••

0, 1, 2, 3, 4의 숫자가 각각 하나씩 적힌 5장의 카드 중에서
3장을 뽑아 만들 수 있는 세 자리의 자연수 중 300보다 작
은 수의 개수를 구하시오.

40 •••

0, 1, 4, 5, 8의 숫자가 각각 하나씩 적힌 5장의 카드 중에서
3장을 뽑아 만들 수 있는 세 자리의 자연수 중 5의 배수의
개수는?

① 12   ② 15   ③ 18
④ 20   ⑤ 21

●정답 및 풀이 51쪽

유형 09 자격이 다른 대표를 뽑는 경우의 수

41 ●●●

회장 선거에 7명의 후보가 출마하였다. 7명의 후보 중 회장 1명, 부회장 1명, 총무 1명을 뽑는 경우의 수는?

① 35　　　　　② 84　　　　　③ 105

④ 120　　　　　⑤ 210

42 ●●●

어느 시상식에서 A, B, C, D, E 5명의 후보 중 대상 1명, 최우수상 1명, 우수상 1명을 뽑을 때, D가 최우수상이 되는 경우의 수는?

① 4　　　　　② 5　　　　　③ 9

④ 12　　　　　⑤ 15

43 ●●●

남학생 4명과 여학생 3명이 있다. 남학생 중에서 대표 1명, 부대표 1명을 뽑고, 여학생 중에서 대표 1명을 뽑는 경우의 수를 구하시오.

유형 10 자격이 같은 대표를 뽑는 경우의 수　최다 빈출

44 ●●●

A, B, C, D, E, F 6명 중에서 달리기 시합에 나갈 선수 3명을 뽑는 경우의 수를 구하시오.

45 ●●

연극 동아리에 신입생이 들어와서 모두 9명이 되었다. 한 사람도 빠짐없이 서로 한 번씩 악수를 한다면 악수를 총 몇 번 해야 하는가?

① 24번　　　　② 28번　　　　③ 32번

④ 36번　　　　⑤ 40번

46 ●●●

여학생 5명과 남학생 4명으로 이루어진 어느 모임에서 여학생 2명과 남학생 2명을 대표로 뽑는 경우의 수는?

① 54　　　　　② 60　　　　　③ 63

④ 72　　　　　⑤ 84

유형 11 선분 또는 삼각형의 개수

47 ●●●

오른쪽 그림과 같이 원 위에 6개의 점 A, B, C, D, E, F가 있다. 이 중에서 두 점을 연결하여 만들 수 있는 선분의 개수를 x, 세 점을 연결하여 만들 수 있는 삼각형의 개수를 y라 할 때, $x+y$의 값은?

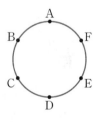

① 23　　　　　② 27　　　　　③ 29

④ 32　　　　　⑤ 35

48 ●●●

오른쪽 그림과 같이 반원 위에 7개의 점 A, B, C, D, E, F, G가 있다. 이 중에서 세 점을 연결하여 만들 수 있는 삼각형의 개수를 구하시오.

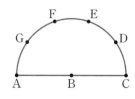

기출에서 바로 뽑아온
서술형

전국 1000여 개 학교 시험 문제를 분석하여 출제율 높은 서술형 문제만 선별했어요!

01

100원, 50원, 10원짜리 동전이 각각 6개씩 들어 있는 주머니에서 동전을 꺼낼 때, 꺼낸 금액이 600원이 되는 경우의 수를 구하시오. [6점]

채점 기준 1 100원짜리 동전이 6개 또는 5개인 경우 구하기 … 2점

600원이 되는 경우의 각 동전의 개수를 순서쌍
(100원짜리, 50원짜리, 10원짜리)로 나타내면

100원짜리 동전이 6개인 경우는 (6, ____, ____)

100원짜리 동전이 5개인 경우는

(5, ____, ____), (5, ____, ____)

채점 기준 2 100원짜리 동전이 4개 또는 3개인 경우 구하기 … 2점

100원짜리 동전이 4개인 경우는

(4, ____, ____), (4, ____, ____)

100원짜리 동전이 3개인 경우는

(3, ____, ____), (3, ____, ____)

채점 기준 3 조건을 만족시키는 경우의 수 구하기 … 2점

꺼낸 금액이 600원이 되는 경우의 수는 ____이다.

01-1

조건 바꾸기

민석이가 1000원짜리 지폐 3장, 500원짜리 동전 6개, 100원짜리 동전 10개를 가지고 있을 때, 과자를 사고 3000원을 지불하는 경우의 수를 구하시오. [6점]

채점 기준 1 1000원짜리 지폐가 3장 또는 2장인 경우 구하기 … 2점

채점 기준 2 1000원짜리 지폐가 1장 또는 0장인 경우 구하기 … 2점

채점 기준 3 조건을 만족시키는 경우의 수 구하기 … 2점

02

남학생 3명과 여학생 2명을 한 줄로 세울 때, 남학생은 남학생끼리, 여학생은 여학생끼리 이웃하여 서는 경우의 수를 구하시오. [6점]

채점 기준 1 남학생과 여학생을 각각 1명으로 생각하여 한 줄로 세우는 경우의 수 구하기 … 2점

남학생 3명과 여학생 2명을 각각 1명으로 생각하여 2명을 한 줄로 세우는 경우의 수는 ____×1=____

채점 기준 2 남학생끼리, 여학생끼리 자리를 바꾸는 경우의 수 구하기 … 2점

남학생끼리 자리를 바꾸는 경우의 수는

3×____×1=____

여학생끼리 자리를 바꾸는 경우의 수는

____×1=____

채점 기준 3 조건을 만족시키는 경우의 수 구하기 … 2점

구하는 경우의 수는 2×____×____=____

02-1

숫자 바꾸기

서로 다른 소설책 3권과 서로 다른 시집 4권을 책꽂이에 나란히 꽂으려고 한다. 소설책은 소설책끼리, 시집은 시집끼리 이웃하도록 꽂는 경우의 수를 구하시오. [6점]

채점 기준 1 소설책과 시집을 각각 1권으로 생각하여 나란히 꽂는 경우의 수 구하기 … 2점

채점 기준 2 소설책끼리, 시집끼리 자리를 바꾸는 경우의 수 구하기 … 2점

채점 기준 3 조건을 만족시키는 경우의 수 구하기 … 2점

● 정답 및 풀이 52쪽

03

1부터 15까지의 자연수가 각각 하나씩 적힌 15장의 카드 중에서 한 장을 뽑을 때, 2의 배수 또는 3의 배수가 적힌 카드가 나오는 경우의 수를 구하시오. [6점]

04

현서네 집에서 할아버지 댁을 오고 가는 교통편으로 비행기는 3가지, 고속열차는 2가지, 버스는 6가지가 있다고 한다. 다음 물음에 답하시오. [6점]

(1) 현서네 집에서 할아버지 댁을 가는 방법의 수를 구하시오. [2점]

(2) 현서네 집에서 할아버지 댁을 왕복하는 데 갈 때는 비행기를 이용하고, 올 때는 고속열차를 이용하는 방법의 수를 구하시오. [2점]

(3) 현서네 집에서 할아버지 댁을 버스로만 왕복하는 방법의 수를 구하시오. [2점]

05

0, 1, 2, 3, 4의 숫자가 각각 하나씩 적힌 5장의 카드 중에서 2장을 뽑아 만들 수 있는 두 자리의 자연수 중 짝수의 개수를 구하시오. [6점]

06

남학생 5명과 여학생 3명으로 구성된 동아리가 있다. 다음 물음에 답하시오. [7점]

(1) 대표 1명, 부대표 1명을 뽑는 경우의 수를 구하시오. [2점]

(2) 대표 2명을 뽑는 경우의 수를 구하시오. [2점]

(3) 동아리에서 대회에 참가할 남학생 3명과 여학생 2명을 뽑는 경우의 수를 구하시오. [3점]

07

길이가 각각 6 cm, 8 cm, 12 cm, 15 cm, 21 cm인 5개의 막대가 주머니 속에 들어 있다. 이 주머니에서 3개의 막대를 꺼내 삼각형을 만들려고 할 때, 삼각형이 만들어지는 경우의 수를 구하시오. (단, 막대는 잘라 쓸 수 없고 막대의 두께는 생각하지 않는다.) [7점]

08

병민이는 동전 한 개를 던져서 앞면이 나오면 계단을 2칸 올라가고, 뒷면이 나오면 계단을 1칸 내려가려고 한다. 동전을 4번 던진 후 병민이가 처음에 서 있던 계단의 위치보다 두 칸 위에 올라가 있을 경우의 수를 구하시오. [7점]

01

주머니 속에 흰 공 3개, 빨간 공 2개, 파란 공 4개가 들어 있다. 이 주머니에서 한 개의 공을 꺼낼 때, 파란 공이 나오는 경우의 수는? [3점]

① 1   ② 2   ③ 3
④ 4   ⑤ 5

02

한 개의 주사위를 두 번 던져서 첫 번째에 나오는 눈의 수를 x, 두 번째에 나오는 눈의 수를 y라 할 때, $x+2y<6$을 만족시키는 경우의 수는? [4점]

① 4   ② 6   ③ 9
④ 12   ⑤ 15

03

지갑에 500원짜리 동전 2개, 100원짜리 동전 5개가 있다. 지갑에서 꺼낼 수 있는 금액은 모두 몇 가지인가?
(단, 동전은 1개 이상 꺼낸다.) [4점]

① 14가지   ② 15가지   ③ 16가지
④ 17가지   ⑤ 18가지

04

윤아네 학교 매점에는 5종류의 빵과 8종류의 음료수가 있다. 이 매점에서 빵 또는 음료수 중 한 가지를 사는 경우의 수는? [3점]

① 10   ② 12   ③ 13
④ 14   ⑤ 15

05

두 개의 주사위 A, B를 동시에 던질 때, 나오는 두 눈의 수의 합이 6 또는 10인 경우의 수는? [4점]

① 4   ② 6   ③ 8
④ 9   ⑤ 10

06

자음 ㄱ, ㄴ, ㄷ, ㄹ과 모음 ㅏ, ㅐ, ㅣ, ㅗ, ㅜ가 있다. 이 중에서 자음 한 개와 모음 한 개를 사용하여 만들 수 있는 글자는 모두 몇 개인가? [3점]

① 9개   ② 16개   ③ 20개
④ 25개   ⑤ 30개

07

오른쪽 그림과 같은 3개의 전구가 있다. 전구가 켜지고 꺼지는 것을 이용하여 신호를 만들려고 할 때, 만들 수 있는 경우의 수는? (단, 전구가 모두 꺼진 경우는 신호로 생각하지 않는다.) [4점]

① 6 　　　② 7 　　　③ 8
④ 9 　　　⑤ 10

08

오른쪽 그림과 같이 집, 편의점, 도서관을 연결하는 길이 있다. 유진이가 집에서 출발하여 도서관까지 가는 방법의 수는? (단, 한 번 지난 지점은 다시 지나지 않는다.) [4점]

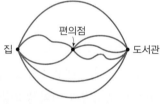

① 6 　　　② 9 　　　③ 12
④ 15 　　　⑤ 18

09

책꽂이에 국어, 수학, 영어, 과학, 사회 교과서 5권을 나란히 꽂는 경우의 수는? [3점]

① 5 　　　② 30 　　　③ 60
④ 120 　　　⑤ 240

10

6개의 알파벳 N, U, M, B, E, R를 한 줄로 나열할 때, 알파벳 B와 알파벳 E가 양 끝에 오는 경우의 수는? [4점]

① 24 　　　② 48 　　　③ 60
④ 72 　　　⑤ 96

11

6명의 학생 A, B, C, D, E, F를 한 줄로 세울 때, A, B, C가 이웃하고 F가 맨 앞에 서는 경우의 수는? [4점]

① 36 　　　② 48 　　　③ 64
④ 80 　　　⑤ 112

12

오른쪽 그림과 같은 A, B, C, D 네 부분에 빨강, 주황, 파랑, 보라의 4가지 색을 사용하여 칠하려고 한다. 같은 색을 여러 번 사용해도 되지만 이웃하는 부분은 서로 다른 색을 칠할 때, 칠할 수 있는 경우의 수는? [5점]

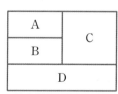

① 6 　　　② 12 　　　③ 24
④ 36 　　　⑤ 48

13

1부터 5까지의 자연수가 각각 하나씩 적힌 5개의 공이 주머니에 들어 있다. 이 주머니에서 2개의 공을 동시에 꺼내 만들 수 있는 두 자리의 자연수 중 13번째로 큰 수는? [5점]

① 24　　　　② 25　　　　③ 31
④ 32　　　　⑤ 34

14

0, 1, 2, 3, 4의 숫자가 각각 하나씩 적힌 5장의 카드 중에서 2장을 뽑아 만들 수 있는 두 자리의 자연수 중 홀수의 개수는? [4점]

① 6　　　　② 7　　　　③ 8
④ 9　　　　⑤ 10

15

A, B, C, D, E 5명의 후보 중에서 회장, 부회장, 총무를 각각 1명씩 뽑는 경우의 수는? [3점]

① 24　　　　② 60　　　　③ 120
④ 240　　　　⑤ 480

16

민서네 중학교 농구 대회에 5개 팀이 참가하여 5개 팀이 모두 서로 한 번씩 시합을 하려고 한다. 이 대회에서 모두 몇 번의 시합을 하게 되는가? [4점]

① 5번　　　　② 8번　　　　③ 10번
④ 12번　　　　⑤ 20번

17

다음 중 경우의 수가 가장 작은 것은? [4점]

① 네 사람을 한 줄로 세우는 경우의 수
② 6명 중에서 2명을 뽑아 한 줄로 세우는 경우의 수
③ 서로 다른 동전 3개를 동시에 던질 때, 일어날 수 있는 모든 경우의 수
④ 4명 중에서 대표 2명을 뽑는 경우의 수
⑤ 남학생 2명과 여학생 2명을 한 줄로 세울 때, 여학생 끼리 이웃하여 서는 경우의 수

18

오른쪽 그림과 같이 반원 위에 서로 다른 8개의 점이 있다. 이 중에서 두 점을 연결하여 만들 수 있는 직선의 개수는? [5점]

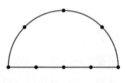

① 18　　　　② 19　　　　③ 20
④ 21　　　　⑤ 22

19

오른쪽 그림과 같이 한 변의 길이가 1인 정오각형 ABCDE의 한 꼭짓점 A에 점 P가 있다. 한 개의 주사위를 두 번 던져서 나온 두 눈의 수의 합만큼 정오각형의 변을 따라 점 P가 화살표 방향으로 움직일 때, 점 P가 꼭짓점 D에 위치할 경우의 수를 구하시오. [6점]

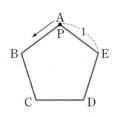

20

1부터 30까지의 자연수가 각각 하나씩 적힌 30개의 공이 들어 있는 주머니에서 한 개의 공을 꺼낼 때, 5의 배수 또는 6의 배수가 적힌 공이 나오는 경우의 수를 구하시오. [4점]

21

어른 3명과 아이 3명이 있다. 이때 어른과 아이를 교대로 세우는 경우의 수를 구하시오. [7점]

22

0, 1, 2, 3의 숫자를 한 번씩만 사용하여 만들 수 있는 네 자리의 자연수의 개수를 a, 중복하여 사용하여 만들 수 있는 세 자리의 자연수의 개수를 b라 할 때, $b-a$의 값을 구하시오. [7점]

23

재우와 현수가 학교 앞 상점에서 사탕과 젤리를 사려고 한다. 5종류의 사탕과 4종류의 젤리 중에서 재우는 2종류의 사탕을, 현수는 2종류의 젤리를 고르는 경우의 수를 구하시오. [6점]

01

1부터 20까지의 자연수가 각각 하나씩 적힌 20장의 카드 중에서 한 장을 뽑을 때, 24의 약수가 나오는 경우의 수는? [3점]

① 5   ② 6   ③ 7
④ 8   ⑤ 9

02

서로 다른 4개의 동전을 동시에 던져서 나오는 앞면의 개수를 a, 뒷면의 개수를 b라 할 때, $a-b=2$를 만족시키는 경우의 수는? [4점]

① 4   ② 5   ③ 6
④ 7   ⑤ 8

03

오른쪽 그림과 같은 5개의 계단을 오르는 데 한 걸음에 1계단 또는 2계단을 오를 수 있을 때, 5계단을 모두 오르는 방법의 수는? [4점]

① 6   ② 8
③ 12   ④ 18
⑤ 24

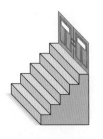

04

소윤이가 학교를 가는 데 버스로 가는 방법이 4가지, 지하철로 가는 방법이 3가지일 때, 소윤이가 학교까지 버스 또는 지하철을 타고 가는 경우의 수는? [3점]

① 7   ② 9   ③ 10
④ 12   ⑤ 24

05

한 개의 주사위를 두 번 던질 때, 두 눈의 수의 차가 2 미만이 되는 경우의 수는? [4점]

① 6   ② 8   ③ 12
④ 15   ⑤ 16

06

새롬이가 도서관에서 책을 빌리려고 한다. 서로 다른 소설책 5권과 서로 다른 역사책 3권 중 소설책과 역사책을 각각 한 권씩 고르는 경우의 수는? [3점]

① 8   ② 9   ③ 14
④ 15   ⑤ 18

07

서로 다른 동전 3개와 주사위 1개를 동시에 던질 때, 일어날 수 있는 모든 경우의 수는? [4점]

① 18   ② 36   ③ 48

④ 54   ⑤ 60

08

오른쪽 그림과 같은 도로가 있다. A 지점에서 출발하여 P 지점을 거쳐 B 지점까지 최단 거리로 가는 경우의 수는?

[4점]

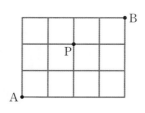

① 6   ② 12   ③ 18

④ 24   ⑤ 30

09

서로 다른 책 6권 중에서 3권을 골라 책꽂이에 나란히 꽂는 경우의 수는? [3점]

① 24   ② 48   ③ 72

④ 120   ⑤ 150

10

A, B, C, D, E 5명을 한 줄로 세울 때, B와 D가 서로 이웃하지 않는 경우의 수는? [5점]

① 24   ② 48   ③ 72

④ 96   ⑤ 120

11

오른쪽 그림과 같은 A, B, C 세 부분에 빨강, 노랑, 초록, 파랑의 4가지 색을 사용하여 칠할 때, 각 부분에 서로 다른 색을 칠하는 경우의 수는? [4점]

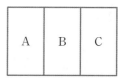

① 6   ② 12   ③ 24

④ 30   ⑤ 36

12

1부터 9까지의 자연수가 각각 하나씩 적힌 9장의 카드 중에서 3장을 뽑아 만들 수 있는 세 자리의 자연수 중 2의 배수의 개수는? [4점]

① 56   ② 112   ③ 168

④ 210   ⑤ 224

13

0, 1, 2, 3, 4, 5의 숫자가 각각 하나씩 적힌 6장의 카드 중에서 2장을 뽑아 만들 수 있는 두 자리의 자연수 중 30보다 작은 수의 개수는? [4점]

① 10   ② 11   ③ 12
④ 13   ⑤ 14

14

6명의 후보 A, B, C, D, E, F 중에서 대표 1명, 부대표 1명, 총무 1명을 뽑을 때, B가 총무로 뽑히는 경우의 수는? [4점]

① 10   ② 12   ③ 16
④ 20   ⑤ 24

15

주원이네 가족은 이번 겨울방학을 이용하여 전주, 광주, 부산, 경주, 대전, 제주도 중에서 2곳을 선택하여 여행하려고 한다. 여행할 2곳을 선택하는 경우의 수는? [3점]

① 6   ② 12   ③ 15
④ 30   ⑤ 60

16

남학생 4명과 여학생 4명으로 이루어진 모임에서 남학생 2명과 여학생 1명을 대표로 뽑는 경우의 수는? [4점]

① 24   ② 28   ③ 32
④ 36   ⑤ 40

17

서로 다른 윷가락 4개를 동시에 던졌을 때, 다음 그림과 같이 도, 개, 걸, 윷, 모가 나올 수 있다. 이때 개 또는 걸이 나오는 경우의 수는? [5점]

① 6   ② 10   ③ 12
④ 15   ⑤ 18

18

다음 그림과 같이 평행한 두 직선 l, m 위에 서로 다른 8개의 점이 있다. 8개의 점 중에서 세 점을 연결하여 만들 수 있는 삼각형의 개수는? [5점]

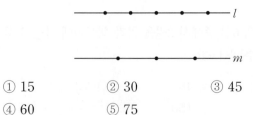

① 15   ② 30   ③ 45
④ 60   ⑤ 75

19

서로 다른 두 개의 주사위를 동시에 던져서 나오는 눈의 수를 각각 a, b라 할 때, x에 대한 방정식 $ax-b=0$의 해가 $x=1$ 또는 $x=2$인 경우의 수를 구하시오. [6점]

20

1부터 9까지의 자연수가 각각 하나씩 적힌 9개의 공이 들어 있는 주머니에서 한 개의 공을 뽑아 수를 확인하고 다시 주머니에 넣은 후 다시 한 개의 공을 뽑아 수를 확인하였다. 첫 번째 공에 적혀 있는 수를 a, 두 번째 공에 적혀 있는 수를 b라 할 때, $a+b$의 값이 홀수가 되는 경우의 수를 구하시오. [7점]

21

A, B, C, D, E 5명의 학생이 월요일부터 금요일까지 하루에 한 명씩 순서를 정하여 청소 당번을 하기로 하였다. 이때 A 또는 D가 수요일에 청소 당번을 하는 경우의 수를 구하시오. [4점]

22

1부터 9까지의 9개의 숫자를 사용하여 세 자리의 자연수를 만들려고 한다. 같은 숫자를 여러 번 사용해도 된다고 할 때, 만들 수 있는 세 자리의 자연수 중 160번째로 작은 수를 구하시오. [7점]

23

오른쪽 그림과 같이 원 위에 7개의 점 A, B, C, D, E, F, G가 있을 때, 다음 물음에 답하시오. [6점]

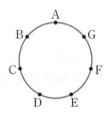

(1) 두 점을 연결하여 만들 수 있는 선분의 개수를 구하시오. [3점]

(2) 세 점을 연결하여 만들 수 있는 삼각형의 개수를 구하시오. [3점]

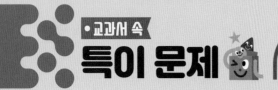

01

동아 변형

다음 그림과 같이 A, B, C 3개의 홈이 있는 열쇠를 만들려고 한다. 각 홈은 파인 깊이를 상, 중, 하 3단계 중 한 단계로 선택할 수 있을 때, 만들 수 있는 열쇠의 종류는 모두 몇 가지인지 구하시오.

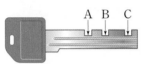

02

금성 변형

오른쪽 그림은 시각 장애인을 위하여 개발된 점자 표기로 '우정'이라는 단어를 표시한 것이다. 이렇듯 하나의 점자는 6개의 점을 이용하여 표현한다고 할 때, 6개의 점을 이용하여 점자를 만들 수 있는 방법의 수를 구하시오.(단, 검은 점은 볼록하게 튀어나온 곳이고 흰 점은 그렇지 않은 곳이다.)

03

신사고 변형

민준, 채연, 지원, 상현 4명이 각자 자기의 연필을 한 필통 속에 함께 넣고 다시 임의로 한 자루씩 가져갈 때, 어느 누구도 자신의 연필을 가져가지 못하는 경우의 수를 구하시오.

04

지학사 변형

오른쪽 그림과 같이 두 갈래 길이 연속으로 있는 길이 있다. 소윤이가 A 지점에서 B 지점까지 가려고 할 때, 최단 거리로 가는 경우의 수를 구하시오.

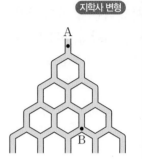

05

비상 변형

오른쪽 그림과 같이 빛이 들어가는 입사각과 거울에 반사되어 나오는 반사각의 크기는 서로 같다. 또, 빛은 직진하고 거울에 부딪히면 반사한다고 한다. 이때 다음 그림과 같이 정사각형 모양의 빈 격자 칸에 거울을 대각선 방향으로 놓아 빛이 꽃을 비추게 하려고 한다. 나머지 빈 칸에 대각선 방향의 거울을 여러 개 놓아 꽃을 비추게 할 때, 만들 수 있는 모든 경우의 수를 구하시오.

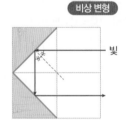

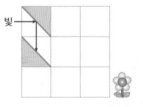

VII 확률

① 경우의 수

② 확률

단원별로 학습 계획을 세워 실천해 보세요.

학습 날짜	월 일	월 일	월 일	월 일
학습 계획				
학습 실행도	0 100	0 100	0 100	0 100
자기 반성				

2 확률

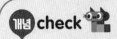

① 확률의 뜻

(1) 확률

동일한 조건에서 실험이나 관찰을 여러 번 반복할 때, 어떤 사건이 일어나는 상대도수가 일정한 값에 가까워지면 이 일정한 값은 일어나는 모든 경우의 수에 대한 어떤 사건이 일어나는 경우의 수의 비율과 같다. 이 비율을 그 사건이 일어날 　(1)　이라 한다.

(2) 사건 A가 일어날 확률

어떤 실험이나 관찰에서 각 경우가 일어날 가능성이 모두 같다고 할 때, 일어나는 모든 경우의 수가 n이고 사건 A가 일어나는 경우의 수가 a이면 사건 A가 일어날 확률 p는

$$p = \frac{(\text{사건 } A\text{가 일어나는 경우의 수})}{(\text{일어나는 모든 경우의 수})} = \frac{\boxed{(2)}}{n}$$

예 1부터 10까지의 자연수가 각각 하나씩 적힌 10장의 카드 중에서 한 장을 뽑을 때,

$$(\text{4의 배수가 적힌 카드가 나올 확률}) = \frac{(\text{4의 배수가 적힌 카드가 나오는 경우의 수})}{(\text{일어나는 모든 경우의 수})}$$
$$\underset{\rightarrow 4, 8}{} = \frac{2}{10} = \frac{1}{5}$$

② 확률의 성질

(1) 어떤 사건 A가 일어날 확률을 p라 하면 $0 \le p \le 1$이다.

(2) 반드시 일어나는 사건의 확률은 1이다.

(3) 절대로 일어나지 않는 사건의 확률은 　(3)　이다.

예 한 개의 주사위를 던질 때

• 6 이하의 눈이 나올 확률 ➔ 1   • 7의 눈이 나올 확률 ➔ 0

참고 (1) 확률을 백분율(%)로 바꾸어 생각하였을 때,

$p=1$이면 일어날 가능성이 100 %이고 $p=0$이면 일어날 가능성이 0 %이다.

(2) 모든 경우의 수가 n, 사건 A가 일어나는 경우의 수가 a이면 $0 \le a \le n$이므로 $0 \le \frac{a}{n} \le 1$

즉, 사건 A가 일어날 확률 p는 $0 \le p \le 1$

③ 어떤 사건이 일어나지 않을 확률

사건 A가 일어날 확률을 p라 하면

$$(\text{사건 } A\text{가 일어나지 않을 확률}) = \boxed{(4)} - p$$

예 내일 비가 올 확률이 $\frac{1}{8}$일 때, 내일 비가 오지 않을 확률은

$$1 - (\text{내일 비가 올 확률}) = 1 - \frac{1}{8} = \frac{7}{8}$$

참고 (1) 사건 A가 일어날 확률을 p, 사건 A가 일어나지 않을 확률을 q라 하면 $p+q=1$

(2) (적어도 하나는 A일 확률) = 1 - (모두 A가 아닐 확률)

(3) '~가 아닐 확률', '적어도 ~일 확률', '~을 못할 확률'과 같은 표현이 있으면 어떤 사건이 일어나지 않을 확률을 이용한다.

답 (1) 확률 (2) a (3) 0 (4) 1

④ 사건 A 또는 사건 B가 일어날 확률 – 확률의 덧셈

동일한 실험이나 관찰에서 사건 A와 사건 B가 동시에 일어나지 않을 때, 사건 A가 일어날 확률을 p, 사건 B가 일어날 확률을 q라 하면

(사건 A 또는 사건 B가 일어날 확률)$=p$ ⑤ q

예 한 개의 주사위를 던질 때,

(3 이하의 눈이 나올 확률)$=\dfrac{3}{6}=\dfrac{1}{2}$, (5 이상의 눈이 나올 확률)$=\dfrac{2}{6}=\dfrac{1}{3}$
→ 1, 2, 3   → 5, 6

➡ (3 이하 또는 5 이상의 눈이 나올 확률)$=\dfrac{1}{2}+\dfrac{1}{3}=\dfrac{5}{6}$

참고 동시에 일어나지 않는 두 사건에 대하여 '또는', '~이거나'와 같은 표현이 있으면 두 사건의 확률을 더한다.

⑤ 사건 A와 사건 B가 동시에 일어날 확률 – 확률의 곱셈

사건 A와 사건 B가 서로 영향을 끼치지 않을 때, 사건 A가 일어날 확률을 p, 사건 B가 일어날 확률을 q라 하면

(사건 A와 사건 B가 동시에 일어날 확률)$=p$ ⑥ q

예 동전 한 개와 주사위 한 개를 동시에 던질 때,

(동전에서 앞면이 나올 확률)$=\dfrac{1}{2}$, (주사위에서 3의 배수의 눈이 나올 확률)$=\dfrac{2}{6}=\dfrac{1}{3}$
→ 3, 6

➡ (동전은 앞면이 나오고, 주사위는 3의 배수의 눈이 나올 확률)$=\dfrac{1}{2}\times\dfrac{1}{3}=\dfrac{1}{6}$

참고 (1) 두 사건 A와 B가 동시에 일어난다는 것은 사건 A가 일어나는 각 경우마다 사건 B가 일어난다는 것을 의미한다.

　　(2) 서로 영향을 끼치지 않는 두 사건에 대하여 '동시에', '그리고', '~하고 나서'와 같은 표현이 있으면 두 사건의 확률을 곱한다.

⑥ 연속하여 뽑는 경우의 확률

(1) **뽑은 것을 다시 넣고 연속하여 뽑는 경우의 확률**

처음에 뽑은 것을 다시 뽑을 수 있으므로 처음에 일어나는 사건이 나중에 일어나는 사건에 영향을 주지 않는다. 즉, 처음과 나중의 조건이 같다.

➡ (처음에 사건 A가 일어날 확률)$=$(나중에 사건 A가 일어날 확률)

(2) **뽑은 것을 다시 넣지 않고 연속하여 뽑는 경우의 확률**

처음에 뽑은 것을 다시 뽑을 수 없으므로 처음에 일어나는 사건이 나중에 일어나는 사건에 영향을 준다. 즉, 처음과 나중의 조건이 다르다.

➡ (처음에 사건 A가 일어날 확률) ⑦ (나중에 사건 A가 일어날 확률)

예 모양과 크기가 같은 흰 공 2개, 검은 공 2개가 들어 있는 주머니에서 연속하여 2개의 공을 꺼낼 때, 2개 모두 검은 공일 확률은

(1) 꺼낸 공을 다시 넣는 경우 ➡ $\dfrac{2}{4}\times\dfrac{2}{4}=\dfrac{1}{4}$

(2) 꺼낸 공을 다시 넣지 않는 경우 ➡ $\dfrac{2}{4}\times\dfrac{1}{3}=\dfrac{1}{6}$

5 1부터 12까지의 자연수가 각각 하나씩 적힌 12장의 카드 중에서 한 장을 뽑을 때, 다음을 구하시오.

(1) 3의 배수가 적힌 카드가 나올 확률

(2) 5의 배수가 적힌 카드가 나올 확률

(3) 3의 배수 또는 5의 배수가 적힌 카드가 나올 확률

6 동전 한 개와 주사위 한 개를 동시에 던질 때, 다음을 구하시오.

(1) 동전에서 뒷면이 나올 확률

(2) 주사위에서 4 이하의 눈이 나올 확률

(3) 동전은 뒷면이 나오고, 주사위는 4 이하의 눈이 나올 확률

7 4개의 당첨 제비를 포함한 16개의 제비가 들어 있는 주머니에서 한 개의 제비를 뽑아 확인하고 다시 넣은 후 한 개의 제비를 뽑을 때, 두 번 모두 당첨 제비를 뽑을 확률을 구하시오.

8 4개의 당첨 제비를 포함한 16개의 제비가 들어 있는 주머니에서 연속하여 제비를 두 번 뽑을 때, 두 번 모두 당첨 제비를 뽑을 확률을 구하시오. (단, 뽑은 제비는 다시 넣지 않는다.)

답 (5) $+$ (6) $\times$ (7) $\neq$

유형 01 확률

01

1부터 60까지의 자연수가 각각 하나씩 적힌 60개의 공이 들어 있는 주머니에서 한 개의 공을 꺼낼 때, 60의 약수가 적힌 공이 나올 확률을 구하시오.

02

서로 다른 두 개의 주사위를 동시에 던질 때, 나오는 두 눈의 수의 합이 7일 확률은?

① $\dfrac{1}{16}$ ② $\dfrac{1}{8}$ ③ $\dfrac{1}{6}$

④ $\dfrac{1}{4}$ ⑤ $\dfrac{1}{2}$

03

0, 1, 2, 3, 4의 숫자가 각각 하나씩 적힌 5장의 카드 중에서 2장을 뽑아 두 자리의 자연수를 만들 때, 그 수가 22 미만일 확률은?

① $\dfrac{1}{8}$ ② $\dfrac{1}{4}$ ③ $\dfrac{3}{8}$

④ $\dfrac{1}{2}$ ⑤ $\dfrac{5}{8}$

04

1부터 9까지의 자연수를 이용하여 두 자리의 자연수를 만들려고 한다. 같은 숫자를 여러 번 사용해도 된다고 할 때, 만든 수가 홀수일 확률을 구하시오.

05

A, B, C, D 4명 중에서 대표 2명을 뽑을 때, A가 뽑힐 확률은?

① $\dfrac{1}{2}$ ② $\dfrac{1}{4}$ ③ $\dfrac{1}{6}$

④ $\dfrac{1}{8}$ ⑤ $\dfrac{1}{10}$

06

남학생 3명, 여학생 2명을 한 줄로 세울 때, 남학생 3명이 서로 이웃하여 서게 될 확률을 구하시오.

07

모양과 크기가 같은 흰 구슬 4개, 빨간 구슬 2개, 파란 구슬 몇 개가 들어 있는 주머니에서 한 개의 구슬을 꺼낼 때, 빨간 구슬이 나올 확률은 $\dfrac{1}{4}$이다. 이때 주머니 속에 들어 있는 파란 구슬의 개수를 구하시오.

08 실수주의

다음 그림과 같이 점 P가 수직선 위의 원점에 놓여 있다. 동전 한 개를 던져서 앞면이 나오면 오른쪽으로 1만큼, 뒷면이 나오면 왼쪽으로 1만큼 점 P를 움직일 때, 동전을 4번 던진 후 점 P가 −2의 위치에 있을 확률을 구하시오.

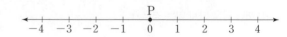

유형 02 방정식, 부등식에서의 확률

09 •••

두 개의 주사위 A, B를 동시에 던져서 나오는 눈의 수를 각각 x, y라 할 때, $2x+y=10$일 확률은?

① $\dfrac{1}{12}$ ② $\dfrac{1}{9}$ ③ $\dfrac{1}{6}$

④ $\dfrac{2}{9}$ ⑤ $\dfrac{1}{4}$

10 •••

한 개의 주사위를 두 번 던져서 첫 번째에 나오는 눈의 수를 x, 두 번째에 나오는 눈의 수를 y라 할 때, $x-y \geq 3$일 확률을 구하시오.

11 •••

서로 다른 두 개의 주사위를 동시에 던져서 나오는 눈의 수를 각각 a, b라 할 때, x에 대한 방정식 $ax=b$의 해가 정수일 확률은?

① $\dfrac{1}{3}$ ② $\dfrac{13}{36}$ ③ $\dfrac{7}{18}$

④ $\dfrac{5}{12}$ ⑤ $\dfrac{4}{9}$

12 •••

한 개의 주사위를 두 번 던져서 첫 번째에 나오는 눈의 수를 a, 두 번째에 나오는 눈의 수를 b라 할 때, x, y에 대한 연립방정식 $\begin{cases} 3x+5y=5 \\ ax+5y=b \end{cases}$의 해가 존재하지 않을 확률을 구하시오.

유형 03 확률의 성질 　　최다 빈출

13 •••

모양과 크기가 같은 빨간 구슬 1개와 노란 구슬 4개가 들어 있는 주머니에서 한 개의 구슬을 꺼낼 때, 다음 중 옳은 것을 모두 고르면? (정답 2개)

① 빨간 구슬이 나올 확률은 1이다.
② 파란 구슬이 나올 확률은 0이다.
③ 노란 구슬이 나올 확률은 4이다.
④ 빨간 구슬 또는 노란 구슬이 나올 확률은 1이다.
⑤ 빨간 구슬이 나올 확률과 노란 구슬이 나올 확률은 같다.

14 •••

다음 중 확률이 가장 큰 것은?

① 한 개의 동전을 던질 때, 앞면이 나올 확률
② 한 개의 동전을 던질 때, 앞면과 뒷면이 동시에 나올 확률
③ 한 개의 주사위를 던질 때, 자연수의 눈이 나올 확률
④ 한 개의 주사위를 던질 때, 6의 배수의 눈이 나올 확률
⑤ 서로 다른 두 개의 주사위를 동시에 던질 때, 나오는 두 눈의 수의 차가 6일 확률

15 •••

다음 중 확률이 0인 것을 모두 고르면? (정답 2개)

① 파란 공 6개가 들어 있는 주머니에서 한 개의 공을 꺼낼 때, 파란 공이 나올 확률
② 불량품이 없는 9개의 제품 중에서 1개의 제품을 뽑을 때, 불량품일 확률
③ A, B, C 3명의 후보 중에서 대표 1명을 뽑을 때, D가 뽑힐 확률
④ 1부터 10까지의 자연수가 각각 하나씩 적힌 10장의 카드 중에서 한 장을 뽑을 때, 10보다 작은 수가 적힌 카드가 나올 확률
⑤ 두 사람이 가위바위보를 한 번 할 때, 비길 확률

유형 ○4 어떤 사건이 일어나지 않을 확률

16 •••
A 중학교 야구부와 B 중학교 야구부의 시합에서 A 중학교가 이길 확률이 $\dfrac{2}{7}$일 때, B 중학교가 이길 확률을 구하시오.
(단, 비기는 경우는 없다.)

17 •••
두 개의 주사위 A, B를 동시에 던질 때, 나오는 두 눈의 수가 서로 다를 확률은?

① $\dfrac{1}{6}$ ② $\dfrac{1}{3}$ ③ $\dfrac{1}{2}$

④ $\dfrac{2}{3}$ ⑤ $\dfrac{5}{6}$

18 •••
A, B, C, D 네 명을 한 줄로 세울 때, A가 맨 앞에 서지 않을 확률은?

① $\dfrac{1}{4}$ ② $\dfrac{5}{12}$ ③ $\dfrac{7}{12}$

④ $\dfrac{3}{4}$ ⑤ $\dfrac{11}{12}$

19 •••
지원, 태호, 서현, 규인, 미란 5명의 학생이 임원 후보에 올랐다. 이 중에서 2명의 대표를 뽑을 때, 미란이가 대표로 뽑히지 않을 확률은?

① $\dfrac{1}{2}$ ② $\dfrac{3}{5}$ ③ $\dfrac{7}{10}$

④ $\dfrac{4}{5}$ ⑤ $\dfrac{9}{10}$

20 •••
서로 다른 두 개의 주사위를 동시에 던져서 나오는 눈의 수를 각각 a, b라 할 때, 직선 $y = ax - b$가 점 $(1, 1)$을 지나지 않을 확률은?

① $\dfrac{1}{6}$ ② $\dfrac{5}{36}$ ③ $\dfrac{5}{6}$

④ $\dfrac{31}{36}$ ⑤ $\dfrac{8}{9}$

유형 ○5 적어도 ~일 확률 최다 빈출

21 •••
서로 다른 세 개의 동전을 동시에 던질 때, 적어도 한 개는 뒷면이 나올 확률은?

① $\dfrac{1}{8}$ ② $\dfrac{1}{4}$ ③ $\dfrac{5}{8}$

④ $\dfrac{3}{4}$ ⑤ $\dfrac{7}{8}$

22 •••
○, ×로 답하는 5개의 문제가 있다. 각 문제에 ○, × 중 임의로 하나를 답할 때, 적어도 한 문제는 맞힐 확률을 구하시오.

23 •••
남학생 3명과 여학생 3명 중에서 2명의 대표를 뽑을 때, 적어도 한 명은 남학생이 뽑힐 확률은?

① $\dfrac{2}{3}$ ② $\dfrac{11}{15}$ ③ $\dfrac{4}{5}$

④ $\dfrac{13}{15}$ ⑤ $\dfrac{14}{15}$

● 정답 및 풀이 61쪽

유형 06 사건 A 또는 사건 B가 일어날 확률

24 ●●●
책꽂이에 수학 문제집 3권, 국어 문제집 2권, 영어 문제집 2권이 꽂혀 있다. 이 중에서 1권을 꺼낼 때, 수학 문제집 또는 영어 문제집을 꺼낼 확률은?

① $\dfrac{2}{7}$ ② $\dfrac{3}{7}$ ③ $\dfrac{4}{7}$

④ $\dfrac{5}{7}$ ⑤ $\dfrac{6}{7}$

25 ●●●
1부터 15까지의 자연수가 각각 하나씩 적힌 15장의 카드 중에서 한 장을 뽑을 때, 소수 또는 4의 배수가 적힌 카드가 나올 확률을 구하시오.

26 ●●●
두 개의 주사위 A, B를 동시에 던질 때, 나오는 두 눈의 수의 합이 3 또는 9일 확률은?

① $\dfrac{1}{9}$ ② $\dfrac{1}{6}$ ③ $\dfrac{2}{9}$

④ $\dfrac{1}{4}$ ⑤ $\dfrac{1}{3}$

27 ●●●
오른쪽 그림과 같이 한 변의 길이가 1인 정오각형 ABCDE의 꼭짓점 A에서 말이 출발하여 주사위를 던져 나오는 눈의 수만큼 시계 반대 방향으로 변을 따라 이동한다고 한다. 주사위를 2번 던질 때, 말이 꼭짓점 B에 위치할 확률을 구하시오.

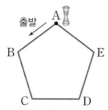

유형 07 사건 A와 사건 B가 동시에 일어날 확률

28 ●●●
오른쪽 그림과 같은 전기 회로에서 두 스위치 A, B가 닫힐 확률이 각각 $\dfrac{1}{2}$, $\dfrac{3}{5}$일 때, 전구에 불이 들어올 확률을 구하시오.

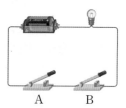

29 ●●●
명중률이 60 %인 어느 양궁 선수가 화살을 2번 쏘았을 때, 2번 모두 과녁에 명중시킬 확률을 구하시오.

30 ●●●
A 주머니에는 모양과 크기가 같은 노란 공 3개와 빨간 공 4개가 들어 있고, B 주머니에는 모양과 크기가 같은 노란 공 5개와 빨간 공 2개가 들어 있다. A, B 두 주머니에서 공을 각각 한 개씩 꺼낼 때, 꺼낸 두 공이 모두 노란 공일 확률은?

① $\dfrac{1}{7}$ ② $\dfrac{8}{49}$ ③ $\dfrac{12}{49}$

④ $\dfrac{15}{49}$ ⑤ $\dfrac{3}{7}$

31 ●●●
서로 다른 동전 2개와 주사위 1개를 동시에 던질 때, 동전은 모두 뒷면이 나오고 주사위는 짝수의 눈이 나올 확률은?

① $\dfrac{1}{8}$ ② $\dfrac{1}{4}$ ③ $\dfrac{3}{8}$

④ $\dfrac{1}{2}$ ⑤ $\dfrac{5}{8}$

32 •••

다음 그림과 같이 각각 4등분, 5등분된 두 원판이 있다. 이 두 원판을 각각 한 번씩 돌린 후 멈추었을 때, 두 원판의 각 바늘이 모두 C 부분을 가리킬 확률을 구하시오.

(단, 바늘이 경계선을 가리키는 경우는 생각하지 않는다.)

유형 08 어떤 사건이 일어나지 않을 확률 - 확률의 곱셈 이용

33 •••

어떤 문제를 민아가 맞힐 확률이 $\frac{1}{3}$ 이고, 성호가 맞힐 확률이 $\frac{5}{7}$ 일 때, 두 사람 모두 이 문제를 틀릴 확률을 구하시오.

34 •••

20발을 쏘면 16발을 명중시키는 사격 선수가 있다. 이 사격 선수가 2발을 쏘았을 때, 두 번째에만 명중시킬 확률은?

① $\frac{4}{25}$ ② $\frac{1}{5}$ ③ $\frac{6}{25}$

④ $\frac{7}{25}$ ⑤ $\frac{2}{5}$

35 •••

수연이와 원욱이가 약속 장소에서 만나기로 하였다. 수연이가 약속 장소에 나갈 확률이 $\frac{5}{6}$, 원욱이가 약속 장소에 나갈 확률이 $\frac{4}{5}$ 일 때, 두 사람이 약속 장소에서 만나지 못할 확률을 구하시오.

36 •••

A, B, C 세 사람이 시험에 합격할 확률이 각각 $\frac{1}{2}$, $\frac{2}{3}$, $\frac{3}{4}$ 일 때, 세 명 중 적어도 한 명은 시험에 합격할 확률을 구하시오.

유형 09 확률의 덧셈과 곱셈

37 •••

A 상자에는 모양과 크기가 같은 흰 구슬 4개와 검은 구슬 3개가 들어 있고, B 상자에는 모양과 크기가 같은 흰 구슬 6개와 검은 구슬 4개가 들어 있다. 두 상자에서 구슬을 각각 한 개씩 꺼낼 때, 꺼낸 두 구슬이 서로 다른 색일 확률은?

① $\frac{2}{5}$ ② $\frac{3}{7}$ ③ $\frac{17}{35}$

④ $\frac{18}{35}$ ⑤ $\frac{4}{7}$

38 •••

진경이와 소희가 각각 다음 그림과 같이 각 면에 숫자가 적힌 정육면체의 전개도를 접어서 주사위를 만들었다. 두 사람이 동시에 주사위를 한 번 던져서 더 큰 수가 나오는 사람이 이기는 게임을 할 때, 진경이가 이길 확률을 구하시오.

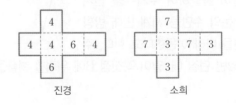

진경   소희

● 정답 및 풀이 62쪽

39 •••

어느 지역에서 비가 온 다음 날 비가 올 확률은 $\frac{1}{4}$이고, 비가 오지 않은 다음 날 비가 올 확률은 $\frac{1}{3}$이라 한다. 수요일에 이 지역에 비가 왔다면 같은 주 금요일에도 비가 올 확률을 구하시오.

40 •••

어느 과학 고등학교 입학 시험에 승현, 지인, 종태가 합격할 확률이 각각 $\frac{1}{2}$, $\frac{3}{4}$, $\frac{2}{3}$이다. 세 명 모두 시험을 보았을 때, 이들 중 두 명만 합격할 확률을 구하시오.

유형 10 연속하여 뽑는 경우의 확률 - 뽑은 것을 다시 넣는 경우

41 •••

모양과 크기가 같은 흰 공 4개, 검은 공 5개가 들어 있는 주머니가 있다. 이 주머니에서 한 개의 공을 꺼내 색을 확인하고 다시 넣은 후 한 개의 공을 또 꺼낼 때, 두 번 모두 흰 공이 나올 확률은?

① $\frac{16}{81}$　　② $\frac{2}{9}$　　③ $\frac{25}{81}$

④ $\frac{1}{3}$　　⑤ $\frac{10}{27}$

42 •••

1부터 10까지의 자연수가 각각 하나씩 적힌 10장의 카드 중에서 한 장을 뽑아 수를 확인하고 다시 넣은 후 한 장을 또 뽑을 때, 첫 번째에는 8의 약수, 두 번째에는 5의 배수가 적힌 카드를 뽑을 확률을 구하시오.

43 •••

2개의 당첨 제비를 포함한 12개의 제비가 들어 있는 상자에서 A가 먼저 한 개의 제비를 뽑아 확인하고 다시 넣은 후 B가 한 개의 제비를 뽑을 때, B가 당첨 제비를 뽑을 확률을 구하시오.

유형 11 연속하여 뽑는 경우의 확률 - 뽑은 것을 다시 넣지 않는 경우　　최다 빈출

44 •••

상자 안에 들어 있는 50개의 제품 중 불량품이 8개 섞여 있다. 이 상자에서 2개의 제품을 연속하여 꺼낼 때, 2개 모두 불량품일 확률은? (단, 꺼낸 제품은 다시 넣지 않는다.)

① $\frac{1}{50}$　　② $\frac{11}{500}$　　③ $\frac{4}{175}$

④ $\frac{3}{125}$　　⑤ $\frac{1}{25}$

45 •••

크기와 모양이 같은 딸기 맛 사탕 3개와 초코 맛 사탕 5개가 들어 있는 바구니에서 연속하여 2개의 사탕을 꺼낼 때, 적어도 한 개는 딸기 맛 사탕을 꺼낼 확률을 구하시오.

(단, 꺼낸 사탕은 다시 넣지 않는다.)

46 •••

1부터 5까지의 자연수가 각각 하나씩 적힌 5장의 카드 중에서 연속하여 2장을 뽑아 카드에 적힌 수의 합을 구하려고 한다. 이때 카드에 적힌 수의 합이 홀수일 확률을 구하시오.

(단, 뽑은 카드는 다시 넣지 않는다.)

01

1, 2, 3, 4, 5의 숫자가 각각 하나씩 적힌 5장의 카드 중에서 2장을 뽑아 두 자리의 자연수를 만들 때, 그 수가 21보다 작거나 43보다 클 확률을 구하시오. [6점]

채점 기준 1 만들 수 있는 두 자리의 자연수의 개수 구하기 ⋯ 2점

5장의 카드 중에서 2장을 뽑아 만들 수 있는 두 자리의 자연수의 개수는 5×____ = ____

채점 기준 2 21보다 작거나 43보다 큰 두 자리의 자연수의 개수 구하기 ⋯ 3점

21보다 작은 수는 _____의 ____개

43보다 큰 수는 _____의 ____개

즉, 21보다 작거나 43보다 큰 두 자리의 자연수의 개수는 ____ + ____ = ____

채점 기준 3 21보다 작거나 43보다 클 확률 구하기 ⋯ 1점

21보다 작거나 43보다 클 확률은 ____ 이다.

01-1
조건 바꾸기

0, 1, 2, 3, 4의 숫자가 각각 하나씩 적힌 5장의 카드 중에서 2장을 뽑아 두 자리의 자연수를 만들 때, 그 수가 20보다 작거나 30보다 클 확률을 구하시오. [6점]

채점 기준 1 만들 수 있는 두 자리의 자연수의 개수 구하기 ⋯ 2점

채점 기준 2 20보다 작거나 30보다 큰 두 자리의 자연수의 개수 구하기 ⋯ 3점

채점 기준 3 20보다 작거나 30보다 클 확률 구하기 ⋯ 1점

01-2
응용 서술형

0, 1, 2, 3, 4, 5의 숫자가 각각 하나씩 적힌 6장의 카드 중에서 2장을 뽑아 두 자리의 자연수를 만들 때, 그 수가 짝수일 확률을 구하시오. [7점]

02

자유투 성공률이 75 %인 농구 선수가 있다. 이 농구 선수가 2개의 자유투를 던질 때, 적어도 1개는 성공할 확률을 구하시오. [6점]

채점 기준 1 1개의 자유투를 던질 때, 성공하지 못할 확률 구하기 ⋯ 2점

1개의 자유투를 던질 때, 성공할 확률이 $\frac{75}{100}$ = ____ 이므로 성공하지 못할 확률은 1 − ____ = ____

채점 기준 2 2개의 자유투를 던질 때, 2개 모두 성공하지 못할 확률 구하기 ⋯ 2점

2개의 자유투를 던질 때, 2개 모두 성공하지 못할 확률은 ____ × ____ = ____

채점 기준 3 적어도 1개는 성공할 확률 구하기 ⋯ 2점

(적어도 1개는 성공할 확률)

= 1 − (2개 모두 성공하지 못할 확률) = 1 − ____ = ____

02-1
숫자 바꾸기

자유투 성공률이 60 %인 농구 선수가 있다. 이 농구 선수가 3개의 자유투를 던질 때, 적어도 1개는 성공할 확률을 구하시오. [6점]

채점 기준 1 1개의 자유투를 던질 때, 성공하지 못할 확률 구하기 ⋯ 2점

채점 기준 2 3개의 자유투를 던질 때, 3개 모두 성공하지 못할 확률 구하기 ⋯ 2점

채점 기준 3 적어도 1개는 성공할 확률 구하기 ⋯ 2점

•정답 및 풀이 64쪽

03

계단 30개가 있는 층계가 있다. 수정이가 15번째 계단에서 한 개의 동전을 던져서 앞면이 나오면 3칸 위로 올라가고 뒷면이 나오면 2칸 아래로 내려간다고 할 때, 수정이가 동전을 세 번 던진 후 처음 위치보다 한 계단 아래에 있을 확률을 구하시오. [6점]

04

서로 다른 두 개의 주사위를 동시에 던질 때, 나오는 두 눈의 수의 합이 4의 배수일 확률을 구하시오. [6점]

05

한 개의 주사위를 두 번 던져서 첫 번째에 나오는 눈의 수를 x, 두 번째에 나오는 눈의 수를 y라 할 때, $\dfrac{y}{x}$ 가 자연수가 아닐 확률을 구하시오. [7점]

06

오른쪽 그림과 같이 합동인 9개의 정사각형으로 이루어진 표적에 화살을 세 번 쏠 때, 색칠한 부분을 두 번만 맞힐 확률을 구하시오. (단, 화살이 표적을 벗어나거나 경계선을 맞히는 경우는 생각하지 않는다.) [7점]

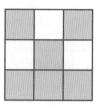

07

어느 야구 결승전에서는 두 팀 중 먼저 4승을 한 팀이 우승한다고 한다. 현재 A팀과 B팀이 결승전에 진출하였고 A팀이 1승 2패로 B팀에게 지고 있을 때, A팀이 우승할 확률을 구하시오. (단, 각 팀이 한 게임에서 이길 확률은 서로 같고, 비기는 경우는 없다.) [7점]

08

A 주머니에는 모양과 크기가 같은 검은 공 3개, 흰 공 4개가 들어 있고, B 주머니에는 모양과 크기가 같은 검은 공 5개, 흰 공 3개가 들어 있다. A 주머니에서 공 한 개를 꺼내 B 주머니에 넣은 후 B 주머니에서 공 한 개를 꺼낼 때, 흰 공이 나올 확률을 구하시오. [7점]

학교 선생님들이 출제하신 진짜 학교 시험 문제예요!

01

오른쪽 그림과 같이 1부터 8까지의 자연수가 각각 하나씩 적힌 8등분된 원판이 있다. 이 원판을 한 번 돌린 후 원판이 멈추었을 때, 원판의 바늘이 가리키는 숫자가 12의 약수일 확률은? (단, 바늘이 경계선을 가리키는 경우는 생각하지 않는다.) [3점]

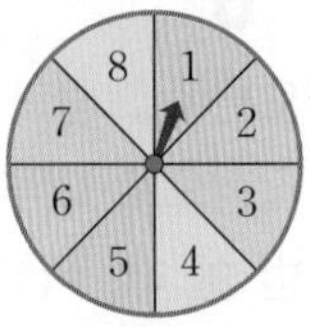

① $\frac{1}{8}$ ② $\frac{1}{4}$ ③ $\frac{3}{8}$
④ $\frac{1}{2}$ ⑤ $\frac{5}{8}$

02

주머니 속에 모양과 크기가 같은 파란 공 3개, 노란 공 5개, 빨간 공 4개가 들어 있다. 이 주머니에서 한 개의 공을 꺼낼 때, 그 공이 빨간 공일 확률은? [3점]

① $\frac{1}{6}$ ② $\frac{1}{4}$ ③ $\frac{1}{3}$
④ $\frac{5}{12}$ ⑤ $\frac{1}{2}$

03

0, 1, 2, 3, 4의 숫자가 각각 하나씩 적힌 5장의 카드 중에서 3장을 뽑아 세 자리의 자연수를 만들 때, 그 수가 330 이상일 확률은? [4점]

① $\frac{5}{16}$ ② $\frac{1}{3}$ ③ $\frac{17}{48}$
④ $\frac{3}{8}$ ⑤ $\frac{5}{12}$

04

두 개의 주사위 A, B를 동시에 던져서 나오는 눈의 수를 각각 a, b라 할 때, 두 직선 $y=ax$와 $y=-2x+b$의 교점의 x좌표가 1일 확률은? [5점]

① $\frac{1}{18}$ ② $\frac{1}{12}$ ③ $\frac{1}{9}$
④ $\frac{5}{36}$ ⑤ $\frac{1}{6}$

05

사건 A가 일어날 확률을 p, 사건 A가 일어나지 않을 확률을 q라 할 때, 다음 중 옳지 않은 것을 모두 고르면? (정답 2개) [3점]

① $p=\frac{(\text{사건 } A\text{가 일어나는 경우의 수})}{(\text{일어나는 모든 경우의 수})}$
② $0\le p\le 1$
③ $p+q=1$
④ $q=0$이면 사건 A는 절대로 일어나지 않는다.
⑤ 사건 A가 반드시 일어나는 사건이면 $p=0$이다.

06

정우를 포함한 10명의 후보 중에서 대표 2명을 뽑을 때, 정우가 뽑히지 않을 확률은? [4점]

① $\frac{3}{5}$ ② $\frac{2}{3}$ ③ $\frac{11}{15}$
④ $\frac{7}{9}$ ⑤ $\frac{4}{5}$

07

서로 다른 두 개의 주사위를 동시에 던질 때, 적어도 한 개는 짝수의 눈이 나올 확률은? [4점]

① $\dfrac{2}{3}$ ② $\dfrac{3}{4}$ ③ $\dfrac{5}{6}$

④ $\dfrac{8}{9}$ ⑤ $\dfrac{11}{12}$

08

각 면에 1부터 12까지의 자연수가 각각 하나씩 적힌 정십이면체 모양의 주사위가 있다. 이 주사위를 한 번 던져서 바닥에 닿은 면에 적힌 수가 3의 배수 또는 10의 약수일 확률은? [3점]

① $\dfrac{5}{12}$ ② $\dfrac{1}{2}$ ③ $\dfrac{7}{12}$

④ $\dfrac{2}{3}$ ⑤ $\dfrac{3}{4}$

09

다섯 번의 타석에 들어섰을 때 한 번 안타를 치는 야구 선수가 있다. 이 야구 선수가 세 타석에서 모두 안타를 칠 확률은? [3점]

① $\dfrac{1}{25}$ ② $\dfrac{1}{50}$ ③ $\dfrac{1}{100}$

④ $\dfrac{1}{125}$ ⑤ $\dfrac{1}{150}$

10

A 주머니에는 모양과 크기가 같은 파란 구슬 3개, 빨간 구슬 6개가 들어 있고, B 주머니에는 모양과 크기가 같은 파란 구슬 4개, 빨간 구슬 2개가 들어 있다. A, B 주머니에서 구슬을 각각 한 개씩 꺼낼 때, 꺼낸 두 구슬 모두 빨간 구슬일 확률은? [4점]

① $\dfrac{1}{9}$ ② $\dfrac{2}{9}$ ③ $\dfrac{1}{3}$

④ $\dfrac{4}{9}$ ⑤ $\dfrac{5}{9}$

11

이번 주 일기예보에서 월요일에 비가 올 확률은 40 %, 다음 날인 화요일에 비가 올 확률은 30 %라 할 때, 월요일과 화요일 모두 비가 오지 않을 확률은? [4점]

① $\dfrac{3}{25}$ ② $\dfrac{9}{50}$ ③ $\dfrac{7}{25}$

④ $\dfrac{9}{25}$ ⑤ $\dfrac{21}{50}$

12

소윤이와 재원이는 2학년을 마치면서 1년 뒤 오늘 다시 만나기로 약속하였다. 소윤이가 약속을 지킬 확률은 $\dfrac{4}{5}$ 이고, 재원이가 약속을 지킬 확률은 $\dfrac{2}{3}$일 때, 두 사람이 만나지 못할 확률은? [4점]

① $\dfrac{2}{5}$ ② $\dfrac{7}{15}$ ③ $\dfrac{8}{15}$

④ $\dfrac{3}{5}$ ⑤ $\dfrac{2}{3}$

13

태민이가 A, B 두 오디션에 참가하였다. A 오디션에 합격할 확률은 $\frac{1}{4}$, A, B 두 오디션에 모두 합격하지 못할 확률은 $\frac{11}{16}$일 때, 태민이가 B 오디션에만 합격할 확률은?

[5점]

① $\frac{1}{16}$　　② $\frac{1}{8}$　　③ $\frac{3}{16}$

④ $\frac{1}{4}$　　⑤ $\frac{5}{16}$

14

주영이가 시험 시간에 시간이 부족하여 5개의 보기 중에서 한 개를 고르는 객관식 3문제의 답을 임의로 표기하여 제출하였다. 이때 3문제 중 2문제를 맞힐 확률은? [4점]

① $\frac{4}{125}$　　② $\frac{6}{125}$　　③ $\frac{12}{125}$

④ $\frac{16}{125}$　　⑤ $\frac{24}{125}$

15

2개의 당첨 제비를 포함한 10개의 제비가 들어 있는 상자에서 1개를 뽑아 확인하고 다시 넣은 후 1개를 또 뽑을 때, 2개 모두 당첨 제비일 확률은? [4점]

① $\frac{1}{45}$　　② $\frac{2}{45}$　　③ $\frac{1}{25}$

④ $\frac{2}{25}$　　⑤ $\frac{1}{35}$

16

1부터 7까지의 자연수가 각각 하나씩 적힌 7장의 카드 중에서 한 장을 꺼내 수를 확인하고 다시 넣은 후 한 장을 또 꺼낼 때, 두 카드에 적힌 수의 합이 짝수일 확률은? [4점]

① $\frac{3}{7}$　　② $\frac{23}{49}$　　③ $\frac{24}{49}$

④ $\frac{25}{49}$　　⑤ $\frac{4}{7}$

17

상자 안에 들어 있는 9개의 제품 중 3개의 불량품이 섞여 있다. 이 상자에서 연속하여 3개의 제품을 꺼낼 때, 3개 모두 불량품을 꺼낼 확률은?

(단, 꺼낸 제품은 다시 넣지 않는다.) [4점]

① $\frac{1}{27}$　　② $\frac{1}{54}$　　③ $\frac{1}{84}$

④ $\frac{1}{168}$　　⑤ $\frac{1}{504}$

18

A 주머니에는 모양과 크기가 같은 노란 구슬 2개, 초록 구슬 5개가 들어 있고, B 주머니에는 모양과 크기가 같은 노란 구슬 4개, 초록 구슬 3개가 들어 있다. A 주머니에서 구슬 한 개를 꺼내 B 주머니에 넣은 후 B 주머니에서 구슬 한 개를 꺼낼 때, 꺼낸 구슬이 노란색일 확률은? [5점]

① $\frac{1}{4}$　　② $\frac{9}{28}$　　③ $\frac{5}{14}$

④ $\frac{15}{28}$　　⑤ $\frac{5}{7}$

서술형

19

다음 표는 이안이네 반 학생들의 혈액형을 조사하여 나타낸 것이다. 이 반에서 학생 한 명을 임의로 뽑을 때, 그 학생의 혈액형이 O형일 확률을 구하시오. [4점]

혈액형	A형	B형	O형	AB형
학생 수(명)	7	6	9	2

20

길이가 $3\,\text{cm}$, $5\,\text{cm}$, $7\,\text{cm}$, $9\,\text{cm}$인 나무 막대가 각각 1개씩 있다. 이 중에서 3개의 막대를 뽑아 각각의 막대를 한 변으로 하는 삼각형을 만들 때, 삼각형이 만들어질 확률을 구하시오. (단, 막대의 굵기는 생각하지 않는다.) [6점]

21

1부터 100까지의 자연수가 각각 하나씩 적힌 100장의 카드 중에서 한 장을 뽑아 카드에 적힌 수를 분자로 하고 분모가 150인 분수를 만들어 소수로 나타낼 때, 유한소수가 아닐 확률을 구하시오. [7점]

22

가람, 민혁, 지원이가 한국사 능력 시험에 합격할 확률은 각각 $\dfrac{3}{5}$, $\dfrac{1}{2}$, $\dfrac{5}{8}$이다. 세 명 모두 시험을 보았을 때, 세 명 중 적어도 한 명은 합격할 확률을 구하시오. [6점]

23

다음 그림과 같이 점 P가 수직선 위의 원점에 놓여 있다. 주사위 한 개를 던져서 짝수의 눈이 나오면 오른쪽으로 1만큼, 홀수의 눈이 나오면 왼쪽으로 1만큼 점 P를 움직일 때, 주사위를 4번 던진 후 점 P가 다시 원점의 위치에 올 확률을 구하시오. [7점]

01

서로 다른 두 개의 주사위를 동시에 던질 때, 서로 같은 눈이 나올 확률은? [3점]

① $\dfrac{1}{6}$　　　② $\dfrac{1}{4}$　　　③ $\dfrac{1}{3}$

④ $\dfrac{1}{2}$　　　⑤ $\dfrac{5}{6}$

02

수혁이와 진영이가 -2, -1, 0, 1의 4개의 수 중에서 각각 1개씩 선택하여 더할 때, 그 합이 0일 확률은?

(단, 같은 수를 중복하여 선택해도 된다.) [3점]

① $\dfrac{1}{16}$　　　② $\dfrac{1}{8}$　　　③ $\dfrac{3}{16}$

④ $\dfrac{1}{4}$　　　⑤ $\dfrac{5}{16}$

03

한 개의 주사위를 두 번 던져서 첫 번째에 나오는 눈의 수를 x, 두 번째에 나오는 눈의 수를 y라 할 때, $2x+y<7$일 확률은? [4점]

① $\dfrac{1}{6}$　　　② $\dfrac{1}{3}$　　　③ $\dfrac{1}{2}$

④ $\dfrac{2}{3}$　　　⑤ $\dfrac{5}{6}$

04

2, 4, 6, 8, 10의 자연수가 각각 하나씩 적힌 5장의 카드 중에서 한 장을 뽑을 때, 다음 중 옳지 <u>않은</u> 것은? [3점]

① 홀수가 적힌 카드가 나올 확률은 0이다.
② 짝수가 적힌 카드가 나올 확률은 1이다.
③ 소수가 적힌 카드가 나올 확률은 0이다.
④ 10 이하의 수가 적힌 카드가 나올 확률은 1이다.
⑤ 한 자리의 자연수가 적힌 카드가 나올 확률은 $\dfrac{4}{5}$이다.

05

A, B, C, D, E 5명을 한 줄로 세울 때, A와 B가 이웃하여 서지 않을 확률은? [4점]

① $\dfrac{1}{3}$　　　② $\dfrac{2}{5}$　　　③ $\dfrac{1}{2}$

④ $\dfrac{3}{5}$　　　⑤ $\dfrac{2}{3}$

06

서로 다른 동전 4개를 동시에 던질 때, 적어도 한 개는 앞면이 나올 확률은? [4점]

① $\dfrac{1}{16}$　　　② $\dfrac{1}{8}$　　　③ $\dfrac{3}{16}$

④ $\dfrac{7}{8}$　　　⑤ $\dfrac{15}{16}$

07

남학생 4명, 여학생 5명으로 이루어진 동아리에서 대표 1명, 부대표 1명을 뽑을 때, 대표와 부대표 중 적어도 한 명은 여학생일 확률은? [4점]

① $\dfrac{1}{6}$　　② $\dfrac{1}{3}$　　③ $\dfrac{1}{2}$

④ $\dfrac{2}{3}$　　⑤ $\dfrac{5}{6}$

08

1부터 20까지의 자연수가 각각 하나씩 적힌 20장의 카드 중에서 한 장을 뽑을 때, 8의 약수 또는 16 이상인 수가 적힌 카드가 나올 확률은? [3점]

① $\dfrac{1}{5}$　　② $\dfrac{1}{4}$　　③ $\dfrac{2}{5}$

④ $\dfrac{9}{20}$　　⑤ $\dfrac{1}{2}$

09

경하, 준규, 성욱, 화정, 용범, 민주 6명을 한 줄로 세울 때, 경하 또는 민주가 맨 앞에 설 확률은? [4점]

① $\dfrac{1}{6}$　　② $\dfrac{1}{3}$　　③ $\dfrac{2}{5}$

④ $\dfrac{1}{2}$　　⑤ $\dfrac{2}{3}$

10

가연이가 한자 시험에 합격할 확률은 $\dfrac{1}{3}$이고, 컴퓨터 시험에 합격할 확률은 $\dfrac{1}{2}$이다. 가연이가 한자와 컴퓨터 시험에 모두 합격할 확률은? [3점]

① $\dfrac{1}{12}$　　② $\dfrac{1}{6}$　　③ $\dfrac{1}{3}$

④ $\dfrac{2}{3}$　　⑤ $\dfrac{5}{6}$

11

두 개의 주사위 A, B를 동시에 던질 때, A 주사위는 3 이상의 눈이 나오고, B 주사위는 소수의 눈이 나올 확률은? [4점]

① $\dfrac{2}{15}$　　② $\dfrac{1}{5}$　　③ $\dfrac{1}{3}$

④ $\dfrac{8}{15}$　　⑤ $\dfrac{3}{5}$

12

두 자연수 a, b가 짝수일 확률이 각각 $\dfrac{3}{5}$, $\dfrac{2}{7}$일 때, $a+b$ 가 홀수일 확률은? [4점]

① $\dfrac{6}{35}$　　② $\dfrac{2}{7}$　　③ $\dfrac{2}{5}$

④ $\dfrac{3}{7}$　　⑤ $\dfrac{19}{35}$

13

가영이와 나영이가 가위바위보를 세 번 할 때, 첫 번째, 두 번째는 승부가 나고 세 번째는 승부가 나지 않을 확률은? [4점]

① $\dfrac{1}{27}$　　　② $\dfrac{2}{27}$　　　③ $\dfrac{1}{9}$

④ $\dfrac{4}{27}$　　　⑤ $\dfrac{2}{9}$

14

A 주머니에는 모양과 크기가 같은 빨간 공 3개, 파란 공 6개가 들어 있고, B 주머니에는 모양과 크기가 같은 빨간 공 4개, 파란 공 2개가 들어 있다. A, B 주머니 중 임의로 하나를 선택한 후 한 개의 공을 꺼낼 때, 꺼낸 공이 빨간 공일 확률은? [5점]

① $\dfrac{1}{6}$　　　② $\dfrac{1}{3}$　　　③ $\dfrac{1}{2}$

④ $\dfrac{2}{3}$　　　⑤ $\dfrac{5}{6}$

15

민석이와 나현이가 3번 경기를 하여 2번 먼저 이기는 사람이 승리하는 게임을 하는데 매 경기에서 민석이가 나현이를 이길 확률은 $\dfrac{3}{4}$이다. 이 게임에서 민석이가 승리할 확률은? (단, 비기는 경우는 없다.) [5점]

① $\dfrac{27}{64}$　　　② $\dfrac{9}{16}$　　　③ $\dfrac{45}{64}$

④ $\dfrac{27}{32}$　　　⑤ $\dfrac{15}{16}$

16

L, O, V, E의 알파벳이 각각 하나씩 적힌 4장의 카드가 들어 있는 상자에서 카드 한 장을 꺼내 확인하고 다시 넣은 후 카드 한 장을 또 꺼낼 때, 두 번 모두 같은 알파벳이 적힌 카드일 확률은? [4점]

① $\dfrac{1}{16}$　　　② $\dfrac{1}{12}$　　　③ $\dfrac{3}{16}$

④ $\dfrac{1}{4}$　　　⑤ $\dfrac{1}{2}$

17

바구니 속에 모양과 크기가 같은 8개의 감자 중 2개의 썩은 감자가 들어 있다. 주원이와 미주가 차례대로 바구니에서 감자를 한 개씩 꺼낼 때, 한 사람만 썩은 감자를 꺼낼 확률은? (단, 꺼낸 감자는 다시 넣지 않는다.) [4점]

① $\dfrac{5}{14}$　　　② $\dfrac{3}{7}$　　　③ $\dfrac{4}{7}$

④ $\dfrac{9}{14}$　　　⑤ $\dfrac{6}{7}$

18

네 명의 학생 중에서 한 명의 청소 당번을 정하기로 하였다. 상자에는 모양과 크기가 같은 4개의 종이가 들어 있고 그 중 하나에는 ○ 표시가 되어 있다. 한 사람당 한 개씩 차례대로 종이를 뽑을 때, 청소 당번을 피하기 위해서는 몇 번째로 종이를 뽑는 것이 유리한가?
(단, 뽑은 종이는 다시 넣지 않는다.) [5점]

① 첫 번째　　　② 두 번째　　　③ 세 번째

④ 네 번째　　　⑤ 순서에 상관없다.

19

오른쪽 그림과 같은 원판에 화살을 한 번 쏠 때, 색칠한 부분을 맞힐 확률을 구하시오. (단, 화살이 원판을 벗어나거나 경계선을 맞히는 경우는 생각하지 않는다.) [4점]

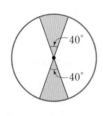

20

오른쪽 그림과 같이 한 변의 길이가 1인 정육각형 ABCDEF의 꼭짓점 A에 점 P가 있다. 한 개의 주사위를 두 번 던져서 첫 번째에 나오는 눈의 수만큼 변을 따

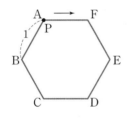

라 화살표 방향으로 움직이고 두 번째에 나오는 눈의 수만큼 화살표 반대 방향으로 움직인다고 할 때, 점 P가 꼭짓점 E에 위치할 확률을 구하시오. [7점]

21

두 개의 주사위 A, B를 동시에 던져서 A 주사위에서 나오는 눈의 수를 a, B 주사위에서 나오는 눈의 수를 b라 할 때, x, y에 대한 연립방정식 $\begin{cases} x+y=2 \\ ax+3y=b \end{cases}$의 해가 존재하지 않을 확률을 구하시오. [6점]

22

A, B, C, D, E 5명 중에서 3명의 대표를 뽑을 때, A 또는 B가 대표로 뽑히지 않을 확률을 구하시오. [6점]

23

어느 지역의 장마철 일기 예보에 의하면 비가 온 다음날 비가 올 확률은 $\frac{3}{5}$이고, 비가 오지 않은 다음날 비가 올 확률은 $\frac{2}{3}$라 한다. 이 지역에 오늘 비가 오지 않았을 때, 이틀 후인 모레 비가 올 확률을 구하시오. [7점]

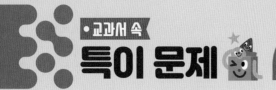

01
동아 변형

연수는 다음 그림과 같이 각각 3등분, 4등분, 6등분된 세 원판 A, B, C를 만들고 각 원판의 바늘을 20번씩 돌려서 바늘이 멈춘 후 가리키는 숫자를 모두 기록하였다. 그런데 연수는 깜빡 잊고 어느 기록이 어느 원판의 바늘을 돌린 결과인지 적어 놓지 않았다. 각각의 기록이 나올 가능성이 가장 큰 원판을 고르고, 그 이유를 설명하시오. (단, 바늘이 경계선을 가리키는 경우는 생각하지 않는다.)

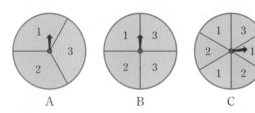

기록 1	1, 1, 3, 3, 2, 1, 2, 3, 2, 2, 3, 3, 1, 1, 2, 1, 1, 1, 2, 1
기록 2	3, 2, 1, 2, 3, 2, 3, 1, 1, 2, 2, 2, 3, 2, 1, 3, 1, 3, 3, 1
기록 3	2, 3, 3, 1, 3, 2, 3, 2, 3, 3, 1, 3, 2, 3, 1, 3, 2, 3, 2, 2

02
교학사 변형

ABO식 혈액형은 다음 표와 같이 O형, A형, B형, AB형의 4가지로 나타내며 부모의 유전자형에 따라 나올 수 있는 자녀의 혈액형을 알 수 있다.

〈혈액형의 유전자형에 따른 표현형〉			
유전자형	OO	AA, AO	BB, BO	AB
표현형	O형	A형	B형	AB형

〈부모의 혈액형에 따른 자녀의 유전자형〉			
모(A형)	부(B형)	BO	
		B	O
AO	A	AB	AO
	O	BO	OO

아버지의 혈액형이 A형(유전자형 AO), 어머니의 혈액형이 AB형일 때, 자녀의 혈액형이 A형일 확률을 구하시오.

03
천재 변형

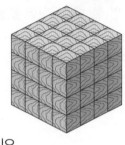

오른쪽 그림과 같이 64개의 쌓기나무를 쌓아서 정육면체를 만들었다. 이 정육면체의 6개의 겉면에 모두 색칠을 하고 다시 흐트러뜨린 후 1개의 쌓기나무를 집었을 때, 적어도 한 면이 색칠된 쌓기나무일 확률을 구하시오.

04
신사고 변형

오른쪽 그림과 같이 두 점 P(1, 1), Q(2, 3)을 지나는 직선이 있다. 서로 다른 두 개의 주사위 A, B를 동시에 던져서 나오는 눈의 수를 각각 a, b라 할 때, 직선 $y = \dfrac{a}{b}x$가 직선 PQ와 만날 확률을 구하시오.

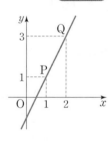

05
비상 변형

체육 시간에 다음과 같은 규칙으로 실기 평가를 한다고 한다. 자유투 성공률이 0.3인 학생이 이 실기 평가에서 5점 이상을 받을 확률을 구하시오.

- 학생당 자유투 기회는 총 3번이고 성공한 자유투 한 개당 2점씩 준다.
- 자유투를 2번 연속으로 성공하면 추가로 1점을 더 주고, 자유투를 3번 연속으로 성공하면 추가로 2점을 더 준다.

기출 에서 pick 한

부록

● **기출에서 pick한 고난도 50**

● **기말고사 대비 실전 모의고사 5회**

● **특별한 부록**
동아출판 홈페이지 (www.bookdonga.com)에서
〈실전 모의고사 5회〉를 다운 받아 사용하세요.

VI-1 도형의 닮음

01

오른쪽 그림과 같이 밑면의 지름과 높이가 14 cm인 원뿔 모양의 그릇에 물을 부어서 그릇의 높이의 $\frac{4}{7}$만큼 채웠다. 그릇에 물을 가득 채우려고 할 때, 더 넣어야 하는 물의 양은 몇 cm³인지 구하시오.

(단, 그릇의 두께는 무시한다.)

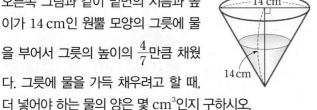

02

오른쪽 그림과 같은 정삼각형 ABC에서 $\overline{BD} : \overline{DC} = 3 : 1$이고 $\angle ADE = 60°$일 때, $\overline{AE} : \overline{BE}$를 가장 간단한 자연수의 비로 나타내시오.

03

오른쪽 그림과 같은 △ABC에서 $\overline{AB} = 10$ cm, $\overline{BC} = 14$ cm, $\overline{CA} = 6$ cm이다. $\overline{AB}$, $\overline{BC}$, $\overline{CA}$ 위의 점 D, E, F에 대하여 □ADEF가 마름모일 때, □ADEF의 둘레의 길이를 구하시오.

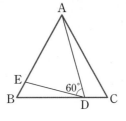

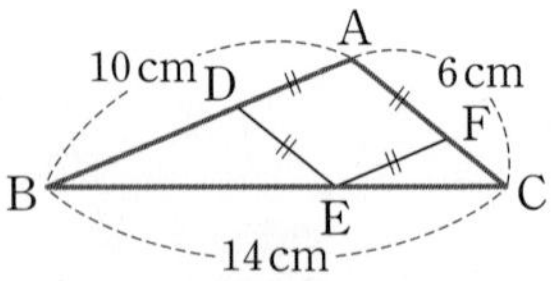

04

다음 그림과 같이 가로의 길이가 24 cm, 세로의 길이가 10 cm인 직사각형 ABCD에서 두 대각선의 교점을 O라 하고 대각선 BD, AC와 $\overline{AE}$, $\overline{DE}$의 교점을 각각 F, G라 하자. $\overline{BE} : \overline{EC} = 1 : 2$이고 $\overline{AC} = 26$ cm일 때, $\overline{OF} + \overline{OG}$의 길이를 구하시오.

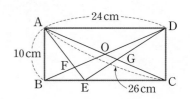

05

오른쪽 그림과 같이 큰 정사각형의 내부에 5개의 정사각형을 겹치지 않게 놓았을 때, 색칠한 정사각형의 넓이를 구하시오. (단, 귀퉁이에 놓인 가장 작은 4개의 정사각형은 모두 합동이다.)

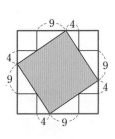

●정답 및 풀이 72쪽

06

오른쪽 그림과 같이 직선 $y=\frac{2}{3}x+1$과 x축 사이에 세 개의 정사각형 A, B, C가 있다. 이때 세 정사각형 A, B, C의 닮음비를 가장 간단한 자연수의 비로 나타내시오.

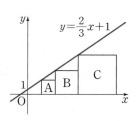

07

오른쪽 그림과 같이 $\angle A=90°$인 직각삼각형 ABC에서 점 M은 $\overline{BC}$의 중점이고 $\overline{AD}\perp\overline{BC}$, $\overline{DE}\perp\overline{AM}$이다. $\overline{BD}=4\,cm$, $\overline{BC}=20\,cm$일 때, $\overline{AE}+\overline{DE}$의 길이를 구하시오.

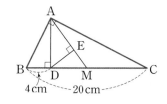

08

오른쪽 그림과 같이 $\angle C=90°$인 직각삼각형 ABC에서 $\overline{BC}:\overline{AC}=3:4$이다. 꼭짓점 C에서 $\overline{AB}$에 내린 수선의 발을 D라 할 때, $\overline{AD}$와 $\overline{DB}$를 각각 한 변으로 하는 두 직사각형 EFDA와 FGBD의 넓이의 비를 가장 간단한 자연수의 비로 나타내시오.

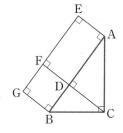

09

오른쪽 그림과 같이 높이가 4 m인 전봇대가 지면에 수직으로 서 있고 전봇대의 그림자의 길이는 벽면에 의해 꺾여져 있다. 같은 시각에 지면에 수직으로 서 있는 길이가 1.5 m인 막대의 그림자의 길이는 몇 m인지 구하시오.

(단, 막대는 그림자가 벽면에 생기지 않는 위치에 있다.)

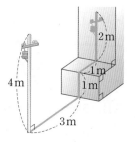

VI-2 닮음의 활용

10

오른쪽 그림과 같은 △ABC에서 $\overline{AB}/\!/\overline{FD}$, $\overline{EF}/\!/\overline{BC}$이고 $\overline{BD}=15$, $\overline{DC}=10$일 때, $\overline{EF}$의 길이를 구하시오.

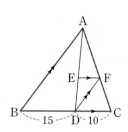

11

오른쪽 그림과 같은 △ABC에서 $\overline{AP}:\overline{AB}=\overline{AS}:\overline{AC}$이고 세 점 A, P, S에서 $\overline{BC}$에 내린 수선의 발을 각각 H, Q, R라 하자. $\overline{AH}=18\,cm$, $\overline{BC}=24\,cm$, $\overline{PQ}:\overline{QR}=1:4$일 때, □PQRS의 둘레의 길이를 구하시오.

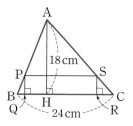

12

오른쪽 그림과 같은 △ABC
에서 $\overline{AD}$는 ∠A의 이등분선
이고 두 점 B, C에서 $\overline{AD}$와
그 연장선에 내린 수선의 발
을 각각 E, F라 하자.
$\overline{AB}$=5 cm, $\overline{AC}$=10 cm, $\overline{DF}$=2 cm일 때, $\overline{DE}$의 길이
를 구하시오.

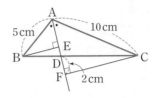

13

오른쪽 그림과 같은 △ABC에
서 $\overline{AD}$는 ∠A의 이등분선이고
∠ABD=∠ADE이다.
$\overline{AB}$=9 cm, $\overline{BC}$=10 cm,
$\overline{CA}$=6 cm이고 △DCE의 넓
이가 4 cm²일 때, △ABD의 넓이를 구하시오.

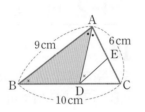

14

오른쪽 그림과 같이
∠B=∠ADC=90°인 사각
형 ABCD에서
∠ACB=∠ACD이고 점 D
에서 $\overline{BC}$에 내린 수선의 발 E
에 대하여 $\overline{AC}$, $\overline{DE}$의 교점을
F라 하자. 이때 $\overline{DF}$의 길이를 구하시오.

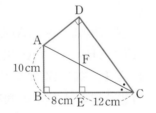

15

오른쪽 그림과 같은 사다리꼴
ABCD에서 $\overline{AD}$∥$\overline{EF}$∥$\overline{BC}$
이고 $\overline{BC}$=15 cm, $\overline{PQ}$=5 cm,
$\overline{DF}$=6 cm, $\overline{FC}$=4 cm일 때,
□PBCQ의 넓이는 △AOD
의 넓이의 몇 배인지 구하시오.

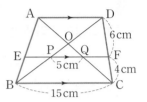

16

오른쪽 그림과 같은 사다리꼴
ABCD에서 $\overline{AD}$∥$\overline{EF}$∥$\overline{BC}$이
고 $\overline{EP}$=$\overline{PQ}$=$\overline{QF}$이다.
$\overline{AD}$=6 cm, $\overline{BC}$=10 cm일 때,
$\overline{PQ}$의 길이를 구하시오.

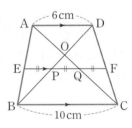

17

오른쪽 그림과 같이 $\overline{AB}$=$\overline{CD}$
인 □ABCD에서 세 점 E,
F, G는 각각 $\overline{AD}$, $\overline{BC}$, $\overline{BD}$
의 중점이다. ∠GFE=25°
일 때, ∠EGF의 크기를 구하시오.

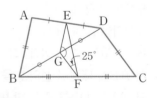

18

오른쪽 그림과 같은 △ABC에서 점 D는 $\overline{AC}$의 중점이고 $\overline{BE} : \overline{CE} = 1 : 2$이다. $\overline{AE} = 24$ cm일 때, $\overline{AP}$의 길이를 구하시오.

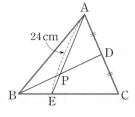

19

오른쪽 그림과 같은 △ABC에서 두 점 D, E는 각각 $\overline{BC}$, $\overline{AD}$의 중점이다. △AFE의 넓이가 5일 때, □FBDE의 넓이를 구하시오.

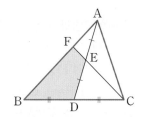

20

오른쪽 그림과 같은 △ABC에서 $\overline{BD} : \overline{DC} = 3 : 4$, $\overline{AE} : \overline{EC} = 4 : 7$이고 $\overline{AD} = 28$ cm일 때, $\overline{AF}$의 길이를 구하시오.

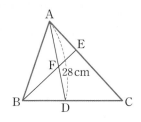

21

오른쪽 그림에서 두 점 G, G'은 각각 △ABC, △BCD의 무게중심이다. $\overline{AB} = 18$ cm, $\overline{BC} = 20$ cm, $\overline{CA} = 17$ cm일 때, $\overline{GG'}$의 길이를 구하시오.

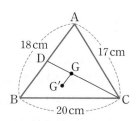

22

오른쪽 그림과 같이 ∠A=90°인 직각삼각형 ABC에서 두 점 I, G는 각각 △ABC의 내심과 무게중심이다. $\overline{AB} = 4$ cm, $\overline{AC} = 3$ cm일 때, △ADE의 넓이를 구하시오.

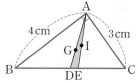

23

오른쪽 그림과 같은 직사각형 ABCD에서 두 점 E, F는 각각 $\overline{BC}$, $\overline{CD}$의 중점이다. $\overline{BC} = 10$ cm, $\overline{CD} = 9$ cm일 때, △EGH의 넓이를 구하시오.

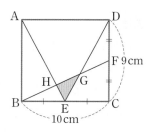

VI-3 피타고라스 정리

24

오른쪽 그림은 ∠A=90°인 직각삼각형 ABC를 점 B를 중심으로 하여 시계 반대 방향으로 48°만큼 회전시킨 것이다. $\overline{AB}=9$ cm, $\overline{AC}=12$ cm 일 때, 색칠한 부분의 넓이를 구하시오.

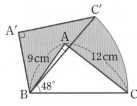

25

오른쪽 그림과 같이 가로의 길이가 4 cm, 세로의 길이가 3 cm인 직사각형 ABCD의 두 꼭짓점 A, C에서 대각선 BD에 내린 수선의 발을 각각 E, F라 할 때, □AECF의 넓이를 구하시오.

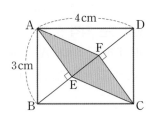

26

오른쪽 그림과 같이 ∠A=90°인 직각삼각형 ABC에서 $\overline{AD}\perp\overline{BC}$이고 ∠B의 이등분선이 $\overline{AC}$, $\overline{AD}$와 만나는 점을 각각 E, F라 하자. $\overline{AB}=6$ cm, $\overline{AC}=8$ cm일 때, △AFE의 넓이를 구하시오.

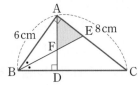

27

오른쪽 그림은 ∠A=90°인 직각삼각형 ABC의 세 변을 각각 한 변으로 하는 세 정사각형을 그린 것이다. $\overline{AB}=9$ cm, $\overline{BC}=15$ cm 일 때, △BEF의 넓이를 구하시오.

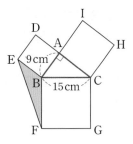

28

오른쪽 그림과 같은 직사각형 ABCD의 내부에 있는 두 점 P, Q에 대하여 $\overline{PQ}\,/\!/\,\overline{BC}$이고 $\overline{AP}=7$, $\overline{BP}=1$, $\overline{CQ}=4$일 때, $\overline{DQ}$의 길이를 구하시오.

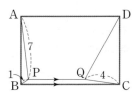

29

오른쪽 그림과 같이 밑면의 반지름의 길이가 8 cm, 높이가 9π cm인 원기둥이 있다. $\overline{AB}$, $\overline{CD}$는 모두 밑면인 원의 지름이고 $\overline{AB}\perp\overline{CD}$일 때, 점 A에서 출발하여 원기둥의 옆면을 따라 점 E에 이르는 최단 거리를 구하시오.

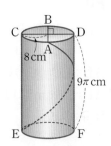

30

오른쪽 그림과 같은 정사각형 ABCD에서 $\overline{AP}=4$ cm, $\overline{PB}=6$ cm, $\overline{AS}=8$ cm이다. 개미가 점 P에서 출발하여 $\overline{BC}$, $\overline{CD}$ 위의 점 Q, R를 차례대로 거쳐 $\overline{AD}$ 위의 점 S까지 각각의 길을 직선으로 간다고 할 때, 최단 거리를 구하시오.

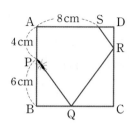

VII-1 경우의 수

31

다음과 같이 3개의 자음과 2개의 모음이 각각 하나씩 적힌 5장의 카드가 있다. 이때 자음이 적힌 카드 2장과 모음이 적힌 카드 1장을 선택하여 한 글자가 만들어지는 경우의 수를 구하시오.

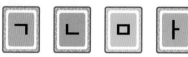

32

A, B, C, D 4명의 학생이 자신의 이름을 적은 책을 제출한 후, 아침 독서 시간에 임의로 1권씩 나누어 받았다. 이때 4명 중 2명만이 자신의 책을 받을 경우의 수를 구하시오.

33

5개의 문자 a, b, c, d, e를
$$abcde, abced, abdce, \cdots, edcba$$
와 같이 사전식으로 나열할 때, 60번째에 나오는 문자를 구하시오.

34

다음 그림과 같이 어느 영화관 좌석은 A, B열과 통로를 사이에 둔 C, D, E열이 차례대로 배열되어 있다. 부모님과 자녀 3명이 검게 칠해진 좌석에 한 줄로 앉는다고 할 때, 부모님이 이웃하여 앉는 경우의 수를 구하시오. (단, 좌석 B와 C에 앉는 것은 통로를 사이에 두고 있으므로 이웃하여 앉은 것으로 생각하지 않는다.)

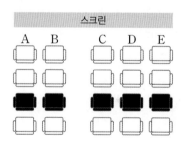

35

오른쪽 그림과 같이 A, B, C, D, E 다섯 부분으로 나누어진 도형을 빨강, 주황, 노랑, 초록, 파랑의 5가지 색을 사용하여 칠하려고 한다. 같은 색을 여러 번 사용해도 되지만 이웃하는 부분은 서로 다른 색을 칠할 때, 칠할 수 있는 모든 경우의 수를 구하시오.

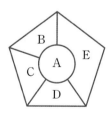

36

1부터 10까지의 자연수가 각각 하나씩 적힌 10장의 카드를 수가 보이지 않게 뒤집어 놓았다. 이 중에서 한 장씩 뒤집어 그 카드에 적힌 수를 더하는 것을 반복할 때, 뒤집은 카드에 적힌 수의 합이 10이 되는 경우의 수를 구하시오.

(단, 한 번 뒤집은 카드는 다시 뒤집지 않는다.)

37

0, 1, 2, 3, 4 다섯 개의 숫자를 모두 한 번씩 사용하여 만들 수 있는 다섯 자리의 자연수를 작은 수부터 차례대로 나열할 때, 40213은 몇 번째 수인지 구하시오.

38

1부터 8까지의 자연수가 각각 하나씩 적힌 8장의 카드 중에서 3장을 뽑을 때, 카드에 적힌 수의 합이 짝수가 되는 경우의 수를 구하시오.

39

어느 중학교 1반 학생들이 한 학생도 빠짐없이 서로 팔씨름을 하였다. 그 결과 학생들끼리 모두 300회의 팔씨름 시합이 이루어졌다고 할 때, 이 반의 학생 수를 구하시오.

VII-2 확률

40

1부터 7까지의 숫자가 각각 하나씩 적힌 7개의 공이 주머니에 들어 있다. 이 주머니에서 한 개의 공을 꺼내어 적힌 수를 확인하고 넣은 다음 다시 한 개의 공을 꺼낼 때, 두 공 중 어느 한 공에 적힌 수가 다른 공에 적힌 수의 약수가 될 확률을 구하시오.

41

한 개의 주사위를 두 번 던져서 첫 번째에 나오는 눈의 수를 a, 두 번째에 나오는 눈의 수를 b라 할 때, 일차함수 $y = \dfrac{b}{a}x - 2$의 그래프가 두 점 A(1, 2), B(3, 1)을 잇는 선분 AB와 만날 확률을 구하시오.

42

다음 그림과 같이 수직선 위의 원점에 점 P가 있다. 한 개의 동전을 던져서 앞면이 나오면 오른쪽으로 2만큼, 뒷면이 나오면 왼쪽으로 1만큼 점 P를 움직이기로 하였다. 동전을 연속하여 5번 던졌을 때, 점 P에 대응하는 수가 1일 확률을 구하시오.

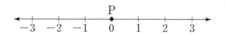

43

오른쪽 그림과 같이 좌표평면 위의 원점에 거북이가 놓여 있다. 주사위를 한 개 던져서 나오는 눈의 수가 홀수이면 x축의 음의 방향으로 그 수만큼 움직이고, 나오는 눈의 수가 짝수이면 y축의 양의 방향으로 그 수만큼 움직인다고 할 때, 한 개의 주사위를 3번 던져서 거북이가 점 P의 위치에 있을 확률을 구하시오.

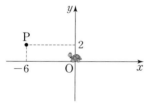

44

1부터 50까지의 번호가 각각 하나씩 적힌 50개의 책상이 있다. 다음과 같은 규칙을 50번 학생까지 실시한 후, 50개의 책상 중 임의로 한 개의 책상을 선택할 때, 선택한 책상 위에 종이가 놓여 있을 확률을 구하시오.

1. 50개의 책상 위에 아무것도 놓여 있지 않다.
2. 1번 학생이 모든 책상 위에 종이를 놓는다.
3. 2번 학생이 2의 배수가 적혀 있는 책상 위의 종이를 가져간다.
4. 3번 학생이 3의 배수가 적혀 있는 책상 위에 종이가 있으면 가져가고, 없으면 새로 종이를 놓는다.
5. 4번부터 50번까지의 학생도 4번 규칙과 마찬가지로 한다.

45

오른쪽 그림과 같이 한 변의 길이가 5 cm인 정사각형 ABCD의 네 변 위에는 1 cm 간격으로 점이 있다. 점 A에서 출발하여 주사위를 던져 나오는 눈의 수만큼 A → B → C → D의 방향으로 한 눈금씩 점을 이동시키려고 한다. 한 개의 주사위를 두 번 던졌을 때, 첫 번째 던져서 나오는 눈의 수만큼 점 A에서 이동한 점을 P, 두 번째 던져서 나오는 눈의 수만큼 점 P에서 이동한 점을 Q라 할 때, 세 점 A, P, Q로 삼각형이 만들어질 확률을 구하시오.

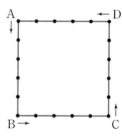

●정답 및 풀이 78쪽

46

오른쪽 그림은 한 변의 길이가 1인 정사
각형 9개를 이어 붙여 하나의 정사각형
을 만든 것이다. 이 도형의 선분을 변으
로 하여 사각형을 만들 때, 정사각형이
아닌 직사각형이 나올 확률을 구하시오.

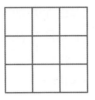

47

선호네 가족과 진희네 가족은 모두 여행 가는 날을 임의로
정하려고 한다. 다음 대화를 보고 두 가족의 여행 날짜가 하
루 이상 겹치게 될 확률을 구하시오.

> 선호: 우리 가족은 이번 여름방학에 제주도로 여행을
> 가기로 했어.
> 진희: 진짜? 우리 가족도 제주도로 여행 가는데….
> 우리는 8월 4일부터 8월 10일까지의 기간 중에
> 서 4일 동안 여행을 갈 예정이야. 너는?
> 선호: 우리는 8월 6일부터 8월 10일까지의 기간 중에
> 서 3일 동안 여행을 갈 예정이야.
> 진희: 여행 날짜가 겹치는 날이 있으면 제주도에서 볼
> 수도 있겠네.

48

크기와 모양이 같은 흰 공 3개, 검은 공 4개가 들어 있는 A
주머니에서 한 번에 공을 2개씩 꺼내어 비어 있는 B 주머니
로 옮기는 것을 연속 2번 했다. 이때 B 주머니에 흰 공 2개,
검은 공 2개가 들어 있을 확률을 구하시오.

49

비가 온 날의 다음 날에 비가 올 확률은 $\frac{2}{5}$이고, 비가 오지
않은 날의 다음 날에 비가 올 확률은 $\frac{1}{3}$이라 한다. 이번 주 화
요일에 비가 왔다면 같은 주 금요일에 비가 올 확률을 구하
시오.

50

진영이와 동희가 계단에서 가위바위보를 하여 이긴 사람은
2계단씩 오르고, 비기거나 진 사람은 움직이지 않기로 하였
다. 같은 자리에서 시작하여 가위바위보를 3회 한 후에 두
사람이 2계단 차이로 서 있을 확률을 구하시오.

선택형	18문항 70점	총점
서술형	5문항 30점	100점

01

다음 그림에서 두 직육면체는 서로 닮은 도형이고, $\overline{AB}$에 대응하는 모서리가 $\overline{A'B'}$일 때, $x+y$의 값은? [3점]

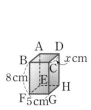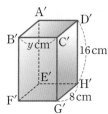

① 13   ② 14   ③ 15
④ 16   ⑤ 17

02

오른쪽 그림과 같은 △ABC에서
$\overline{AB}=15\,cm$, $\overline{BC}=12\,cm$,
$\overline{CD}=8\,cm$, $\overline{AD}=10\,cm$일 때,
$\overline{BD}$의 길이는? [4점]

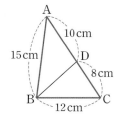

① 9 cm   ② $\dfrac{28}{3}$ cm

③ $\dfrac{29}{3}$ cm   ④ 10 cm

⑤ $\dfrac{31}{3}$ cm

03

오른쪽 그림과 같은 평행사변형 ABCD에서 점 E는 변 BC 위의 점이고, 점 F는 $\overline{AC}$와 $\overline{DE}$의 교점이다. $\overline{AD}=15\,cm$, $\overline{AF}=12\,cm$, $\overline{CF}=4\,cm$일 때, $\overline{BE}$의 길이는? [4점]

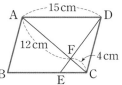

① 8 cm   ② 9 cm   ③ 10 cm
④ 11 cm   ⑤ 12 cm

04

축척이 $\dfrac{1}{200000}$인 지도에서의 두 지점 A, B 사이의 거리가 5 cm이다. 자전거를 타고 A 지점에서 출발하여 일정한 속력으로 B 지점까지 가는 데 25분이 걸렸을 때, 자전거의 속력은? [5점]

① 시속 24 km   ② 시속 25 km   ③ 시속 26 km
④ 시속 27 km   ⑤ 시속 28 km

05

오른쪽 그림과 같은 △ABC에서 $\overline{BC}/\!/\overline{DE}$이고 $\overline{DF}=4\,cm$, $\overline{BG}=5\,cm$, $\overline{GC}=6\,cm$일 때, $\overline{FE}$의 길이는? [3점]

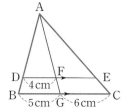

① $\dfrac{23}{5}$ cm   ② $\dfrac{24}{5}$ cm

③ 5 cm   ④ $\dfrac{27}{5}$ cm

⑤ $\dfrac{28}{5}$ cm

06

오른쪽 그림과 같은 △ABC에서 ∠A의 외각의 이등분선과 $\overline{BC}$의 연장선의 교점을 D라 하자.
$\overline{AB}=10\,cm$, $\overline{BC}=8\,cm$, $\overline{CD}=8\,cm$일 때, $\overline{AC}$의 길이는? [4점]

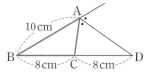

① 4 cm   ② $\dfrac{9}{2}$ cm   ③ 5 cm

④ $\dfrac{11}{2}$ cm   ⑤ 6 cm

07

오른쪽 그림에서 $l /\!/ m /\!/ n$일 때, x의 값은? [3점]

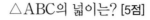

① 16   ② $\dfrac{33}{2}$

③ 17   ④ $\dfrac{35}{2}$

⑤ 18

08

오른쪽 그림과 같은 사다리꼴 ABCD에서 $\overline{AD} /\!/ \overline{EF} /\!/ \overline{BC}$ 이고 $\overline{AE} : \overline{EB} = 2 : 3$이다. $\overline{AD} = 6$ cm, $\overline{BC} = 9$ cm일 때, $\overline{EF}$의 길이는? [4점]

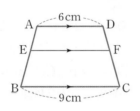

① $\dfrac{32}{5}$ cm   ② $\dfrac{34}{5}$ cm   ③ 7 cm

④ $\dfrac{36}{5}$ cm   ⑤ 8 cm

09

오른쪽 그림과 같은 □ABCD에서 각 변의 중점을 P, Q, R, S라 하고 두 대각선의 교점을 O라 하자. $\overline{AC} : \overline{BD} = 6 : 5$이고 □PQRS의 둘레의 길이가 22 cm일 때, $\overline{AC}$의 길이는? [4점]

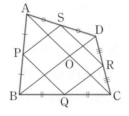

① 10 cm   ② 11 cm   ③ 12 cm

④ 13 cm   ⑤ 14 cm

10

오른쪽 그림에서 점 G는 △ABC의 무게중심이다. △FGH의 넓이가 2 cm²일 때, △ABC의 넓이는? [5점]

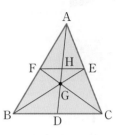

① 46 cm²   ② 47 cm²

③ 48 cm²   ④ 49 cm²

⑤ 50 cm²

11

오른쪽 그림과 같은 △ABC에서 $\overline{AD} \perp \overline{BC}$이고 $\overline{AB} = 15$ cm, $\overline{AC} = 13$ cm, $\overline{AD} = 12$ cm일 때, $\overline{BC}$의 길이는? [3점]

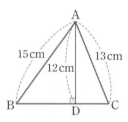

① 13 cm   ② 14 cm

③ 15 cm   ④ 16 cm

⑤ 17 cm

12

오른쪽 그림에서 4개의 직각삼각형은 모두 합동이고 $\overline{AH} = 9$ cm, $\overline{EF} = 3$ cm일 때, 정사각형 ABCD의 넓이는? [4점]

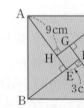

① 169 cm²   ② 196 cm²

③ 225 cm²   ④ 256 cm²

⑤ 289 cm²

13

1부터 8까지의 자연수가 각각 하나씩 적힌 8장의 카드 중에서 한 장을 뽑을 때, 다음 사건 중 경우의 수가 나머지 넷과 다른 하나는? [3점]

① 4 이하의 수가 나온다.
② 10의 약수가 나온다.
③ 소수가 나온다.
④ 홀수가 나온다.
⑤ 짝수가 나온다.

14

다음 그림과 같이 세 지점 A, B, C를 연결하는 도로가 있다. 이때 A 지점에서 B 지점을 거쳐 C 지점까지 갔다가 다시 B 지점을 거쳐 A 지점으로 돌아오는 경우의 수는?

(단, 한 번 지나간 도로는 다시 지나가지 않는다.) [4점]

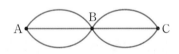

① 36   ② 45   ③ 54
④ 63   ⑤ 81

15

1부터 10까지의 자연수가 각각 하나씩 적힌 10개의 공이 들어 있는 주머니에서 한 개의 공을 꺼내 수를 확인하고 다시 주머니에 넣은 후 한 개의 공을 또 꺼낼 때, 첫 번째 공에 적혀 있는 수를 a, 두 번째 공에 적혀 있는 수를 b라 하자. 이때 ab의 값이 짝수가 되는 경우의 수는? [4점]

① 25   ② 40   ③ 50
④ 60   ⑤ 75

16

A, B, C, D, E 5명의 학생을 한 줄로 세울 때, A와 C가 서로 떨어져 있을 확률은? [4점]

① $\frac{1}{3}$ ② $\frac{2}{5}$ ③ $\frac{3}{5}$
④ $\frac{2}{3}$ ⑤ $\frac{5}{6}$

17

A 주머니에는 모양과 크기가 같은 빨간 구슬 5개, 파란 구슬 4개가 들어 있고, B 주머니에는 모양과 크기가 같은 빨간 구슬 4개, 파란 구슬 2개가 들어 있다. A, B 주머니에서 구슬을 각각 한 개씩 꺼낼 때, 꺼낸 두 구슬이 서로 다른 색일 확률은? [4점]

① $\frac{10}{27}$ ② $\frac{11}{27}$ ③ $\frac{4}{9}$
④ $\frac{13}{27}$ ⑤ $\frac{14}{27}$

18

소윤, 세영 두 사람이 1회에는 소윤, 2회에는 세영, 3회에는 소윤, 4회에는 세영, …의 순서로 주사위 1개를 한 번씩 던지는 놀이를 하려고 한다. 홀수의 눈이 먼저 나오는 사람이 이기는 것으로 할 때, 5회 이내에 소윤이가 이길 확률은? [5점]

① $\frac{5}{8}$ ② $\frac{21}{32}$ ③ $\frac{11}{16}$
④ $\frac{23}{32}$ ⑤ $\frac{3}{4}$

서술형

19

오른쪽 그림과 같이 중심이 같고 반지름의 길이의 비가 $1:2:3$인 세 원이 있다. B 부분의 넓이가 $36\,cm^2$일 때, A 부분의 넓이를 구하시오. [6점]

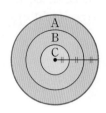

20

오른쪽 그림에서 $\overline{AB}$, $\overline{DC}$는 모두 $\overline{BC}$에 수직이고 $\overline{AB}=8\,cm$, $\overline{BC}=24\,cm$, $\overline{CD}=16\,cm$이다. 다음 물음에 답하시오. [7점]

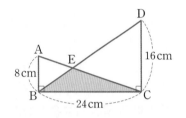

(1) $\overline{AE}:\overline{CE}$를 가장 간단한 자연수의 비로 나타내시오. [3점]

(2) $\triangle BCE$의 넓이를 구하시오. [4점]

21

오른쪽 그림과 같은 $\triangle ABC$에서 $\overline{AM}$은 $\triangle ABC$의 중선이고 점 N은 $\overline{AM}$의 중점이다. $\triangle ABC$의 넓이가 $26\,cm^2$일 때, $\triangle NBM$의 넓이를 구하시오. [4점]

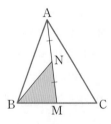

22

오른쪽 그림과 같은 원뿔의 전개도에서 부채꼴의 반지름의 길이가 $5\,cm$, 중심각의 크기가 $216°$일 때, 이 전개도로 만든 원뿔의 부피를 구하시오. [6점]

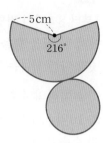

23

두 개의 주사위 A, B를 동시에 던져서 A 주사위에서 나오는 눈의 수를 a, B 주사위에서 나오는 눈의 수를 b라 할 때, 직선 $\dfrac{x}{a}+\dfrac{y}{b}=1$과 x축, y축으로 둘러싸인 부분의 넓이가 6일 확률을 구하시오. [7점]

선택형	18문항 70점	총점
서술형	5문항 30점	100점

01

아래 그림에서 △ABC∽△DEF일 때, 다음 중 옳지 **않은** 것은? [3점]

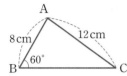

① ∠E=60°

② $\overline{DE}$=6 cm

③ 점 A에 대응하는 점은 점 D이다.

④ $\overline{AC}$에 대응하는 변은 $\overline{DF}$이다.

⑤ △ABC와 △DEF의 닮음비는 3 : 2이다.

02

다음 그림과 같은 두 평행사변형 ABCD, EFGH에 대하여 □ABCD∽□EFGH이고 □ABCD와 □EFGH의 닮음비가 2 : 3일 때, □EFGH의 둘레의 길이는? [3점]

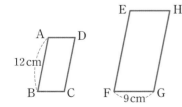

① 48 cm   ② 50 cm   ③ 52 cm

④ 54 cm   ⑤ 56 cm

03

오른쪽 그림과 같이 ∠A=90°인 직각삼각형 ABC에서 $\overline{AD}\perp\overline{BC}$이고 $\overline{BD}$=12 cm, $\overline{DC}$=4 cm일 때, $\overline{AC}$의 길이는? [4점]

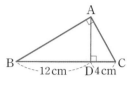

① $\frac{15}{2}$ cm   ② 8 cm   ③ $\frac{17}{2}$ cm

④ 9 cm   ⑤ $\frac{19}{2}$ cm

04

오른쪽 그림은 직사각형 모양의 종이 ABCD를 대각선 BD를 접는 선으로 하여 접은 것이다. $\overline{PQ}\perp\overline{BD}$이고 $\overline{BD}$=10 cm, $\overline{BC}$=8 cm, $\overline{DC}$=6 cm일 때, $\overline{PQ}$의 길이는? [5점]

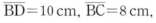

① 3 cm   ② $\frac{13}{4}$ cm   ③ $\frac{7}{2}$ cm

④ $\frac{15}{4}$ cm   ⑤ 4 cm

05

오른쪽 그림에서 $\overline{BC}$ // $\overline{DE}$, $\overline{DB}$ // $\overline{FG}$일 때, $x-y$의 값은? [3점]

① $\frac{5}{3}$ ② 2

③ $\frac{7}{3}$ ④ $\frac{8}{3}$

⑤ 3

06

오른쪽 그림과 같은 △ABC에서 $\overline{BC}\,/\!/\,\overline{DF}$, $\overline{BF}\,/\!/\,\overline{DE}$이고 $\overline{AD}:\overline{DB}=2:3$, $\overline{FC}=5\,\text{cm}$일 때, $\overline{EF}$의 길이는? [4점]

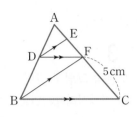

① $\dfrac{8}{5}$ cm ② $\dfrac{9}{5}$ cm ③ 2 cm

④ $\dfrac{11}{5}$ cm ⑤ $\dfrac{12}{5}$ cm

07

오른쪽 그림과 같은 △ABC에서 $\overline{AD}$는 ∠A의 이등분선이다. $\overline{AB}=12\,\text{cm}$, $\overline{AC}=9\,\text{cm}$이고 △ABD의 넓이가 $24\,\text{cm}^2$일 때, △ABC의 넓이는? [3점]

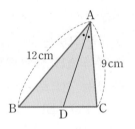

① $40\,\text{cm}^2$ ② $42\,\text{cm}^2$ ③ $44\,\text{cm}^2$

④ $46\,\text{cm}^2$ ⑤ $48\,\text{cm}^2$

08

오른쪽 그림과 같은 △ABC에서 두 점 D, E는 $\overline{AB}$의 삼등분점이고 점 F는 $\overline{AC}$의 중점이다. $\overline{DF}$와 $\overline{BC}$의 연장선의 교점을 G라 하고 $\overline{DF}=4\,\text{cm}$일 때, $\overline{FG}$의 길이는? [4점]

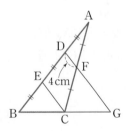

① 12 cm ② 13 cm ③ 14 cm

④ 15 cm ⑤ 16 cm

09

오른쪽 그림에서 점 G는 △ABC의 무게중심이고 점 G′은 △GBC의 무게중심이다. △ABC의 넓이가 $54\,\text{cm}^2$일 때, △G′BM의 넓이는? [4점]

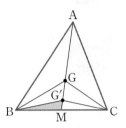

① $2\,\text{cm}^2$ ② $\dfrac{7}{3}\,\text{cm}^2$ ③ $\dfrac{8}{3}\,\text{cm}^2$

④ $3\,\text{cm}^2$ ⑤ $\dfrac{10}{3}\,\text{cm}^2$

10

오른쪽 그림과 같은 □ABCD에서 ∠C=∠D=90°이고 $\overline{AB}=5\,\text{cm}$, $\overline{AD}=4\,\text{cm}$, $\overline{BC}=7\,\text{cm}$일 때, □ABCD의 넓이는? [4점]

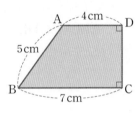

① $22\,\text{cm}^2$ ② $24\,\text{cm}^2$ ③ $26\,\text{cm}^2$

④ $28\,\text{cm}^2$ ⑤ $30\,\text{cm}^2$

11

오른쪽 그림은 ∠B=90°인 직각삼각형 ABC의 세 변을 각각 한 변으로 하는 세 정사각형을 그린 것이다. 두 정사각형 BFGC, ACHI의 넓이가 각각 $144\,\text{cm}^2$, $169\,\text{cm}^2$일 때, △ABC의 둘레의 길이는? [4점]

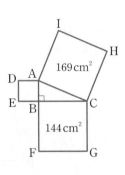

① 24 cm ② 30 cm ③ 36 cm

④ 40 cm ⑤ 48 cm

12

오른쪽 그림과 같은 직육면체의 꼭 짓점 A에서 출발하여 겉면을 따라 $\overline{DH}$, $\overline{CG}$를 거쳐 꼭짓점 F에 이르 는 최단 거리는? [5점]

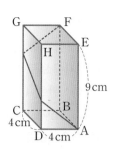

① 15 cm　　② 16 cm

③ 17 cm　　④ 18 cm

⑤ 19 cm

13

문정이가 패스트푸드점에서 햄버거와 음료수를 주문하 려고 한다. 6종류의 햄버거와 5종류의 음료수 중 각각 한 가지씩 고르는 경우의 수는? [3점]

① 15　　　　② 20　　　　③ 30

④ 45　　　　⑤ 60

14

A, B, C, D, E, F 6명을 한 줄로 세울 때, A와 B는 양 끝에 세우고 C와 D는 이웃하여 세우는 경우의 수는?

[4점]

① 12　　　　② 16　　　　③ 20

④ 24　　　　⑤ 28

15

0부터 5까지의 정수가 각각 하나씩 적힌 6장의 카드 중 에서 2장을 뽑아 만들 수 있는 두 자리의 자연수 중 23 번째로 작은 수는? [4점]

① 50　　　　② 51　　　　③ 52

④ 53　　　　⑤ 54

16

3개의 당첨 제비를 포함한 10개의 제비가 들어 있는 응 모함에서 3개의 제비를 연속하여 한 개씩 뽑을 때, 모두 당첨 제비를 뽑을 확률은?

(단, 뽑은 제비는 다시 넣지 않는다.) [4점]

① $\dfrac{1}{120}$　　② $\dfrac{1}{40}$　　③ $\dfrac{1}{12}$

④ $\dfrac{11}{120}$　　⑤ $\dfrac{13}{120}$

17

치료율이 75 %인 약을 두 명의 환자에게 처방하였을 때, 적어도 한 명이 치료될 확률은? [4점]

① $\dfrac{9}{16}$　　② $\dfrac{5}{8}$　　③ $\dfrac{3}{4}$

④ $\dfrac{7}{8}$　　⑤ $\dfrac{15}{16}$

18

다음 그림과 같이 점 P가 수직선 위의 원점 위에 놓여 있다. 동전 한 개를 던져서 앞면이 나오면 오른쪽으로 1만큼, 뒷면이 나오면 왼쪽으로 1만큼 점 P를 움직일 때, 동전을 4번 던진 후, 점 P가 0 또는 2의 위치에 있을 확률은? [5점]

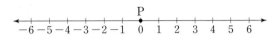

① $\dfrac{1}{2}$ ② $\dfrac{9}{16}$ ③ $\dfrac{5}{8}$

④ $\dfrac{11}{16}$ ⑤ $\dfrac{3}{4}$

서술형 ─────────────○

19

겉넓이의 비가 16 : 9인 닮은 두 삼각뿔에서 작은 삼각뿔의 부피가 54 cm³일 때, 큰 삼각뿔의 부피를 구하시오. [6점]

20

오른쪽 그림에서 점 G는 △ABC의 무게중심이고 $\overline{BE} /\!/ \overline{DF}$이다. $\overline{BG}=8$ cm일 때, $\overline{DF}$의 길이를 구하시오.

[4점]

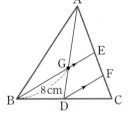

21

오른쪽 그림과 같이 ∠A=90°인 직각삼각형 ABC의 세 변을 각각 지름으로 하는 세 반원을 그렸다. 반원 O의 반지름의 길이가 5 cm이고 $\overline{AC}=8$ cm일 때, 색칠한 부분의 넓이를 구하시오. [6점]

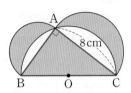

22

5000원짜리 지폐 2장, 1000원짜리 지폐 7장, 500원짜리 동전 7개가 있다. 지폐 또는 동전을 사용하여 거스름돈 없이 10000원을 지불하는 경우의 수를 구하시오. [7점]

23

오른쪽 그림과 같이 일정한 간격으로 놓여 있는 12개의 점 중에서 서로 다른 4개의 점을 꼭짓점으로 하는 직사각형을 만들 때, 만든 직사각형이 정사각형일 확률을 구하시오. [7점]

선택형	18문항 70점	총점
서술형	5문항 30점	100점

01

다음 그림에서 △ABC∽△DEF이고 △ABC와 △DEF의 닮음비가 4 : 3일 때, △ABC의 둘레의 길이는? [3점]

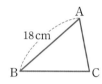 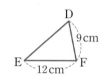

① 42 cm ② 44 cm ③ 46 cm
④ 48 cm ⑤ 50 cm

02

오른쪽 그림과 같이 밑면의 반지름의 길이가 12 cm이고 높이가 20 cm인 원뿔 모양의 그릇에 물을 부어서 높이의 $\frac{3}{4}$만큼 물을 채웠을 때, 수면의 넓이는? (단, 그릇의 두께는 무시한다.) [4점]

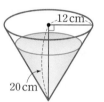

① 36π cm^2 ② 49π cm^2 ③ 64π cm^2
④ 81π cm^2 ⑤ 100π cm^2

03

오른쪽 그림과 같은 △ABC에서 ∠A=∠DEC이고 $\overline{AD}$=7 cm, $\overline{CD}$=8 cm, $\overline{CE}$=6 cm일 때, $\overline{BE}$의 길이는? [4점]

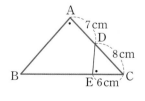

① 12 cm ② 14 cm ③ 16 cm
④ 18 cm ⑤ 20 cm

04

오른쪽 그림과 같이 ∠A=90°인 직각삼각형 ABC에서 점 M은 $\overline{BC}$의 중점이다. 점 A에서 $\overline{BC}$에 내린 수선의 발을 D, 점 D에서 $\overline{AM}$에 내린 수선의 발을 E라 할 때, $\overline{EM}$의 길이는? [5점]

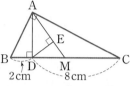

① $\frac{7}{5}$ cm ② $\frac{3}{2}$ cm ③ $\frac{5}{3}$ cm

④ $\frac{7}{4}$ cm ⑤ $\frac{9}{5}$ cm

05

오른쪽 그림에서 $\overline{BC}$ // $\overline{DE}$일 때, x의 값은? [3점]

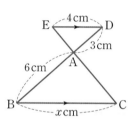

① 6 ② $\frac{13}{2}$

③ 7 ④ $\frac{15}{2}$

⑤ 8

06

다음 중 $\overline{BC}$ // $\overline{DE}$가 아닌 것은? [3점]

① 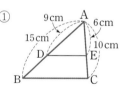 ②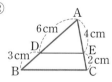

③ 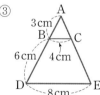 ④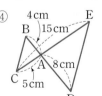

⑤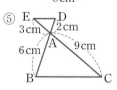

07

오른쪽 그림과 같은 △ABC에서 $\overline{AD}$가 ∠A의 이등분선이고 $\overline{BA}$의 연장선 위의 점 E에 대하여 $\overline{AD}$ // $\overline{EC}$이다.
$\overline{AB}$=12 cm, $\overline{BC}$=14 cm, $\overline{AC}$=9 cm일 때, 다음 보기에서 옳은 것을 모두 고른 것은? [4점]

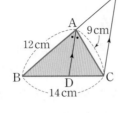

> 보기
>
> ㄱ. $\overline{CD}$=6 cm　　　ㄴ. $\overline{AE}$=9 cm
> ㄷ. $\overline{AD}$: $\overline{EC}$=3 : 5
> ㄹ. △ABD : △ACD=16 : 9

① ㄱ, ㄴ　　② ㄱ, ㄷ　　③ ㄴ, ㄷ
④ ㄴ, ㄹ　　⑤ ㄷ, ㄹ

08

오른쪽 그림과 같은 사다리꼴 ABCD에서 $\overline{AD}$ // $\overline{EF}$ // $\overline{BC}$이고 $\overline{AD}$=8 cm, $\overline{AE}$=3 cm, $\overline{EB}$=5 cm, $\overline{BC}$=16 cm일 때, $\overline{EF}$의 길이는? [4점]

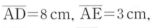
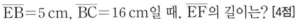

① 10 cm　　② 11 cm　　③ 12 cm
④ 13 cm　　⑤ 14 cm

09

오른쪽 그림에서 점 G는 △ABC의 무게중심이고 $\overline{AG}$의 연장선과 $\overline{BC}$의 교점을 D라 하자. $\overline{BC}$=10 cm, $\overline{GD}$=3 cm일 때, $x+y$의 값은? [3점]

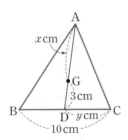

① 9　　　　② 10
③ 11　　　④ 12
⑤ 13

10

오른쪽 그림과 같은 평행사변형 ABCD에서 두 점 M, N은 각각 $\overline{BC}$, $\overline{CD}$의 중점이고 두 점 P, Q는 각각 대각선 BD와 $\overline{AM}$, $\overline{AN}$의 교점이다. $\overline{PQ}$=6 cm일 때, $\overline{MN}$의 길이는? [4점]

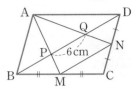

① 7 cm　　② 8 cm　　③ 9 cm
④ 10 cm　　⑤ 11 cm

11

오른쪽 그림과 같이 ∠B=90°인 직각삼각형 ABC에서 $\overline{AD}$=13 cm, $\overline{BD}$=5 cm, $\overline{DC}$=4 cm일 때, x의 값은? [4점]

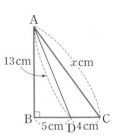

① 14　　　② 15
③ 16　　　④ 17
⑤ 18

12

세 변의 길이가 각각 6, 8, x인 삼각형이 예각삼각형이 되도록 하는 자연수 x의 개수는? (단, $x>8$) [4점]

① 1　　　　② 2　　　　③ 3
④ 4　　　　⑤ 5

13

오른쪽 그림과 같이 $\overline{AB}=6\,cm$, $\overline{AD}=10\,cm$인 직사각형 ABCD를 $\overline{AF}$를 접는 선으로 하여 꼭짓점 D가 $\overline{BC}$ 위의 점 E에 오도록 접었을 때, $\overline{EF}$의 길이는? [5점]

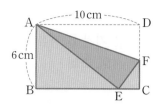

① $3\,cm$ ② $\dfrac{10}{3}\,cm$ ③ $\dfrac{11}{3}\,cm$

④ $4\,cm$ ⑤ $\dfrac{13}{3}\,cm$

14

오른쪽 그림과 같은 도형을 빨강, 파랑, 노랑, 초록의 4가지 색을 사용하여 칠하려고 한다. 도형의 네 부분에 서로 다른 색을 칠하는 경우의 수는? [4점]

① 12   ② 16   ③ 20

④ 24   ⑤ 32

15

6명의 배드민턴 선수들 중에서 경기에 출전할 2명의 선수를 뽑는 경우의 수는? [3점]

① 6   ② 11   ③ 15

④ 30   ⑤ 36

16

0, 1, 2, 3, 4, 5의 숫자가 각각 하나씩 적힌 6장의 카드 중에서 2장을 뽑아 두 자리의 자연수를 만들 때, 그 수가 40 이하일 확률은? [4점]

① $\dfrac{1}{2}$ ② $\dfrac{3}{5}$ ③ $\dfrac{16}{25}$

④ $\dfrac{4}{5}$ ⑤ $\dfrac{5}{6}$

17

한 개의 주사위를 두 번 던져서 첫 번째에 나오는 눈의 수를 a, 두 번째에 나오는 눈의 수를 b라 할 때, x에 대한 방정식 $ax-b=0$의 해가 정수가 아닌 유리수일 확률은? [4점]

① $\dfrac{1}{2}$ ② $\dfrac{5}{9}$ ③ $\dfrac{11}{18}$

④ $\dfrac{2}{3}$ ⑤ $\dfrac{13}{18}$

18

민아는 버스나 자전거 중 하나를 이용하여 등교한다. 버스로 등교한 다음 날 자전거로 등교할 확률은 $\dfrac{1}{3}$, 자전거로 등교한 다음 날 버스로 등교할 확률은 $\dfrac{1}{2}$이다. 월요일에 버스로 등교했을 때, 같은 주 수요일에 자전거로 등교할 확률은? [5점]

① $\dfrac{1}{27}$ ② $\dfrac{1}{6}$ ③ $\dfrac{13}{36}$

④ $\dfrac{7}{18}$ ⑤ $\dfrac{1}{2}$

●정답 및 풀이 84쪽

서술형

19

다음 좌표평면 위의 네 점 A, B, C, D에 대하여
A(14, 21), B(14, 0)이고 △OAB∽△COD이다.
△OAB와 △COD의 닮음비가 7 : 4일 때, 점 C의 좌
표를 구하시오. (단, 점 O는 원점) [7점]

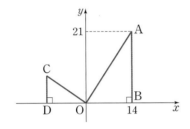

20

오른쪽 그림에서 점 G가
△ABC의 무게중심이고
△ABC의 넓이가 30 cm²일 때,
□GDCE의 넓이를 구하시오.
[4점]

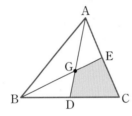

21

오른쪽 그림과 같은 □ABCD
에서 ∠A=∠B=90°이고
$\overline{AD}$=7 cm, $\overline{BC}$=16 cm,
$\overline{DC}$=15 cm일 때, $\overline{AC}$의 길이
를 구하시오. [6점]

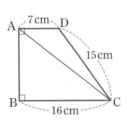

22

다음 그림과 같은 도로가 있다. A 지점에서 출발하여 P
지점을 거쳐 B 지점까지 최단 거리로 가는 경우의 수를
구하시오. [6점]

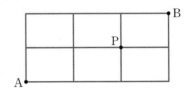

23

다음 그림과 같이 사각형의 외부에 4개의 점이 있고 내
부에 3개의 점이 있다. 이 7개의 점 중에서 2개의 점을
선택하여 선분을 만들고 이 중 하나의 선분을 선택할 때,
선택한 선분이 직사각형의 한 변과 한 점에서 만날 확률
을 구하시오. [7점]

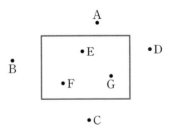

선택형	18문항 70점	총점
서술형	5문항 30점	100점

01

아래 그림의 두 삼각기둥은 서로 닮은 도형이고 △ABC에 대응하는 면이 △GHI일 때, 다음 중 옳지 <u>않은</u> 것은? [4점]

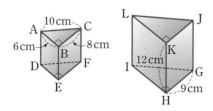

① 두 삼각기둥의 닮음비는 2 : 3이다.
② □ADFC∽□GJLI
③ □LIHK는 정사각형이다.
④ □ADEB의 넓이는 54 cm²이다.
⑤ 두 삼각기둥의 겉넓이의 비는 4 : 9이다.

02

오른쪽 그림에서 △ABC와 △DEF가 닮은 도형이 되기 위한 조건으로 다음 중 알맞은 것은? [3점]

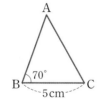

① $\overline{AB}=5\,cm$, $\overline{DE}=3\,cm$
② $\overline{AB}=5\,cm$, $\overline{DF}=3\,cm$
③ $\overline{AC}=10\,cm$, $\overline{DE}=6\,cm$
④ $\angle A=40°$, $\angle D=40°$
⑤ $\angle A=50°$, $\angle E=70°$

03

큰 초콜릿 1개를 녹여서 같은 크기의 작은 초콜릿 여러 개를 만들려고 한다. 작은 초콜릿의 반지름의 길이를 큰 초콜릿의 반지름의 길이의 $\frac{1}{2}$로 할 때, 작은 초콜릿 전체를 포장하는 데 필요한 포장지의 넓이는 큰 초콜릿 1개를 포장하는 데 필요한 포장지의 넓이의 몇 배인가? (단, 초콜릿은 모두 구 모양이며, 포장지가 겹치는 부분과 포장지의 두께는 무시한다.) [5점]

① $\frac{3}{2}$배   ② 2배   ③ $\frac{5}{2}$배

④ 3배   ⑤ $\frac{7}{2}$배

04

오른쪽 그림과 같은 △ABC에서 $\overline{BC}/\!/\overline{DE}$일 때, x의 값은? [3점]

① 8   ② 9
③ 12   ④ 14
⑤ 15

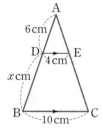

05

오른쪽 그림과 같이 $\overline{AB}=8\,cm$, $\overline{BC}=9\,cm$인 평행사변형 ABCD에서 $\overline{BA}$의 연장선 위의 점 E에 대하여 $\overline{AE}=4\,cm$이다. $\overline{EC}$와 $\overline{AD}$가 만나는 점을 F라 할 때, $\overline{FD}$의 길이는? [4점]

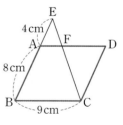

① 3 cm   ② 4 cm   ③ 5 cm
④ 6 cm   ⑤ 7 cm

06

오른쪽 그림과 같은
△ABC에서 ∠A의 외각의
이등분선과 $\overline{BC}$의 연장선의
교점을 D라 하자.
$\overline{AC}=6$ cm, $\overline{BC}=4$ cm, $\overline{CD}=8$ cm일 때, $\overline{AB}$의 길
이는? [3점]

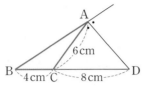

① 7 cm   ② $\frac{15}{2}$ cm   ③ 8 cm

④ $\frac{17}{2}$ cm   ⑤ 9 cm

07

오른쪽 그림과 같은 △ABC
에서 $\overline{AD}=\overline{DB}$,
$\overline{BE}=\overline{EF}=\overline{FC}$이고, $\overline{AF}$와
$\overline{DC}$의 교점을 G라 하자.
$\overline{DE}=4$ cm일 때, $\overline{AG}$의 길이
는? [4점]

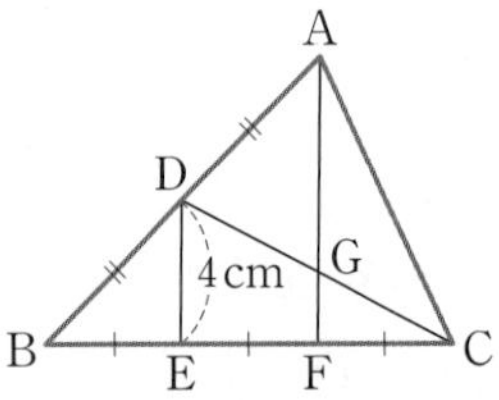

① 4 cm   ② $\frac{9}{2}$ cm   ③ 5 cm

④ $\frac{11}{2}$ cm   ⑤ 6 cm

08

오른쪽 그림에서 점 G는
∠C=90°인 직각삼각형 ABC
의 무게중심이다. $\overline{AB}=18$ cm
일 때, $\overline{GD}$의 길이는? [4점]

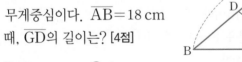

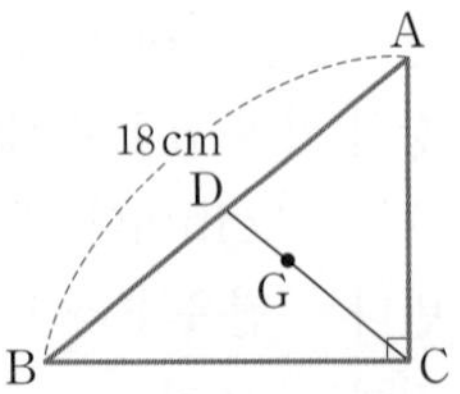

① 3 cm   ② 4 cm

③ 5 cm   ④ 6 cm

⑤ 7 cm

09

오른쪽 그림과 같은 평행사변
형 ABCD에서 두 점 M, N
은 각각 $\overline{BC}$, $\overline{CD}$의 중점이고,
두 점 P, Q는 각각 대각선 BD
와 $\overline{AM}$, $\overline{AN}$의 교점이다. □ABCD의 넓이가 24 cm²
일 때, 색칠한 부분의 넓이는? [5점]

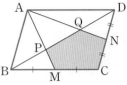

① 6 cm²   ② 8 cm²   ③ 10 cm²

④ 12 cm²   ⑤ 14 cm²

10

오른쪽 그림에서
△ABC≡△CDE이고 세 점
B, C, D는 한 직선 위에 있다.
$\overline{CD}=8$ cm, △ACE의 넓이
가 50 cm²일 때, □ABDE의 넓이는? [4점]

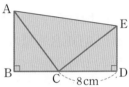

① 74 cm²   ② 80 cm²   ③ 98 cm²

④ 122 cm²   ⑤ 146 cm²

11

세 변의 길이가 각각 보기와 같은 삼각형 중에서 직각삼
각형인 것을 모두 고른 것은? [3점]

> **보기**
>
> ㄱ. 2 cm, 3 cm, 4 cm   ㄴ. 3 cm, 4 cm, 5 cm
>
> ㄷ. 6 cm, 9 cm, 12 cm   ㄹ. 7 cm, 24 cm, 25 cm

① ㄱ, ㄴ   ② ㄱ, ㄹ   ③ ㄴ, ㄷ

④ ㄴ, ㄹ   ⑤ ㄷ, ㄹ

12

오른쪽 그림과 같이 $\angle C = 90°$ 인 직각삼각형 ABC에서 두 점 D, E는 각각 $\overline{BC}$, $\overline{AC}$의 중점 이다. $\overline{AB} = 12$일 때, $\overline{AD}^2 + \overline{BE}^2$의 값은? [4점]

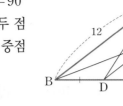

① 100   ② 125   ③ 150

④ 165   ⑤ 180

13

1부터 15까지의 자연수가 각각 하나씩 적힌 15개의 공 이 들어 있는 주머니에서 한 개의 공을 꺼낼 때, 3의 배 수 또는 7의 배수가 적힌 공을 꺼내는 경우의 수는? [3점]

① 5   ② 6   ③ 7

④ 8   ⑤ 9

14

정민이는 책꽂이에 서로 다른 2권의 소설책과 서로 다른 3권의 만화책을 나란히 꽂으려고 한다. 이때 소설책끼리 서로 이웃하여 책꽂이에 꽂는 경우의 수는? [4점]

① 12   ② 24   ③ 36

④ 48   ⑤ 60

15

오른쪽 그림과 같이 원 위에 8개의 점 이 있다. 이 중에서 두 점을 연결하여 만들 수 있는 선분의 개수는? [4점]

① 28   ② 35

③ 42   ④ 48

⑤ 56

16

1, 2, 3, 4, 5의 숫자가 각각 하나씩 적힌 5장의 카드 중에 서 3장을 동시에 뽑아 세 자리의 자연수를 만들 때, 홀수 일 확률은? [4점]

① $\dfrac{1}{2}$ ② $\dfrac{3}{5}$ ③ $\dfrac{2}{3}$

④ $\dfrac{3}{4}$ ⑤ $\dfrac{4}{5}$

17

모양과 크기가 같은 흰 바둑돌 4개, 검은 바둑돌 2개가 들어 있는 상자에서 한 개의 바둑돌을 꺼내 색을 확인하 고 다시 넣은 후 한 개의 바둑돌을 또 꺼낼 때, 적어도 한 번은 검은 바둑돌을 꺼낼 확률은? [4점]

① $\dfrac{1}{9}$ ② $\dfrac{2}{9}$ ③ $\dfrac{4}{9}$

④ $\dfrac{5}{9}$ ⑤ $\dfrac{8}{9}$

18

서로 다른 두 개의 주사위를 동시에 던져서 나오는 눈의 수를 각각 a, b라 할 때, 점 (a, b)가 직선 $y = -\frac{1}{3}x + 3$ 과 x축, y축으로 둘러싸인 삼각형의 내부에 있을 확률은? [5점]

① $\frac{5}{36}$　　② $\frac{1}{6}$　　③ $\frac{7}{36}$

④ $\frac{2}{9}$　　⑤ $\frac{1}{4}$

서술형 ──────────────○

19

오른쪽 그림과 같은 △ABC에서 $\overline{AB} = 35$ cm, $\overline{BC} = 14$ cm이고 □DBEF가 마름모일 때, 이 마름모의 둘레의 길이를 구하시오. [6점]

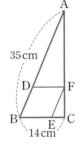

20

오른쪽 그림과 같은 사다리꼴 ABCD에서 $\overline{AD} \parallel \overline{EF} \parallel \overline{BC}$이고 $\overline{AD} = 10$ cm, $\overline{BC} = 15$ cm, $\overline{DF} = 9$ cm, $\overline{FC} = 6$ cm일 때, $\overline{PQ}$의 길이를 구하시오. [6점]

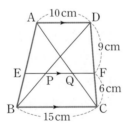

21

오른쪽 그림과 같이 $\overline{AB} = \overline{AC}$인 이등변삼각형 ABC에서 $\overline{AD}$는 $\overline{BC}$의 수직이등분선이고, $\overline{BE}$는 △ABC의 중선이다. $\overline{EF} \parallel \overline{BC}$이고 $\overline{EF} = 4$ cm, $\overline{FG} = 3$ cm일 때, △ABG의 넓이를 구하시오. [7점]

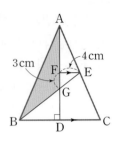

22

오른쪽 그림과 같이 $\overline{AB} = \overline{AC} = 13$ cm, $\overline{BC} = 10$ cm인 이등변삼각형 ABC의 넓이를 구하시오. [4점]

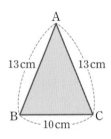

23

라임이와 도윤이가 3번 경기를 하여 2번을 먼저 이기면 승리하는 시합을 하고 있다. 한 경기에서 라임이가 도윤이를 이길 확률이 $\frac{2}{3}$일 때, 이 시합에서 라임이가 승리할 확률을 구하시오. (단, 비기는 경우는 없다.) [7점]

●정답 및 풀이 87쪽

선택형	18문항 70점	총점 100점
서술형	5문항 30점	

01

다음 그림에서 △ABC∽△DEF일 때, $x+y$의 값은?

[3점]

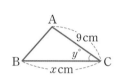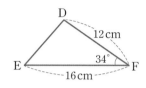

① 44   ② 46   ③ 48
④ 50   ⑤ 52

02

오른쪽 그림과 같은 △ABC에서 $\overline{AE}=\overline{BE}=\overline{DE}$이고 $\overline{AB}=40\,cm$, $\overline{BD}=25\,cm$, $\overline{CD}=7\,cm$일 때, $\overline{AC}$의 길이는?

[4점]

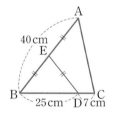

① 28 cm   ② 30 cm   ③ 32 cm
④ 34 cm   ⑤ 36 cm

03

오른쪽 그림과 같이 $\overline{AC}$와 $\overline{BD}$의 교점을 E라 하자. $\overline{AB}/\!/\overline{DC}$이고 $\overline{AE}=4\,cm$, $\overline{AC}=10\,cm$, $\overline{BE}=5\,cm$일 때, $\overline{DE}$의 길이는?

[4점]

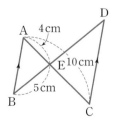

① 6 cm   ② $\dfrac{13}{2}$ cm   ③ 7 cm
④ $\dfrac{15}{2}$ cm   ⑤ 8 cm

04

오른쪽 그림과 같이 합동인 두 원뿔의 밑면이 평행하도록 두 원뿔의 꼭짓점을 붙여서 높이가 30 cm인 모래시계를 만들었다. 한쪽 원뿔에 모래를 가득 채운 다음 모래시계를 뒤집었더니 높이가 5 cm 줄어드는 데 57분이 걸렸을 때, 위쪽 남은 모래가 아래로 모두 떨어질 때까지 걸리는 시간은? (단, 시간당 떨어지는 모래의 양은 일정하고, 모래가 떨어지는 통로는 무시한다.) [5점]

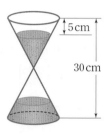

① 24분   ② 25분   ③ 26분
④ 27분   ⑤ 28분

05

오른쪽 그림과 같은 △ABC에서 $\overline{BC}/\!/\overline{DE}$, $\overline{DC}/\!/\overline{FE}$이고 $\overline{AD}=12\,cm$, $\overline{DB}=4\,cm$일 때, $\overline{DF}$의 길이는? [4점]

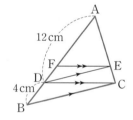

① 2 cm   ② 3 cm
③ 4 cm   ④ 5 cm
⑤ 6 cm

06

오른쪽 그림에서 $l/\!/m/\!/n$일 때, x의 값은? [3점]

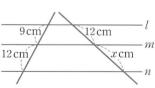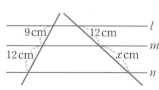

① 14   ② 15
③ 16   ④ 17
⑤ 18

07

오른쪽 그림과 같이 $\overline{AD} /\!/ \overline{BC}$ 인 사다리꼴 ABCD에서 점 O는 두 대각선의 교점이고 $\overline{PQ}$는 점 O를 지난다. $\overline{PQ} /\!/ \overline{BC}$이고 $\overline{AD}=6$ cm, $\overline{BC}=18$ cm일 때, $\overline{PQ}$의 길이는? [4점]

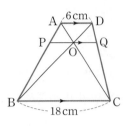

① 8 cm
② $\dfrac{17}{2}$ cm
③ 9 cm

④ $\dfrac{19}{2}$ cm
⑤ 10 cm

08

오른쪽 그림에서 $\overline{AB} /\!/ \overline{EF} /\!/ \overline{DC}$이고 $\overline{AB}=21$ cm, $\overline{CD}=28$ cm일 때, $\overline{EF}$의 길이는? [4점]

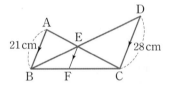

① 9 cm
② 12 cm
③ 15 cm

④ 16 cm
⑤ 18 cm

09

오른쪽 그림과 같은 △ABC에서 점 D는 $\overline{AB}$의 중점이고 $\overline{AC}$ 위의 점 E에 대하여 $\overline{DE}$의 연장선과 $\overline{BC}$의 연장선의 교점을 F라 하자. $\overline{DE}=\overline{EF}$이고 $\overline{BC}=6$ cm일 때, $\overline{CF}$의 길이는? [5점]

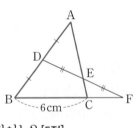

① 2 cm
② $\dfrac{5}{2}$ cm
③ 3 cm

④ $\dfrac{7}{2}$ cm
⑤ 4 cm

10

오른쪽 그림과 같은 정사각형 ABCD에서 두 점 G, G'은 각각 △ABC, △DBC의 무게중심이다. $\overline{GG'}=2$ cm일 때, □ABCD의 넓이는? (단, 점 O는 두 대각선의 교점) [4점]

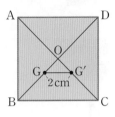

① 9 cm^2
② 16 cm^2
③ 25 cm^2

④ 36 cm^2
⑤ 49 cm^2

11

오른쪽 그림과 같은 원뿔에 대하여 원뿔의 부피는? [3점]

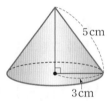

① 4π cm^3
② 8π cm^3

③ 12π cm^3
④ 15π cm^3

⑤ 36π cm^3

12

오른쪽 그림에서 세 점 B, C, D는 한 직선 위에 있고 두 직각삼각형 ABC와 CDE는 서로 합동이다. $\overline{AB}=6$, $\overline{ED}=8$일 때, $\overline{AE}$를 지름으로 하는 반원의 넓이는? [4점]

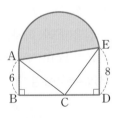

① 25π
② 30π
③ 35π

④ 40π
⑤ 45π

13

오른쪽 그림과 같이 직사각
형 ABCD를 $\overline{EF}$를 접는 선
으로 하여 꼭짓점 B가 꼭짓
점 D에 오도록 접었다.
$\overline{AB}=8\ cm$, $\overline{ED}=10\ cm$
일 때, $\overline{BC}$의 길이는? [4점]

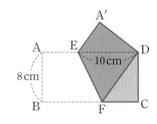

① 12 cm   ② 14 cm   ③ 16 cm
④ 18 cm   ⑤ 20 cm

14

A, B, C, D, E, F 6명의 학생을 한 줄로 세울 때, A가
맨 앞에, E가 맨 뒤에 서는 경우의 수는? [3점]

① 10   ② 12   ③ 16
④ 24   ⑤ 36

15

야구 시합에 출전한 5팀이 한 팀도 빠짐없이 서로 다른
팀과 한 번씩 경기를 하려고 할 때, 모두 몇 번의 경기를
치러야 하는가? [4점]

① 8번   ② 10번   ③ 12번
④ 14번   ⑤ 16번

16

사건 A가 일어날 확률을 p, 사건 B가 일어날 확률을 q
라 할 때, 다음 중 옳지 않은 것은? [3점]

① $0\le p\le 1$, $0\le q\le 1$이다.
② 반드시 일어나는 사건의 확률은 1이다.
③ 절대로 일어나지 않는 사건의 확률은 0이다.
④ 사건 A가 일어나지 않을 확률은 $p-1$이다.
⑤ 두 사건 A, B가 동시에 일어나지 않을 때, 사건 A
또는 사건 B가 일어날 확률은 $p+q$이다.

17

4개의 당첨 제비를 포함한 10개의 제비가 들어 있는 상자
가 있다. 이 상자에서 임의로 한 개의 제비를 꺼내 확인하
고 다시 상자에 넣은 후 한 개의 제비를 또 꺼낼 때, 첫 번
째에는 당첨되고 두 번째에는 당첨되지 않을 확률은? [4점]

① $\frac{1}{10}$ ② $\frac{6}{25}$ ③ $\frac{1}{4}$
④ $\frac{7}{25}$ ⑤ $\frac{2}{5}$

18

오른쪽 그림과 같이 한 변의 길이
가 1인 정육각형 ABCDEF에서
점 P는 꼭짓점 A를 출발하여 한 개
의 주사위를 두 번 던져서 나오는
눈의 수의 합만큼 화살표 방향으로
변을 따라 움직인다. 주사위를 두
번 던질 때, 점 P가 꼭짓점 F의 위치에 있을 확률은? [5점]

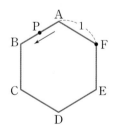

① $\frac{1}{9}$ ② $\frac{5}{36}$ ③ $\frac{1}{6}$
④ $\frac{2}{9}$ ⑤ $\frac{1}{4}$

서술형

19

오른쪽 그림과 같이
$\overline{AB}=4$ cm, $\overline{BC}=6$ cm인
직사각형 ABCD와 한 변의
길이가 15 cm인 정사각형
ECFG가 있다. $\overline{BD}$의 연장
선과 $\overline{GF}$의 교점을 H라 할 때, □EDHG의 넓이를 구
하시오. (단, 세 점 B, C, F는 한 직선 위에 있다.) [7점]

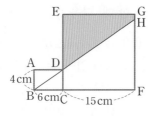

20

다음 그림과 같이 밑면의 지름의 길이가 40 cm인 원뿔
모양의 고깔의 높이를 구하기 위하여 길이가 10 cm인
막대의 그림자의 길이를 측정하였더니 20 cm이었다.
같은 시각에 고깔의 그림자의 길이가 130 cm일 때, 이
고깔의 부피를 구하시오. [7점]

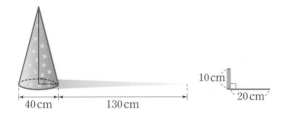

21

오른쪽 그림에서 점 G는
△ABC의 무게중심이고
$\overline{BC} /\!/ \overline{DE}$이다. $\overline{GE}=10$ cm일
때, $\overline{BC}$의 길이를 구하시오. [4점]

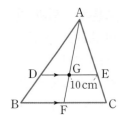

22

오른쪽 그림과 같은 △ABC
에서 ∠A의 이등분선이 $\overline{BC}$
와 만나는 점을 D라 하고 점
A에서 $\overline{BC}$의 연장선에 내린
수선의 발을 H라 하자.
$\overline{AB}=20$, $\overline{AH}=12$,
$\overline{CH}=9$일 때, $\overline{BD}$의 길이를 구하시오. [6점]

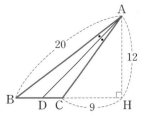

23

혜진이가 ○, ×로 답하는 퀴즈 6문제에 임의로 답을 썼
을 때, 적어도 한 문제는 맞힐 확률을 구하시오. [6점]

나의 오답 Note

틀린 문제를 다시 한 번 풀어 보고 실력을 완성해 보세요.

단원명	주요 개념	처음 푼 날	복습한 날

문제

풀이

개념

왜 틀렸을까?

☐ 문제를 잘못 이해해서

☐ 계산 방법을 몰라서

☐ 계산 실수

☐ 기타:

단원명	주요 개념	처음 푼 날	복습한 날

문제

풀이

개념

왜 틀렸을까?

☐ 문제를 잘못 이해해서

☐ 계산 방법을 몰라서

☐ 계산 실수

☐ 기타:

동아출판이 만든 진짜 기출예상문제집

특급기출

동아출판이 만든 진짜 기출예상문제집

특급기출

기말고사

중학 수학 2-2

정답 및 풀이

동아출판

빠른 정답

VI. 도형의 닮음과 피타고라스 정리

1 도형의 닮음

개념 check 🐾 8쪽~9쪽

1 (1) 점 E (2) $\overline{DF}$ (3) ∠C 2 (1) 2 : 3 (2) 6 (3) 125°
3 (1) 3 : 2 (2) 8 (3) 4 4 (1) 3 : 4 (2) 3 : 4 (3) 9 : 16
5 △ABC∽△KJL, AA 닮음
　△DEF∽△NOM, SSS 닮음
　△GHI∽△QPR, SAS 닮음

6 (1) 4 (2) 9 (3) 6 7 (1) $\dfrac{1}{25000}$ (2) 2.5 km

기출 유형 🐾 10쪽~15쪽

01 ②	02 ②, ⑤	03 65	04 ⑤
05 40 cm	06 4 : 1	07 ⑤	08 18
09 10π cm	10 4 cm	11 50 cm²	12 2 : 3
13 100π cm²	14 13500원	15 18π cm²	16 27 : 98
17 27개	18 234분	19 ②, ④	20 ①
21 8 cm	22 25 cm	23 6 cm	24 $\dfrac{32}{3}$ cm
25 ④	26 ㄱ, ㄴ, ㄹ	27 8 cm	28 $\dfrac{36}{5}$ cm
29 3 cm	30 ①, ④	31 8 cm	32 $\dfrac{25}{2}$ cm
33 ㄱ, ㄷ	34 24	35 39 cm²	36 $\dfrac{144}{25}$ cm
37 12 cm	38 $\dfrac{20}{3}$ cm	39 $\dfrac{28}{5}$ cm	40 8.3 m
41 7 m	42 1시간	43 5 km	

서술형 📖 16쪽~17쪽

01 18	01-1 10	01-2 54 cm³	02 18 cm
02-1 4 cm	03 135π cm³	04 63 cm²	05 12 cm
06 12 cm	07 $\dfrac{32}{5}$ cm	08 $\dfrac{32}{5}$ cm	

중단원 학교 시험 1회 ─ 18쪽~21쪽

01 ②	02 ⑤	03 ③	04 ①	05 ③
06 ⑤	07 ②	08 ⑤	09 ③	10 ⑤
11 ④	12 ⑤	13 ①	14 ①	15 ④
16 ③	17 ①	18 ①	19 24 cm	20 84초
21 18 cm²	22 $\dfrac{15}{2}$ cm	23 15 cm		

중단원 학교 시험 2회 ─ 22쪽~25쪽

01 ②	02 ③, ⑤	03 ②	04 ③	05 ③
06 ③	07 ④	08 ④	09 ②	10 ②
11 ③	12 ③	13 ⑤	14 ⑤	15 ①
16 ④	17 ⑤	18 ②	19 3200원	

20 (1) △ABC∽△ACD, SAS 닮음 (2) 6 cm 21 30 cm²
22 $\dfrac{32}{3}$ cm² 23 $\dfrac{14}{3}$ cm

교과서 속 특이 문제 🐾 26쪽

01 풀이 참조	02 81 : 1	03 60 cm	04 150 cm

2 닮음의 활용

개념 check 🐾 28쪽~29쪽

1 (1) $x=10$, $y=4$ (2) $x=9$, $y=3$
2 (1) 5 (2) 15 3 (1) 6 (2) 10
4 8 5 (1) 9 (2) 5
6 (1) $x=8$, $y=18$ (2) $x=2$, $y=6$
7 (1) 27 cm² (2) 36 cm² 8 8

기출 유형 🐾 30쪽~41쪽

01 ②	02 ④	03 ②	04 12 cm
05 $\dfrac{48}{5}$ cm	06 ③	07 10 cm	08 ②
09 14 cm	10 ⑤	11 ③	12 ④
13 ①	14 ②	15 ③	16 8 cm
17 ②, ⑤	18 9 cm	19 ⑤	20 6 cm
21 $\dfrac{25}{4}$ cm	22 20 cm²	23 64 cm²	24 18 cm²
25 4 cm	26 6 cm	27 ②	28 18 cm²
29 ②	30 7	31 11	32 4
33 5	34 23	35 $\dfrac{28}{3}$ cm	36 9 cm
37 7 cm	38 8 cm	39 6 cm	40 ④
41 ④	42 ③	43 36	44 15 cm
45 84 cm²	46 4 cm	47 ⑤	48 42 cm
49 5 cm	50 3 cm	51 ②	52 ④
53 8 cm	54 $\dfrac{21}{2}$ cm	55 8 cm	56 26 cm
57 32 cm	58 ③	59 ⑤	60 ①
61 3 : 4 : 5	62 ②	63 24 cm²	64 5 cm
65 ②	66 18	67 2 cm	68 4 cm
69 27 cm	70 48	71 ⑤	72 10
73 1 : 3	74 3 cm	75 10 cm	76 ②

77 18 cm² **78** 8 cm² **79** ② **80** 7 cm²
81 20 cm² **82** ④ **83** 24 cm² **84** 6 cm
85 ③ **86** 10 cm²

 서술형 ▫42쪽~43쪽

01 9 cm **01-1** 7 cm **02** 24 cm² **02-1** 14 cm²
03 $x=\dfrac{25}{4},\ y=\dfrac{16}{5}$ **04** 6 cm **05** 5 cm
06 10 cm **07** 8 cm² **08** (1) 15 cm (2) 5 cm²

실전 중단원 학교 시험 1회 ──44쪽~47쪽

01 ④ **02** ③ **03** ⑤ **04** ②, ④ **05** ①
06 ② **07** ⑤ **08** ⑤ **09** ① **10** ③
11 ④ **12** ⑤ **13** ② **14** ① **15** ⑤
16 ⑤ **17** ④ **18** ① **19** 16 cm **20** 9 cm
21 $\dfrac{14}{3}$ cm **22** 10 cm **23** 3 : 1 : 2

실전 중단원 학교 시험 2회 ──48쪽~51쪽

01 ③ **02** ② **03** ② **04** ②, ⑤ **05** ③
06 ④ **07** ① **08** ⑤ **09** ③ **10** ②
11 ① **12** ② **13** ① **14** ③ **15** ⑤
16 ② **17** ④ **18** ④ **19** 21 cm **20** $\dfrac{24}{7}$ cm
21 5 cm **22** 22 cm² **23** 9 cm²

교과서 속 특이 문제 ▫52쪽

01 3 cm **02** 55 cm
03 (1) 4 : 5 (2) $\dfrac{20}{3}$ cm (3) $\dfrac{60}{13}$ cm
04 (1) 풀이 참조 (2) $\dfrac{5}{4}$배

3 피타고라스 정리

개념 check ──54쪽~55쪽

1 (1) 6 (2) 20 **2** 22 cm²
3 169 cm² **4** (1) × (2) ○ (3) ×
5 (1) 직각삼각형 (2) 둔각삼각형 (3) 예각삼각형
6 61 **7** (1) 60 (2) 32
8 (1) 20π (2) 81

기출 유형 ▫56쪽~61쪽

01 30 cm² **02** 5 m **03** 10 cm **04** 16 cm
05 10 cm **06** 20 cm **07** 4 cm **08** $\dfrac{27}{5}$ cm
09 150 cm² **10** 3 cm **11** 20 cm **12** ④
13 ② **14** ⑤ **15** 10 cm **16** 6 cm
17 12 cm² **18** 32 cm **19** 5 cm **20** 18 cm
21 8 cm **22** ① **23** ① **24** ③
25 34 cm² **26** 289 cm² **27** ④ **28** ⑤
29 45, 117 **30** ③, ⑤ **31** ⑤ **32** 33
33 24 **34** 125 **35** 36 **36** 39
37 ② **38** ③ **39** 70 cm² **40** 7 km
41 5 cm **42** ③ **43** 60 cm² **44** $\dfrac{36}{5}$ cm
45 ④ **46** 17 cm **47** 25π cm

서술형 ▫62쪽~63쪽

01 13 cm **01-1** 15 cm **02** 둔각삼각형
02-1 예각삼각형 **02-2** 예각삼각형
03 15 cm² **04** 6 cm² **05** $\dfrac{7}{5}$ cm **06** 32 cm²
07 (1) 8, 9 (2) 10, 11, 12 **08** 126 cm²

실전 중단원 학교 시험 1회 ──64쪽~67쪽

01 ② **02** ④ **03** ② **04** ② **05** ①
06 ③ **07** ⑤ **08** ② **09** ⑤ **10** ⑤
11 ② **12** ② **13** ② **14** ⑤ **15** ③, ⑤
16 ④ **17** ① **18** ③ **19** 60 cm **20** $\dfrac{8}{3}$ cm²
21 24 cm **22** 46 **23** (1) 풀이 참조 (2) 29

실전 중단원 학교 시험 2회 ──68쪽~71쪽

01 ① **02** ② **03** ② **04** ④ **05** ④
06 ③ **07** ⑤ **08** ① **09** ③ **10** ①
11 ② **12** ④ **13** ④ **14** ④ **15** ③
16 ④ **17** ③ **18** ① **19** 25 m **20** $\dfrac{60}{13}$
21 61 cm² **22** 54 cm² **23** $\dfrac{24}{5}$ cm

교과서 속 특이 문제 ▫72쪽

01 풀이 참조 **02** 675 cm² **03** 8 km **04** 19 km

1 경우의 수

개념 check 74쪽~75쪽

1 (1) 3 (2) 3 (3) 4 **2** (1) 3 (2) 2 (3) 5
3 9 **4** 24 **5** 12
6 (1) 120 (2) 20 (3) 60 (4) 48
7 (1) 12 (2) 24 **8** (1) 9 (2) 18 **9** (1) 12 (2) 6

기출 유형 76쪽~81쪽

01 ③	**02** ①	**03** ①	**04** ②
05 ③	**06** ②	**07** ①	**08** 6
09 ④	**10** ④	**11** 14	**12** 9
13 ⑤	**14** 12	**15** 6	**16** 7
17 18	**18** ④	**19** ⑤	**20** ⑤
21 ③	**22** 9	**23** ⑤	**24** 12
25 ④	**26** 360	**27** ⑤	**28** 24
29 ②	**30** ⑤	**31** 240	**32** ④
33 60	**34** 48	**35** 210	**36** 15
37 315	**38** ②	**39** 24	**40** ⑤
41 ⑤	**42** ④	**43** 36	**44** 20
45 ④	**46** ②	**47** ⑤	**48** 34

서술형 82쪽~83쪽

01 7	**01-1** 10	**02** 24	**02-1** 288
03 10		**04** (1) 11 (2) 6 (3) 36	
05 10		**06** (1) 56 (2) 28 (3) 30	
07 5		**08** 6	

실전 중단원 학교 시험 1회 84쪽~87쪽

01 ④	**02** ①	**03** ②	**04** ③	**05** ③
06 ③	**07** ②	**08** ②	**09** ④	**10** ②
11 ①	**12** ⑤	**13** ②	**14** ①	**15** ②
16 ③	**17** ④	**18** ②	**19** 7	**20** 10
21 72	**22** 30	**23** 60		

실전 중단원 학교 시험 2회 88쪽~91쪽

01 ③	**02** ①	**03** ②	**04** ①	**05** ⑤
06 ④	**07** ③	**08** ③	**09** ④	**10** ③
11 ③	**12** ⑤	**13** ①	**14** ④	**15** ③
16 ①	**17** ②	**18** ③	**19** 9	**20** 40
21 48	**22** 297	**23** (1) 21 (2) 35		

교과서 속 특이 문제 92쪽

01 27가지	**02** 64	**03** 9	**04** 3
05 4			

2 확률

개념 check 94쪽~95쪽

1 (1) 6 (2) 3 (3) $\frac{1}{2}$ **2** (1) $\frac{3}{8}$ (2) 0 (3) 1
3 (1) $\frac{9}{10}$ (2) $\frac{3}{5}$ **4** (1) $\frac{1}{4}$ (2) $\frac{3}{4}$
5 (1) $\frac{1}{3}$ (2) $\frac{1}{6}$ (3) $\frac{1}{2}$ **6** (1) $\frac{1}{2}$ (2) $\frac{2}{3}$ (3) $\frac{1}{3}$
7 $\frac{1}{16}$ **8** $\frac{1}{20}$

기출 유형 96쪽~101쪽

01 $\frac{1}{5}$	**02** ③	**03** ③	**04** $\frac{5}{9}$
05 ①	**06** $\frac{3}{10}$	**07** 2	**08** $\frac{1}{4}$
09 ①	**10** $\frac{1}{6}$	**11** ③	**12** $\frac{5}{36}$
13 ②, ④	**14** ③	**15** ②, ③	**16** $\frac{5}{7}$
17 ⑤	**18** ④	**19** ②	**20** ④
21 ⑤	**22** $\frac{31}{32}$	**23** ③	**24** ④
25 $\frac{3}{5}$	**26** ②	**27** $\frac{7}{36}$	**28** $\frac{3}{10}$
29 $\frac{9}{25}$	**30** ④	**31** ①	**32** $\frac{1}{20}$
33 $\frac{4}{21}$	**34** ①	**35** $\frac{1}{3}$	**36** $\frac{23}{24}$
37 ③	**38** $\frac{1}{2}$	**39** $\frac{5}{16}$	**40** $\frac{11}{24}$
41 ①	**42** $\frac{2}{25}$	**43** $\frac{1}{6}$	**44** ③
45 $\frac{9}{14}$	**46** $\frac{3}{5}$		

서술형 102쪽~103쪽

01 $\frac{9}{20}$	**01-1** $\frac{11}{16}$	**01-2** $\frac{13}{25}$	**02** $\frac{15}{16}$
02-1 $\frac{117}{125}$	**03** $\frac{3}{8}$	**04** $\frac{1}{4}$	**05** $\frac{11}{18}$
06 $\frac{4}{9}$	**07** $\frac{5}{16}$	**08** $\frac{25}{63}$	

실전 중단원 학교 시험 1회
104쪽~107쪽

01 ⑤	02 ③	03 ①	04 ③	05 ④, ⑤
06 ⑤	07 ②	08 ④	09 ④	10 ②
11 ⑤	12 ②	13 ①	14 ③	15 ③
16 ④	17 ③	18 ④	19 $\frac{3}{8}$	20 $\frac{3}{4}$

21 $\frac{67}{100}$ 22 $\frac{37}{40}$ 23 $\frac{3}{8}$

실전 중단원 학교 시험 2회
108쪽~111쪽

01 ①	02 ③	03 ①	04 ③	05 ④
06 ⑤	07 ⑤	08 ④	09 ②	10 ②
11 ③	12 ⑤	13 ④	14 ③	15 ④
16 ④	17 ②	18 ⑤	19 $\frac{2}{9}$	20 $\frac{1}{6}$

21 $\frac{5}{36}$ 22 $\frac{7}{10}$ 23 $\frac{28}{45}$

교과서 속 특이 문제
112쪽

01 풀이 참조 02 $\frac{1}{2}$ 03 $\frac{7}{8}$ 04 $\frac{11}{12}$

05 0.153

부록

고난도 50
114쪽~122쪽

01 186π cm³	02 13 : 3	03 15 cm	04 $\frac{91}{10}$ cm
05 325	06 9 : 15 : 25	07 $\frac{56}{5}$ cm	08 16 : 9
09 6 m	10 6	11 45 cm	12 1 cm
13 $\frac{27}{2}$ cm²	14 10 cm	15 2배	16 $\frac{30}{11}$ cm
17 130°	18 18 cm	19 25	20 16 cm
21 3 cm	22 $\frac{3}{7}$ cm²	23 3 cm²	24 30π cm²
25 $\frac{84}{25}$ cm²	26 $\frac{18}{5}$ cm²	27 54 cm²	28 8
29 15π cm	30 20 cm	31 12	32 6
33 cbeda	34 36	35 420	36 57
37 75번째	38 28	39 25명	40 $\frac{25}{49}$
41 $\frac{19}{36}$	42 $\frac{5}{16}$	43 $\frac{1}{24}$	44 $\frac{7}{50}$
45 $\frac{13}{18}$	46 $\frac{11}{18}$	47 $\frac{11}{12}$	48 $\frac{18}{35}$
49 $\frac{134}{375}$	50 $\frac{4}{9}$		

기말고사 대비 실전 모의고사 1회
123쪽~126쪽

01 ②	02 ④	03 ③	04 ①	05 ②
06 ③	07 ⑤	08 ④	09 ③	10 ③
11 ②	12 ③	13 ②	14 ①	15 ⑤
16 ③	17 ④	18 ②	19 60 cm²	

20 (1) 1 : 2 (2) 64 cm² 21 $\frac{13}{2}$ cm² 22 12π cm³ 23 $\frac{1}{9}$

기말고사 대비 실전 모의고사 2회
127쪽~130쪽

01 ⑤	02 ④	03 ②	04 ④	05 ④
06 ③	07 ②	08 ①	09 ④	10 ①
11 ②	12 ①	13 ②	14 ④	15 ③
16 ①	17 ⑤	18 ③	19 128 cm³	20 6 cm

21 48 cm² 22 6 23 $\frac{1}{2}$

기말고사 대비 실전 모의고사 3회
131쪽~134쪽

01 ③	02 ④	03 ②	04 ⑤	05 ⑤
06 ③	07 ①	08 ②	09 ③	10 ③
11 ②	12 ①	13 ②	14 ④	15 ③
16 ③	17 ③	18 ④	19 C(-12, 8)	

20 10 cm² 21 20 cm 22 6 23 $\frac{4}{7}$

기말고사 대비 실전 모의고사 4회
135쪽~138쪽

01 ④	02 ⑤	03 ②	04 ②	05 ④
06 ⑤	07 ⑤	08 ①	09 ②	10 ③
11 ④	12 ⑤	13 ③	14 ④	15 ①
16 ②	17 ④	18 ③	19 40 cm	20 5 cm

21 48 cm² 22 60 cm² 23 $\frac{20}{27}$

기말고사 대비 실전 모의고사 5회
139쪽~142쪽

01 ②	02 ③	03 ④	04 ①	05 ②
06 ③	07 ③	08 ②	09 ③	10 ④
11 ③	12 ①	13 ④	14 ④	15 ②
16 ④	17 ②	18 ③	19 90 cm²	

20 10000π cm³ 21 30 cm 22 4 23 $\frac{63}{64}$

1 도형의 닮음
VI. 도형의 닮음과 피타고라스 정리

8쪽~9쪽

개념 check 꼭!

1 답 (1) 점 E (2) $\overline{DF}$ (3) ∠C

2 답 (1) 2 : 3 (2) 6 (3) 125°
(1) $\overline{BC}$의 대응변은 $\overline{FG}$이므로 닮음비는
$\overline{BC} : \overline{FG} = 6 : 9 = 2 : 3$
(2) $\overline{DC} : \overline{HG} = 2 : 3$, 즉 $4 : \overline{HG} = 2 : 3$이므로
$2\overline{HG} = 12$ ∴ $\overline{HG} = 6$
(3) ∠E의 대응각은 ∠A이므로
∠E = ∠A = $360° - (70° + 85° + 80°) = 125°$

3 답 (1) 3 : 2 (2) 8 (3) 4
(1) $\overline{FG}$의 대응변은 $\overline{NO}$이므로 닮음비는
$\overline{FG} : \overline{NO} = 9 : 6 = 3 : 2$
(2) $\overline{AE} : \overline{IM} = 3 : 2$, 즉 $12 : \overline{IM} = 3 : 2$이므로
$3\overline{IM} = 24$ ∴ $\overline{IM} = 8$
(3) $\overline{GH} : \overline{OP} = 3 : 2$, 즉 $6 : \overline{OP} = 3 : 2$이므로
$3\overline{OP} = 12$ ∴ $\overline{OP} = 4$

4 답 (1) 3 : 4 (2) 3 : 4 (3) 9 : 16
(1) $\overline{AC}$의 대응변은 $\overline{DF}$이므로 닮음비는
$\overline{AC} : \overline{DF} = 15 : 20 = 3 : 4$
(2) 두 삼각형의 닮음비가 3 : 4이므로 둘레의 길이의 비는 3 : 4이다.
(3) 두 삼각형의 닮음비가 3 : 4이므로 넓이의 비는
$3^2 : 4^2 = 9 : 16$

5 답 △ABC∽△KJL, AA 닮음
△DEF∽△NOM, SSS 닮음
△GHI∽△QPR, SAS 닮음
△ABC와 △KJL에서
∠A = ∠K, ∠C = $180° - (90° + 30°) = 60° = $∠L
이므로 △ABC∽△KJL (AA 닮음)
△DEF와 △NOM에서
$\overline{DE} : \overline{NO} = 4 : 6 = 2 : 3$, $\overline{EF} : \overline{OM} = 6 : 9 = 2 : 3$,
$\overline{FD} : \overline{MN} = 8 : 12 = 2 : 3$
이므로 △DEF∽△NOM (SSS 닮음)
△GHI와 △QPR에서
$\overline{GH} : \overline{QP} = 12 : 8 = 3 : 2$, $\overline{GI} : \overline{QR} = 9 : 6 = 3 : 2$, ∠G = ∠Q
이므로 △GHI∽△QPR (SAS 닮음)

6 답 (1) 4 (2) 9 (3) 6
(1) $\overline{AB}^2 = \overline{BD} \times \overline{BC}$이므로
$x^2 = 2 \times (2 + 6) = 16$ ∴ $x = 4$ (∵ $x > 0$)
(2) $\overline{AC}^2 = \overline{CD} \times \overline{CB}$이므로
$6^2 = 4 \times x$, $4x = 36$ ∴ $x = 9$
(3) $\overline{AD}^2 = \overline{DB} \times \overline{DC}$이므로
$x^2 = 4 \times 9 = 36$ ∴ $x = 6$ (∵ $x > 0$)

7 답 (1) $\dfrac{1}{25000}$ (2) 2.5 km
(1) 1 km = 1000 m = 100000 cm이므로

$(축척) = \dfrac{4}{100000} = \dfrac{1}{25000}$

(2) (실제 거리) $= 10 \div \dfrac{1}{25000} = 10 \times 25000$
$= 250000 (\text{cm}) = 2.5 (\text{km})$

기출 유형

◑ 10쪽~15쪽

유형 01 닮은 도형
10쪽

(1) △ABC와 △DEF가 서로 닮은 도형일 때
① 세 점 A, B, C의 대응점은 각각 점 D, 점 E, 점 F이다.
② $\overline{AB}$, $\overline{BC}$, $\overline{CA}$의 대응변은 각각 $\overline{DE}$, $\overline{EF}$, $\overline{FD}$이다.
③ ∠A, ∠B, ∠C의 대응각은 각각 ∠D, ∠E, ∠F이다.
(2) 항상 서로 닮음인 도형
① 평면도형 : 두 원, 변의 개수가 같은 두 정다각형, 두 직각이등변삼각형, 중심각의 크기가 같은 두 부채꼴 등
② 입체도형 : 두 구, 면의 개수가 같은 두 정다면체 등

01 답 ②
다음 그림의 두 도형은 서로 닮은 도형이 아니다.

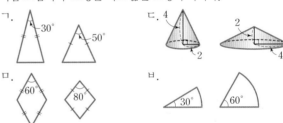

따라서 항상 서로 닮은 도형은 ㄴ, ㄹ이다.

02 답 ②, ⑤
② 오른쪽 그림에서 두 직사각형의 넓이는 같지만 서로 닮은 도형은 아니다.

⑤ 오른쪽 그림에서 두 등변사다리꼴의 두 밑각의 크기는 각각 같지만 서로 닮은 도형은 아니다.
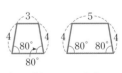

따라서 항상 서로 닮은 도형이라 할 수 없는 것은 ②, ⑤이다.

유형 02 평면도형에서의 닮음의 성질
10쪽

(1) △ABC∽△DEF일 때
① 대응변의 길이의 비는 일정하다.
→ $a : d = b : e = c : f$
② 대응각의 크기는 각각 같다.
→ ∠A = ∠D, ∠B = ∠E, ∠C = ∠F

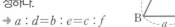

(2) 닮음비가 $m : n$인 두 평면도형에서 길이가 각각 a, b인 두 변이 대응변이면 $a : b = m : n$

03 답 65

△ABC와 △DEF의 닮음비는 $\overline{AC} : \overline{DF} = 10 : 4 = 5 : 2$

$\overline{AB} : \overline{DE} = 5 : 2$, 즉 $\overline{AB} : 2 = 5 : 2$이므로

$2\overline{AB} = 10$ ∴ $\overline{AB} = 5(\text{cm})$ ∴ $x = 5$

$\angle D = \angle A = 180° - (90° + 30°) = 60°$ ∴ $y = 60$

∴ $x + y = 5 + 60 = 65$

04 답 ⑤

□ABCD와 □EFGH의 닮음비는

$\overline{DC} : \overline{HG} = 9 : 6 = 3 : 2$ (⑤)

$\overline{AD} : \overline{EH} = 3 : 2$, 즉 $\overline{AD} : 4 = 3 : 2$이므로

$2\overline{AD} = 12$ ∴ $\overline{AD} = 6(\text{cm})$(①)

또, $\overline{BC} : \overline{FG} = 3 : 2$, 즉 $12 : \overline{FG} = 3 : 2$이므로

$3\overline{FG} = 24$ ∴ $\overline{GF} = 8(\text{cm})$(②)

$\angle F = \angle B = 70°$ (③), $\angle A = \angle E = 120°$,

$\angle D = 360° - (120° + 70° + 80°) = 90°$ (④)

따라서 옳지 않은 것은 ⑤이다.

05 답 40 cm

△ABC와 △DEF의 닮음비가 5 : 3이므로

$\overline{AB} : \overline{DE} = 5 : 3$, 즉 $\overline{AB} : 6 = 5 : 3$

$3\overline{AB} = 30$ ∴ $\overline{AB} = 10(\text{cm})$

또, $\overline{AC} : \overline{DF} = 5 : 3$, 즉 $\overline{AC} : 9 = 5 : 3$이므로

$3\overline{AC} = 45$ ∴ $\overline{AC} = 15(\text{cm})$

따라서 △ABC의 둘레의 길이는

$\overline{AB} + \overline{BC} + \overline{CA} = 10 + 15 + 15 = 40(\text{cm})$

06 답 4 : 1

A0 용지의 짧은 변의 길이를 a라 하면

A2 용지의 짧은 변의 길이는 $\frac{1}{2}a$이고

A4 용지의 짧은 변의 길이는 $\frac{1}{4}a$이므로

A0 용지와 A4 용지의 닮음비는 $a : \frac{1}{4}a = 4 : 1$

유형 **03** 입체도형에서의 닮음의 성질 11쪽

두 삼각뿔 A-BCD와
E-FGH가 서로 닮은 도형일 때
① 대응하는 모서리의 길이의 비
  는 일정하다.
  → $\overline{AB} : \overline{EF} = \overline{AC} : \overline{EG}$
  $= \overline{AD} : \overline{EH} = \overline{BC} : \overline{FG}$
  $= \overline{BD} : \overline{FH} = \overline{CD} : \overline{GH}$
② 대응하는 면은 서로 닮은 도형이다.
  → △ABC∽△EFG, △ABD∽△EFH,
  △ACD∽△EGH, △BCD∽△FGH

07 답 ⑤

⑤ □BEDA∽□HKJG, □ADFC∽□GJLI

따라서 옳지 않은 것은 ⑤이다.

08 답 18

두 사면체의 닮음비는 $\overline{OA} : \overline{O'A'} = 6 : 4 = 3 : 2$

$\overline{AB} : \overline{A'B'} = 3 : 2$, 즉 $\overline{AB} : 3 = 3 : 2$이므로

$2\overline{AB} = 9$ ∴ $\overline{AB} = \frac{9}{2}(\text{cm})$ ∴ $x = \frac{9}{2}$

$\overline{BC} : \overline{B'C'} = 3 : 2$, 즉 $\overline{BC} : 5 = 3 : 2$이므로

$2\overline{BC} = 15$ ∴ $\overline{BC} = \frac{15}{2}(\text{cm})$ ∴ $y = \frac{15}{2}$

$\overline{OC} : \overline{O'C'} = 3 : 2$, 즉 $9 : \overline{O'C'} = 3 : 2$이므로

$3\overline{O'C'} = 18$ ∴ $\overline{O'C'} = 6(\text{cm})$ ∴ $z = 6$

∴ $x + y + z = \frac{9}{2} + \frac{15}{2} + 6 = 18$

09 답 10π cm

두 원기둥 A, B의 닮음비는 16 : 10 = 8 : 5

원기둥 B의 밑면의 반지름의 길이를 x cm라 하면

$8 : x = 8 : 5$ ∴ $x = 5$

따라서 원기둥 B의 밑면의 둘레의 길이는

$2\pi \times 5 = 10\pi(\text{cm})$

다른 풀이

원기둥 A의 밑면의 둘레의 길이는 $2\pi \times 8 = 16\pi(\text{cm})$이고,

두 원기둥 A, B의 닮음비는 16 : 10 = 8 : 5이므로

16π : (원기둥 B의 밑면의 둘레의 길이) = 8 : 5

∴ (원기둥 B의 밑면의 둘레의 길이) = $10\pi(\text{cm})$

10 답 4 cm

물이 채워진 부분의 높이는 $15 \times \frac{2}{3} = 10(\text{cm})$

원뿔 모양의 그릇과 물이 채워진 원뿔 모양의 부분의 닮음비는

15 : 10 = 3 : 2

수면의 반지름의 길이를 r cm라 하면

$6 : r = 3 : 2$, $3r = 12$ ∴ $r = 4$

따라서 수면의 반지름의 길이는 4 cm이다.

유형 **04** 닮은 두 평면도형에서의 비 11쪽

닮음비가 $m : n$인 두 평면도형에서
(1) 둘레의 길이의 비 → $m : n$
(2) 넓이의 비 → $m^2 : n^2$

11 답 50 cm²

□ABCD와 □EFGH의 닮음비는 $\overline{AB} : \overline{EF} = 12 : 10 = 6 : 5$

이므로 넓이의 비는 $6^2 : 5^2 = 36 : 25$

□EFGH의 넓이를 x cm²라 하면

$72 : x = 36 : 25$, $36x = 1800$ ∴ $x = 50$

따라서 □EFGH의 넓이는 50 cm²이다.

12 답 2 : 3

□ABCD와 □EFGH의 넓이의 비가 $4 : 9 = 2^2 : 3^2$이므로

닮음비는 2 : 3

따라서 □ABCD와 □EFGH의 둘레의 길이의 비는 2 : 3이다.

13 답 100π cm²

세 원의 닮음비는 $1:2:3$이므로 세 원의 넓이의 비는

$1^2:2^2:3^2=1:4:9$

이때 A 부분과 C 부분의 넓이의 비는

$1:(9-4)=1:5$이므로

C 부분의 넓이를 x cm²라 하면

$20\pi:x=1:5$ ∴ $x=100\pi$

따라서 C 부분의 넓이는 100π cm²이다.

14 답 13500원

지름의 길이가 각각 48 cm, 36 cm인 두 피자의 닮음비는

$48:36=4:3$이므로 넓이의 비는 $4^2:3^2=16:9$

지름의 길이가 36 cm인 피자의 가격을 x원이라 하면

$24000:x=16:9$, $16x=216000$ ∴ $x=13500$

따라서 지름의 길이가 36 cm인 피자의 가격은 13500원이다.

유형 05 닮은 두 입체도형에서의 비   12쪽

닮음비가 $m:n$인 두 입체도형에서

(1) 겉넓이의 비 → $m^2:n^2$

(2) 부피의 비 → $m^3:n^3$

15 답 18π cm²

두 원기둥의 닮음비는 $4:6=2:3$이므로

옆넓이의 비는 $2^2:3^2=4:9$

큰 원기둥의 옆넓이를 x cm²라 하면

$8\pi:x=4:9$, $4x=72\pi$ ∴ $x=18\pi$

따라서 큰 원기둥의 옆넓이는 18π cm²이다.

참고 닮음비가 $m:n$인 두 입체도형에서

(1) 옆넓이의 비 → $m^2:n^2$

(2) 밑넓이의 비 → $m^2:n^2$

(3) 겉넓이의 비 → $m^2:n^2$

16 답 $27:98$

두 원뿔 P_1과 (P_1+P_2)의 닮음비가 $3:(3+2)=3:5$이므로

부피의 비는 $3^3:5^3=27:125$

따라서 원뿔 P_1과 원뿔대 P_2의 부피의 비는

$27:(125-27)=27:98$

17 답 27개

작은 쇠구슬과 큰 쇠구슬의 닮음비가 $2:6=1:3$이므로

부피의 비는 $1^3:3^3=1:27$

따라서 지름의 길이가 6 cm인 쇠구슬 1개를 녹여서 지름의 길이가 2 cm인 쇠구슬을 27개 만들 수 있다.

18 답 234분

물이 채워진 원뿔 모양의 부분과 원뿔 모양의 그릇의 닮음비가

$12:30=2:5$이므로 부피의 비는 $2^3:5^3=8:125$

그릇에 물을 가득 채울 때까지 더 걸리는 시간을 x분이라 하면

$16:x=8:(125-8)$, $8x=1872$ ∴ $x=234$

따라서 그릇에 물을 가득 채우려면 234분이 더 걸린다.

유형 06 삼각형의 닮음 조건   12쪽

두 삼각형은 다음 조건 중 어느 하나를 만족시키면 서로 닮은 도형이다.

① 세 쌍의 대응변의 길이의 비가 같다. → SSS 닮음

② 두 쌍의 대응변의 길이의 비가 같고, 그 끼인각의 크기가 같다. → SAS 닮음

③ 두 쌍의 대응각의 크기가 각각 같다. → AA 닮음

참고 닮음인 삼각형을 찾을 때는 변의 길이의 비 또는 각의 크기를 먼저 살펴본다.

19 답 ②, ④

△ABC와 △PQR에서

$\overline{AB}:\overline{PQ}=8:4=2:1$, $\overline{AC}:\overline{PR}=10:5=2:1$,

$\angle A=\angle P$

이므로 △ABC∽△PQR (SAS 닮음)

△DEF와 △HIG에서

$\angle D=\angle H$, $\angle E=\angle I$

이므로 △DEF∽△HIG (AA 닮음)

△JKL과 △NOM에서

$\overline{JK}:\overline{NO}=6:3=2:1$, $\overline{KL}:\overline{OM}=10:5=2:1$,

$\overline{JL}:\overline{NM}=8:4=2:1$

이므로 △JKL∽△NOM (SSS 닮음)

따라서 기호로 바르게 나타낸 것은 ②, ④이다.

20 답 ①

① △DEF에서 $\angle E=30°$이면

$\angle D=180°-(30°+70°)=80°$

따라서 △ABC와 △DEF에서

$\angle A=\angle D=80°$, $\angle B=\angle E=30°$이므로

△ABC∽△DEF (AA 닮음)

유형 07 삼각형의 닮음 조건의 응용 - SAS 닮음   12쪽

❶ 공통인 각이나 맞꼭지각을 끼인각으로 하고 두 대응변의 길이의 비가 같은 두 삼각형을 찾는다.

❷ 두 대응변의 길이의 비를 이용하여 닮음비를 구한다.

❸ 닮음비를 이용하여 비례식을 세운 후 변의 길이를 구한다.

예

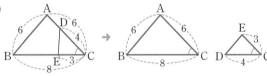

① △ABC∽△EDC (SAS 닮음)

② (닮음비)$=\overline{BC}:\overline{DC}=8:4=2:1$

③ $\overline{AB}:\overline{ED}=2:1$, 즉 $6:\overline{ED}=2:1$이므로 $\overline{ED}=3$

21 답 8 cm

△AEB와 △CED에서

$\overline{AE}:\overline{CE}=2:4=1:2$, $\overline{BE}:\overline{DE}=3:6=1:2$,

$\angle AEB=\angle CED$ (맞꼭지각)

이므로 △AEB∽△CED (SAS 닮음)

따라서 $\overline{AB}:\overline{CD}=1:2$, 즉 $4:\overline{CD}=1:2$이므로

$\overline{CD}=8(cm)$

22 탑 25 cm

$\triangle ABC$와 $\triangle CBD$에서

$\overline{AB}:\overline{CB}=16:20=4:5$,

$\overline{AC}:\overline{CD}=12:15=4:5$,

$\angle CAB=\angle DCB$

이므로 $\triangle ABC \backsim \triangle CBD$ (SAS 닮음)

따라서 $\overline{BC}:\overline{BD}=4:5$, 즉 $20:\overline{BD}=4:5$이므로

$4\overline{BD}=100$ $\therefore \overline{BD}=25(cm)$

23 탑 6 cm

$\triangle ABC$와 $\triangle AED$에서

$\overline{AB}:\overline{AE}=8:4=2:1$,

$\overline{AC}:\overline{AD}=10:5=2:1$,

$\angle A$는 공통

이므로 $\triangle ABC \backsim \triangle AED$ (SAS 닮음)

따라서 $\overline{BC}:\overline{ED}=2:1$, 즉 $12:\overline{ED}=2:1$이므로

$2\overline{ED}=12$ $\therefore \overline{DE}=6(cm)$

24 탑 $\dfrac{32}{3}$ cm

$\triangle ABD$와 $\triangle CBA$에서

$\overline{AB}:\overline{CB}=12:(8+10)=2:3$,

$\overline{BD}:\overline{BA}=8:12=2:3$,

$\angle B$는 공통

이므로 $\triangle ABD \backsim \triangle CBA$ (SAS 닮음)

따라서 $\overline{AD}:\overline{CA}=2:3$, 즉 $\overline{AD}:16=2:3$이므로

$3\overline{AD}=32$ $\therefore \overline{AD}=\dfrac{32}{3}(cm)$

유형 **08** 삼각형의 닮음 조건의 응용 - AA 닮음   13쪽

❶ 공통인 각이나 맞꼭지각이 있고 다른 한 내각의 크기가 같은 두 삼각형을 찾는다.

❷ 두 대응변의 길이의 비를 이용하여 비례식을 세운 후 변의 길이를 구한다.

예

 →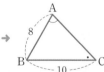

① $\triangle ABC \backsim \triangle AED$ (AA 닮음)

② $\overline{AB}:\overline{AE}=\overline{BC}:\overline{ED}$, 즉 $8:\overline{AE}=10:5=2:1$이므로

$\overline{AE}=4$

25 탑 ④

$\triangle ABC$와 $\triangle DBE$에서

$\angle B$는 공통, $\angle ACB=\angle DEB$

이므로 $\triangle ABC \backsim \triangle DBE$ (AA 닮음)

따라서 $\overline{AB}:\overline{DB}=\overline{BC}:\overline{BE}$, 즉 $\overline{AB}:6=(6+4):5$이므로

$5\overline{AB}=60$ $\therefore \overline{AB}=12(cm)$

$\therefore \overline{AE}=\overline{AB}-\overline{EB}=12-5=7(cm)$

26 탑 ㄱ, ㄴ, ㄹ

ㄱ. $\triangle ABC$와 $\triangle EBD$에서

$\angle B$는 공통, $\angle ACB=\angle EDB$

이므로 $\triangle ABC \backsim \triangle EBD$ (AA 닮음)

ㄴ. $\triangle ABC \backsim \triangle EBD$이므로 $\angle CAB=\angle DEB$

ㄷ, ㄹ. $\overline{AB}:\overline{EB}=\overline{BC}:\overline{BD}$, 즉 $(2+6):4=\overline{BC}:6$이므로

$4\overline{BC}=48$ $\therefore \overline{BC}=12(cm)$

따라서 $\overline{BE}:\overline{BC}=4:12=1:3$이고

$\overline{EC}=\overline{BC}-\overline{BE}=12-4=8(cm)$

따라서 옳은 것은 ㄱ, ㄴ, ㄹ이다.

27 탑 8 cm

$\triangle ABC$와 $\triangle EDA$에서

$\overline{AB} /\!/ \overline{DE}$이므로 $\angle BAC=\angle DEA$ (엇각),

$\overline{AD} /\!/ \overline{BC}$이므로 $\angle BCA=\angle DAE$ (엇각)

$\therefore \triangle ABC \backsim \triangle EDA$ (AA 닮음)

따라서 $\overline{AC}:\overline{EA}=\overline{BC}:\overline{DA}$, 즉 $(10+5):10=12:\overline{DA}$

이므로 $15\overline{DA}=120$ $\therefore \overline{AD}=8(cm)$

28 탑 $\dfrac{36}{5}$ cm

$\triangle ABC$와 $\triangle ADF$에서

$\angle A$는 공통,

$\overline{DF} /\!/ \overline{BE}$이므로 $\angle B=\angle ADF$ (동위각)

$\therefore \triangle ABC \backsim \triangle ADF$ (AA 닮음)

$\overline{DB}=\overline{DF}=x\,cm$라 하면

$\overline{AB}:\overline{AD}=\overline{BC}:\overline{DF}$, 즉 $18:(18-x)=12:x$이므로

$12(18-x)=18x$, $30x=216$ $\therefore x=\dfrac{36}{5}$

따라서 마름모 DBEF의 한 변의 길이는 $\dfrac{36}{5}$ cm이다.

유형 **09** 직각삼각형의 닮음   14쪽

한 예각의 크기가 같은 두 직각삼각형은 AA 닮음이다.

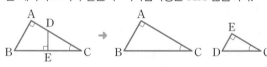

→ $\triangle ABC \backsim \triangle EDC$ (AA 닮음)

29 탑 3 cm

$\triangle ABC$와 $\triangle DBE$에서

$\angle BAC=\angle BDE=90°$, $\angle B$는 공통

이므로 $\triangle ABC \backsim \triangle DBE$ (AA 닮음)

따라서 $\overline{AB}:\overline{DB}=\overline{BC}:\overline{BE}$, 즉 $\overline{AB}:4=(4+6):5$이므로

$5\overline{AB}=40$ $\therefore \overline{AB}=8(cm)$

$\therefore \overline{AE}=\overline{AB}-\overline{BE}=8-5=3(cm)$

30 답 ①, ④

△ADC와 △BEC에서

∠ADC=∠BEC=90°, ∠C는 공통

이므로 △ADC∽△BEC (AA 닮음)
　　　　　……㉠

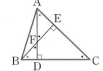

△ADC와 △AEF에서

∠ADC=∠AEF=90°, ∠CAD는 공통

이므로 △ADC∽△AEF (AA 닮음)　……㉡

△BEC와 △BDF에서

∠BEC=∠BDF=90°, ∠EBC는 공통

이므로 △BEC∽△BDF (AA 닮음)　……㉢

㉠, ㉡, ㉢에서

△ADC∽△BEC∽△AEF∽△BDF

따라서 △ADC와 닮은 삼각형이 아닌 것은 ①, ④이다.

31 답 8 cm

△ADB와 △BEC에서

∠D=∠E=90°, ∠ABD=90°-∠CBE=∠BCE

이므로 △ADB∽△BEC (AA 닮음)

따라서 $\overline{AD}:\overline{BE}=\overline{DB}:\overline{EC}$, 즉 $6:9=\overline{DB}:12$이므로

$9\overline{DB}=72$　∴ $\overline{DB}=8(cm)$

32 답 $\dfrac{25}{2}$ cm

△ADC와 △AOP에서

∠ADC=∠AOP=90°, ∠CAD는 공통

이므로 △ADC∽△AOP (AA 닮음)

따라서 $\overline{AC}:\overline{AP}=\overline{AD}:\overline{AO}$, 즉 $(10+10):\overline{AP}=16:10$

이므로

$16\overline{AP}=200$　∴ $\overline{AP}=\dfrac{25}{2}(cm)$

유형 🔟 **직각삼각형의 닮음의 응용** 14쪽

∠A=90°인 직각삼각형 ABC에서 $\overline{AD}\perp\overline{BC}$일 때

➡ $㉠^2=㉡\times㉢$

33 답 ㄱ, ㄷ

ㄴ. $\overline{AC}^2=\overline{CD}\times\overline{CB}$

ㄹ. $\overline{AB}\times\overline{AC}=\overline{BC}\times\overline{AD}$

따라서 옳은 것은 ㄱ, ㄷ이다.

34 답 24

$\overline{AB}^2=\overline{BD}\times\overline{BC}$이므로

$20^2=16\times(16+x)$, $400=256+16x$, $16x=144$

∴ $x=9$

또, $\overline{AC}^2=\overline{CD}\times\overline{CB}$이므로

$y^2=9\times(9+16)=225$　∴ $y=15$ (∵ $y>0$)

∴ $x+y=9+15=24$

35 답 39 cm²

$\overline{AD}^2=\overline{DB}\times\overline{DC}$이므로

$6^2=\overline{DB}\times4$　∴ $\overline{BD}=9(cm)$

∴ $\triangle ABC=\dfrac{1}{2}\times\overline{BC}\times\overline{AD}$

$=\dfrac{1}{2}\times(9+4)\times6=39(cm^2)$

36 답 $\dfrac{144}{25}$ cm

△ABC에서 $\overline{AB}^2=\overline{BD}\times\overline{BC}$이므로

$9^2=\overline{BD}\times15$, $15\overline{BD}=81$　∴ $\overline{BD}=\dfrac{27}{5}(cm)$

∴ $\overline{DC}=\overline{BC}-\overline{BD}=15-\dfrac{27}{5}=\dfrac{48}{5}(cm)$

△ABC와 △EDC에서

∠BAC=∠DEC=90°, ∠C는 공통

이므로 △ABC∽△EDC (AA 닮음)

따라서 $\overline{AB}:\overline{ED}=\overline{BC}:\overline{DC}$, 즉 $9:\overline{DE}=15:\dfrac{48}{5}$이므로

$15\overline{DE}=\dfrac{432}{5}$　∴ $\overline{DE}=\dfrac{144}{25}(cm)$

유형 **종이접기** 15쪽

도형에서 접은 면은 서로 합동임을 이용하여 닮은 삼각형을 찾는다.

(1) 정삼각형 접기　　　　(2) 직사각형 접기

 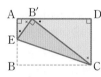

➡ △DBA'∽△A'CE　　➡ △AEB'∽△DB'C

37 답 12 cm

△AEB'과 △DB'C에서

∠A=∠D=90°,

∠AB'E=90°-∠DB'C=∠DCB'

이므로 △AEB'∽△DB'C (AA 닮음)

따라서 $\overline{AE}:\overline{DB'}=\overline{AB'}:\overline{DC}$, 즉 $4:\overline{DB'}=3:9$이므로

$3\overline{DB'}=36$　∴ $\overline{B'D}=12(cm)$

38 답 $\dfrac{20}{3}$ cm

$\overline{EA'}=\overline{EA}=5$ cm

정사각형의 한 변의 길이는 $5+3=8(cm)$이므로

$\overline{A'C}=\overline{BC}-\overline{BA'}=8-4=4(cm)$

△EBA'과 △A'CP에서

∠EBA′=∠A′CP=90°, ∠BA′E=90°−∠PA′C=∠CPA′
이므로 △EBA′∽△A′CP (AA 닮음)
따라서 $\overline{EB}:\overline{A'C}=\overline{EA'}:\overline{A'P}$, 즉 $3:4=5:\overline{A'P}$이므로
$3\overline{A'P}=20$ ∴ $\overline{PA'}=\dfrac{20}{3}$(cm)

39 답 $\dfrac{28}{5}$ cm

$\overline{AD}=\overline{ED}=7$ cm이므로 $\overline{AB}=\overline{AD}+\overline{DB}=7+5=12$(cm)
즉, 정삼각형 ABC의 한 변의 길이는 12 cm이므로
$\overline{EC}=\overline{BC}-\overline{BE}=12-8=4$(cm)
△DBE와 △ECF에서
∠DBE=∠ECF=60°,
∠BDE=180°−(∠DBE+∠DEB)
    =180°−(60°+∠DEB)
    =180°−(∠DEF+∠DEB)=∠CEF
이므로 △DBE∽△ECF (AA 닮음)
따라서 $\overline{DB}:\overline{EC}=\overline{DE}:\overline{EF}$, 즉 $5:4=7:\overline{EF}$이므로
$5\overline{EF}=28$ ∴ $\overline{EF}=\dfrac{28}{5}$(cm)

∴ $\overline{AF}=\overline{EF}=\dfrac{28}{5}$ cm

유형 **12** 닮음의 활용   15쪽

닮음을 이용하여 높이를 구하는 문제는 다음과 같은 순서대로
해결한다.
❶ 서로 닮은 두 도형을 찾는다.
❷ 닮음비를 구한다.
❸ 비례식을 이용하여 높이를 구한다.

40 답 8.3 m

166 cm=1.66 m이므로
석탑의 높이를 x m라 하면
$6:1.2=x:1.66$, $1.2x=9.96$ ∴ $x=8.3$
따라서 석탑의 높이는 8.3 m이다.

41 답 7 m

△ABC와 △DBE에서
∠B는 공통, ∠BCA=∠BED=90°
이므로 △ABC∽△DBE (AA 닮음)
따라서 $\overline{AC}:\overline{DE}=\overline{BC}:\overline{BE}$, 즉 $\overline{AC}:2=(4+10):4$이므로
$4\overline{AC}=28$ ∴ $\overline{AC}=7$(m)
즉, 건물의 높이는 7 m이다.

유형 **13** 축도와 축척   15쪽

(1) (축척)=$\dfrac{(축도에서의 길이)}{(실제 길이)}$

(2) (실제 길이)=$\dfrac{(축도에서의 길이)}{(축척)}$

(3) (축도에서의 길이)=(실제 길이)×(축척)

42 답 1시간

두 지점 사이의 실제 거리는
$20×20000=400000$(cm)=4000(m)=4(km)
따라서 걸리는 시간은 $\dfrac{4}{4}=1$(시간)

43 답 5 km

6 km=600000 cm이므로 (축척)=$\dfrac{12}{600000}=\dfrac{1}{50000}$
∴ (박물관과 시청 사이의 실제 거리)
    $=10÷\dfrac{1}{50000}=10×50000$
    $=500000$(cm)=5000(m)=5(km)

서술형   16쪽~17쪽

01 답 18

채점 기준 **1** 닮음비 구하기 … 2점
(원기둥 A의 밑넓이) : (원기둥 B의 밑넓이)
$=16:49=4^2:\underline{7^2}$
이므로 두 원기둥 A와 B의 닮음비는 $\underline{4}:\underline{7}$ 이다.

채점 기준 **2** x, y의 값을 각각 구하기 … 3점
$x:\underline{7}=4:7$에서 $7x=\underline{28}$ ∴ $x=\underline{4}$
$\underline{8}:y=4:7$에서 $4y=\underline{56}$ ∴ $y=\underline{14}$

채점 기준 **3** $x+y$의 값 구하기 … 1점
$x+y=\underline{4}+\underline{14}=\underline{18}$

01-1 답 10

채점 기준 **1** 닮음비 구하기 … 2점
(원뿔 A의 옆넓이) : (원뿔 B의 옆넓이)$=9:16=3^2:4^2$
이므로 두 원뿔 A와 B의 닮음비는 3 : 4이다.

채점 기준 **2** x, y의 값을 각각 구하기 … 3점
$x:8=3:4$에서 $4x=24$ ∴ $x=6$
$12:y=3:4$에서 $3y=48$ ∴ $y=16$

채점 기준 **3** $y-x$의 값 구하기 … 1점
$y-x=16-6=10$

01-2 답 54 cm³

채점 기준 **1** 닮음비 구하기 … 2점
두 직육면체 A, B의 겉넓이의 비가
$45:125=9:25=3^2:5^2$이므로 닮음비는 3 : 5이다.

채점 기준 **2** 부피의 비 구하기 … 1점
두 직육면체 A, B의 닮음비가 3 : 5이므로 부피의 비는
$3^3:5^3=27:125$

채점 기준 **3** 직육면체 A의 부피 구하기 … 3점
(직육면체 A의 부피) : 250=27 : 125이므로
(직육면체 A의 부피)=54(cm³)

02 답 18 cm

채점 기준 1 닮음인 두 삼각형 찾기 … 3점

△ABC와 △DAC에서

∠C 는 공통, ∠B=∠ DAC

이므로 △ABC∽△DAC (AA 닮음)

채점 기준 2 $\overline{BC}$의 길이 구하기 … 3점

$\overline{BC}:\overline{AC}=\overline{AC}:\overline{DC}$, 즉 $\overline{BC}:12=$ 12 $:8$이므로

$8\overline{BC}=$ 144 ∴ $\overline{BC}=$ 18 (cm)

02-1 답 4 cm

채점 기준 1 닮음인 두 삼각형 찾기 … 3점

△ABC와 △CBD에서

∠B는 공통, ∠A=∠DCB

이므로 △ABC∽△CBD (AA 닮음)

채점 기준 2 $\overline{BD}$의 길이 구하기 … 3점

$\overline{AB}:\overline{CB}=\overline{BC}:\overline{BD}$, 즉 $9:6=6:\overline{BD}$이므로

$9\overline{BD}=36$ ∴ $\overline{BD}=4$(cm)

03 답 135π cm³

물이 채워진 원뿔 모양의 부분과 원뿔 모양의 그릇의 닮음비는

$3:4$이므로 ……❶

부피의 비는 $3^3:4^3=27:64$ ……❷

그릇에 채워진 물의 부피를 x cm³라 하면

$x:320\pi=27:64$, $64x=8640\pi$ ∴ $x=135\pi$

따라서 채워진 물의 부피는 135π cm³이다. ……❸

채점 기준	배점
❶ 물이 채워진 부분과 그릇의 닮음비 구하기	2점
❷ 물이 채워진 부분과 그릇의 부피의 비 구하기	2점
❸ 채워진 물의 부피 구하기	2점

04 답 63 cm²

△ABC와 △EBD에서

$\overline{AB}:\overline{EB}=20:8=5:2$, $\overline{BC}:\overline{BD}=15:6=5:2$,

∠B는 공통

이므로 △ABC∽△EBD (SAS 닮음) ……❶

이때 닮음비는 $5:2$이므로

△ABC : △EBD$=5^2:2^2=25:4$

△ABC : 12$=25:4$, 4△ABC$=300$

∴ △ABC$=75$(cm²) ……❷

∴ □ADEC$=$△ABC$-$△DBE

$=75-12=63$(cm²) ……❸

채점 기준	배점
❶ 닮음인 두 삼각형 찾기	3점
❷ △ABC의 넓이 구하기	3점
❸ □ADEC의 넓이 구하기	1점

05 답 12 cm

□ABCD는 평행사변형이므로 $\overline{DC}=\overline{AB}=10$ cm

△FBC와 △CDE에서

∠BFC=∠DCE (엇각), ∠BCF=∠DEC (엇각)

이므로 △FBC∽△CDE (AA 닮음) ……❶

따라서 $\overline{FB}:\overline{CD}=\overline{BC}:\overline{DE}$, 즉

$(5+10):10=18:\overline{DE}$이므로

$15\overline{DE}=180$ ∴ $\overline{ED}=12$(cm) ……❷

채점 기준	배점
❶ 닮음인 두 삼각형 찾기	3점
❷ $\overline{ED}$의 길이 구하기	3점

06 답 12 cm

□ABCD는 평행사변형이므로 $\overline{AD}=\overline{BC}=16$ cm, ∠B=∠D

△ABE와 △ADF에서

∠AEB=∠AFD$=90°$, ∠B=∠D

이므로 △ABE∽△ADF (AA 닮음) ……❶

따라서 $\overline{AB}:\overline{AD}=\overline{AE}:\overline{AF}$, 즉 $12:16=9:\overline{AF}$이므로

$12\overline{AF}=144$ ∴ $\overline{AF}=12$(cm) ……❷

채점 기준	배점
❶ 닮음인 두 삼각형 찾기	3점
❷ $\overline{AF}$의 길이 구하기	3점

07 답 $\dfrac{32}{5}$ cm

점 M은 △ABC의 외심이므로

$\overline{AM}=\overline{BM}=\overline{CM}=\dfrac{1}{2}\overline{BC}=\dfrac{1}{2}\times(4+16)=10$(cm) ……❶

△ABC에서 $\overline{AD}^2=\overline{DB}\times\overline{DC}$이므로 $\overline{AD}^2=4\times16=64$

∴ $\overline{AD}=8$(cm) ($\because \overline{AD}>0$) ……❷

따라서 △ADM에서 $\overline{AD}^2=\overline{AE}\times\overline{AM}$이므로

$8^2=\overline{AE}\times10$, $10\overline{AE}=64$ ∴ $\overline{AE}=\dfrac{32}{5}$(cm) ……❸

채점 기준	배점
❶ $\overline{AM}$의 길이 구하기	2점
❷ $\overline{AD}$의 길이 구하기	2점
❸ $\overline{AE}$의 길이 구하기	3점

참고 직각삼각형 ABC의 빗변의 중점은 △ABC의 외심이다. 또, 외심에서 각 꼭짓점에 이르는 거리는 같다.

08 답 $\dfrac{32}{5}$ cm

$\overline{BC}=\overline{AC}=\overline{AE}+\overline{EC}=7+5=12$(cm)이므로

$\overline{CF}=\overline{BC}-\overline{BF}=12-4=8$(cm) ……❶

△DBF와 △FCE에서

∠DBF=∠FCE$=60°$,

∠BDF$=180°-(∠DBF+∠DFB)$

$=180°-(∠DFE+∠DFB)=∠CFE$

이므로 △DBF∽△FCE (AA 닮음) ……❷

따라서 $\overline{BD}:\overline{CF}=\overline{BF}:\overline{CE}$, 즉 $\overline{BD}:8=4:5$이므로

$5\overline{BD}=32$ ∴ $\overline{BD}=\dfrac{32}{5}$(cm) ……❸

채점 기준	배점
❶ $\overline{CF}$의 길이 구하기	2점
❷ 닮음인 두 삼각형 찾기	3점
❸ $\overline{BD}$의 길이 구하기	2점

01 ②	02 ⑤	03 ③	04 ①	05 ③
06 ⑤	07 ②	08 ⑤	09 ③	10 ⑤
11 ④	12 ⑤	13 ①	14 ①	15 ④
16 ③	17 ①	18 ①	19 24 cm	20 84초
21 18 cm²	22 $\frac{15}{2}$ cm	23 15 cm		

01 답 ② 유형 01

$\overline{AB}$의 대응변은 $\overline{DE}$이고 ∠F의 대응각은 ∠C이다.

02 답 ⑤ 유형 02

∠E=∠A=65°, ∠G=∠C=80°이므로
∠H=360°−(80°+105°+65°)=110° ∴ x=110
□ABCD와 □EFGH의 닮음비는
$\overline{BC}$: $\overline{FG}$=6 : 12=1 : 2
$\overline{AB}$: $\overline{EF}$=1 : 2, 즉 5 : $\overline{EF}$=1 : 2이므로
$\overline{EF}$=10(cm) ∴ y=10
∴ $x+y$=110+10=120

03 답 ③ 유형 02

△ABC의 가장 긴 변의 길이가 20 cm이므로
△ABC와 △DEF의 닮음비는
20 : 25=4 : 5
이때 △ABC의 둘레의 길이는
11+20+13=44(cm)
△DEF의 둘레의 길이를 x cm라 하면
44 : x=4 : 5, 4x=220 ∴ x=55
따라서 △DEF의 둘레의 길이는 55 cm이다.

04 답 ① 유형 03

두 원뿔 A, B의 닮음비는 2 : 6=1 : 3
원뿔 B의 높이를 h cm라 하면
3 : h=1 : 3 ∴ h=9
따라서 원뿔 B의 높이는 9 cm이다.

05 답 ③ 유형 04

두 원의 반지름의 길이의 비가 2 : 3이므로
두 원의 넓이의 비는 2^2 : 3^2=4 : 9
따라서 두 부분 A, B의 넓이의 비는 4 : (9−4)=4 : 5

06 답 ⑤ 유형 05

두 구의 중심을 지나는 단면의 넓이의 비가 9 : 16=3^2 : 4^2이므로 두 구 O, O′의 닮음비는 3 : 4이다.
따라서 두 구 O, O′의 부피의 비는 3^3 : 4^3=27 : 64
구 O′의 부피를 x cm³라 하면
243π : x=27 : 64, 27x=15552π ∴ x=576π
즉, 구 O′의 부피는 576π cm³이다.

07 답 ② 유형 06

①, ⑤ SSS 닮음 ③ SAS 닮음 ④ AA 닮음

08 답 ⑤ 유형 07

△ABC와 △CBD에서
$\overline{AB}$: $\overline{CB}$=8 : 12=2 : 3, $\overline{BC}$: $\overline{BD}$=12 : 18=2 : 3,
∠ABC=∠CBD
이므로 △ABC∽△CBD (SAS 닮음)
따라서 $\overline{AC}$: $\overline{CD}$=2 : 3, 즉 6 : $\overline{CD}$=2 : 3이므로
2$\overline{CD}$=18 ∴ $\overline{CD}$=9(cm)

09 답 ③ 유형 07

△ABC와 △DBA에서
$\overline{AB}$: $\overline{DB}$=12 : 9=4 : 3, $\overline{BC}$: $\overline{BA}$=(9+7) : 12=4 : 3,
∠B는 공통
이므로 △ABC∽△DBA (SAS 닮음)
따라서 $\overline{AC}$: $\overline{DA}$=4 : 3, 즉 $\overline{AC}$: 6=4 : 3이므로
3$\overline{AC}$=24 ∴ $\overline{AC}$=8(cm)

10 답 ⑤ 유형 08

△ABC와 △DEA에서
∠ACB=∠DAE (엇각), ∠BAC=∠EDA (엇각)
이므로 △ABC∽△DEA (AA 닮음)
따라서 $\overline{AB}$: $\overline{DE}$=$\overline{BC}$: $\overline{EA}$, 즉 9 : 6=18 : $\overline{EA}$이므로
9$\overline{EA}$=108 ∴ $\overline{AE}$=12(cm)

11 답 ④ 유형 08

△ABC와 △ADF에서
∠A는 공통,
$\overline{DF}$ ∥ $\overline{BE}$이므로 ∠B=∠ADF (동위각)
∴ △ABC∽△ADF (AA 닮음)
$\overline{DB}$=$\overline{DF}$=x cm라 하면
$\overline{AB}$: $\overline{AD}$=$\overline{BC}$: $\overline{DF}$, 즉 15 : (15−x)=12 : x이므로
12(15−x)=15x, 27x=180 ∴ x=$\frac{20}{3}$
따라서 □DBEF의 한 변의 길이는 $\frac{20}{3}$ cm이므로 둘레의 길이는 $4 \times \frac{20}{3} = \frac{80}{3}$(cm)

12 답 ⑤ 유형 08

△ABD에서
∠FDE=∠ABD+∠BAD
　　　=∠ABD+∠CBE=∠ABC
△BCE에서
∠FED=∠BCE+∠CBE
　　　=∠BCE+∠ACF=∠ACB
△ABC와 △FDE에서
∠ABC=∠FDE, ∠ACB=∠FED
이므로 △ABC∽△FDE (AA 닮음)
$\overline{AB}$: $\overline{FD}$=$\overline{BC}$: $\overline{DE}$, 즉 8 : 6=9 : $\overline{DE}$이므로
8$\overline{DE}$=54 ∴ $\overline{DE}$=$\frac{27}{4}$(cm)
또, $\overline{AB}$: $\overline{FD}$=$\overline{CA}$: $\overline{EF}$, 즉 8 : 6=7 : $\overline{EF}$이므로
8$\overline{EF}$=42 ∴ $\overline{EF}$=$\frac{21}{4}$(cm)

따라서 △FDE의 둘레의 길이는

$6+\dfrac{27}{4}+\dfrac{21}{4}=18$(cm)

다른 풀이

△ABC의 둘레의 길이는 $8+9+7=24$(cm)

△ABC∽△FDE (AA 닮음)이고 닮음비가

$\overline{AB}:\overline{FD}=8:6=4:3$이므로 둘레의 길이의 비도 $4:3$이다.

△FDE의 둘레의 길이를 x cm라 하면

$24:x=4:3$, $4x=72$ ∴ $x=18$

따라서 △FDE의 둘레의 길이는 18 cm이다.

13 답 ① 　　　　　　　　　　　　　유형 09

△ABE와 △ACD에서

∠AEB=∠ADC=90°, ∠A는 공통

이므로 △ABE∽△ACD (AA 닮음)

따라서 $\overline{AB}:\overline{AC}=\overline{AE}:\overline{AD}$, 즉 $(2+5):\overline{AC}=3:2$이므로

$3\overline{AC}=14$ ∴ $\overline{AC}=\dfrac{14}{3}$(cm)

∴ $\overline{EC}=\overline{AC}-\overline{AE}=\dfrac{14}{3}-3=\dfrac{5}{3}$(cm)

14 답 ① 　　　　　　　　　　　　　유형 09

△ADB와 △BEC에서

∠D=∠E=90°, ∠ABD=90°−∠CBE=∠BCE

이므로 △ADB∽△BEC (AA 닮음)

따라서 $\overline{AD}:\overline{BE}=\overline{DB}:\overline{EC}$, 즉 $3:6=\overline{DB}:9$이므로

$6\overline{DB}=27$ ∴ $\overline{DB}=\dfrac{9}{2}$(cm)

15 답 ④ 　　　　　　　　　　　　　유형 10

$\overline{AB}^2=\overline{BD}\times\overline{BC}$이므로 $15^2=25x$ ∴ $x=9$

또, $\overline{DC}=\overline{BC}-\overline{BD}=25-9=16$(cm)이고

$\overline{AD}^2=\overline{DB}\times\overline{DC}$이므로

$y^2=9\times16=144$ ∴ $y=12\,(∵\,y>0)$

∴ $y-x=12-9=3$

16 답 ③ 　　　　　　　　　　　　　유형 10

△DAC에서 $\overline{DE}^2=\overline{EA}\times\overline{EC}$이므로

$12^2=9\times\overline{EC}$ ∴ $\overline{EC}=16$(cm)

$\overline{DA}^2=\overline{AE}\times\overline{AC}$이므로

$\overline{DA}^2=9\times(9+16)=225$ ∴ $\overline{DA}=15$(cm) $(∵\,\overline{DA}>0)$

또, $\overline{DC}^2=\overline{CE}\times\overline{CA}$이므로

$\overline{DC}^2=16\times(16+9)=400$ ∴ $\overline{DC}=20$(cm) $(∵\,\overline{DC}>0)$

따라서 □ABCD의 둘레의 길이는

$2(\overline{AD}+\overline{DC})=2\times(15+20)=70$(cm)

17 답 ① 　　　　　　　　　　　　　유형 12

오른쪽 그림의
△ABC와 △DEC에서
∠ABC=∠DEC=90°,
∠ACB=∠DCE
이므로
△ABC∽△DEC (AA 닮음)

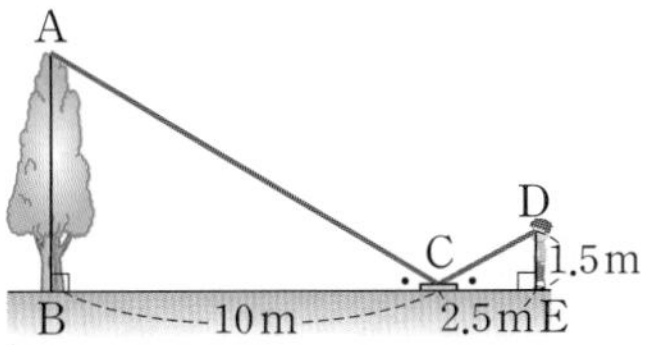

따라서 $\overline{AB}:\overline{DE}=\overline{BC}:\overline{EC}$, 즉 $\overline{AB}:1.5=10:2.5$이므로

$2.5\overline{AB}=15$ ∴ $\overline{AB}=6$(m)

따라서 나무의 높이는 6 m이다.

18 답 ① 　　　　　　　　　　　유형 04 + 유형 13

500 m=50000 cm이므로

$(축척)=\dfrac{2}{50000}=\dfrac{1}{25000}$

땅의 실제 넓이를 x cm^{2}라 하면

$16:x=1^2:25000^2$ ∴ $x=10000000000$

따라서 지도에서의 넓이가 16 cm^{2}인 땅의 실제 넓이는

10000000000 cm$^2=1000000$ m$^2=1$ km^2

19 답 24 cm 　　　　　　　　　　　　유형 02

△ABC와 △DEF의 닮음비는

$\overline{AB}:\overline{DE}=8:12=2:3$

$\overline{BC}:\overline{EF}=2:3$, 즉 $\overline{BC}:9=2:3$이므로

$3\overline{BC}=18$ ∴ $\overline{BC}=6$(cm)

$\overline{AC}:\overline{DF}=2:3$, 즉 $\overline{AC}:15=2:3$이므로

$3\overline{AC}=30$ ∴ $\overline{AC}=10$(cm) ⋯⋯ ❶

따라서 △ABC의 둘레의 길이는

$8+6+10=24$(cm) ⋯⋯ ❷

채점 기준	배점
❶ $\overline{BC}$, $\overline{AC}$의 길이를 각각 구하기	3점
❷ △ABC의 둘레의 길이 구하기	1점

20 답 84초 　　　　　　　　　　　　유형 05

물이 채워진 원뿔 모양의 부분과 원뿔 모양의 그릇의 닮음비가

$1:2$이므로 부피의 비는 $1^3:2^3=1:8$ ⋯⋯ ❶

물을 가득 채우는 데 걸리는 시간이 96초이므로 그릇의 높이의

$\dfrac{1}{2}$까지 물을 채우는 데 걸리는 시간을 x초라 하면

$x:96=1:8$, $8x=96$ ∴ $x=12$ ⋯⋯ ❷

따라서 남은 부분을 모두 채우는 데 걸리는 시간은

$96-12=84$(초) ⋯⋯ ❸

채점 기준	배점
❶ 물이 채워진 부분과 그릇의 부피의 비 구하기	2점
❷ 그릇의 높이의 $\dfrac{1}{2}$까지 채우는 데 걸리는 시간 구하기	2점
❸ 남은 부분을 모두 채우는 데 걸리는 시간 구하기	2점

21 답 18 cm^2 　　　　　　　　　유형 04 + 유형 08

△ABC와 △ACD에서

∠A는 공통, ∠ABC=∠ACD

이므로 △ABC∽△ACD (AA 닮음) ⋯⋯ ❶

△ABC와 △ACD의 닮음비는

$\overline{AB}:\overline{AC}=10:8=5:4$이므로 넓이의 비는

$5^2:4^2=25:16$ ⋯⋯ ❷

△ABC : 32=25 : 16이므로

△ABC=50(cm^2)

∴ △DBC=△ABC−△ADC

$=50-32=18$(cm^2) ⋯⋯ ❸

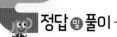

채점 기준	배점
❶ 닮음인 두 삼각형 찾기	2점
❷ 닮음인 두 삼각형의 넓이의 비 구하기	2점
❸ △DBC의 넓이 구하기	2점

22 답 $\dfrac{15}{2}$ cm   유형 **09**

△ABC와 △FOC에서

∠ABC=∠FOC=90°, ∠ACB는 공통

이므로 △ABC∽△FOC (AA 닮음) ······❶

$\overline{AB}:\overline{FO}=\overline{BC}:\overline{OC}$, 즉 6 : $\overline{FO}$=8 : 5이므로

$8\overline{FO}=30$ ∴ $\overline{FO}=\dfrac{15}{4}$(cm) ······❷

△AOE와 △COF에서

∠AOE=∠COF=90°, $\overline{AO}=\overline{CO}$,

∠EAO=∠FCO (엇각)

이므로 △AOE≡△COF (ASA 합동) ······❸

따라서 $\overline{OE}=\overline{OF}=\dfrac{15}{4}$ cm이므로

$\overline{EF}=2\times\dfrac{15}{4}=\dfrac{15}{2}$(cm) ······❹

채점 기준	배점
❶ 닮음인 두 삼각형 찾기	2점
❷ $\overline{FO}$의 길이 구하기	2점
❸ 합동인 두 삼각형 찾기	2점
❹ $\overline{EF}$의 길이 구하기	1점

23 답 15 cm   유형 **11**

∠EBD=∠DBC (접은 각), ∠EDB=∠DBC (엇각)

∴ ∠EBD=∠EDB

즉, △EBD는 $\overline{EB}=\overline{ED}$인 이등변삼각형이므로

$\overline{BF}=\overline{DF}=\dfrac{1}{2}\overline{BD}=\dfrac{1}{2}\times10=5$(cm) ······❶

△EBF와 △DBC에서

∠EFB=∠DCB=90°, ∠EBF=∠DBC (접은 각)

이므로 △EBF∽△DBC (AA 닮음)

$\overline{BF}:\overline{BC}=\overline{EF}:\overline{DC}$, 즉 5 : 8=$\overline{EF}$: 6이므로

$8\overline{EF}=30$ ∴ $\overline{EF}=\dfrac{15}{4}$(cm) ······❷

$\overline{EB}:\overline{DB}=\overline{BF}:\overline{BC}$, 즉 $\overline{EB}$: 10=5 : 8이므로

$8\overline{EB}=50$ ∴ $\overline{EB}=\dfrac{25}{4}$(cm) ······❸

따라서 △EBF의 둘레의 길이는

$\dfrac{25}{4}+5+\dfrac{15}{4}=15$(cm) ······❹

채점 기준	배점
❶ $\overline{BF}$의 길이 구하기	2점
❷ $\overline{EF}$의 길이 구하기	2점
❸ $\overline{EB}$의 길이 구하기	2점
❹ △EBF의 둘레의 길이 구하기	1점

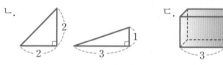 학교 시험 **2**회   22쪽~25쪽

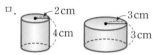

01 ②	**02** ③, ⑤	**03** ②	**04** ③	**05** ③
06 ③	**07** ④	**08** ④	**09** ②	**10** ②
11 ③	**12** ③	**13** ⑤	**14** ⑤	**15** ①
16 ④	**17** ⑤	**18** ②	**19** 3200원	

20 (1) △ABC∽△ACD, SAS 닮음   (2) 6 cm   **21** 30 cm²

22 $\dfrac{32}{3}$ cm²   **23** $\dfrac{14}{3}$ cm

01 답 ②   유형 **01**

다음 그림의 두 도형은 서로 닮은 도형이 아니다.

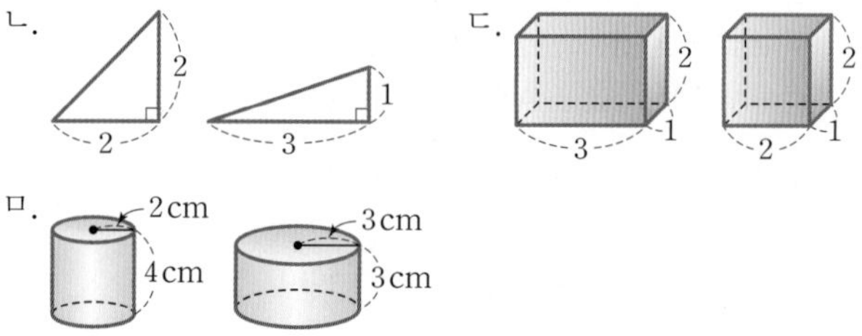

따라서 항상 서로 닮은 도형은 ㄱ, ㄹ, ㅂ의 3개이다.

02 답 ③, ⑤   유형 **02**

① ∠F=∠C=50°

② $\overline{BC}:\overline{EF}=3:4$, 즉 9 : $\overline{EF}$=3 : 4이므로

$3\overline{EF}=36$ ∴ $\overline{EF}=12$(cm)

③ ∠A=∠D이고 ∠A, ∠D의 크기는 알 수 없다.

⑤ ∠B=∠E

따라서 옳지 않은 것은 ③, ⑤이다.

03 답 ②   유형 **02**

□ABCD와 □BCFE의 닮음비는

$\overline{AD}:\overline{BE}=16:12=4:3$

즉, $\overline{CD}:\overline{FE}=4:3$이므로

$\overline{CD}:16=4:3$, $3\overline{CD}=64$ ∴ $\overline{CD}=\dfrac{64}{3}$(cm)

∴ $\overline{DF}=\overline{CD}-\overline{CF}=\dfrac{64}{3}-12=\dfrac{28}{3}$(cm)

04 답 ③   유형 **03**

② (닮음비)=$\overline{BC}:\overline{HI}=6:10=3:5$

③ $\overline{CF}:\overline{IL}=3:5$이므로 $\overline{CF}$: 9=3 : 5

$5\overline{CF}=27$ ∴ $\overline{CF}=\dfrac{27}{5}$(cm)

④ $\overline{AB}:\overline{GH}=3:5$이므로 4 : $\overline{GH}$=3 : 5

$3\overline{GH}=20$ ∴ $\overline{GH}=\dfrac{20}{3}$(cm)

⑤ ∠DEF=∠ABC=∠GHI=180°-(90°+60°)=30°

따라서 옳지 않은 것은 ③이다.

05 답 ③   유형 **04**

두 직사각형 모양의 벽면의 가로의 길이의 비는 2 : 5, 세로의 길이의 비는 1 : 2.5=2 : 5

두 직사각형은 서로 닮은 도형이고 닮음비가 $2:5$이므로
넓이의 비는 $2^2:5^2=4:25$
구하는 페인트의 양을 x mL라 하면
$400:x=4:25$, $4x=10000$ $\therefore x=2500$
따라서 2500 mL의 페인트가 필요하다.

06 답 ③ 유형 04

A3 용지의 짧은 변의 길이를 a라 하면

A5 용지의 짧은 변의 길이는 $\dfrac{1}{2}a$이고

A7 용지의 짧은 변의 길이는 $\dfrac{1}{4}a$이므로

A3 용지와 A7 용지의 닮음비는 $a:\dfrac{1}{4}a=4:1$

따라서 넓이의 비는 $4^2:1^2=16:1$이므로 A3 용지의 넓이는
A7 용지의 넓이의 16배이다.

07 답 ④ 유형 05

세 원뿔 A, (A+B), (A+B+C)의 닮음비가 $1:2:3$이므로
부피의 비는 $1^3:2^3:3^3=1:8:27$
따라서 세 입체도형 A, B, C의 부피의 비는
$1:(8-1):(27-8)=1:7:19$

08 답 ④ 유형 06

보기의 삼각형에서 나머지 한 각의 크기는
$180°-(90°+30°)=60°$
④ 두 쌍의 대응각의 크기가 각각 같으므로 AA 닮음이다.
따라서 서로 닮은 도형인 것은 ④이다.

09 답 ② 유형 07

$\triangle ABC$와 $\triangle EDC$에서
$\overline{AC}:\overline{EC}=9:15=3:5$, $\overline{BC}:\overline{DC}=12:20=3:5$,
$\angle ACB=\angle ECD$ (맞꼭지각)
이므로 $\triangle ABC\infty\triangle EDC$ (SAS 닮음)
따라서 $\overline{AB}:\overline{ED}=3:5$, 즉 $\overline{AB}:25=3:5$이므로
$5\overline{AB}=75$ $\therefore \overline{AB}=15(\text{cm})$

10 답 ② 유형 07

$\triangle ABC$와 $\triangle EBD$에서
$\overline{AB}:\overline{EB}=(6+6):8=3:2$,
$\overline{BC}:\overline{BD}=(8+1):6=3:2$,
$\angle B$는 공통
이므로 $\triangle ABC\infty\triangle EBD$ (SAS 닮음)
따라서 $\overline{AC}:\overline{ED}=3:2$, 즉 $\overline{AC}:6=3:2$이므로
$2\overline{AC}=18$ $\therefore \overline{AC}=9(\text{cm})$

11 답 ③ 유형 08

$\triangle ABC$와 $\triangle AED$에서
$\angle A$는 공통, $\angle C=\angle ADE$
이므로 $\triangle ABC\infty\triangle AED$ (AA 닮음)
따라서 $\overline{BC}:\overline{ED}=\overline{AC}:\overline{AD}$, 즉 $\overline{BC}:8=12:6$이므로
$6\overline{BC}=96$ $\therefore \overline{BC}=16(\text{cm})$

12 답 ③ 유형 08

$\angle AEB=\angle DAE$ (엇각)이므로 $\angle BAE=\angle BEA$에서
$\triangle ABE$는 $\overline{BA}=\overline{BE}$인 이등변삼각형이다.
$\therefore \overline{BE}=\overline{BA}=7$ cm
같은 방법으로 하면 $\triangle CDF$도 $\overline{CD}=\overline{CF}$인 이등변삼각형이므로
$\overline{CF}=\overline{CD}=7$ cm
$\therefore \overline{FE}=\overline{BE}+\overline{CF}-\overline{BC}=7+7-10=4(\text{cm})$
$\triangle AOD$와 $\triangle EOF$에서
$\angle DAO=\angle FEO$ (엇각), $\angle ADO=\angle EFO$ (엇각)
이므로 $\triangle AOD\infty\triangle EOF$ (AA 닮음)
$\therefore \overline{AO}:\overline{EO}=\overline{AD}:\overline{EF}=10:4=5:2$

13 답 ⑤ 유형 08

$\overline{AB}:\overline{BC}=3:2$이므로 $\overline{AB}:(4+6)=3:2$
$2\overline{AB}=30$ $\therefore \overline{AB}=15(\text{cm})$
$\triangle ABP$와 $\triangle PCQ$에서
$\angle B=\angle C$, $\angle BAP+\angle B=\angle APQ+\angle CPQ$이고
$\angle B=\angle APQ$이므로 $\angle BAP=\angle CPQ$
$\therefore \triangle ABP\infty\triangle PCQ$ (AA 닮음)
따라서 $\overline{AB}:\overline{PC}=\overline{BP}:\overline{CQ}$, 즉 $15:6=4:\overline{CQ}$이므로
$15\overline{CQ}=24$ $\therefore \overline{QC}=\dfrac{8}{5}(\text{cm})$

14 답 ⑤ 유형 09

$\triangle ABC$와 $\triangle DEC$에서
$\angle ABC=\angle DEC=90°$, $\angle C$는 공통
이므로 $\triangle ABC\infty\triangle DEC$ (AA 닮음)
따라서 $\overline{AB}:\overline{DE}=\overline{AC}:\overline{DC}$, 즉 $\overline{AB}:12=(9+9):15$이므로
$15\overline{AB}=216$ $\therefore \overline{AB}=\dfrac{72}{5}(\text{cm})$

15 답 ① 유형 09

$\triangle ADC$와 $\triangle AOP$에서
$\angle ADC=\angle AOP=90°$, $\angle CAD$는 공통
이므로 $\triangle ADC\infty\triangle AOP$ (AA 닮음)
따라서 $\overline{AC}:\overline{AP}=\overline{AD}:\overline{AO}$, 즉 $5:\overline{AP}=4:\dfrac{5}{2}$이므로

$4\overline{AP}=\dfrac{25}{2}$ $\therefore \overline{AP}=\dfrac{25}{8}(\text{cm})$

$\therefore \overline{PD}=\overline{AD}-\overline{AP}=4-\dfrac{25}{8}=\dfrac{7}{8}(\text{cm})$

16 답 ④ 유형 10

④ $\overline{AB}^2=\overline{BD}\times\overline{BC}$
따라서 옳지 않은 것은 ④이다.

17 답 ⑤ 유형 10

$\overline{AD}^2=\overline{DB}\times\overline{DC}$이므로 $6^2=9\times\overline{DC}$ $\therefore \overline{DC}=4(\text{cm})$

$\therefore \triangle ADC=\dfrac{1}{2}\times4\times6=12(\text{cm}^2)$

18 답 ② 유형 12

160 cm $=1.6$ m
$\triangle ABC$와 $\triangle ADE$에서
$\angle A$는 공통, $\angle ABC=\angle ADE=90°$
이므로 $\triangle ABC\infty\triangle ADE$ (AA 닮음)

따라서 $\overline{AB} : \overline{AD} = \overline{BC} : \overline{DE}$, 즉 $2 : (2+6) = 1.6 : \overline{DE}$이므로
$2\overline{DE} = 12.8$ $\quad \therefore \overline{DE} = 6.4(m)$
즉, 나무의 높이는 6.4 m이다.

19 답 3200원 　　　　　　　　　　　　　　　유형 **05**
두 컵 A, B의 닮음비가 3 : 4이므로
부피의 비는 $3^3 : 4^3 = 27 : 64$ ‥‥‥‥ ❶
가격은 부피에 정비례하므로 컵 B에 가득 담은 주스의 가격을 x원이라 하면
$1350 : x = 27 : 64$, $27x = 86400$ $\quad \therefore x = 3200$
따라서 컵 B에 가득 담은 주스의 가격은 3200원이다. ‥‥ ❷

채점 기준	배점
❶ 두 컵 A, B의 부피의 비 구하기	3점
❷ 컵 B에 가득 담은 주스의 가격 구하기	3점

20 답 (1) $\triangle ABC \backsim \triangle ACD$, SAS 닮음 　(2) 6 cm 　　유형 **07**
(1) $\triangle ABC$와 $\triangle ACD$에서
$\overline{AB} : \overline{AC} = (9+16) : 15 = 5 : 3$,
$\overline{AC} : \overline{AD} = 15 : 9 = 5 : 3$, ∠A는 공통
이므로 $\triangle ABC \backsim \triangle ACD$ (SAS 닮음) ‥‥‥‥ ❶
(2) 닮음비는 5 : 3이므로
$\overline{BC} : \overline{CD} = 5 : 3$에서 $10 : \overline{CD} = 5 : 3$
$5\overline{CD} = 30$ $\quad \therefore \overline{DC} = 6(cm)$ ‥‥‥‥ ❷

채점 기준	배점
❶ 닮음인 두 삼각형을 찾고 닮음 조건 말하기	2점
❷ $\overline{DC}$의 길이 구하기	2점

21 답 30 cm² 　　　　　　　　　　유형 **04** + 유형 **08**
$\triangle AOD$와 $\triangle COB$에서
∠DAO = ∠BCO (엇각), ∠AOD = ∠COB (맞꼭지각)
이므로 $\triangle AOD \backsim \triangle COB$ (AA 닮음) ‥‥‥‥ ❶
닮음비가 $\overline{AD} : \overline{CB} = 6 : 9 = 2 : 3$이므로
넓이의 비는 $2^2 : 3^2 = 4 : 9$
즉, $\triangle AOD : \triangle COB = 4 : 9$에서
$\triangle AOD : 27 = 4 : 9$, $9\triangle AOD = 108$
$\therefore \triangle AOD = 12(cm^2)$ ‥‥‥‥ ❷
이때 $\overline{AO} : \overline{CO} = 2 : 3$이므로
$\triangle AOD : \triangle DOC = 2 : 3$에서
$12 : \triangle DOC = 2 : 3$, $2\triangle DOC = 36$
$\therefore \triangle DOC = 18(cm^2)$ ‥‥‥‥ ❸
$\therefore \triangle ACD = \triangle AOD + \triangle DOC$
　　　　$= 12 + 18 = 30(cm^2)$ ‥‥‥‥ ❹

채점 기준	배점
❶ 닮음인 두 삼각형 찾기	2점
❷ $\triangle AOD$의 넓이 구하기	2점
❸ $\triangle DOC$의 넓이 구하기	2점
❹ $\triangle ACD$의 넓이 구하기	1점

22 답 $\dfrac{32}{3}$ cm² 　　　　　　　　　　　　유형 **09**
$\square ABCD$는 정사각형이므로

$\overline{BC} = \overline{AB} = 16$ cm, $\overline{DF} = \overline{DC} - \overline{FC} = 16 - 12 = 4(cm)$
$\triangle FBC$와 $\triangle FED$에서
∠C = ∠FDE = 90°, ∠FBC = ∠FED (엇각)
이므로 $\triangle FBC \backsim \triangle FED$ (AA 닮음) ‥‥‥‥ ❶
따라서 $\overline{BC} : \overline{ED} = \overline{FC} : \overline{FD}$, 즉 $16 : \overline{ED} = 12 : 4$이므로
$12\overline{ED} = 64$ $\quad \therefore \overline{ED} = \dfrac{16}{3}(cm)$ ‥‥‥‥ ❷
$\therefore \triangle DEF = \dfrac{1}{2} \times \dfrac{16}{3} \times 4 = \dfrac{32}{3}(cm^2)$ ‥‥‥‥ ❸

채점 기준	배점
❶ 닮음인 두 삼각형 찾기	3점
❷ $\overline{ED}$의 길이 구하기	2점
❸ $\triangle DEF$의 넓이 구하기	2점

다른 풀이
$\overline{DF} : \overline{FC} = 4 : 12 = 1 : 3$이므로
$\triangle DEF : \triangle CBF = 1^2 : 3^2 = 1 : 9$
즉, $\triangle DEF : \left(\dfrac{1}{2} \times 16 \times 12\right) = 1 : 9$이므로
$\triangle DEF : 96 = 1 : 9$ $\quad \therefore \triangle DEF = \dfrac{32}{3}(cm^2)$

23 답 $\dfrac{14}{3}$ cm 　　　　　　　　　　　　유형 **11**
$\triangle DBE$와 $\triangle ECF$에서
∠B = ∠C = 60°,
∠BDE = 180° - (∠DBE + ∠DEB)
　　　　= 180° - (∠DEF + ∠DEB)
　　　　= ∠CEF
이므로 $\triangle DBE \backsim \triangle ECF$ (AA 닮음) ‥‥‥‥ ❶
$\overline{EF} = \overline{AF} = 7$ cm, $\overline{FC} = \overline{AC} - \overline{AF} = 10 - 7 = 3(cm)$이므로
$\overline{BE} : \overline{CF} = \overline{DE} : \overline{EF}$에서
$2 : 3 = \overline{DE} : 7$, $3\overline{DE} = 14$ $\quad \therefore \overline{DE} = \dfrac{14}{3}(cm)$
$\therefore \overline{AD} = \overline{DE} = \dfrac{14}{3}$ cm ‥‥‥‥ ❷

채점 기준	배점
❶ 닮음인 두 삼각형 찾기	3점
❷ $\overline{AD}$의 길이 구하기	3점

교과서 속 특이 문제 　　　　　　　　　　　　●26쪽

01 답 풀이 참조
폭이 3 cm로 일정하므로
$\overline{EF} = 20 - 2 \times 3 = 14(cm)$, $\overline{FG} = 25 - 2 \times 3 = 19(cm)$
$\square ABCD$와 $\square EFGH$에서
$\overline{AB} : \overline{EF} = 20 : 14 = 10 : 7$,
$\overline{BC} : \overline{FG} = 25 : 19$
따라서 $\overline{AB} : \overline{EF} \neq \overline{BC} : \overline{FG}$이므로 $\square ABCD$와 $\square EFGH$는 서로 닮은 도형이 아니다.

02 답 $81:1$

처음 정사각형의 한 변의 길이를 x라 하면

[1단계]에서 지워지는 정사각형의 한 변의 길이는 $\frac{1}{3}x$

[2단계]에서 지워지는 한 정사각형의 한 변의 길이는

$\frac{1}{3} \times \frac{1}{3}x = \left(\frac{1}{3}\right)^2 x$

[3단계]에서 지워지는 한 정사각형의 한 변의 길이는

$\frac{1}{3} \times \left(\frac{1}{3}\right)^2 x = \left(\frac{1}{3}\right)^3 x$

[4단계]에서 지워지는 한 정사각형의 한 변의 길이는

$\frac{1}{3} \times \left(\frac{1}{3}\right)^3 x = \left(\frac{1}{3}\right)^4 x$

따라서 처음 정사각형의 한 변의 길이와 [4단계]에서 지워지는 한 정사각형의 한 변의 길이의 비는 $x:\left(\frac{1}{3}\right)^4 x = 81:1$이므로 두 정사각형의 닮음비는 $81:1$이다.

03 답 $60\,\text{cm}$

지면에 생긴 고리 모양의 그림자의 넓이가 원기둥의 밑넓이의 3배이므로 작은 원뿔과 큰 원뿔의 밑넓이의 비는 $1:4$임을 알 수 있다.

이때 작은 원뿔과 큰 원뿔은 서로 닮음이므로 닮음비는 $1:2$이다.

작은 원뿔의 높이 $\overline{\text{AO}}$를 $h\,\text{cm}$라 하면

큰 원뿔의 높이는 $(h+60)\,\text{cm}$이므로

$h:(h+60)=1:2$, $h+60=2h$ ∴ $h=60$

따라서 작은 원뿔의 높이 $\overline{\text{AO}}$는 $60\,\text{cm}$이다.

[다른 풀이]

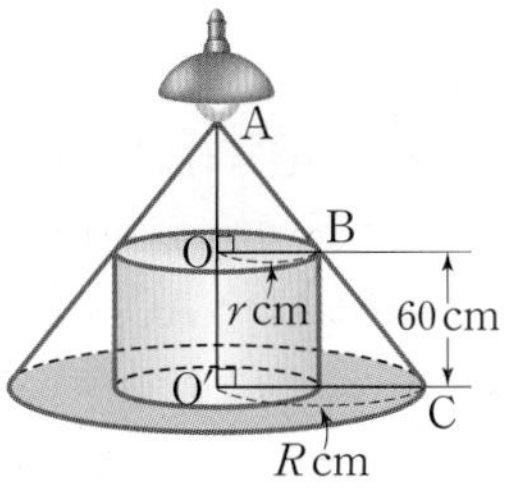

오른쪽 그림과 같이 $\overline{\text{OB}}=r\,\text{cm}$, $\overline{\text{O}'\text{C}}=R\,\text{cm}$라 하면

지면에 생긴 고리 모양의 그림자의 넓이가 원기둥의 밑넓이의 3배이므로

$\pi R^2 - \pi r^2 = 3\pi r^2$에서

$\pi R^2 = 4\pi r^2$, $R^2 = (2r)^2$

∴ $R=2r$ ($\because R>0$, $r>0$)

즉, $\overline{\text{OB}}:\overline{\text{O}'\text{C}}=1:2$이므로 △AOB와 △AO$'$C의 닮음비는 $1:2$이다.

따라서 $\overline{\text{AO}}:\overline{\text{AO}'}=\overline{\text{AO}}:(\overline{\text{AO}}+60)=1:2$이므로

$2\overline{\text{AO}}=\overline{\text{AO}}+60$에서 $\overline{\text{AO}}=60\,(\text{cm})$

04 답 $150\,\text{cm}$

오른쪽 그림과 같이 건물의 외벽이 없을 때 추가로 늘어난 꽃의 그림자의 길이를 $x\,\text{cm}$라 하면

△ABC와 △ADE에서

$\angle \text{ABC} = \angle \text{ADE} = 90°$, $\angle$A는 공통

이므로 △ABC∽△ADE (AA 닮음)

$\overline{\text{AB}}:\overline{\text{AD}}=\overline{\text{BC}}:\overline{\text{DE}}$, 즉 $(x+30):x=50:40$이므로

$50x=40x+1200$, $10x=1200$ ∴ $x=120$

따라서 꽃의 그림자의 전체 길이는 $120+30=150\,(\text{cm})$

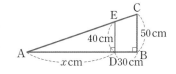

---

2 닮음의 활용 · Ⅵ. 도형의 닮음과 피타고라스 정리

개념 check

1 답 (1) $x=10$, $y=4$ (2) $x=9$, $y=3$

(1) $\overline{\text{AB}}:\overline{\text{AD}}=\overline{\text{BC}}:\overline{\text{DE}}$에서

$2:5=4:x$, $2x=20$ ∴ $x=10$

$\overline{\text{AB}}:\overline{\text{BD}}=\overline{\text{AC}}:\overline{\text{CE}}$에서

$2:(5-2)=y:6$, $3y=12$ ∴ $y=4$

(2) $\overline{\text{AB}}:\overline{\text{BD}}=\overline{\text{AC}}:\overline{\text{CE}}$에서

$3:x=4:12$, $4x=36$ ∴ $x=9$

$\overline{\text{AC}}:\overline{\text{AE}}=\overline{\text{BC}}:\overline{\text{DE}}$에서

$4:(12-4)=y:6$, $8y=24$ ∴ $y=3$

2 답 (1) 5 (2) 15

(1) $\overline{\text{AB}}:\overline{\text{AC}}=\overline{\text{BD}}:\overline{\text{CD}}$에서

$10:12=x:6$, $12x=60$ ∴ $x=5$

(2) $\overline{\text{AB}}:\overline{\text{AC}}=\overline{\text{BE}}:\overline{\text{CE}}$에서

$12:8=x:10$, $8x=120$ ∴ $x=15$

3 답 (1) 6 (2) 10

(1) $5:10=x:12$이므로 $10x=60$ ∴ $x=6$

(2) $15:x=12:8$이므로 $12x=120$ ∴ $x=10$

4 답 8

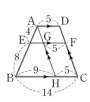

$\overline{\text{GF}}=\overline{\text{HC}}=\overline{\text{AD}}=5$이므로

$\overline{\text{BH}}=\overline{\text{BC}}-\overline{\text{HC}}=14-5=9$

△ABH에서

$\overline{\text{AE}}:\overline{\text{AB}}=\overline{\text{EG}}:\overline{\text{BH}}$이므로

$4:(4+8)=\overline{\text{EG}}:9$, $12\overline{\text{EG}}=36$

∴ $\overline{\text{EG}}=3$

∴ $\overline{\text{EF}}=\overline{\text{EG}}+\overline{\text{GF}}=3+5=8$

5 답 (1) 9 (2) 5

(1) $\overline{\text{AM}}=\overline{\text{MB}}$, $\overline{\text{AN}}=\overline{\text{NC}}$이므로

$\overline{\text{MN}}=\frac{1}{2}\overline{\text{BC}}=\frac{1}{2}\times 18=9$ ∴ $x=9$

(2) $\overline{\text{AM}}=\overline{\text{MB}}$, $\overline{\text{MN}} /\!/ \overline{\text{BC}}$이므로 $\overline{\text{AN}}=\overline{\text{NC}}$

∴ $x=5$

6 답 (1) $x=8$, $y=18$ (2) $x=2$, $y=6$

(1) $\overline{\text{AG}}:\overline{\text{GD}}=2:1$이므로 $x:4=2:1$ ∴ $x=8$

$\overline{\text{BD}}=\overline{\text{CD}}$이므로 $y=2\times 9=18$

(2) $\overline{\text{AG}}:\overline{\text{GD}}=2:1$이므로 $\overline{\text{AD}}:\overline{\text{GD}}=3:1$

즉, $6:x=3:1$이므로 $3x=6$ ∴ $x=2$

$\overline{\text{CG}}:\overline{\text{GE}}=2:1$이므로 $y:3=2:1$ ∴ $y=6$

7 답 (1) $27\,\text{cm}^2$ (2) $36\,\text{cm}^2$

(1) △GFB+△GDC+△GEA

$=\frac{1}{6}\triangle\text{ABC}+\frac{1}{6}\triangle\text{ABC}+\frac{1}{6}\triangle\text{ABC}$

$=\frac{1}{2}\triangle\text{ABC}=\frac{1}{2}\times 54=27\,(\text{cm}^2)$

(2) △GBC+△GCA$=\frac{1}{3}\triangle\text{ABC}+\frac{1}{3}\triangle\text{ABC}$

$=\frac{2}{3}\triangle\text{ABC}=\frac{2}{3}\times 54=36\,(\text{cm}^2)$

8 답 8

두 점 P, Q는 각각 △ABC, △ACD의 무게중심이므로

$\overline{BP} : \overline{PO} = 2 : 1$, $\overline{DQ} : \overline{QO} = 2 : 1$

이때 $\overline{BO} = \overline{DO}$이므로 $\overline{BP} = \overline{PQ} = \overline{QD}$

$\therefore \overline{PQ} = \dfrac{1}{3}\overline{BD} = \dfrac{1}{3} \times 24 = 8$

기출 유형

○30쪽~41쪽

유형 **01** 삼각형에서 평행선 사이의 선분의 길이의 비 (1)　30쪽

△ABC에서 두 점 D, E가 각각 $\overline{AB}$, $\overline{AC}$ 또는 그 연장선 위의 점일 때, $\overline{BC} /\!/ \overline{DE}$이면

(1) $a : a' = b : b' = c : c'$　　(2) $a : a' = b : b'$

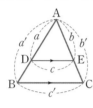　

01 답 ②

$\overline{AD} : \overline{DB} = \overline{AE} : \overline{EC}$에서

$4 : x = 2 : 3$, $2x = 12$　　$\therefore x = 6$

$\overline{AE} : \overline{AC} = \overline{DE} : \overline{BC}$에서

$2 : (2+3) = y : 10$, $5y = 20$　　$\therefore y = 4$

$\therefore x + y = 6 + 4 = 10$

02 답 ④

④ $\dfrac{\overline{AB}}{\overline{AD}} = \dfrac{\overline{BC}}{\overline{DE}}$

따라서 옳지 않은 것은 ④이다.

03 답 ②

$\overline{AE} : \overline{AC} = \overline{DE} : \overline{BC}$에서

$4 : (4+6) = 3 : \overline{BC}$, $4\overline{BC} = 30$　　$\therefore \overline{BC} = \dfrac{15}{2}(cm)$

$\overline{DE} /\!/ \overline{FC}$, $\overline{DF} /\!/ \overline{EC}$이므로 □DFCE는 평행사변형이다.

따라서 $\overline{FC} = \overline{DE} = 3$ cm이므로

$\overline{BF} = \overline{BC} - \overline{FC} = \dfrac{15}{2} - 3 = \dfrac{9}{2}(cm)$

다른 풀이

$\overline{DE} /\!/ \overline{FC}$, $\overline{DF} /\!/ \overline{EC}$이므로 □DFCE는 평행사변형이다.

$\therefore \overline{DF} = \overline{EC} = 6$ cm

△ADE∽△DBF (AA 닮음)이므로

$\overline{DE} : \overline{BF} = \overline{AE} : \overline{DF}$에서 $3 : \overline{BF} = 4 : 6$

$4\overline{BF} = 18$　　$\therefore \overline{BF} = \dfrac{9}{2}(cm)$

04 답 12 cm

$\overline{AD} /\!/ \overline{FC}$이므로 $\overline{EC} : \overline{ED} = \overline{FC} : \overline{AD}$에서

$3 : (3+9) = \overline{FC} : 16$, $12\overline{FC} = 48$　　$\therefore \overline{FC} = 4(cm)$

이때 $\overline{BC} = \overline{AD} = 16$ cm이므로

$\overline{BF} = \overline{BC} - \overline{FC} = 16 - 4 = 12(cm)$

다른 풀이

$\overline{AB} = \overline{DC} = 9$ cm

△ABF∽△ECF (AA 닮음)이므로

$\overline{BF} : \overline{CF} = \overline{AB} : \overline{EC} = 9 : 3 = 3 : 1$

이때 $\overline{BC} = \overline{AD} = 16$ cm이므로

$\overline{BF} = \dfrac{3}{4}\overline{BC} = \dfrac{3}{4} \times 16 = 12(cm)$

05 답 $\dfrac{48}{5}$ cm

마름모 DBFE의 한 변의 길이를 x cm라 하면

$\overline{BC} /\!/ \overline{DE}$이므로 $\overline{AD} : \overline{AB} = \overline{DE} : \overline{BC}$에서

$(6-x) : 6 = x : 4$, $6x = 24 - 4x$, $10x = 24$

$\therefore x = \dfrac{12}{5}$

따라서 □DBFE의 둘레의 길이는 $4 \times \dfrac{12}{5} = \dfrac{48}{5}(cm)$

유형 **02** 삼각형에서 평행선 사이의 선분의 길이의 비 (2)　30쪽

△ABC에서 두 점 D, E가 각각 $\overline{BA}$의 연장선과 $\overline{CA}$의 연장선 위의 점일 때, $\overline{BC} /\!/ \overline{DE}$이면

(1) $a : a' = b : b' = c : c'$　　(2) $a : a' = b : b'$

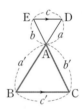　

06 답 ③

$\overline{AB} : \overline{AD} = \overline{BC} : \overline{DE}$에서

$10 : 4 = 20 : x$, $10x = 80$　　$\therefore x = 8$

$\overline{AB} : \overline{AD} = \overline{AC} : \overline{AE}$에서

$10 : 4 = y : 6$, $4y = 60$　　$\therefore y = 15$

$\therefore x + y = 8 + 15 = 23$

07 답 10 cm

$\overline{AE} /\!/ \overline{BC}$이므로 $\overline{AF} : \overline{CF} = \overline{AE} : \overline{CB}$에서

$3 : 9 = \overline{AE} : 15$, $9\overline{AE} = 45$　　$\therefore \overline{AE} = 5(cm)$

이때 $\overline{AD} = \overline{BC} = 15$ cm이므로

$\overline{ED} = \overline{AD} - \overline{AE} = 15 - 5 = 10(cm)$

08 답 ②

$\overline{BC} /\!/ \overline{DE}$이므로 $\overline{AB} : \overline{AD} = \overline{BC} : \overline{DE}$에서

$x : 4 = (6+12) : 6$, $6x = 72$　　$\therefore x = 12$

$\overline{AB} /\!/ \overline{FG}$이므로 $\overline{CG} : \overline{CB} = \overline{FG} : \overline{AB}$에서

$12 : (12+6) = y : 12$, $18y = 144$　　$\therefore y = 8$

$\therefore x + y = 12 + 8 = 20$

09 답 14 cm

$\overline{AE} : \overline{AG} = \overline{DE} : \overline{FG}$에서

$3 : 2 = 9 : \overline{FG}$, $3\overline{FG} = 18$　　$\therefore \overline{FG} = 6(cm)$

$\overline{AF} : \overline{AB} = \overline{FG} : \overline{BC}$에서

$3 : (3+4) = 6 : \overline{BC}$, $3\overline{BC} = 42$　　$\therefore \overline{BC} = 14(cm)$

유형 03 삼각형에서 평행선과 선분의 길이의 비의 응용 31쪽

(1) △ABC에서 $\overline{BC} /\!/ \overline{DE}$이면
$a:b=c:d=e:f$

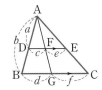

(2) △ABC에서
$\overline{BC} /\!/ \overline{DE}$, $\overline{BE} /\!/ \overline{DF}$이면
$a:b=c:d=e:f$

10 답 ⑤

$\overline{AD} : \overline{AB} = \overline{DF} : \overline{BG}$에서
$9:(9+6)=6:x$, $9x=90$ ∴ $x=10$
$\overline{DF} : \overline{BG} = \overline{FE} : \overline{GC}$에서
$6:10=y:4$, $10y=24$ ∴ $y=\dfrac{12}{5}$
∴ $xy=10 \times \dfrac{12}{5}=24$

11 답 ③

$\overline{DF} : \overline{BG} = \overline{FE} : \overline{GC}$에서
$\overline{DF} : 3 = (8-\overline{DF}) : 9$, $9\overline{DF}=24-3\overline{DF}$
$12\overline{DF}=24$ ∴ $\overline{DF}=2(cm)$

12 답 ④

△ABC에서 $\overline{AD} : \overline{DB} = \overline{AE} : \overline{EC} = 5 : 3$이고
$\overline{AB}=8 \text{ cm}$이므로 $\overline{AD}=\dfrac{5}{8}\overline{AB}=\dfrac{5}{8}\times 8=5(cm)$
△ADC에서 $\overline{AF} : \overline{FD} = \overline{AE} : \overline{EC} = 5 : 3$이므로
$\overline{FD}=\dfrac{3}{8}\overline{AD}=\dfrac{3}{8}\times 5=\dfrac{15}{8}(cm)$

13 답 ①

△ABC에서 $\overline{BD} : \overline{DA} = \overline{BE} : \overline{EC} = 12 : 6 = 2 : 1$
△ABE에서 $\overline{BF} : \overline{FE} = \overline{BD} : \overline{DA} = 2 : 1$
∴ $\overline{FE}=\dfrac{1}{3}\overline{BE}=\dfrac{1}{3}\times 12=4(cm)$

유형 04 삼각형에서 평행선 찾기 32쪽

다음 그림에서 $a:a'=b:b'$이면 $\overline{BC} /\!/ \overline{DE}$이다.

(1) 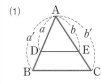 (2) (3)

(4) (5)

14 답 ②

① $\overline{AD} : \overline{AB} = 6 : (6+2) = 3 : 4$, $\overline{DE} : \overline{BC} = 8 : 9$
즉, $\overline{AD} : \overline{AB} \neq \overline{DE} : \overline{BC}$이므로 $\overline{BC}$와 $\overline{DE}$는 평행하지 않다.
② $\overline{AE} : \overline{AC} = 9 : (9+6) = 3 : 5$, $\overline{DE} : \overline{BC} = 6 : 10 = 3 : 5$
즉, $\overline{AE} : \overline{AC} = \overline{DE} : \overline{BC}$이므로 $\overline{BC} /\!/ \overline{DE}$이다.
③ $\overline{AD} : \overline{DB} = 2 : 3$, $\overline{AE} : \overline{EC} = 3 : 4$
즉, $\overline{AD} : \overline{DB} \neq \overline{AE} : \overline{EC}$이므로 $\overline{BC}$와 $\overline{DE}$는 평행하지 않다.
④ $\overline{AB} : \overline{AD} = 4 : (4+2) = 2 : 3$, $\overline{BC} : \overline{DE} = 3 : 5$
즉, $\overline{AB} : \overline{AD} \neq \overline{BC} : \overline{DE}$이므로 $\overline{BC}$와 $\overline{DE}$는 평행하지 않다.
⑤ $\overline{AB} : \overline{AD} = \overline{AC} : \overline{AE}$인지 알 수 없다.
따라서 $\overline{BC} /\!/ \overline{DE}$인 것은 ②이다.

15 답 ③

① $\overline{AD} : \overline{DB} = \overline{AE} : \overline{EC}$이므로 $\overline{BC} /\!/ \overline{DE}$
② $\overline{AE} : \overline{AC} = \overline{AD} : \overline{AB} = 6 : (6+4) = 3 : 5$
③, ④ $\overline{DE} : \overline{BC} = \overline{AD} : \overline{AB} = 6 : (6+4) = 3 : 5$
즉, $\overline{DE} : 15 = 3 : 5$이므로
$5\overline{DE}=45$ ∴ $\overline{DE}=9(cm)$
⑤ △ABC와 △ADE에서
∠ABC=∠ADE (동위각), ∠A는 공통
이므로 △ABC∽△ADE (AA 닮음)
따라서 옳지 않은 것은 ③이다.

16 답 8 cm

$\overline{AE} : \overline{EC} = \overline{AD} : \overline{DB} = 6 : 9 = 2 : 3$
이때 $\overline{AB} /\!/ \overline{EF}$가 되려면
$\overline{BF} : \overline{FC} = \overline{AE} : \overline{EC} = 2 : 3$이어야 하므로
$\overline{BF}=\dfrac{2}{5}\overline{BC}=\dfrac{2}{5}\times 20=8(cm)$

다른 풀이

$\overline{AD} : \overline{AB} = \overline{DE} : \overline{BC}$에서
$6:(6+9)=\overline{DE} : 20$, $15\overline{DE}=120$
∴ $\overline{DE}=8(cm)$
이때 $\overline{BF}=\overline{DE}=8 \text{ cm}$이면 $\overline{BF}=\overline{DE}$, $\overline{BF} /\!/ \overline{DE}$이므로
□DBFE는 평행사변형이 된다.
따라서 $\overline{AB} /\!/ \overline{EF}$가 된다.

17 답 ②, ⑤

① $\overline{CF} : \overline{FA} = 9 : 6 = 3 : 2$, $\overline{CE} : \overline{EB} = 10 : 10 = 1 : 1$
즉, $\overline{CF} : \overline{FA} \neq \overline{CE} : \overline{EB}$이므로 $\overline{AB}$와 $\overline{FE}$는 평행하지 않다.
② $\overline{AD} : \overline{DB} = 8 : 12 = 2 : 3$, $\overline{AF} : \overline{FC} = 6 : 9 = 2 : 3$
즉, $\overline{AD} : \overline{DB} = \overline{AF} : \overline{FC}$이므로 $\overline{BC} /\!/ \overline{DF}$이다.
③, ④ $\overline{BD} : \overline{DA} = 12 : 8 = 3 : 2$, $\overline{BE} : \overline{EC} = 10 : 10 = 1 : 1$
즉, $\overline{BD} : \overline{DA} \neq \overline{BE} : \overline{EC}$이므로 $\overline{AC}$와 $\overline{DE}$는 평행하지 않다.
∴ ∠BAC≠∠BDE
⑤ △ABC와 △ADF에서
$\overline{AB} : \overline{AD} = (8+12) : 8 = 5 : 2$,
$\overline{AC} : \overline{AF} = (6+9) : 6 = 5 : 2$
즉, $\overline{AB} : \overline{AD} = \overline{AC} : \overline{AF}$, ∠A는 공통
이므로 △ABC∽△ADF (SAS 닮음)
따라서 옳은 것은 ②, ⑤이다.

유형 05 삼각형의 내각의 이등분선 32쪽

$\triangle ABC$에서 $\angle BAD = \angle CAD$이면

$a : b = c : d$

18 답 9 cm

$\overline{BD} : \overline{CD} = \overline{AB} : \overline{AC} = 18 : 12 = 3 : 2$

$\therefore \overline{BD} = \dfrac{3}{5}\overline{BC} = \dfrac{3}{5} \times 15 = 9(cm)$

19 답 ⑤

①, ④ $\overline{AD} /\!/ \overline{EC}$이므로

$\angle ACE = \angle CAD$ (엇각),

$\angle AEC = \angle BAD$ (동위각)에서 $\angle ACE = \angle AEC$

즉, $\triangle ACE$는 이등변삼각형이므로 $\overline{AE} = \overline{AC} = 6$ cm

②, ③ $\overline{BD} : \overline{CD} = \overline{AB} : \overline{AC} = 9 : 6 = 3 : 2$이므로

$\overline{BD} = \dfrac{3}{5}\overline{BC} = \dfrac{3}{5} \times 10 = 6(cm)$

$\therefore \overline{CD} = \overline{BC} - \overline{BD} = 10 - 6 = 4(cm)$

⑤ $\triangle BCE$에서 $\overline{AD} : \overline{EC} = \overline{BD} : \overline{BC} = 6 : 10 = 3 : 5$

따라서 옳지 않은 것은 ⑤이다.

참고 $\triangle BCE$에서 $\overline{AC} = \overline{AE}$, $\overline{AD} /\!/ \overline{EC}$이므로

$\overline{AB} : \overline{AC} = \overline{BA} : \overline{AE} = \overline{BD} : \overline{DC}$가 성립한다.

20 답 6 cm

$\overline{BD} : \overline{CD} = \overline{AB} : \overline{AC} = 12 : 16 = 3 : 4$

$\therefore \overline{BD} = \dfrac{3}{7}\overline{BC} = \dfrac{3}{7} \times 14 = 6(cm)$

$\triangle ABD$와 $\triangle AED$에서

$\overline{AB} = \overline{AE}$, $\angle BAD = \angle EAD$, $\overline{AD}$는 공통

이므로 $\triangle ABD \equiv \triangle AED$ (SAS 합동)

$\therefore \overline{DE} = \overline{DB} = 6$ cm

21 답 $\dfrac{25}{4}$ cm

$\overline{BD} : \overline{CD} = \overline{AB} : \overline{AC} = 6 : 10 = 3 : 5$

$\overline{AB} /\!/ \overline{ED}$이므로 $\overline{CE} : \overline{CA} = \overline{CD} : \overline{CB}$에서

$\overline{CE} : 10 = 5 : (5+3)$, $8\overline{CE} = 50$ $\therefore \overline{CE} = \dfrac{25}{4}(cm)$

유형 06 삼각형의 내각의 이등분선과 넓이 33쪽

$\triangle ABC$에서 $\angle BAD = \angle CAD$이면

(1) $\triangle ABD : \triangle ACD = \overline{BD} : \overline{CD}$

$= a : b$

(2) $\triangle ABD : \triangle ABC = \overline{BD} : \overline{BC}$

$= a : (a+b)$

22 답 20 cm²

$\overline{AD} : \overline{CD} = \overline{BA} : \overline{BC} = 8 : 10 = 4 : 5$이므로

$\triangle ABD : \triangle DBC = \overline{AD} : \overline{CD} = 4 : 5$

$\therefore \triangle DBC = \dfrac{5}{9}\triangle ABC = \dfrac{5}{9} \times 36 = 20(cm^2)$

23 답 64 cm²

$\overline{BD} : \overline{CD} = \overline{AB} : \overline{AC} = 3 : 5$이므로

$\triangle ADC : \triangle ABC = \overline{DC} : \overline{BC} = 5 : (5+3) = 5 : 8$

$\triangle ABC$의 넓이를 x cm²라 하면

$40 : x = 5 : 8$, $5x = 320$ $\therefore x = 64$

따라서 $\triangle ABC$의 넓이는 64 cm²이다.

24 답 18 cm²

내심은 삼각형의 세 내각의 이등분선의 교점이므로 $\overline{AD}$는 $\angle A$의 이등분선이다.

즉, $\overline{BD} : \overline{CD} = \overline{AB} : \overline{AC} = 6 : 4 = 3 : 2$이므로

$\triangle ABD : \triangle ACD = \overline{BD} : \overline{CD} = 3 : 2$

$\therefore \triangle ABD = \dfrac{3}{5}\triangle ABC = \dfrac{3}{5} \times 30 = 18(cm^2)$

유형 07 삼각형의 외각의 이등분선 33쪽

$\triangle ABC$에서 $\angle CAD = \angle EAD$이면

$a : b = c : d$

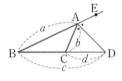

25 답 4 cm

$\overline{AB} : \overline{AC} = \overline{BD} : \overline{CD}$에서

$5 : 3 = \overline{BD} : 6$, $3\overline{BD} = 30$ $\therefore \overline{BD} = 10(cm)$

$\therefore \overline{BC} = \overline{BD} - \overline{CD} = 10 - 6 = 4(cm)$

26 답 6 cm

$\overline{AC} : \overline{AB} = \overline{CD} : \overline{BD}$에서

$9 : \overline{AB} = (4+8) : 8$, $12\overline{AB} = 72$ $\therefore \overline{AB} = 6(cm)$

27 답 ②

$\overline{AB} : \overline{AC} = \overline{BD} : \overline{CD}$에서

$10 : 6 = (8+\overline{CD}) : \overline{CD}$, $10\overline{CD} = 48 + 6\overline{CD}$

$4\overline{CD} = 48$ $\therefore \overline{CD} = 12(cm)$

$\therefore \triangle ABC : \triangle ACD = \overline{BC} : \overline{CD} = 8 : 12 = 2 : 3$

28 답 18 cm²

$\overline{BD} : \overline{CD} = \overline{AB} : \overline{AC} = 9 : 6 = 3 : 2$이므로

$\triangle ABC : \triangle ACD = \overline{BC} : \overline{CD} = 1 : 2$

$\triangle ABC$의 넓이를 x cm²라 하면

$x : 36 = 1 : 2$, $2x = 36$ $\therefore x = 18$

따라서 $\triangle ABC$의 넓이는 18 cm²이다.

유형 08 평행선 사이의 선분의 길이의 비 34쪽

다음 그림에서 $l /\!/ m /\!/ n$이면 $a : b = a' : b'$

(1)

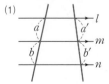

(2)

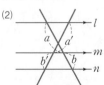

29 답 ②

$9:6=(x-4):4$이므로 $6x-24=36$

$6x=60$ ∴ $x=10$

30 답 7

$3:6=5:(x-5)$이므로 $3x-15=30$

$3x=45$ ∴ $x=15$

$3:6=4:y$이므로 $3y=24$ ∴ $y=8$

∴ $x-y=15-8=7$

31 답 11

$k /\!/ l /\!/ n$에서 $4:(x+6)=6:12$이므로

$6x+36=48$, $6x=12$ ∴ $x=2$

$k /\!/ l /\!/ m$에서 $4:x=6:(12-y)$이므로

$4:2=6:(12-y)$, $48-4y=12$, $4y=36$ ∴ $y=9$

∴ $x+y=2+9=11$

32 답 4

오른쪽 그림에서

$(3+a):6=10:5$이므로

$15+5a=60$, $5a=45$

∴ $a=9$

$x:20=3:(a+6)$이므로

$x:20=3:15$, $15x=60$ ∴ $x=4$

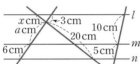

유형 **09** 사다리꼴에서 평행선과 선분의 길이의 비 34쪽

사다리꼴 ABCD에서 $\overline{AD} /\!/ \overline{EF} /\!/ \overline{BC}$일 때, $\overline{EF}$의 길이 구하기

[방법 1]

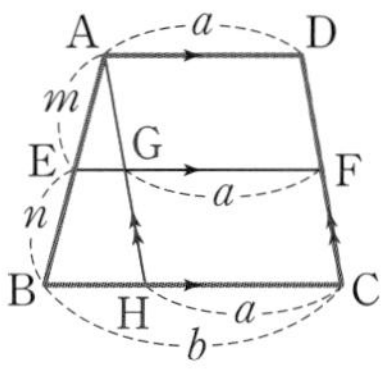

$\overline{DC}$와 평행한 $\overline{AH}$를 그으면

$\overline{GF}=\overline{HC}=\overline{AD}=a$

△ABH에서

$\overline{AE}:\overline{AB}=\overline{EG}:\overline{BH}$

즉, $m:(m+n)=\overline{EG}:(b-a)$

∴ $\overline{EG}=\dfrac{bm-am}{m+n}$

∴ $\overline{EF}=\overline{EG}+\overline{GF}=\dfrac{an+bm}{m+n}$

[방법 2]

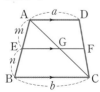

$\overline{AC}$를 그으면

△ABC에서

$\overline{AE}:\overline{AB}=\overline{EG}:\overline{BC}$

즉, $m:(m+n)=\overline{EG}:b$

∴ $\overline{EG}=\dfrac{bm}{m+n}$

△ACD에서 $\overline{CF}:\overline{CD}=\overline{GF}:\overline{AD}$

즉, $n:(m+n)=\overline{GF}:a$ ∴ $\overline{GF}=\dfrac{an}{m+n}$

∴ $\overline{EF}=\overline{EG}+\overline{GF}=\dfrac{an+bm}{m+n}$

---

33 답 5

오른쪽 그림과 같이 평행한 직선을 그으면

$3:(3+6)=(x-2):9$

$9x-18=27$, $9x=45$

∴ $x=5$

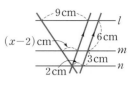

34 답 23

$\overline{EF} /\!/ \overline{BC}$이므로 $\overline{DG}:\overline{GB}=\overline{DF}:\overline{FC}=4:5$

△ABD에서 $\overline{EG}:\overline{AD}=\overline{BG}:\overline{BD}$이므로

$x:9=5:(5+4)$ ∴ $x=5$

△DBC에서 $\overline{GF}:\overline{BC}=\overline{DF}:\overline{DC}$이므로

$8:y=4:(4+5)$, $4y=72$ ∴ $y=18$

∴ $x+y=5+18=23$

35 답 $\dfrac{28}{3}$ cm

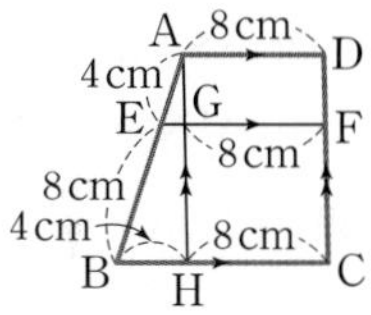

오른쪽 그림과 같이 점 A에서 $\overline{DC}$에 평행한 직선을 그어 $\overline{EF}$, $\overline{BC}$와 만나는 점을 각각 G, H라 하면

$\overline{GF}=\overline{HC}=\overline{AD}=8$ cm

∴ $\overline{BH}=\overline{BC}-\overline{HC}=12-8=4(cm)$

△ABH에서 $\overline{AE}:\overline{AB}=\overline{EG}:\overline{BH}$이므로

$4:(4+8)=\overline{EG}:4$, $12\overline{EG}=16$ ∴ $\overline{EG}=\dfrac{4}{3}(cm)$

∴ $\overline{EF}=\overline{EG}+\overline{GF}=\dfrac{4}{3}+8=\dfrac{28}{3}(cm)$

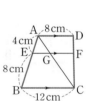

다른 풀이

오른쪽 그림과 같이 $\overline{AC}$를 긋고 $\overline{AC}$와 $\overline{EF}$의 교점을 G라 하면

△ABC에서

$\overline{AE}:\overline{AB}=\overline{EG}:\overline{BC}$이므로

$4:(4+8)=\overline{EG}:12$ ∴ $\overline{EG}=4(cm)$

$\overline{CG}:\overline{CA}=\overline{BE}:\overline{BA}=8:(8+4)=2:3$

△ACD에서 $\overline{CG}:\overline{CA}=\overline{GF}:\overline{AD}$이므로

$2:3=\overline{GF}:8$, $3\overline{GF}=16$ ∴ $\overline{GF}=\dfrac{16}{3}(cm)$

∴ $\overline{EF}=\overline{EG}+\overline{GF}=4+\dfrac{16}{3}=\dfrac{28}{3}(cm)$

36 답 9 cm

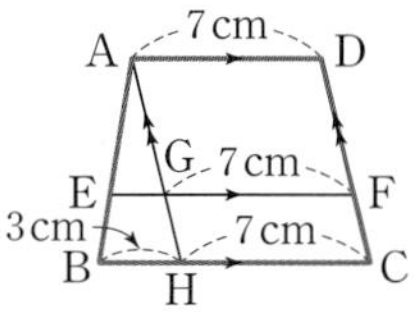

$\overline{AE}=2\overline{EB}$이므로 $\overline{AE}:\overline{EB}=2:1$

오른쪽 그림과 같이 점 A에서 $\overline{DC}$에 평행한 직선을 그어 $\overline{EF}$, $\overline{BC}$와 만나는 점을 각각 G, H라 하면

$\overline{GF}=\overline{HC}=\overline{AD}=7$ cm

∴ $\overline{BH}=\overline{BC}-\overline{HC}=10-7$

　　　$=3(cm)$

△ABH에서 $\overline{AE}:\overline{AB}=\overline{EG}:\overline{BH}$이므로

$2:(2+1)=\overline{EG}:3$ ∴ $\overline{EG}=2(cm)$

∴ $\overline{EF}=\overline{EG}+\overline{GF}=2+7=9(cm)$

$\overline{AE}=2\overline{EB}$이므로 $\overline{AE}:\overline{EB}=2:1$
오른쪽 그림과 같이 $\overline{AC}$를 긋고 $\overline{AC}$와
$\overline{EF}$의 교점을 G라 하면
△ABC에서
$\overline{AE}:\overline{AB}=\overline{EG}:\overline{BC}$이므로
$2:(2+1)=\overline{EG}:10$, $3\overline{EG}=20$

$\therefore \overline{EG}=\dfrac{20}{3}$ (cm)

또, △ACD에서 $\overline{CG}:\overline{CA}=\overline{GF}:\overline{AD}$이므로
$1:(1+2)=\overline{GF}:7$, $3\overline{GF}=7$ $\quad\therefore \overline{GF}=\dfrac{7}{3}$ (cm)

$\therefore \overline{EF}=\overline{EG}+\overline{GF}=\dfrac{20}{3}+\dfrac{7}{3}=9$ (cm)

37 답 7 cm
△ABC에서 $\overline{AE}:\overline{AB}=\overline{EN}:\overline{BC}$이므로
$3:(3+2)=\overline{EN}:25$, $5\overline{EN}=75$ $\quad\therefore \overline{EN}=15$ (cm)
△ABD에서 $\overline{BE}:\overline{BA}=\overline{EM}:\overline{AD}$이므로
$2:(2+3)=\overline{EM}:20$, $5\overline{EM}=40$ $\quad\therefore \overline{EM}=8$ (cm)
$\therefore \overline{MN}=\overline{EN}-\overline{EM}=15-8=7$ (cm)

38 답 8 cm
△AOD와 △COB에서
∠DAO=∠BCO (엇각), ∠AOD=∠COB (맞꼭지각)
이므로 △AOD∽△COB (AA 닮음)
$\therefore \overline{AO}:\overline{CO}=\overline{AD}:\overline{CB}=6:12=1:2$
△ABC에서 $\overline{AO}:\overline{AC}=\overline{EO}:\overline{BC}$이므로
$1:(1+2)=\overline{EO}:12$, $3\overline{EO}=12$ $\quad\therefore \overline{EO}=4$ (cm)
△ACD에서 $\overline{CO}:\overline{CA}=\overline{OF}:\overline{AD}$이므로
$2:(2+1)=\overline{OF}:6$, $3\overline{OF}=12$ $\quad\therefore \overline{OF}=4$ (cm)
$\therefore \overline{EF}=\overline{EO}+\overline{OF}=4+4=8$ (cm)

참고 사다리꼴 ABCD에서 $\overline{AD}\,/\!/\,\overline{EF}\,/\!/\,\overline{BC}$일 때

① △AOD∽△COB (AA 닮음)이므로
 $\overline{OA}:\overline{OC}=\overline{OD}:\overline{OB}=a:b$
② $\overline{AE}:\overline{EB}=\overline{DF}:\overline{FC}=a:b$

유형 **평행선 사이의 선분의 길이의 비의 응용** 35쪽

$\overline{AB}\,/\!/\,\overline{EF}\,/\!/\,\overline{DC}$일 때

(1) △ABE∽△CDE (AA 닮음)
 닮음비는 $a:b$

(2) △ABC∽△EFC (AA 닮음)
 닮음비는 $(a+b):b$

(3) △BCD∽△BFE (AA 닮음)
 닮음비는 $(a+b):a$

39 답 6 cm
△BCD에서 $\overline{BF}:\overline{BC}=\overline{EF}:\overline{DC}=4:12=1:3$이므로
$\overline{BF}:\overline{FC}=1:2$
△ABC에서 $\overline{CF}:\overline{CB}=\overline{EF}:\overline{AB}$이므로
$2:(2+1)=4:\overline{AB}$, $2\overline{AB}=12$
$\therefore \overline{AB}=6$ (cm)

40 답 ④
△ABE와 △CDE에서
∠AEB=∠CED (맞꼭지각), ∠ABE=∠CDE (엇각)
이므로 △ABE∽△CDE (AA 닮음)
$\therefore \overline{EB}:\overline{ED}=\overline{AB}:\overline{CD}=6:10=3:5$
△BCD에서 $\overline{BE}:\overline{BD}=\overline{EF}:\overline{DC}$이므로
$3:(3+5)=x:10$, $8x=30$ $\quad\therefore x=\dfrac{15}{4}$
또, $\overline{BE}:\overline{BD}=\overline{BF}:\overline{BC}$이므로
$3:(3+5)=y:8$ $\quad\therefore y=3$
$\therefore x-y=\dfrac{15}{4}-3=\dfrac{3}{4}$

41 답 ④
①, ⑤ △ABE와 △CDE에서
 ∠AEB=∠CED (맞꼭지각), ∠ABE=∠CDE (엇각)
 이므로 △ABE∽△CDE (AA 닮음)
 $\therefore \overline{BE}:\overline{DE}=\overline{AB}:\overline{CD}=6:8=3:4$
② △BCD와 △BFE에서
 ∠BDC=∠BEF (동위각), ∠B는 공통
 이므로 △BCD∽△BFE (AA 닮음)
③, ④ $\overline{BE}:\overline{DE}=3:4$이므로
 △BCD에서
 $\overline{BF}:\overline{BC}=\overline{BE}:\overline{BD}=3:(3+4)=3:7$
 $\therefore \overline{EF}:\overline{DC}=\overline{BF}:\overline{BC}=3:7$
따라서 옳지 않은 것은 ④이다.

42 답 ③
△AED와 △CEB에서
∠AED=∠CEB (맞꼭지각), ∠DAE=∠BCE (엇각)
이므로 △AED∽△CEB (AA 닮음)
$\therefore \overline{AE}:\overline{CE}=\overline{AD}:\overline{CB}=9:12=3:4$
$\therefore \triangle ABE=\dfrac{3}{7}\triangle ABC=\dfrac{3}{7}\times\left(\dfrac{1}{2}\times12\times21\right)=54$ (cm²)

△AED∽△CEB (AA 닮음)이므로
$\overline{AE}:\overline{CE}=\overline{AD}:\overline{CB}=9:12=3:4$
오른쪽 그림과 같이 점 E에서 $\overline{AB}$에 내린
수선의 발을 F라 하면
$\overline{AD}\,/\!/\,\overline{FE}\,/\!/\,\overline{BC}$
△ABC에서
$\overline{AE}:\overline{AC}=\overline{FE}:\overline{BC}$이므로
$3:(3+4)=\overline{FE}:12$, $7\overline{FE}=36$

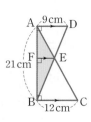

$\therefore \overline{FE}=\dfrac{36}{7}$ (cm)

$\therefore \triangle ABE=\dfrac{1}{2}\times21\times\dfrac{36}{7}=54$ (cm²)

유형 1 삼각형의 두 변의 중점을 연결한 선분의 성질 (1) 36쪽

$\triangle$ABC에서 $\overline{AM}=\overline{MB}$, $\overline{AN}=\overline{NC}$이면

$$\overline{MN}\,/\!/\,\overline{BC},\quad \overline{MN}=\frac{1}{2}\overline{BC}$$
$$\hookrightarrow \overline{BC}=2\overline{MN}$$

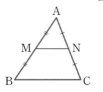

43 답 36

$\overline{AM}=\overline{MC}$, $\overline{BN}=\overline{NC}$이므로

$\overline{AB}=2\overline{MN}=2\times12=24$(cm)　　$\therefore x=24$

또, $\overline{MN}\,/\!/\,\overline{AB}$이므로 $\angle$NMC$=\angle$A$=80°$ (동위각)

$\triangle$MNC에서 $\angle$C$=180°-(80°+40°)=60°$　　$\therefore y=60$

$\therefore y-x=60-24=36$

44 답 15 cm

$\overline{AM}=\overline{MB}$, $\overline{AN}=\overline{NC}$이므로

$\overline{AM}=\dfrac{1}{2}\overline{AB}=\dfrac{1}{2}\times12=6$(cm), $\overline{AN}=\overline{NC}=4$ cm,

$\overline{MN}=\dfrac{1}{2}\overline{BC}=\dfrac{1}{2}\times10=5$(cm)

따라서 $\triangle$AMN의 둘레의 길이는

$\overline{AM}+\overline{MN}+\overline{NA}=6+5+4=15$(cm)

45 답 84 cm²

$\overline{AM}=\overline{MB}$, $\overline{AN}=\overline{NC}$이므로 $\overline{MN}\,/\!/\,\overline{BC}$이고

$\overline{MN}=\dfrac{1}{2}\overline{BC}=\dfrac{1}{2}\times14=7$(cm)

이때 $\overline{MB}=\dfrac{1}{2}\overline{AB}=\dfrac{1}{2}\times16=8$(cm)이므로

$\square$MBCN$=\dfrac{1}{2}\times(7+14)\times8=84$(cm²)

46 답 4 cm

$\triangle$ABC에서 $\overline{AM}=\overline{MB}$, $\overline{AN}=\overline{NC}$이므로

$\overline{BC}=2\overline{MN}=2\times4=8$(cm)

따라서 $\triangle$DBC에서 $\overline{DP}=\overline{PB}$, $\overline{DQ}=\overline{QC}$이므로

$\overline{PQ}=\dfrac{1}{2}\overline{BC}=\dfrac{1}{2}\times8=4$(cm)

유형 2 삼각형의 두 변의 중점을 연결한 선분의 성질 (2) 36쪽

$\triangle$ABC에서 $\overline{AM}=\overline{MB}$, $\overline{MN}\,/\!/\,\overline{BC}$이면

$$\overline{AN}=\overline{NC} \xrightarrow{\;\overline{AM}=\overline{MB},\ \overline{AN}=\overline{NC}\text{이므로}\;} \overline{MN}=\frac{1}{2}\overline{BC}$$

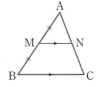

47 답 ⑤

$\overline{AM}=\overline{MB}$, $\overline{MN}\,/\!/\,\overline{BC}$이므로 $\overline{AN}=\overline{NC}$

$\therefore \overline{AN}=\dfrac{1}{2}\overline{AC}=\dfrac{1}{2}\times14=7$(cm)　　$\therefore x=7$

또, $\overline{AM}=\overline{MB}$, $\overline{AN}=\overline{NC}$이므로

$\overline{BC}=2\overline{MN}=2\times8=16$(cm)　　$\therefore y=16$

$\therefore x+y=7+16=23$

48 답 42 cm

$\overline{AD}=\overline{DB}$, $\overline{DE}\,/\!/\,\overline{BC}$이므로 $\overline{AE}=\overline{EC}$

$\therefore \overline{EC}=\dfrac{1}{2}\overline{AC}=\dfrac{1}{2}\times24=12$(cm)

또, $\overline{BD}=\overline{DA}$, $\overline{DF}\,/\!/\,\overline{AC}$이므로 $\overline{FC}=\overline{BF}=9$ cm

따라서 $\square$DFCE의 둘레의 길이는 $2\times(12+9)=42$(cm)

다른 풀이

$\overline{AD}=\overline{DB}$, $\overline{DE}\,/\!/\,\overline{BC}$이므로 $\overline{AE}=\overline{EC}$

$\therefore \overline{EC}=\dfrac{1}{2}\overline{AC}=\dfrac{1}{2}\times24=12$(cm)

이때 $\triangle$ADE$\equiv\triangle$DBF (ASA 합동)이므로 $\overline{DE}=\overline{BF}=9$ cm

따라서 $\square$DFCE의 둘레의 길이는 $2\times(12+9)=42$(cm)

49 답 5 cm

$\triangle$ABQ에서 $\overline{AM}=\overline{MB}$, $\overline{MP}\,/\!/\,\overline{BQ}$이므로 $\overline{AP}=\overline{PQ}$

$\triangle$AQC에서 $\overline{AP}=\overline{PQ}$, $\overline{PN}\,/\!/\,\overline{QC}$이므로 $\overline{AN}=\overline{NC}$

이때 $\overline{QC}=\overline{BC}-\overline{BQ}=16-6=10$(cm)이므로

$\overline{PN}=\dfrac{1}{2}\overline{QC}=\dfrac{1}{2}\times10=5$(cm)

50 답 3 cm

$\triangle$ABC에서 $\overline{AN}=\overline{NC}$, $\overline{EN}\,/\!/\,\overline{BC}$이므로 $\overline{AE}=\overline{EB}$

$\therefore \overline{EN}=\dfrac{1}{2}\overline{BC}=\dfrac{1}{2}\times12=6$(cm)

$\triangle$ABD에서 $\overline{BM}=\overline{MD}$, $\overline{BE}=\overline{EA}$이므로

$\overline{EM}=\dfrac{1}{2}\overline{AD}=\dfrac{1}{2}\times6=3$(cm)

$\therefore \overline{MN}=\overline{EN}-\overline{EM}=6-3=3$(cm)

유형 3 삼각형의 두 변의 중점을 연결한 선분의 성질의 응용 37쪽

(1) 점 D는 $\overline{BC}$의 중점이고 두 점 E, F는 $\overline{AB}$의 삼등분점일 때

　① $\triangle$BCE에서

　　$\overline{BD}=\overline{DC}$, $\overline{BF}=\overline{FE}$이므로

　　$\overline{FD}\,/\!/\,\overline{EC}$, $\overline{EC}=2\overline{FD}$

　② $\triangle$AFD에서 $\overline{AE}=\overline{EF}$, $\overline{EP}\,/\!/\,\overline{FD}$이므로

　　$\overline{AP}=\overline{PD}$, $\overline{FD}=2\overline{EP}$

(2) $\overline{AB}=\overline{AD}$, $\overline{AE}=\overline{EC}$일 때, 점 A에서 $\overline{BC}$에 평행한 직선 AG를 그으면

　① $\triangle$DBF에서 $\overline{DG}=\overline{GF}$이므로

　　$\overline{BF}=2\overline{AG}$

　② $\triangle$AEG$\equiv\triangle$CEF (ASA 합동)

　　이므로 $\overline{CF}=\overline{AG}=\dfrac{1}{2}\overline{BF}$

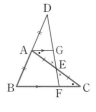

51 답 ②

$\triangle$ABF에서 $\overline{AD}=\overline{DB}$, $\overline{AE}=\overline{EF}$이므로 $\overline{DE}\,/\!/\,\overline{BF}$

$\overline{GF}=x$ cm라 하면

$\triangle$CDE에서 $\overline{CF}=\overline{FE}$, $\overline{GF}\,/\!/\,\overline{DE}$이므로 $\overline{CG}=\overline{GD}$

$\therefore \overline{\mathrm{DE}}=2\overline{\mathrm{GF}}=2\times x=2x(\mathrm{cm})$

$\triangle \mathrm{ABF}$에서 $\overline{\mathrm{AD}}=\overline{\mathrm{DB}}$, $\overline{\mathrm{AE}}=\overline{\mathrm{EF}}$이므로

$\overline{\mathrm{BF}}=2\overline{\mathrm{DE}}=2\times 2x=4x(\mathrm{cm})$

이때 $\overline{\mathrm{BF}}=\overline{\mathrm{BG}}+\overline{\mathrm{GF}}$이므로 $4x=6+x$, $3x=6$ $\therefore x=2$

따라서 $\overline{\mathrm{GF}}$의 길이는 2 cm이다.

52 탑 ④

오른쪽 그림과 같이 점 D에서 $\overline{\mathrm{BF}}$에 평행한 직선을 그어 $\overline{\mathrm{AC}}$와의 교점을 G라 하면 $\triangle \mathrm{ABC}$에서 $\overline{\mathrm{AD}}=\overline{\mathrm{DB}}$, $\overline{\mathrm{DG}}/\!/\overline{\mathrm{BC}}$이므로 $\overline{\mathrm{AG}}=\overline{\mathrm{GC}}$

$\therefore \overline{\mathrm{DG}}=\dfrac{1}{2}\overline{\mathrm{BC}}=\dfrac{1}{2}\times 4=2(\mathrm{cm})$

$\triangle \mathrm{DEG}$와 $\triangle \mathrm{FEC}$에서

$\angle \mathrm{GDE}=\angle \mathrm{CFE}$ (엇각), $\overline{\mathrm{DE}}=\overline{\mathrm{FE}}$,

$\angle \mathrm{DEG}=\angle \mathrm{FEC}$ (맞꼭지각)

이므로 $\triangle \mathrm{DEG}\equiv\triangle \mathrm{FEC}$ (ASA 합동)

따라서 $\overline{\mathrm{CF}}=\overline{\mathrm{GD}}=2\,\mathrm{cm}$이므로

$\overline{\mathrm{BF}}=\overline{\mathrm{BC}}+\overline{\mathrm{CF}}=4+2=6(\mathrm{cm})$

53 탑 8 cm

오른쪽 그림과 같이 점 A에서 $\overline{\mathrm{BC}}$에 평행한 직선을 그어 $\overline{\mathrm{DF}}$와의 교점을 G라 하면

$\triangle \mathrm{AEG}$와 $\triangle \mathrm{CEF}$에서

$\angle \mathrm{GAE}=\angle \mathrm{FCE}$ (엇각), $\overline{\mathrm{AE}}=\overline{\mathrm{CE}}$,

$\angle \mathrm{AEG}=\angle \mathrm{CEF}$ (맞꼭지각)

이므로 $\triangle \mathrm{AEG}\equiv\triangle \mathrm{CEF}$ (ASA 합동)

$\therefore \overline{\mathrm{AG}}=\overline{\mathrm{CF}}$

$\triangle \mathrm{DBF}$에서 $\overline{\mathrm{DA}}=\overline{\mathrm{AB}}$, $\overline{\mathrm{AG}}/\!/\overline{\mathrm{BF}}$이므로 $\overline{\mathrm{DG}}=\overline{\mathrm{GF}}$

따라서 $\overline{\mathrm{BF}}=2\overline{\mathrm{AG}}$이므로

$\overline{\mathrm{BC}}=\overline{\mathrm{BF}}+\overline{\mathrm{FC}}=2\overline{\mathrm{AG}}+\overline{\mathrm{AG}}=3\overline{\mathrm{AG}}=24(\mathrm{cm})$

$\therefore \overline{\mathrm{AG}}=8(\mathrm{cm})$ $\therefore \overline{\mathrm{CF}}=\overline{\mathrm{AG}}=8(\mathrm{cm})$

유형 14 각 변의 중점을 연결하여 만든 도형   37쪽

(1) $\triangle \mathrm{ABC}$에서 $\overline{\mathrm{AB}}$, $\overline{\mathrm{BC}}$, $\overline{\mathrm{CA}}$의 중점을 각각 D, E, F라 하면

① $\overline{\mathrm{FE}}/\!/\overline{\mathrm{AB}}$, $\overline{\mathrm{FE}}=\dfrac{1}{2}\overline{\mathrm{AB}}$

$\overline{\mathrm{DF}}/\!/\overline{\mathrm{BC}}$, $\overline{\mathrm{DF}}=\dfrac{1}{2}\overline{\mathrm{BC}}$

$\overline{\mathrm{DE}}/\!/\overline{\mathrm{AC}}$, $\overline{\mathrm{DE}}=\dfrac{1}{2}\overline{\mathrm{AC}}$

② ($\triangle \mathrm{DEF}$의 둘레의 길이)$=\dfrac{1}{2}\times$($\triangle \mathrm{ABC}$의 둘레의 길이)

(2) $\square \mathrm{ABCD}$에서 $\overline{\mathrm{AB}}$, $\overline{\mathrm{BC}}$, $\overline{\mathrm{CD}}$, $\overline{\mathrm{DA}}$의 중점을 각각 E, F, G, H라 하면

① $\overline{\mathrm{AC}}/\!/\overline{\mathrm{EF}}/\!/\overline{\mathrm{HG}}$,

$\overline{\mathrm{EF}}=\overline{\mathrm{HG}}=\dfrac{1}{2}\overline{\mathrm{AC}}$

② $\overline{\mathrm{BD}}/\!/\overline{\mathrm{EH}}/\!/\overline{\mathrm{FG}}$, $\overline{\mathrm{EH}}=\overline{\mathrm{FG}}=\dfrac{1}{2}\overline{\mathrm{BD}}$

③ ($\square \mathrm{EFGH}$의 둘레의 길이)$=\overline{\mathrm{AC}}+\overline{\mathrm{BD}}$

---

54 탑 $\dfrac{21}{2}$ cm

$\overline{\mathrm{DF}}=\dfrac{1}{2}\overline{\mathrm{BC}}=\dfrac{1}{2}\times 8=4(\mathrm{cm})$

$\overline{\mathrm{DE}}=\dfrac{1}{2}\overline{\mathrm{AC}}=\dfrac{1}{2}\times 7=\dfrac{7}{2}(\mathrm{cm})$

$\overline{\mathrm{FE}}=\dfrac{1}{2}\overline{\mathrm{AB}}=\dfrac{1}{2}\times 6=3(\mathrm{cm})$

$\therefore$ ($\triangle \mathrm{DEF}$의 둘레의 길이)$=\overline{\mathrm{DE}}+\overline{\mathrm{EF}}+\overline{\mathrm{FD}}$

$=\dfrac{7}{2}+3+4=\dfrac{21}{2}(\mathrm{cm})$

55 탑 8 cm

$\overline{\mathrm{FE}}=\dfrac{1}{2}\overline{\mathrm{AB}}=\dfrac{1}{2}\times 10=5(\mathrm{cm})$

$\overline{\mathrm{DF}}=\dfrac{1}{2}\overline{\mathrm{BC}}=\dfrac{1}{2}\times 6=3(\mathrm{cm})$

이때 $\triangle \mathrm{DEF}$의 둘레의 길이가 12 cm이므로

$\overline{\mathrm{DE}}+5+3=12$ $\therefore \overline{\mathrm{DE}}=4(\mathrm{cm})$

$\therefore \overline{\mathrm{AC}}=2\overline{\mathrm{DE}}=2\times 4=8(\mathrm{cm})$

56 탑 26 cm

$\overline{\mathrm{EF}}=\overline{\mathrm{HG}}=\dfrac{1}{2}\overline{\mathrm{AC}}=\dfrac{1}{2}\times 12=6(\mathrm{cm})$

$\overline{\mathrm{EH}}=\overline{\mathrm{FG}}=\dfrac{1}{2}\overline{\mathrm{BD}}=\dfrac{1}{2}\times 14=7(\mathrm{cm})$

$\therefore$ ($\square \mathrm{EFGH}$의 둘레의 길이)$=\overline{\mathrm{EF}}+\overline{\mathrm{FG}}+\overline{\mathrm{GH}}+\overline{\mathrm{HE}}$

$=6+7+6+7=26(\mathrm{cm})$

57 탑 32 cm

오른쪽 그림과 같이 $\overline{\mathrm{BD}}$를 그으면 $\square \mathrm{ABCD}$는 직사각형이므로

$\overline{\mathrm{BD}}=\overline{\mathrm{AC}}=16\,\mathrm{cm}$

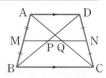

$\overline{\mathrm{EF}}=\overline{\mathrm{HG}}=\dfrac{1}{2}\overline{\mathrm{AC}}=\dfrac{1}{2}\times 16=8(\mathrm{cm})$

$\overline{\mathrm{EH}}=\overline{\mathrm{FG}}=\dfrac{1}{2}\overline{\mathrm{BD}}=\dfrac{1}{2}\times 16=8(\mathrm{cm})$

$\therefore$ ($\square \mathrm{EFGH}$의 둘레의 길이)$=\overline{\mathrm{EF}}+\overline{\mathrm{FG}}+\overline{\mathrm{GH}}+\overline{\mathrm{HE}}$

$=8+8+8+8=32(\mathrm{cm})$

유형 15 사다리꼴의 두 변의 중점을 연결한 선분의 성질   38쪽

$\overline{\mathrm{AD}}/\!/\overline{\mathrm{BC}}$인 사다리꼴 ABCD에서 $\overline{\mathrm{AB}}$, $\overline{\mathrm{DC}}$의 중점을 각각 M, N이라 하면

(1) $\overline{\mathrm{AD}}/\!/\overline{\mathrm{MN}}/\!/\overline{\mathrm{BC}}$

(2) $\overline{\mathrm{MP}}=\overline{\mathrm{QN}}=\dfrac{1}{2}\overline{\mathrm{AD}}$, $\overline{\mathrm{MQ}}=\overline{\mathrm{PN}}=\dfrac{1}{2}\overline{\mathrm{BC}}$

(3) $\overline{\mathrm{MN}}=\dfrac{1}{2}(\overline{\mathrm{AD}}+\overline{\mathrm{BC}})$, $\overline{\mathrm{PQ}}=\dfrac{1}{2}(\overline{\mathrm{BC}}-\overline{\mathrm{AD}})$ (단, $\overline{\mathrm{BC}}>\overline{\mathrm{AD}}$)

---

58 탑 ③

$\overline{\mathrm{AD}}/\!/\overline{\mathrm{MN}}/\!/\overline{\mathrm{BC}}$이므로

$\triangle \mathrm{ABC}$에서 $\overline{\mathrm{MQ}}=\dfrac{1}{2}\overline{\mathrm{BC}}=\dfrac{1}{2}\times 14=7(\mathrm{cm})$

$\triangle \mathrm{ABD}$에서 $\overline{\mathrm{MP}}=\dfrac{1}{2}\overline{\mathrm{AD}}=\dfrac{1}{2}\times 8=4(\mathrm{cm})$

$\therefore \overline{\mathrm{PQ}}=\overline{\mathrm{MQ}}-\overline{\mathrm{MP}}=7-4=3(\mathrm{cm})$

59 답 ⑤

$\overline{\text{AD}} /\!/ \overline{\text{MN}} /\!/ \overline{\text{BC}}$이므로

$\triangle$ABD에서 $\overline{\text{MP}} = \dfrac{1}{2}\overline{\text{AD}} = \dfrac{1}{2} \times 10 = 5\text{(cm)}$

$\overline{\text{MQ}} = \overline{\text{MP}} + \overline{\text{PQ}} = 5 + 3 = 8\text{(cm)}$이므로

$\triangle$ABC에서 $\overline{\text{BC}} = 2\overline{\text{MQ}} = 2 \times 8 = 16\text{(cm)}$

60 답 ①

오른쪽 그림과 같이 $\overline{\text{AC}}$를 긋고 $\overline{\text{AC}}$
와 $\overline{\text{MN}}$의 교점을 P라 하면 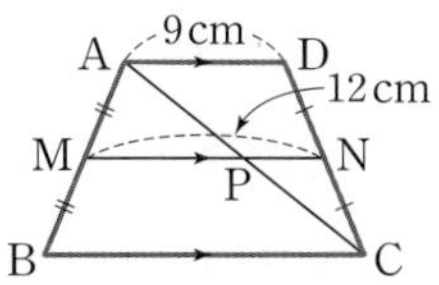
$\overline{\text{AD}} /\!/ \overline{\text{MN}} /\!/ \overline{\text{BC}}$이므로
$\triangle$ACD에서

$\overline{\text{PN}} = \dfrac{1}{2}\overline{\text{AD}} = \dfrac{1}{2} \times 9 = \dfrac{9}{2}\text{(cm)}$

$\therefore \overline{\text{MP}} = \overline{\text{MN}} - \overline{\text{PN}} = 12 - \dfrac{9}{2} = \dfrac{15}{2}\text{(cm)}$

따라서 $\triangle$ABC에서

$\overline{\text{BC}} = 2\overline{\text{MP}} = 2 \times \dfrac{15}{2} = 15\text{(cm)}$

61 답 3 : 4 : 5

$\overline{\text{MP}} : \overline{\text{PQ}} = 3 : 2$이므로

$\overline{\text{MP}} = 3k$, $\overline{\text{PQ}} = 2k$ (단, $k > 0$)라 하면

$\overline{\text{MQ}} = 3k + 2k = 5k$

이때 $\overline{\text{AD}} /\!/ \overline{\text{MN}} /\!/ \overline{\text{BC}}$이므로

$\triangle$ABD에서 $\overline{\text{AD}} = 2\overline{\text{MP}} = 2 \times 3k = 6k$

$\triangle$ACD에서 $\overline{\text{QN}} = \dfrac{1}{2}\overline{\text{AD}} = \dfrac{1}{2} \times 6k = 3k$

$\triangle$ABC에서 $\overline{\text{BC}} = 2\overline{\text{MQ}} = 2 \times 5k = 10k$

이때 $\overline{\text{MN}} = \overline{\text{MP}} + \overline{\text{PQ}} + \overline{\text{QN}} = 3k + 2k + 3k = 8k$이므로

$\overline{\text{AD}} : \overline{\text{MN}} : \overline{\text{BC}} = 6k : 8k : 10k = 3 : 4 : 5$

유형 **16** 삼각형의 중선의 성질　38쪽

$\overline{\text{AD}}$가 $\triangle$ABC의 중선일 때,

$$\triangle\text{ABD} = \triangle\text{ADC} = \dfrac{1}{2}\triangle\text{ABC}$$

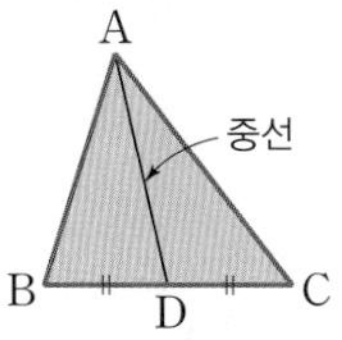

62 답 ②

$\triangle\text{NBM} = \dfrac{1}{2}\triangle\text{ABM} = \dfrac{1}{2} \times \dfrac{1}{2}\triangle\text{ABC}$

$\qquad\qquad = \dfrac{1}{4}\triangle\text{ABC} = \dfrac{1}{4} \times 32 = 8\text{(cm}^2)$

63 답 24 cm²

$\triangle\text{ABC} = 2\triangle\text{ABM} = 2 \times 3\triangle\text{PBQ}$

$\qquad\quad = 6\triangle\text{PBQ} = 6 \times 4 = 24\text{(cm}^2)$

64 답 5 cm

$\triangle\text{ABC} = 2\triangle\text{ABD} = 2 \times 10 = 20\text{(cm}^2)$이므로

$\triangle\text{ABC} = \dfrac{1}{2} \times 8 \times \overline{\text{AH}} = 20\text{(cm}^2)$

$4\overline{\text{AH}} = 20 \qquad \therefore \overline{\text{AH}} = 5\text{(cm)}$

유형 **17** 삼각형의 무게중심의 성질　39쪽

점 G가 $\triangle$ABC의 무게중심일 때,
$\overline{\text{AG}} : \overline{\text{GD}} = 2 : 1$이므로

(1) $\overline{\text{AG}} = 2\overline{\text{GD}}$

(2) $\overline{\text{AG}} = \dfrac{2}{3}\overline{\text{AD}}$, $\overline{\text{GD}} = \dfrac{1}{3}\overline{\text{AD}}$

(3) $\overline{\text{AD}} = \dfrac{3}{2}\overline{\text{AG}} = 3\overline{\text{GD}}$

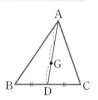

65 답 ②

점 G는 $\triangle$ABC의 무게중심이므로

$\overline{\text{GD}} = \dfrac{1}{3}\overline{\text{AD}} = \dfrac{1}{3} \times 21 = 7\text{(cm)} \qquad \therefore x = 7$

$\overline{\text{BD}} = \overline{\text{DC}}$이므로 $y = 8$

$\therefore x + y = 7 + 8 = 15$

66 답 18

오른쪽 그림과 같이 $\overline{\text{AB}}$와 x축이 만
나는 점을 C라 하면 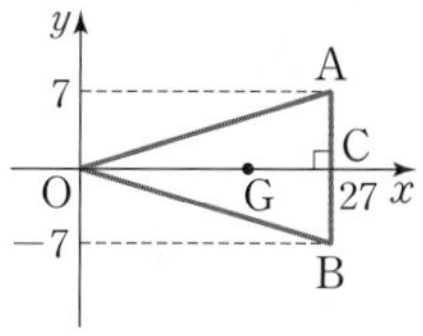
$\triangle$AOB는 이등변삼각형이고
$\overline{\text{AC}} = \overline{\text{BC}}$이므로 $\triangle$AOB의 무게중
심은 $\overline{\text{OC}}$, 즉 x축 위에 있다.

$\triangle$AOB의 무게중심을 G라 하면

$\overline{\text{OG}} = \dfrac{2}{3}\overline{\text{OC}} = \dfrac{2}{3} \times 27 = 18$

따라서 $\triangle$AOB의 무게중심의 x좌표는 18이다.

참고 이등변삼각형의 꼭지각의 꼭짓점에서 밑변에 그은 수선은 밑
변을 수직이등분하므로 이등변삼각형의 중선이다.

67 답 2 cm

점 G는 $\triangle$ABC의 무게중심이므로 $\overline{\text{CD}}$는 $\triangle$ABC의 중선이다.
이때 점 D는 빗변의 중점이므로 직각삼각형 ABC의 외심이다.

즉, $\overline{\text{AD}} = \overline{\text{BD}} = \overline{\text{CD}} = \dfrac{1}{2}\overline{\text{AB}} = \dfrac{1}{2} \times 12 = 6\text{(cm)}$

$\therefore \overline{\text{GD}} = \dfrac{1}{3}\overline{\text{CD}} = \dfrac{1}{3} \times 6 = 2\text{(cm)}$

68 답 4 cm

점 G는 $\triangle$ABC의 무게중심이므로

$\overline{\text{GD}} = \dfrac{1}{3}\overline{\text{AD}} = \dfrac{1}{3} \times 18 = 6\text{(cm)}$

또, 점 G′은 $\triangle$GBC의 무게중심이므로

$\overline{\text{GG}'} = \dfrac{2}{3}\overline{\text{GD}} = \dfrac{2}{3} \times 6 = 4\text{(cm)}$

69 답 27 cm

점 G′은 $\triangle$GBC의 무게중심이므로

$\overline{\text{GD}} = \dfrac{3}{2}\overline{\text{GG}'} = \dfrac{3}{2} \times 6 = 9\text{(cm)}$

또, 점 G는 $\triangle$ABC의 무게중심이므로

$\overline{\text{AD}} = 3\overline{\text{GD}} = 3 \times 9 = 27\text{(cm)}$

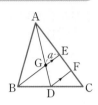

유형 18 삼각형의 무게중심의 응용 　39쪽

(1) 점 G가 △ABC의 무게중심이고
　$\overline{BE} /\!/ \overline{DF}$, $\overline{GE}=a$일 때
　① $\overline{BE}=3\overline{GE}=3a$
　② $\overline{GE}:\overline{DF}=\overline{AG}:\overline{AD}=2:3$
　이므로 $\overline{DF}=\dfrac{3}{2}\overline{GE}=\dfrac{3}{2}a$

(2) 점 G가 △ABC의 무게중심이고
　$\overline{BC} /\!/ \overline{DE}$일 때
　① △ADG∽△ABM이므로
　$\overline{DG}:\overline{BM}=\overline{AG}:\overline{AM}=2:3$
　② △AGE∽△AMC이므로
　$\overline{GE}:\overline{MC}=\overline{AG}:\overline{AM}=2:3$

70 답 48

점 G는 △ABC의 무게중심이므로
$\overline{BG}=2\overline{GE}=2\times4=8(\text{cm})$　∴ $x=8$
△ADF에서 $\overline{GE} /\!/ \overline{DF}$이므로 $\overline{AG}:\overline{AD}=\overline{GE}:\overline{DF}$
즉, $2:3=4:y$이므로 $2y=12$　∴ $y=6$
∴ $xy=8\times6=48$

다른 풀이

점 G는 △ABC의 무게중심이므로
$\overline{BG}=2\overline{GE}=2\times4=8(\text{cm})$　∴ $x=8$
△CBE에서 $\overline{CD}=\overline{DB}$, $\overline{DF} /\!/ \overline{BE}$이므로 $\overline{CF}=\overline{FE}$
∴ $\overline{DF}=\dfrac{1}{2}\overline{BE}=\dfrac{1}{2}\times(8+4)=6(\text{cm})$　∴ $y=6$
∴ $xy=8\times6=48$

71 답 ⑤

△CAD에서 $\overline{CE}=\overline{EA}$, $\overline{CM}=\overline{MD}$이므로
$\overline{AD}=2\overline{EM}=2\times9=18(\text{cm})$
이때 점 G는 △ABC의 무게중심이므로
$\overline{AG}=\dfrac{2}{3}\overline{AD}=\dfrac{2}{3}\times18=12(\text{cm})$

72 답 10

점 G는 △ABC의 무게중심이므로
$\overline{AG}=2\overline{GM}=2\times3=6(\text{cm})$　∴ $x=6$
$\overline{BM}=\overline{CM}$이므로 $\overline{BM}=\dfrac{1}{2}\overline{BC}=\dfrac{1}{2}\times12=6(\text{cm})$
△ABM에서 $\overline{DG} /\!/ \overline{BM}$이므로 $\overline{DG}:\overline{BM}=\overline{AG}:\overline{AM}=2:3$
$y:6=2:3$, $3y=12$　∴ $y=4$
∴ $x+y=6+4=10$

73 답 1:3

△BAD에서 $\overline{BE}=\overline{EA}$, $\overline{EF} /\!/ \overline{AD}$이므로 $\overline{BF}=\overline{FD}$
또, $\overline{BD}=\overline{DC}$이므로 $\overline{DC}=2\overline{FD}$　∴ $\overline{FC}=3\overline{FD}$
∴ $\overline{BF}:\overline{FC}=\overline{FD}:3\overline{FD}=1:3$

74 답 3 cm

점 G는 △ABC의 무게중심이므로
$\overline{GD}=\dfrac{1}{3}\overline{AD}=\dfrac{1}{3}\times18=6(\text{cm})$
$\overline{EF} /\!/ \overline{DC}$이므로

$\overline{FG}:\overline{DG}=\overline{EG}:\overline{CG}=1:2$
$\overline{FG}:6=1:2$, $2\overline{FG}=6$　∴ $\overline{FG}=3(\text{cm})$

다른 풀이

점 G는 △ABC의 무게중심이므로
$\overline{GD}=\dfrac{1}{3}\overline{AD}=\dfrac{1}{3}\times18=6(\text{cm})$
△ABD에서 $\overline{AE}=\overline{EB}$이고 $\overline{EF} /\!/ \overline{BD}$이므로
$\overline{AF}=\overline{FD}$
따라서 $\overline{FD}=\dfrac{1}{2}\overline{AD}=\dfrac{1}{2}\times18=9(\text{cm})$이므로
$\overline{FG}=\overline{FD}-\overline{GD}=9-6=3(\text{cm})$

75 답 10 cm

두 점 G, G′은 각각 △ABD와 △ADC의 무게중심이므로
$\overline{BE}=\overline{ED}$, $\overline{DF}=\overline{FC}$
∴ $\overline{EF}=\overline{ED}+\overline{DF}=\dfrac{1}{2}(\overline{BD}+\overline{DC})$
　　$=\dfrac{1}{2}\overline{BC}=\dfrac{1}{2}\times30=15(\text{cm})$
△AEF에서
$\overline{AG}:\overline{AE}=\overline{AG'}:\overline{AF}=2:3$이므로 $\overline{GG'} /\!/ \overline{EF}$
따라서 $\overline{GG'}:\overline{EF}=2:3$이므로 $\overline{GG'}:15=2:3$
$3\overline{GG'}=30$　∴ $\overline{GG'}=10(\text{cm})$

유형 19 삼각형의 무게중심과 넓이 　40쪽

점 G가 △ABC의 무게중심일 때

(1)
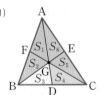

(2)
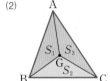

$S_1=S_2=S_3=S_4=S_5=S_6$　　$S_1=S_2=S_3$
　$=\dfrac{1}{6}$△ABC　　　　　　$=\dfrac{1}{3}$△ABC

76 답 ②

① $\overline{BD}=\overline{CD}$이므로 △GBD=△GDC
② $\overline{AG}:\overline{GD}=2:1$, $\overline{CG}:\overline{GF}=2:1$
③ $\overline{BG}:\overline{GE}=2:1$이므로 $\overline{BE}:\overline{GE}=3:1$
⑤ △ABG$=\dfrac{1}{3}$△ABC$=\dfrac{1}{3}\times2$△ABD$=\dfrac{2}{3}$△ABD
따라서 옳지 않은 것은 ②이다.

77 답 18 cm²

오른쪽 그림과 같이 $\overline{BG}$를 그으면
△GEB=△GBD$=\dfrac{1}{6}$△ABC이므로
□EBDG=△GEB+△GBD
　　　　$=\dfrac{1}{3}$△ABC
　　　　$=\dfrac{1}{3}\times54=18(\text{cm}^2)$

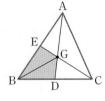

78 답 8 cm²

$\triangle ABC = \dfrac{1}{2} \times 12 \times 8 = 48 \, (\text{cm}^2)$

$\therefore \triangle GDC = \dfrac{1}{6} \triangle ABC = \dfrac{1}{6} \times 48 = 8 \, (\text{cm}^2)$

79 답 ②

점 G'은 $\triangle GBC$의 무게중심이므로
$\triangle GBC = 3 \triangle GBG' = 3 \times 4 = 12 \, (\text{cm}^2)$
또, 점 G는 $\triangle ABC$의 무게중심이므로
$\triangle ABC = 3 \triangle GBC = 3 \times 12 = 36 \, (\text{cm}^2)$

80 답 7 cm²

$\triangle DBG = \dfrac{1}{6} \triangle ABC = \dfrac{1}{6} \times 84 = 14 \, (\text{cm}^2)$

이때 $\overline{BG} : \overline{GE} = 2 : 1$이므로

$\triangle DGE = \dfrac{1}{2} \triangle DBG = \dfrac{1}{2} \times 14 = 7 \, (\text{cm}^2)$

81 답 20 cm²

오른쪽 그림과 같이 $\overline{AG}$를 그으면

$\triangle ADG = \dfrac{1}{2} \triangle ABG$

$\qquad = \dfrac{1}{2} \times \dfrac{1}{3} \triangle ABC = \dfrac{1}{6} \triangle ABC$

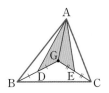

$\triangle AGE = \dfrac{1}{2} \triangle AGC = \dfrac{1}{2} \times \dfrac{1}{3} \triangle ABC$

$\qquad = \dfrac{1}{6} \triangle ABC$

따라서 색칠한 부분의 넓이는

$\triangle ADG + \triangle AGE = \dfrac{1}{6} \triangle ABC + \dfrac{1}{6} \triangle ABC$

$\qquad\qquad = \dfrac{1}{3} \triangle ABC$

$\qquad\qquad = \dfrac{1}{3} \times 60 = 20 \, (\text{cm}^2)$

유형 20 평행사변형에서 무게중심의 응용 41쪽

평행사변형 ABCD에서 두 점 M, N이 각각 $\overline{BC}$, $\overline{CD}$의 중점일 때, $\overline{AO} = \overline{CO}$이므로 두 점 P, Q는 각각 $\triangle ABC$, $\triangle ACD$의 무게중심이다.

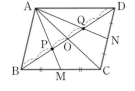

(1) $\overline{BP} : \overline{PO} = \overline{DQ} : \overline{QO} = 2 : 1$

(2) $\overline{BP} = \overline{PQ} = \overline{QD} = \dfrac{1}{3}\overline{BD}$

82 답 ④

오른쪽 그림과 같이 $\overline{AC}$를 긋고 $\overline{AC}$와 $\overline{BD}$의 교점을 O라 하면 $\overline{AO} = \overline{CO}$이므로 두 점 P, Q는 각각 $\triangle ABC$, $\triangle ACD$의 무게중심이다.
즉, $\overline{BO} = 3\overline{PO}$, $\overline{OD} = 3\overline{OQ}$이므로

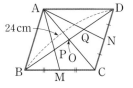

$\overline{BD} = \overline{BO} + \overline{OD} = 3\overline{PO} + 3\overline{OQ}$

$\qquad = 3(\overline{PO} + \overline{OQ}) = 3\overline{PQ}$

$\therefore \overline{PQ} = \dfrac{1}{3}\overline{BD} = \dfrac{1}{3} \times 24 = 8 \, (\text{cm})$

83 답 24 cm²

오른쪽 그림과 같이 $\overline{AC}$를 긋고 $\overline{AC}$와 $\overline{BD}$의 교점을 O라 하면 $\overline{AO} = \overline{CO}$이므로 두 점 P, Q는 각각 $\triangle ABC$, $\triangle ACD$의 무게중심이다.

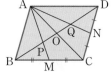

$\therefore \square ABCD = \triangle ABC + \triangle ACD$

$\qquad = 6 \triangle APO + 6 \triangle AOQ$

$\qquad = 6 \triangle APQ = 6 \times 4 = 24 \, (\text{cm}^2)$

84 답 6 cm

오른쪽 그림과 같이 $\overline{AC}$를 긋고 $\overline{AC}$와 $\overline{BD}$의 교점을 O라 하면 $\overline{AO} = \overline{CO}$이므로 두 점 P, Q는 각각 $\triangle ABC$, $\triangle ACD$의 무게중심이다.

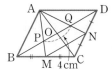

즉, $\overline{BO} = 3\overline{PO}$, $\overline{OD} = 3\overline{OQ}$이므로
$\overline{BD} = \overline{BO} + \overline{OD} = 3\overline{PO} + 3\overline{OQ}$

$\qquad = 3(\overline{PO} + \overline{OQ}) = 3\overline{PQ}$

$\qquad = 3 \times 4 = 12 \, (\text{cm})$

$\triangle BCD$에서

$\overline{MN} = \dfrac{1}{2}\overline{BD} = \dfrac{1}{2} \times 12 = 6 \, (\text{cm})$

다른 풀이

$\triangle AMN$에서

$\overline{AP} : \overline{AM} = \overline{AQ} : \overline{AN} = 2 : 3$이므로 $\overline{PQ} /\!/ \overline{MN}$

따라서 $\overline{PQ} : \overline{MN} = 2 : 3$이므로 $4 : \overline{MN} = 2 : 3$

$2\overline{MN} = 12$ $\qquad \therefore \overline{MN} = 6 \, (\text{cm})$

85 답 ③

$\overline{AO} = \overline{CO}$이므로 두 점 P, Q는 각각 $\triangle ABC$, $\triangle ACD$의 무게중심이다.

① $\overline{BP} : \overline{PO} = 2 : 1$, $\overline{DQ} : \overline{QO} = 2 : 1$이고
$\overline{BO} = \overline{DO}$이므로 $\overline{BP} = \overline{PQ} = \overline{QD}$

② $\overline{AQ} : \overline{QN} = 2 : 1$이므로 $\overline{AN} = 3\overline{QN}$

③ $\overline{AP} = \dfrac{2}{3}\overline{AM}$, $\overline{AQ} = \dfrac{2}{3}\overline{AN}$

이때 $\overline{AM}$, $\overline{AN}$의 길이가 같은지 알 수 없으므로 $\overline{AP}$, $\overline{AQ}$의 길이가 같은지 알 수 없다.

④ $\triangle APQ = \dfrac{1}{3} \triangle ABD = \dfrac{1}{3} \times \dfrac{1}{2} \square ABCD = \dfrac{1}{6} \square ABCD$

⑤ $\overline{PO} = \overline{QO}$이므로 $\triangle APO = \triangle AQO$

따라서 옳지 않은 것은 ③이다.

86 답 10 cm²

오른쪽 그림과 같이 $\overline{AC}$를 긋고 $\overline{AC}$와 $\overline{BD}$의 교점을 O라 하면 $\overline{AO} = \overline{CO}$이므로 두 점 P, Q는 각각 $\triangle ABC$, $\triangle ACD$의 무게중심이다.

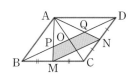

$$\triangle APQ = \frac{1}{3}\triangle ABD = \frac{1}{3} \times \frac{1}{2}\square ABCD$$

$$= \frac{1}{6}\square ABCD = \frac{1}{6} \times 48 = 8(\text{cm}^2)$$

$\triangle APQ$와 $\triangle AMN$에서

$\overline{AP} : \overline{AM} = \overline{AQ} : \overline{AN}$, $\angle A$는 공통

이므로 $\triangle APQ \backsim \triangle AMN$ (SAS 닮음)

$\overline{AP} : \overline{AM} = 2 : 3$이므로 $\triangle APQ : \triangle AMN = 2^2 : 3^2 = 4 : 9$

즉, $\triangle APQ : \square PMNQ = 4 : (9-4) = 4 : 5$이므로

$8 : \square PMNQ = 4 : 5$, $4\square PMNQ = 40$

$\therefore \square PMNQ = 10(\text{cm}^2)$

서술형

□ 42쪽~43쪽

01 탑 9 cm

채점 기준 1 $\overline{EN}$의 길이 구하기 … 2점

$\triangle BAD$에서 $\overline{BE} : \underline{\overline{BA}} = \overline{EN} : \overline{AD}$이므로

$\underline{3} : \underline{4} = \overline{EN} : 20$, $4\overline{EN} = \underline{60}$

$\therefore \overline{EN} = \underline{15}$ (cm)

채점 기준 2 $\overline{EM}$의 길이 구하기 … 2점

$\triangle ABC$에서 $\overline{AE} : \overline{AB} = \overline{EM} : \underline{\overline{BC}}$이므로

$\underline{1} : \underline{4} = \overline{EM} : 24$, $4\overline{EM} = \underline{24}$

$\therefore \overline{EM} = \underline{6}$ (cm)

채점 기준 3 $\overline{MN}$의 길이 구하기 … 2점

$\overline{MN} = \overline{EN} - \overline{EM} = \underline{15} - \underline{6} = \underline{9}$ (cm)

01-1 탑 7 cm

채점 기준 1 $\overline{EN}$의 길이 구하기 … 2점

$\overline{AE} = 2\overline{EB}$이므로 $\overline{AE} : \overline{EB} = 2 : 1$

$\triangle ABC$에서 $\overline{AE} : \overline{AB} = \overline{EN} : \overline{BC}$이므로

$2 : (2+1) = \overline{EN} : 18$, $3\overline{EN} = 36$

$\therefore \overline{EN} = 12(\text{cm})$

채점 기준 2 $\overline{EM}$의 길이 구하기 … 2점

$\triangle BAD$에서 $\overline{BE} : \overline{BA} = \overline{EM} : \overline{AD}$이므로

$1 : (1+2) = \overline{EM} : 15$, $3\overline{EM} = 15$

$\therefore \overline{EM} = 5(\text{cm})$

채점 기준 3 $\overline{MN}$의 길이 구하기 … 2점

$\overline{MN} = \overline{EN} - \overline{EM} = 12 - 5 = 7(\text{cm})$

02 탑 24 cm²

채점 기준 1 $\triangle GBC$의 넓이 구하기 … 2점

점 G'은 $\triangle GBC$의 무게중심이므로

$\triangle GBC = \underline{6}\triangle G'BD = \underline{6} \times 3 = \underline{18}$ (cm²)

채점 기준 2 $\triangle ABC$의 넓이 구하기 … 2점

점 G는 $\triangle ABC$의 무게중심이므로

$\triangle ABC = \underline{3}\triangle GBC = \underline{3} \times \underline{18} = \underline{54}$ (cm²)

채점 기준 3 $\triangle ABG'$의 넓이 구하기 … 2점

$\triangle ABD = \frac{1}{2}\triangle ABC = \frac{1}{2} \times \underline{54} = \underline{27}$ (cm²)이므로

$\triangle ABG' = \triangle ABD - \triangle G'BD$

$\qquad = \underline{27} - \underline{3} = \underline{24}$ (cm²)

02-1 탑 14 cm²

채점 기준 1 $\triangle GBC$의 넓이 구하기 … 2점

점 G'은 $\triangle GBC$의 무게중심이므로

$\triangle GBC = 3\triangle GBG' = 3 \times 4 = 12(\text{cm}^2)$

채점 기준 2 $\triangle ABC$의 넓이 구하기 … 2점

점 G는 $\triangle ABC$의 무게중심이므로

$\triangle ABC = 3\triangle GBC = 3 \times 12 = 36(\text{cm}^2)$

채점 기준 3 색칠한 부분의 넓이 구하기 … 2점

$\triangle ABD = \frac{1}{2}\triangle ABC = \frac{1}{2} \times 36 = 18(\text{cm}^2)$이므로

(색칠한 부분의 넓이) $= \triangle ABD - \triangle GBG'$

$\qquad\qquad\qquad = 18 - 4 = 14(\text{cm}^2)$

03 탑 $x = \dfrac{25}{4}$, $y = \dfrac{16}{5}$

$\overline{GF} : \overline{GB} = \overline{EF} : \overline{AB}$에서

$5 : (5+3) = x : 10$, $8x = 50$ $\quad \therefore x = \dfrac{25}{4}$ ⋯⋯⋯ ❶

$\overline{GB} : \overline{GC} = \overline{AB} : \overline{DC}$에서

$8 : y = 10 : 4$, $10y = 32$ $\quad \therefore y = \dfrac{16}{5}$ ⋯⋯⋯ ❷

채점 기준	배점
❶ x의 값 구하기	2점
❷ y의 값 구하기	2점

04 탑 6 cm

$\triangle ABC$와 $\triangle DAC$에서

$\angle ABC = \angle DAC$, $\angle C$는 공통

이므로 $\triangle ABC \backsim \triangle DAC$ (AA 닮음) ⋯⋯⋯ ❶

$\overline{AC} : \overline{DC} = \overline{BC} : \overline{AC}$에서 $12 : 8 = \overline{BC} : 12$

$8\overline{BC} = 144$ $\quad \therefore \overline{BC} = 18(\text{cm})$

$\therefore \overline{BD} = \overline{BC} - \overline{DC} = 18 - 8 = 10(\text{cm})$ ⋯⋯⋯ ❷

또, $\overline{AB} : \overline{DA} = \overline{AC} : \overline{DC} = 12 : 8 = 3 : 2$이고

$\overline{AE}$는 $\angle BAD$의 이등분선이므로

$\overline{BE} : \overline{DE} = \overline{AB} : \overline{AD} = 3 : 2$

$\therefore \overline{BE} = \frac{3}{5}\overline{BD} = \frac{3}{5} \times 10 = 6(\text{cm})$ ⋯⋯⋯ ❸

채점 기준	배점
❶ $\triangle ABC \backsim \triangle DAC$임을 알기	2점
❷ $\overline{BC}$, $\overline{BD}$의 길이를 각각 구하기	3점
❸ $\overline{BE}$의 길이 구하기	2점

05 탑 5 cm

$\triangle ABE$와 $\triangle CDE$에서

$\angle AEB = \angle CED$ (맞꼭지각), $\angle ABE = \angle CDE$ (엇각)

이므로 $\triangle ABE \backsim \triangle CDE$ (AA 닮음) ⋯⋯⋯ ❶

$\therefore \overline{EB}:\overline{ED}=\overline{AB}:\overline{CD}=3:6=1:2$

즉, △BCD에서 $\overline{BE}:\overline{BD}=\overline{EF}:\overline{DC}$이므로

$1:(1+2)=\overline{EF}:6$, $3\overline{EF}=6$ $\therefore \overline{EF}=2(cm)$

또, $\overline{BE}:\overline{BD}=\overline{BF}:\overline{BC}$이므로

$1:(1+2)=\overline{BF}:9$, $3\overline{BF}=9$ $\therefore \overline{BF}=3(cm)$ ······ ❷

$\therefore \overline{BF}+\overline{EF}=3+2=5(cm)$ ······ ❸

채점 기준	배점
❶ △ABE∽△CDE임을 알기	2점
❷ $\overline{BF}$, $\overline{EF}$의 길이를 각각 구하기	3점
❸ $\overline{BF}+\overline{EF}$의 길이 구하기	1점

06 답 10 cm

$\overline{AD}\,/\!/\,\overline{MN}\,/\!/\,\overline{BC}$이므로

△ABC에서 $\overline{MQ}=\dfrac{1}{2}\overline{BC}=\dfrac{1}{2}\times20=10(cm)$ ······ ❶

$\therefore \overline{MP}=\dfrac{1}{2}\overline{MQ}=\dfrac{1}{2}\times10=5(cm)$ ······ ❷

따라서 △ABD에서

$\overline{AD}=2\overline{MP}=2\times5=10(cm)$ ······ ❸

채점 기준	배점
❶ $\overline{MQ}$의 길이 구하기	2점
❷ $\overline{MP}$의 길이 구하기	2점
❸ $\overline{AD}$의 길이 구하기	2점

07 답 8 cm²

$\overline{AE}:\overline{EC}=1:2$이므로

$\triangle EBC=\dfrac{2}{3}\triangle ABC=\dfrac{2}{3}\times72=48(cm^2)$ ······ ❶

△EBC에서 $\overline{BD}=\overline{CD}$, $\overline{EF}=\overline{CF}$이므로 점 P는 △EBC의 무게중심이다. ······ ❷

$\therefore \triangle PBD=\dfrac{1}{6}\triangle EBC=\dfrac{1}{6}\times48=8(cm^2)$ ······ ❸

채점 기준	배점
❶ △EBC의 넓이 구하기	2점
❷ 점 P가 △EBC의 무게중심임을 알기	2점
❸ △PBD의 넓이 구하기	2점

08 답 (1) 15 cm (2) 5 cm²

(1) $\overline{AO}=\overline{CO}$이므로 두 점 P, Q는 각각 △ABC, △ACD의 무게중심이다.

$\overline{BP}:\overline{PO}=2:1$, $\overline{DQ}:\overline{QO}=2:1$이고

$\overline{BO}=\overline{DO}$이므로 $\overline{BP}=\overline{PQ}=\overline{QD}$

$\therefore \overline{BD}=3\overline{BP}=3\times5=15(cm)$ ······ ❶

(2) $\triangle ACD=\dfrac{1}{2}\square ABCD=\dfrac{1}{2}\times60=30(cm^2)$

이때 점 Q는 △ACD의 무게중심이므로

$\triangle AOQ=\dfrac{1}{6}\triangle ACD=\dfrac{1}{6}\times30=5(cm^2)$ ······ ❷

채점 기준	배점
❶ $\overline{BD}$의 길이 구하기	4점
❷ △AOQ의 넓이 구하기	3점

실전 중단원 학교 시험 ❶회

01 ④	02 ③	03 ⑤	04 ②, ④	05 ①
06 ②	07 ⑤	08 ③	09 ①	10 ③
11 ④	12 ⑤	13 ②	14 ①	15 ⑤
16 ⑤	17 ④	18 ①	19 16 cm	20 9 cm
21 $\dfrac{14}{3}$ cm	22 10 cm	23 3 : 1 : 2		

01 답 ④ 〔유형 01〕

$\overline{AD}:\overline{DB}=\overline{AE}:\overline{EC}$에서

$10:5=8:\overline{EC}$, $10\overline{EC}=40$ $\therefore \overline{EC}=4(cm)$

02 답 ③ 〔유형 02〕

$\overline{AC}:\overline{AE}=\overline{BC}:\overline{DE}$에서

$4:(12-4)=5:\overline{DE}$, $4\overline{DE}=40$ $\therefore \overline{DE}=10(cm)$

03 답 ⑤ 〔유형 03〕

$\overline{DF}:\overline{BG}=\overline{FE}:\overline{GC}$에서

$(9-\overline{FE}):3=\overline{FE}:8$, $3\overline{FE}=72-8\overline{FE}$

$11\overline{FE}=72$ $\therefore \overline{FE}=\dfrac{72}{11}(cm)$

04 답 ②, ④ 〔유형 04〕

① $\overline{AB}:\overline{BD}=9:4$, $\overline{AC}:\overline{CE}=6:3=2:1$

즉, $\overline{AB}:\overline{BD}\neq\overline{AC}:\overline{CE}$이므로 $\overline{BC}$와 $\overline{DE}$는 평행하지 않다.

② $\overline{AD}:\overline{DB}=8:6=4:3$, $\overline{AE}:\overline{EC}=12:9=4:3$

즉, $\overline{AD}:\overline{DB}=\overline{AE}:\overline{EC}$이므로 $\overline{BC}\,/\!/\,\overline{DE}$이다.

③ $\overline{AD}:\overline{AB}=8:12=2:3$, $\overline{AE}:\overline{AC}=5:9$

즉, $\overline{AD}:\overline{AB}\neq\overline{AE}:\overline{AC}$이므로 $\overline{BC}$와 $\overline{DE}$는 평행하지 않다.

④ $\overline{AB}:\overline{AD}=12:6=2:1$, $\overline{AC}:\overline{AE}=10:5=2:1$

즉, $\overline{AB}:\overline{AD}=\overline{AC}:\overline{AE}$이므로 $\overline{BC}\,/\!/\,\overline{DE}$이다.

⑤ $\overline{AD}:\overline{DB}=4:2=2:1$, $\overline{AE}:\overline{EC}=5:3$

즉, $\overline{AD}:\overline{DB}\neq\overline{AE}:\overline{EC}$이므로 $\overline{BC}$와 $\overline{DE}$는 평행하지 않다.

따라서 $\overline{BC}\,/\!/\,\overline{DE}$인 것은 ②, ④이다.

05 답 ① 〔유형 05〕

$\overline{AB}:\overline{AC}=\overline{BD}:\overline{CD}$에서 $15:12=\overline{BD}:8$, $12\overline{BD}=120$

$\therefore \overline{BD}=10(cm)$

06 답 ② 〔유형 06〕

$\overline{BD}:\overline{CD}=\overline{AB}:\overline{AC}=9:6=3:2$

$\overline{AC}\,/\!/\,\overline{ED}$이므로 $\overline{BE}:\overline{EA}=\overline{BD}:\overline{DC}=3:2$

즉, $\triangle EBD:\triangle AED=\overline{BE}:\overline{EA}=3:2$이므로

$\triangle ABD=\dfrac{5}{3}\triangle EBD=\dfrac{5}{3}\times24=40(cm^2)$

$\triangle ABD:\triangle ADC=\overline{BD}:\overline{CD}=3:2$이므로

$\triangle ADC=\dfrac{2}{3}\triangle ABD=\dfrac{2}{3}\times40=\dfrac{80}{3}(cm^2)$

07 답 ⑤ 〔유형 08〕

$9:3=6:x$이므로 $9x=18$ $\therefore x=2$

$9:y=6:(x+4)$이므로 $9:y=6:6$, $6y=54$ $\therefore y=9$

$\therefore x+y=2+9=11$

08 답 ③ 유형 09

오른쪽 그림과 같이 점 A에서 $\overline{DC}$에 평행한 직선을 그어 $\overline{EF}$, $\overline{BC}$와 만나는 점을 각각 G, H라 하면 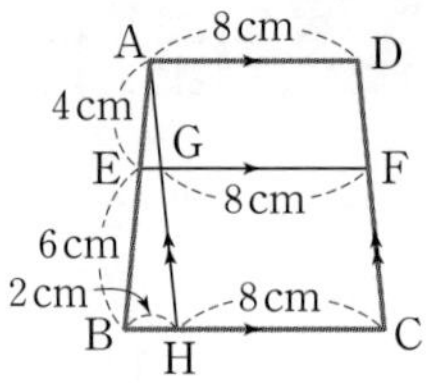
$\overline{GF}=\overline{HC}=\overline{AD}=8$ cm
$\therefore \overline{BH}=\overline{BC}-\overline{HC}$
$\qquad =10-8=2$(cm)
△ABH에서
$\overline{AE}:\overline{AB}=\overline{EG}:\overline{BH}$이므로
$4:(4+6)=\overline{EG}:2$, $10\overline{EG}=8$
$\therefore \overline{EG}=\dfrac{4}{5}$(cm)
$\therefore \overline{EF}=\overline{EG}+\overline{GF}=\dfrac{4}{5}+8$
$\qquad =\dfrac{44}{5}$(cm)

09 답 ① 유형 10

△ABE와 △CDE에서
∠AEB=∠CED (맞꼭지각), ∠ABE=∠CDE (엇각)
이므로 △ABE∽△CDE (AA 닮음)
$\therefore \overline{BE}:\overline{DE}=\overline{AB}:\overline{CD}=6:10=3:5$
$\therefore \triangle EBC=\dfrac{3}{8}\triangle BCD$
$\qquad =\dfrac{3}{8}\times\left(\dfrac{1}{2}\times 16\times 10\right)$
$\qquad =30$(cm^2)

다른 풀이
△ABE∽△CDE (AA 닮음)이므로
$\overline{BE}:\overline{DE}=\overline{AB}:\overline{CD}=6:10=3:5$
오른쪽 그림과 같이 점 E에서 $\overline{BC}$에 내린 수선의 발을 F라 하면 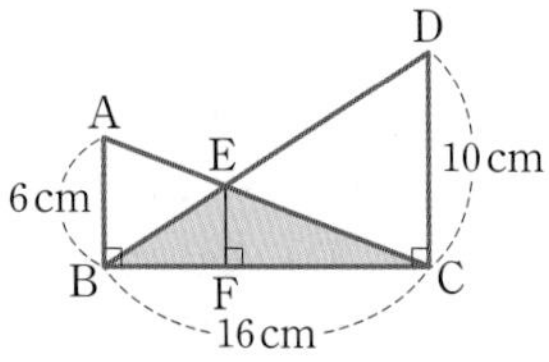
$\overline{AB}\,/\!/\,\overline{EF}\,/\!/\,\overline{DC}$
△BCD에서
$\overline{BE}:\overline{BD}=\overline{EF}:\overline{DC}$이므로
$3:(3+5)=\overline{EF}:10$, $8\overline{EF}=30$
$\therefore \overline{EF}=\dfrac{15}{4}$(cm)
$\therefore \triangle EBC=\dfrac{1}{2}\times 16\times\dfrac{15}{4}=30$(cm^2)

10 답 ③ 유형 11

△CAB에서 $\overline{CQ}=\overline{QA}$, $\overline{CR}=\overline{RB}$이므로
$\overline{QR}=\dfrac{1}{2}\overline{AB}=\dfrac{1}{2}\times 12=6$(cm)
$\overline{DC}=\overline{AB}=12$ cm이고
△ACD에서 $\overline{AP}=\overline{PD}$, $\overline{AQ}=\overline{QC}$이므로
$\overline{PQ}=\dfrac{1}{2}\overline{DC}=\dfrac{1}{2}\times 12=6$(cm)
$\therefore \overline{PQ}+\overline{QR}=6+6=12$(cm)

참고 등변사다리꼴의 평행하지 않은 한 쌍의 대변의 길이는 같다.

11 답 ④ 유형 12

$\overline{AM}=\overline{MB}$, $\overline{MN}\,/\!/\,\overline{BC}$이므로 $\overline{AN}=\overline{NC}$
$\therefore \overline{AN}=\dfrac{1}{2}\overline{AC}=\dfrac{1}{2}\times 12=6$(cm)
또, $\overline{AM}=\overline{MB}$, $\overline{AN}=\overline{NC}$이므로
$\overline{MN}=\dfrac{1}{2}\overline{BC}=\dfrac{1}{2}\times 10=5$(cm)
따라서 $\overline{AM}=\dfrac{1}{2}\overline{AB}=\dfrac{1}{2}\overline{AC}=\dfrac{1}{2}\times 12=6$(cm)이므로
△AMN의 둘레의 길이는
$\overline{AM}+\overline{MN}+\overline{NA}=6+5+6=17$(cm)

12 답 ⑤ 유형 13

△AEC에서 $\overline{AD}=\overline{DE}$, $\overline{AF}=\overline{FC}$이므로
$\overline{DF}\,/\!/\,\overline{EC}$이고 $\overline{EC}=2\overline{DF}=2\times 5=10$(cm)
△BGD에서 $\overline{BE}=\overline{ED}$, $\overline{EC}\,/\!/\,\overline{DG}$이므로
$\overline{BC}=\overline{CG}$이고 $\overline{DG}=2\overline{EC}=2\times 10=20$(cm)
$\therefore \overline{FG}=\overline{DG}-\overline{DF}=20-5=15$(cm)

13 답 ② 유형 14

$\overline{AB}=2\overline{FE}$, $\overline{BC}=2\overline{DF}$, $\overline{AC}=2\overline{DE}$이므로
(△ABC의 둘레의 길이)$=\overline{AB}+\overline{BC}+\overline{CA}$
$\qquad =2(\overline{FE}+\overline{DF}+\overline{DE})$
$\qquad =2\times(5+6+6)$
$\qquad =34$(cm)

14 답 ① 유형 15

오른쪽 그림과 같이 $\overline{AC}$를 긋고 $\overline{AC}$와 $\overline{MN}$의 교점을 P라 하면 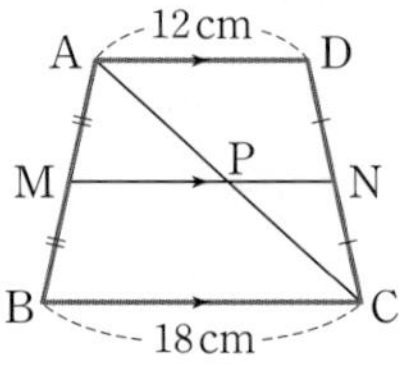
$\overline{AD}\,/\!/\,\overline{MN}\,/\!/\,\overline{BC}$이므로
△ABC에서
$\overline{MP}=\dfrac{1}{2}\overline{BC}=\dfrac{1}{2}\times 18=9$(cm)
△ACD에서
$\overline{PN}=\dfrac{1}{2}\overline{AD}=\dfrac{1}{2}\times 12=6$(cm)
$\therefore \overline{MN}=\overline{MP}+\overline{PN}=9+6=15$(cm)

15 답 ⑤ 유형 17

점 G'은 △GBC의 무게중심이므로
$\overline{GG'}=2\overline{G'D}=2\times 2=4$(cm)
$\therefore \overline{GD}=\overline{GG'}+\overline{G'D}=4+2=6$(cm)
또, 점 G는 △ABC의 무게중심이므로
$\overline{AG}=2\overline{GD}=2\times 6=12$(cm)
$\therefore \overline{AG'}=\overline{AG}+\overline{GG'}=12+4=16$(cm)

16 답 ⑤ 유형 18

오른쪽 그림과 같이 $\overline{AG}$, $\overline{AG'}$의 연장선이 $\overline{BC}$와 만나는 점을 각각 E, F라 하면
두 점 G, G'은 각각 △ABD, △ADC의 무게중심이므로
$\overline{BE}=\overline{ED}$, $\overline{DF}=\overline{FC}$

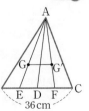

$$\therefore \overline{EF}=\overline{ED}+\overline{DF}=\frac{1}{2}(\overline{BD}+\overline{DC})$$

$$=\frac{1}{2}\overline{BC}=\frac{1}{2}\times36=18(cm)$$

$\triangle AEF$에서

$\overline{AG}:\overline{AE}=\overline{AG'}:\overline{AF}=2:3$이므로 $\overline{GG'}/\!/\overline{EF}$

따라서 $\overline{GG'}:\overline{EF}=2:3$이므로

$\overline{GG'}:18=2:3$, $3\overline{GG'}=36$

$$\therefore \overline{GG'}=12(cm)$$

17 답 ④ 〔유형 **19**〕

점 G는 $\triangle ABC$의 무게중심이므로

$$\triangle GBD=\frac{1}{6}\triangle ABC=\frac{1}{6}\times96=16(cm^2)$$

이때 $\overline{BE}=\overline{EG}$이므로

$$\triangle GED=\frac{1}{2}\triangle GBD=\frac{1}{2}\times16=8(cm^2)$$

18 답 ① 〔유형 **20**〕

오른쪽 그림과 같이 $\overline{AC}$를 긋고 $\overline{AC}$
와 $\overline{BD}$의 교점을 O라 하면
$\overline{AO}=\overline{CO}$이므로 두 점 P, Q는 각각
$\triangle ABC$, $\triangle ACD$의 무게중심이다.

$$\therefore \triangle APQ=\triangle APO+\triangle AQO$$
$$=\frac{1}{6}\triangle ABC+\frac{1}{6}\triangle ACD$$
$$=\frac{1}{6}\square ABCD$$
$$=\frac{1}{6}\times36=6(cm^2)$$

19 답 16 cm 〔유형 **03**〕

$\triangle ADC$에서 $\overline{AF}:\overline{FD}=\overline{AE}:\overline{EC}$이므로

$9:\overline{FD}=12:8$, $12\overline{FD}=72$

$$\therefore \overline{FD}=6(cm) \quad\cdots\cdots ❶$$

$\triangle ABC$에서 $\overline{AD}:\overline{DB}=\overline{AE}:\overline{EC}$이므로

$(9+6):\overline{DB}=12:8$, $12\overline{DB}=120$

$$\therefore \overline{DB}=10(cm) \quad\cdots\cdots ❷$$

$$\therefore \overline{FB}=\overline{FD}+\overline{DB}=6+10=16(cm) \quad\cdots\cdots ❸$$

채점 기준	배점
❶ $\overline{FD}$의 길이 구하기	2점
❷ $\overline{DB}$의 길이 구하기	2점
❸ $\overline{FB}$의 길이 구하기	2점

20 답 9 cm 〔유형 **07**〕

$\overline{AB}:\overline{AC}=\overline{BD}:\overline{CD}$에서

$12:6=\overline{BD}:9$, $6\overline{BD}=108$

$$\therefore \overline{BD}=18(cm) \quad\cdots\cdots ❶$$

$$\therefore \overline{BC}=\overline{BD}-\overline{CD}=18-9=9(cm) \quad\cdots\cdots ❷$$

채점 기준	배점
❶ $\overline{BD}$의 길이 구하기	3점
❷ $\overline{BC}$의 길이 구하기	1점

21 답 $\frac{14}{3}$ cm 〔유형 **09**〕

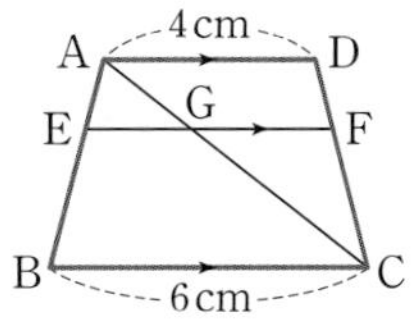

오른쪽 그림과 같이 $\overline{AC}$를 긋고 $\overline{AC}$와
$\overline{EF}$의 교점을 G라 하면
$\triangle ABC$에서

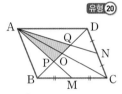

$\overline{AE}:\overline{AB}=\overline{EG}:\overline{BC}$이므로

$1:(1+2)=\overline{EG}:6$, $3\overline{EG}=6$

$$\therefore \overline{EG}=2(cm) \quad\cdots\cdots ❶$$

또, $\triangle ACD$에서 $\overline{CG}:\overline{CA}=\overline{GF}:\overline{AD}$이므로

$2:(2+1)=\overline{GF}:4$, $3\overline{GF}=8$

$$\therefore \overline{GF}=\frac{8}{3}(cm) \quad\cdots\cdots ❷$$

$$\therefore \overline{EF}=\overline{EG}+\overline{GF}=2+\frac{8}{3}=\frac{14}{3}(cm) \quad\cdots\cdots ❸$$

채점 기준	배점
❶ $\overline{EG}$의 길이 구하기	2점
❷ $\overline{GF}$의 길이 구하기	2점
❸ $\overline{EF}$의 길이 구하기	2점

22 답 10 cm 〔유형 **13**〕

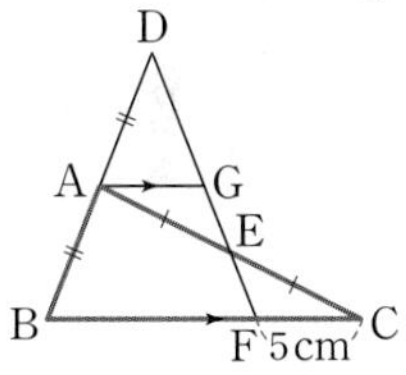

오른쪽 그림과 같이 점 A에서 $\overline{BC}$에
평행한 직선을 그어 $\overline{DF}$와의 교점을 G
라 하면
$\triangle AEG$와 $\triangle CEF$에서
$\angle GAE=\angle FCE$ (엇각),
$\overline{AE}=\overline{CE}$,
$\angle AEG=\angle CEF$ (맞꼭지각)
이므로 $\triangle AEG\equiv\triangle CEF$ (ASA 합동) $\quad\cdots\cdots ❶$

$$\therefore \overline{AG}=\overline{CF}=5\,cm \quad\cdots\cdots ❷$$

$\triangle DBF$에서 $\overline{DA}=\overline{AB}$, $\overline{AG}/\!/\overline{BF}$이므로 $\overline{DG}=\overline{GF}$

$$\therefore \overline{BF}=2\overline{AG}=2\times5=10(cm) \quad\cdots\cdots ❸$$

채점 기준	배점
❶ $\triangle AEG\equiv\triangle CEF$임을 알기	4점
❷ $\overline{AG}$의 길이 구하기	1점
❸ $\overline{BF}$의 길이 구하기	2점

23 답 3 : 1 : 2 〔유형 **18**〕

점 G는 $\triangle ABC$의 무게중심이므로

$\overline{GD}=a$라 하면 $\overline{AG}=2\overline{GD}=2a$, $\overline{AD}=2a+a=3a$ $\quad\cdots\cdots ❶$

$\triangle ABC$에서 $\overline{AF}=\overline{FB}$, $\overline{AE}=\overline{EC}$이고
$\overline{FE}/\!/\overline{BC}$이므로 $\overline{AH}=\overline{HD}$

따라서 $\overline{AH}=\frac{1}{2}\overline{AD}=\frac{3}{2}a$이므로

$$\overline{HG}=\overline{AG}-\overline{AH}=2a-\frac{3}{2}a=\frac{1}{2}a \quad\cdots\cdots ❷$$

$$\therefore \overline{AH}:\overline{HG}:\overline{GD}=\frac{3}{2}a:\frac{1}{2}a:a=3:1:2 \quad\cdots\cdots ❸$$

채점 기준	배점
❶ $\overline{AG}$, $\overline{AD}$의 길이를 $\overline{GD}$의 길이를 사용하여 각각 나타내기	2점
❷ $\overline{AH}$, $\overline{HG}$의 길이를 $\overline{GD}$의 길이를 사용하여 각각 나타내기	3점
❸ $\overline{AH}:\overline{HG}:\overline{GD}$를 가장 간단한 자연수의 비로 나타내기	2점

실전 중단원 학교 시험 2회

48쪽~51쪽

01 ③	02 ②	03 ②	04 ②, ⑤	05 ③
06 ④	07 ①	08 ⑤	09 ③	10 ②
11 ①	12 ②	13 ①	14 ⑤	15 ⑤
16 ②	17 ④	18 ④	19 21 cm	20 $\dfrac{24}{7}$ cm
21 5 cm	22 22 cm²	23 9 cm²		

01 답 ③ 〔유형 01〕

$\overline{AD} : \overline{AB} = \overline{AE} : \overline{AC}$에서

$3 : x = 4 : (4+8)$, $4x = 36$ ∴ $x = 9$

$\overline{AE} : \overline{AC} = \overline{DE} : \overline{BC}$에서

$4 : 12 = y : 15$, $12y = 60$ ∴ $y = 5$

∴ $x - y = 9 - 5 = 4$

02 답 ② 〔유형 02〕

$\overline{BC} /\!/ \overline{DE}$이므로 $\overline{AB} : \overline{AD} = \overline{BC} : \overline{DE}$에서

$x : 2 = (3+6) : 3$, $3x = 18$ ∴ $x = 6$

$\overline{AB} /\!/ \overline{FG}$이므로 $\overline{CG} : \overline{CB} = \overline{FG} : \overline{AB}$에서

$6 : (6+3) = y : x$, $6 : 9 = y : 6$, $9y = 36$ ∴ $y = 4$

∴ $x + y = 6 + 4 = 10$

03 답 ② 〔유형 03〕

$\triangle ABE$에서 $\overline{AD} : \overline{DB} = \overline{AF} : \overline{FE} = 3 : 4$

$\triangle ABC$에서 $\overline{AD} : \overline{DB} = \overline{AE} : \overline{EC}$이므로

$3 : 4 = (3+4) : \overline{EC}$, $3\overline{EC} = 28$ ∴ $\overline{EC} = \dfrac{28}{3}$ (cm)

04 답 ②, ⑤ 〔유형 04〕

①, ④ $\overline{CE} : \overline{EB} = 5 : 7.5 = 2 : 3$, $\overline{CF} : \overline{FA} = 3 : 4.5 = 2 : 3$

즉, $\overline{CE} : \overline{EB} = \overline{CF} : \overline{FA}$이므로 $\overline{AB} /\!/ \overline{FE}$이고

$\overline{FE} : \overline{AB} = 2 : (2+3) = 2 : 5$

②, ⑤ $\overline{AD} : \overline{DB} = 4 : 6 = 2 : 3$, $\overline{AF} : \overline{FC} = 4.5 : 3 = 3 : 2$

즉, $\overline{AD} : \overline{DB} \neq \overline{AF} : \overline{FC}$이므로 $\overline{BC}$와 $\overline{DF}$는 평행하지 않고 $\triangle ADF$와 $\triangle ABC$는 서로 닮음이 아니다.

③ $\overline{BD} : \overline{DA} = 6 : 4 = 3 : 2$, $\overline{BE} : \overline{EC} = 7.5 : 5 = 3 : 2$

즉, $\overline{BD} : \overline{DA} = \overline{BE} : \overline{EC}$이므로 $\overline{AC} /\!/ \overline{DE}$이다.

따라서 옳지 않은 것은 ②, ⑤이다.

05 답 ③ 〔유형 05〕

$\triangle AED$와 $\triangle ACD$에서

$\angle AED = \angle ACD = 90°$, $\overline{AD}$는 공통, $\angle EAD = \angle CAD$

이므로 $\triangle AED \equiv \triangle ACD$ (RHA 합동)

∴ $\overline{AE} = \overline{AC} = 15$ cm, $\overline{ED} = \overline{CD}$

$\triangle ABC$에서 $\overline{AB} : \overline{AC} = \overline{BD} : \overline{CD}$이므로

$(15+24) : 15 = 26 : \overline{CD}$, $39\overline{CD} = 390$ ∴ $\overline{CD} = 10$ (cm)

∴ $\overline{ED} = \overline{CD} = 10$ cm

06 답 ④ 〔유형 06〕

$\overline{BD} : \overline{CD} = \overline{AB} : \overline{AC} = 12 : 10 = 6 : 5$이므로

$\triangle ABD : \triangle ACD = \overline{BD} : \overline{CD} = 6 : 5$에서

$48 : \triangle ACD = 6 : 5$, $6\triangle ACD = 240$

∴ $\triangle ACD = 40$ (cm²)

07 답 ① 〔유형 07〕

$\overline{AB} : \overline{AC} = \overline{BD} : \overline{CD}$에서

$4 : 3 = \overline{BD} : 9$, $3\overline{BD} = 36$ ∴ $\overline{BD} = 12$ (cm)

따라서 $\overline{BC} = \overline{BD} - \overline{CD} = 12 - 9 = 3$ (cm)이므로

$\triangle ABC$의 둘레의 길이는

$\overline{AB} + \overline{BC} + \overline{CA} = 4 + 3 + 3 = 10$ (cm)

08 답 ⑤ 〔유형 08〕

$4 : (4+6) = 5 : x$이므로 $4x = 50$ ∴ $x = \dfrac{25}{2}$

$4 : (4+6) = (15-y) : 15$이므로

$150 - 10y = 60$, $10y = 90$ ∴ $y = 9$

∴ $x - y = \dfrac{25}{2} - 9 = \dfrac{7}{2}$

09 답 ③ 〔유형 09〕

오른쪽 그림과 같이 점 A에서 $\overline{DC}$에 평행한 직선을 그어 $\overline{EF}$, $\overline{BC}$와 만나는 점을 각각 G, H라 하면

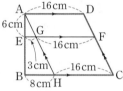

$\overline{GF} = \overline{HC} = \overline{AD} = 16$ cm

∴ $\overline{EG} = \overline{EF} - \overline{GF} = 19 - 16 = 3$ (cm)

$\overline{BH} = \overline{BC} - \overline{HC} = 24 - 16 = 8$ (cm)

$\triangle ABH$에서 $\overline{AE} : \overline{AB} = \overline{EG} : \overline{BH}$이므로

$6 : \overline{AB} = 3 : 8$, $3\overline{AB} = 48$ ∴ $\overline{AB} = 16$ (cm)

∴ $\overline{EB} = \overline{AB} - \overline{AE} = 16 - 6 = 10$ (cm)

10 답 ② 〔유형 10〕

$\triangle ABC$에서 $\overline{CF} : \overline{CB} = \overline{EF} : \overline{AB} = 6 : 10 = 3 : 5$이므로

$\overline{CF} : \overline{FB} = 3 : 2$

$\triangle BCD$에서 $\overline{BF} : \overline{BC} = \overline{EF} : \overline{DC}$이므로

$2 : (2+3) = 6 : \overline{DC}$, $2\overline{DC} = 30$ ∴ $\overline{DC} = 15$ (cm)

11 답 ① 〔유형 11〕

$\triangle ABC$에서 $\overline{AD} = \overline{DB}$, $\overline{AE} = \overline{EC}$이므로

$\overline{DE} = \dfrac{1}{2}\overline{BC} = \dfrac{1}{2} \times 28 = 14$ (cm)

$\triangle ADE$에서 $\overline{AF} = \overline{FD}$, $\overline{AG} = \overline{GE}$이므로

$\overline{FG} = \dfrac{1}{2}\overline{DE} = \dfrac{1}{2} \times 14 = 7$ (cm)

12 답 ② 〔유형 11 + 유형 12〕

$\triangle ABC$에서 $\overline{AE} = \overline{EB}$, $\overline{AF} = \overline{FC}$이므로 $\overline{EF} /\!/ \overline{BC}$이고

$\overline{EF} = \dfrac{1}{2}\overline{BC} = \dfrac{1}{2} \times 22 = 11$ (cm)

$\triangle ABD$에서 $\overline{BE} = \overline{EA}$이고 $\overline{EG} /\!/ \overline{AD}$이므로 $\overline{BG} = \overline{GD}$

∴ $\overline{EG} = \dfrac{1}{2}\overline{AD} = \dfrac{1}{2} \times 14 = 7$ (cm)

∴ $\overline{GF} = \overline{EF} - \overline{EG} = 11 - 7 = 4$ (cm)

13 답 ① 〔유형 13〕

$\triangle AEG$에서 $\overline{AD} = \overline{DE}$, $\overline{AF} = \overline{FG}$이므로 $\overline{DF} /\!/ \overline{EG}$이고

$\overline{EG} = 2\overline{DF} = 2 \times 3 = 6$ (cm)

$\triangle DBF$에서 $\overline{BE} = \overline{ED}$, $\overline{EP} /\!/ \overline{DF}$이므로 $\overline{BP} = \overline{PF}$

∴ $\overline{EP} = \dfrac{1}{2}\overline{DF} = \dfrac{1}{2} \times 3 = \dfrac{3}{2}$ (cm)

같은 방법으로 하면 △DCF에서 $\overline{QG}=\dfrac{3}{2}$ cm

$\therefore \overline{PQ}=\overline{EG}-\overline{EP}-\overline{QG}=6-\dfrac{3}{2}-\dfrac{3}{2}=3(\text{cm})$

14 답 ③   유형 ⑮

$\overline{AD}\,/\!/\,\overline{MN}\,/\!/\,\overline{BC}$이므로

△ABC에서 $\overline{MQ}=\dfrac{1}{2}\overline{BC}=\dfrac{1}{2}\times 25=\dfrac{25}{2}(\text{cm})$

$\overline{MQ}:\overline{PQ}=5:2$이므로 $\overline{MP}:\overline{PQ}=3:2$

$\therefore \overline{MP}=\dfrac{3}{5}\overline{MQ}=\dfrac{3}{5}\times\dfrac{25}{2}=\dfrac{15}{2}(\text{cm})$

따라서 △ABD에서 $\overline{AD}=2\overline{MP}=2\times\dfrac{15}{2}=15(\text{cm})$

15 답 ⑤   유형 ⑯

△ABD$=\dfrac{1}{2}$△ABC$=\dfrac{1}{2}\times 24=12(\text{cm}^2)$

$\therefore$ △AED$=\dfrac{1}{2}$△ABD$=\dfrac{1}{2}\times 12=6(\text{cm}^2)$

16 답 ②   유형 ⑱

점 G는 △ABC의 무게중심이므로 $\overline{BD}=\overline{CD}=9$ cm

△ABD에서 $\overline{AG}:\overline{AD}=\overline{EG}:\overline{BD}$이므로

$2:3=x:9,\ 3x=18$ $\therefore x=6$

△ADC에서 $\overline{AD}:\overline{DG}=\overline{AC}:\overline{CF}$이므로

$3:1=21:y,\ 3y=21$ $\therefore y=7$

$\therefore x+y=6+7=13$

17 답 ④   유형 ⑲

오른쪽 그림과 같이 $\overline{AG}$를 그으면

△AMG+△AGN

$=\dfrac{1}{2}$△ABG$+\dfrac{1}{2}$△AGC

$=\dfrac{1}{2}\times\dfrac{1}{3}$△ABC$+\dfrac{1}{2}\times\dfrac{1}{3}$△ABC

$=\dfrac{1}{6}$△ABC$+\dfrac{1}{6}$△ABC$=\dfrac{1}{3}$△ABC

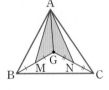

따라서 색칠한 부분의 넓이가 9 cm²이므로

$\dfrac{1}{3}$△ABC$=9(\text{cm}^2)$ $\therefore$ △ABC$=27(\text{cm}^2)$

18 답 ④   유형 ⑳

오른쪽 그림과 같이 $\overline{AC}$를 긋고 $\overline{AC}$와 $\overline{BD}$의 교점을 O라 하면 $\overline{AO}=\overline{CO}$이므로 두 점 P, Q는 각각 △ABC, △ACD의 무게중심이다.

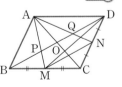

이때 $\overline{BP}:\overline{PO}=2:1,\ \overline{DQ}:\overline{QO}=2:1$이고

$\overline{BO}=\overline{DO}$이므로 $\overline{BP}=\overline{PQ}=\overline{QD}$

$S_1=\dfrac{1}{3}$△ABD$=\dfrac{1}{3}\times\dfrac{1}{2}\square$ABCD$=\dfrac{1}{6}\square$ABCD

$\overline{DM}$을 그으면

$S_3=\dfrac{1}{2}$△DMC$=\dfrac{1}{2}\times\dfrac{1}{2}$△DBC$=\dfrac{1}{4}\times\dfrac{1}{2}\square$ABCD$=\dfrac{1}{8}\square$ABCD

$S_2=\square$AMCN$-($△APQ$+$△MCN$)$

$=\dfrac{1}{2}\square$ABCD$-\left(\dfrac{1}{6}\square\text{ABCD}+\dfrac{1}{8}\square\text{ABCD}\right)$

$=\dfrac{5}{24}\square$ABCD

$\therefore S_1:S_2:S_3=\dfrac{1}{6}\square\text{ABCD}:\dfrac{5}{24}\square\text{ABCD}:\dfrac{1}{8}\square\text{ABCD}$

$=4:5:3$

19 답 21 cm   유형 ⑬

△ABG에서 $\overline{AF}:\overline{AG}=\overline{DF}:\overline{BG}=5:7$ …… ❶

△AGC에서 $\overline{AF}:\overline{AG}=\overline{FE}:\overline{GC}$이므로

$5:7=10:\overline{GC},\ 5\overline{GC}=70$ $\therefore \overline{GC}=14(\text{cm})$ …… ❷

$\therefore \overline{BC}=\overline{BG}+\overline{GC}=7+14=21(\text{cm})$ …… ❸

채점 기준	배점
❶ $\overline{AF}:\overline{AG}$ 구하기	1점
❷ $\overline{GC}$의 길이 구하기	2점
❸ $\overline{BC}$의 길이 구하기	1점

20 답 $\dfrac{24}{7}$ cm   유형 ⑤

$\overline{AD}$는 ∠A의 이등분선이므로

$\overline{AB}:\overline{AC}=\overline{BD}:\overline{CD}$에서

$\overline{AB}:16=4:8,\ 8\overline{AB}=64$ $\therefore \overline{AB}=8(\text{cm})$ …… ❶

또, $\overline{CE}$는 ∠C의 이등분선이므로

$\overline{CA}:\overline{CB}=\overline{AE}:\overline{BE}$에서

$16:(8+4)=(8-\overline{BE}):\overline{BE}$

$16\overline{BE}=96-12\overline{BE},\ 28\overline{BE}=96$

$\therefore \overline{BE}=\dfrac{24}{7}(\text{cm})$ …… ❷

채점 기준	배점
❶ $\overline{AB}$의 길이 구하기	2점
❷ $\overline{BE}$의 길이 구하기	4점

21 답 5 cm   유형 ⑬

$\overline{BD}:\overline{DC}=2:3$이므로 $\overline{BD}=2a$ cm, $\overline{DC}=3a$ cm (단, $a>0$)라 하면 $\overline{BC}=\overline{BD}+\overline{DC}=2a+3a=5a(\text{cm})$

△ABC에서 $\overline{AE}=\overline{EB},\ \overline{AF}=\overline{FC}$이므로 $\overline{EF}\,/\!/\,\overline{BC}$이고

$\overline{EF}=\dfrac{1}{2}\overline{BC}=\dfrac{1}{2}\times 5a=\dfrac{5}{2}a(\text{cm})$ …… ❶

△GBD와 △GFE에서

∠BGD=∠FGE (맞꼭지각), ∠GBD=∠GFE (엇각)

이므로 △GBD∽△GFE (AA 닮음) …… ❷

따라서 $\overline{GB}:\overline{GF}=\overline{BD}:\overline{FE}$이므로

$4:\overline{GF}=2a:\dfrac{5}{2}a,\ 4:\overline{GF}=4:5$

$\therefore \overline{GF}=5(\text{cm})$ …… ❸

채점 기준	배점
❶ $\overline{EF}$의 길이를 $\overline{BC}$의 길이를 사용하여 나타내기	3점
❷ △GBD∽△GFE임을 알기	2점
❸ $\overline{GF}$의 길이 구하기	2점

22 답 $22\,\text{cm}^2$ 유형 ⑲

점 G는 △ABC의 무게중심이므로 $\overline{\text{BF}}=\overline{\text{CF}}$

$\therefore \triangle\text{AFC}=\dfrac{1}{2}\triangle\text{ABC}=\dfrac{1}{2}\times 66=33(\text{cm}^2)$ ······ ❶

△AFC에서 $\overline{\text{GE}}\,/\!/\,\overline{\text{FC}}$이므로

$\overline{\text{AE}}:\overline{\text{EC}}=\overline{\text{AG}}:\overline{\text{GF}}=2:1$ ······ ❷

$\therefore \triangle\text{AFE}=\dfrac{2}{3}\triangle\text{AFC}=\dfrac{2}{3}\times 33=22(\text{cm}^2)$ ······ ❸

채점 기준	배점
❶ △AFC의 넓이 구하기	2점
❷ $\overline{\text{AE}}:\overline{\text{EC}}$ 구하기	2점
❸ △AFE의 넓이 구하기	2점

23 답 $9\,\text{cm}^2$ 유형 ⑳

△DBC에서 $\overline{\text{BE}}=\overline{\text{EC}}$, $\overline{\text{BO}}=\overline{\text{DO}}$이므로 점 F는 △DBC의 무게중심이다. ······ ❶

$\triangle\text{DBC}=\dfrac{1}{2}\square\text{ABCD}=\dfrac{1}{2}\times(18\times 12)=108(\text{cm}^2)$이므로

$\triangle\text{OFD}=\dfrac{1}{6}\triangle\text{DBC}=\dfrac{1}{6}\times 108=18(\text{cm}^2)$ ······ ❷

이때 $\overline{\text{DF}}:\overline{\text{FE}}=2:1$이므로

$\triangle\text{OFD}:\triangle\text{OEF}=\overline{\text{DF}}:\overline{\text{FE}}=2:1$

$\therefore \triangle\text{OEF}=\dfrac{1}{2}\triangle\text{OFD}=\dfrac{1}{2}\times 18=9(\text{cm}^2)$ ······ ❸

채점 기준	배점
❶ 점 F가 △DBC의 무게중심임을 알기	2점
❷ △OFD의 넓이 구하기	2점
❸ △OEF의 넓이 구하기	3점

교과서 속 특이 문제

○52쪽

01 답 $3\,\text{cm}$

오른쪽 그림과 같이 점 A에서 공책의 8번째 줄에 내린 수선의 발을 H라 하고 $\overline{\text{AH}}$가 공책의 4번째, 6번째 줄과 만나는 점을 각각 E, F라 하자. 공책 위의 줄은 모두 평행하고 간격이 일정하므로

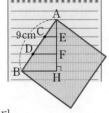

$\overline{\text{CE}}\,/\!/\,\overline{\text{DF}}\,/\!/\,\overline{\text{BH}}$이고 $\overline{\text{AE}}=\overline{\text{EF}}=\overline{\text{FH}}$이다.

따라서 $\overline{\text{AC}}:\overline{\text{CD}}:\overline{\text{DB}}=\overline{\text{AE}}:\overline{\text{EF}}:\overline{\text{FH}}=1:1:1$이므로

$\overline{\text{CD}}=\dfrac{1}{3}\overline{\text{AB}}=\dfrac{1}{3}\times 9=3(\text{cm})$

02 답 $55\,\text{cm}$

오른쪽 그림과 같이 8개의 점 A∼H의 위치를 정하자. 점 E를 지나고 $\overline{\text{AD}}$에 평행한 직선이 $\overline{\text{BF}}$, $\overline{\text{CG}}$, $\overline{\text{DH}}$와 만나는 점을 각각 I, J, K라 하면 □ADKE는 평행사변형이다.

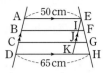

$\overline{\text{DK}}=\overline{\text{BI}}=\overline{\text{AE}}=50\,\text{cm}$이므로

$\overline{\text{KH}}=\overline{\text{DH}}-\overline{\text{DK}}=65-50=15(\text{cm})$

△EKH에서 $\overline{\text{IF}}\,/\!/\,\overline{\text{KH}}$이므로 $\overline{\text{IF}}=x\,\text{cm}$라 하면

$\overline{\text{EF}}:\overline{\text{EH}}=\overline{\text{IF}}:\overline{\text{KH}}$, 즉 $1:3=x:15$이므로

$3x=15$ $\therefore x=5$

따라서 새로 만들어야 할 다리의 길이는

$\overline{\text{BF}}=\overline{\text{BI}}+\overline{\text{IF}}=50+5=55(\text{cm})$

03 답 (1) $4:5$ (2) $\dfrac{20}{3}\,\text{cm}$ (3) $\dfrac{60}{13}\,\text{cm}$

(1) △AOD와 △COB에서

∠AOD=∠COB (맞꼭지각), ∠ADO=∠CBO (엇각)

이므로 △AOD∽△COB (AA 닮음)

$\therefore \overline{\text{AO}}:\overline{\text{CO}}=\overline{\text{AD}}:\overline{\text{CB}}=12:15=4:5$

△ABC에서 $\overline{\text{EO}}\,/\!/\,\overline{\text{BC}}$이므로

$\overline{\text{AE}}:\overline{\text{EB}}=\overline{\text{AO}}:\overline{\text{OC}}=4:5$

(2) △ABC에서 $\overline{\text{EO}}:\overline{\text{BC}}=\overline{\text{AE}}:\overline{\text{AB}}=4:(4+5)$이므로

$\overline{\text{EO}}:15=4:9$, $9\overline{\text{EO}}=60$ $\therefore \overline{\text{EO}}=\dfrac{20}{3}(\text{cm})$

(3) △EGO와 △CGB에서

∠EGO=∠CGB (맞꼭지각), ∠EOG=∠CBG (엇각)

이므로 △EGO∽△CGB (AA 닮음)

$\therefore \overline{\text{OG}}:\overline{\text{BG}}=\overline{\text{EO}}:\overline{\text{CB}}=\dfrac{20}{3}:15=4:9$

△OBC에서 $\overline{\text{GH}}\,/\!/\,\overline{\text{BC}}$이므로

$\overline{\text{GH}}:\overline{\text{BC}}=\overline{\text{OG}}:\overline{\text{OB}}=4:(4+9)$

즉, $\overline{\text{GH}}:15=4:13$이므로

$13\overline{\text{GH}}=60$ $\therefore \overline{\text{GH}}=\dfrac{60}{13}(\text{cm})$

04 답 (1) 풀이 참조 (2) $\dfrac{5}{4}$배

(1) 점 G는 △ABC의 무게중심이므로

$\overline{\text{AG}}:\overline{\text{GM}}=2:1$

△ABM에서 $\overline{\text{DG}}:\overline{\text{BM}}=\overline{\text{AG}}:\overline{\text{AM}}=2:3$

△AMC에서 $\overline{\text{GE}}:\overline{\text{MC}}=\overline{\text{AG}}:\overline{\text{AM}}=2:3$

$\overline{\text{BM}}=\overline{\text{MC}}$이므로

$\overline{\text{DE}}:\overline{\text{BC}}=(2+2):(3+3)=2:3$

$\therefore \overline{\text{DE}}=\dfrac{2}{3}\overline{\text{BC}}$

(2) △ADE와 △ABC에서

∠ADE=∠ABC (동위각), ∠A는 공통

이므로 △ADE∽△ABC (AA 닮음)

이때 $\overline{\text{AD}}:\overline{\text{AB}}=2:3$이므로

$\triangle\text{ADE}:\triangle\text{ABC}=2^2:3^2=4:9$

$\therefore \triangle\text{ADE}:\square\text{DBCE}=4:5$

따라서 □DBCE의 넓이는 △ADE의 넓이의 $\dfrac{5}{4}$배이다.

3 피타고라스 정리 VI. 도형의 닮음과 피타고라스 정리

54쪽~55쪽

개념 check

1 답 (1) 6 (2) 20

(1) $x^2 + 8^2 = 10^2$, $x^2 = 36$

  $\therefore x = 6$ $(\because x > 0)$

(2) $12^2 + 16^2 = x^2$, $x^2 = 400$

  $\therefore x = 20$ $(\because x > 0)$

2 답 $22\,\text{cm}^2$

$\square AFGB = \square ACDE + \square BHIC$

$\qquad = 7 + 15 = 22(\text{cm}^2)$

3 답 $169\,\text{cm}^2$

$\triangle AEH$에서 $\overline{EH}^2 = 12^2 + 5^2 = 169$

$\therefore \overline{EH} = 13(\text{cm})$ $(\because \overline{EH} > 0)$

$\triangle AEH$와 $\triangle BFE$에서

$\overline{AH} = \overline{BE}$, $\angle A = \angle B = 90°$,

$\overline{AE} = \overline{AB} - \overline{BE} = \overline{BC} - \overline{CF} = \overline{BF}$

이므로 $\triangle AEH \equiv \triangle BFE$ (SAS 합동)

같은 방법으로 하면

$\triangle AEH \equiv \triangle BFE \equiv \triangle CGF \equiv \triangle DHG$ (SAS 합동)

따라서 $\square EFGH$는 한 변의 길이가 $13\,\text{cm}$인 정사각형이므로

그 넓이는 $13 \times 13 = 169(\text{cm}^2)$

4 답 (1) × (2) ○ (3) ×

(1) $11^2 \neq 6^2 + 8^2$이므로 직각삼각형이 아니다.

(2) $15^2 = 9^2 + 12^2$이므로 직각삼각형이다.

(3) $15^2 \neq 10^2 + 11^2$이므로 직각삼각형이 아니다.

5 답 (1) 직각삼각형 (2) 둔각삼각형 (3) 예각삼각형

(1) $5^2 = 3^2 + 4^2$이므로 직각삼각형이다.

(2) $11^2 > 5^2 + 7^2$이므로 둔각삼각형이다.

(3) $8^2 < 6^2 + 7^2$이므로 예각삼각형이다.

6 답 61

$\overline{DE}^2 + \overline{BC}^2 = \overline{BE}^2 + \overline{CD}^2$

$\qquad\qquad = 6^2 + 5^2 = 61$

7 답 (1) 60 (2) 32

(1) $\overline{AB}^2 + \overline{CD}^2 = \overline{AD}^2 + \overline{BC}^2$이므로

  $5^2 + x^2 = 6^2 + 7^2$ $\therefore x^2 = 60$

(2) $\overline{AP}^2 + \overline{CP}^2 = \overline{BP}^2 + \overline{DP}^2$이므로

  $x^2 + 9^2 = 7^2 + 8^2$ $\therefore x^2 = 32$

8 답 (1) 20π (2) 81

(1) (색칠한 부분의 넓이) $= 12\pi + 8\pi = 20\pi$

(2) (색칠한 부분의 넓이) $= \triangle ABC$

  $\qquad\qquad\qquad = \dfrac{1}{2} \times 18 \times 9 = 81$

기출 유형

◎ 56쪽~61쪽

유형 01 피타고라스 정리 56쪽

직각삼각형에서 두 변의 길이를 알면 피타고라스 정리를 이용하여 나머지 한 변의 길이를 구할 수 있다.

→ $\angle C = 90°$인 직각삼각형 ABC에서

$c^2 = a^2 + b^2$, $a^2 = c^2 - b^2$, $b^2 = c^2 - a^2$

01 답 $30\,\text{cm}^2$

$\triangle ABC$에서 $\overline{BC}^2 = 13^2 - 5^2 = 144$

$\therefore \overline{BC} = 12(\text{cm})$ $(\because \overline{BC} > 0)$

$\therefore \triangle ABC = \dfrac{1}{2} \times 12 \times 5 = 30(\text{cm}^2)$

02 답 $5\,\text{m}$

나무의 키가 $7\,\text{m}$이므로 부러진 부분에서 나무의 꼭대기까지의 길이는 $7 - 4 = 3(\text{m})$

오른쪽 그림과 같이 나무가 서 있던 지점에서 부러진 나무의 끝이 닿은 지점까지의 거리를 $x\,\text{m}$라 하면

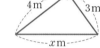

$4^2 + 3^2 = x^2$, $x^2 = 25$

$\therefore x = 5$ $(\because x > 0)$

따라서 나무가 서 있던 지점에서 부러진 나무의 끝이 닿은 지점까지의 거리는 $5\,\text{m}$이다.

03 답 $10\,\text{cm}$

정사각형 ABCD의 넓이가 $4\,\text{cm}^2$이므로

$\overline{BC}^2 = 4$ $\therefore \overline{BC} = 2(\text{cm})$ $(\because \overline{BC} > 0)$

정사각형 CEFG의 넓이가 $36\,\text{cm}^2$이므로

$\overline{CE}^2 = 36$ $\therefore \overline{CE} = 6(\text{cm})$ $(\because \overline{CE} > 0)$

$\therefore \overline{BE} = \overline{BC} + \overline{CE} = 2 + 6 = 8(\text{cm})$

이때 $\overline{EF} = \overline{CE} = 6\,\text{cm}$이므로

$\triangle BEF$에서 $\overline{BF}^2 = 8^2 + 6^2 = 100$

$\therefore \overline{BF} = 10(\text{cm})$ $(\because \overline{BF} > 0)$

04 답 $16\,\text{cm}$

$\overline{GD} = \dfrac{1}{2}\overline{AG} = \dfrac{1}{2} \times \dfrac{20}{3} = \dfrac{10}{3}(\text{cm})$이므로

$\overline{AD} = \overline{AG} + \overline{GD} = \dfrac{20}{3} + \dfrac{10}{3} = 10(\text{cm})$

점 D는 직각삼각형 ABC의 외심이므로

$\overline{BD} = \overline{CD} = \overline{AD} = 10\,\text{cm}$

$\therefore \overline{BC} = \overline{BD} + \overline{CD} = 10 + 10 = 20(\text{cm})$

따라서 $\triangle ABC$에서 $\overline{AB}^2 = 20^2 - 12^2 = 256$

$\therefore \overline{AB} = 16(\text{cm})$ $(\because \overline{AB} > 0)$

참고 점 G가 $\triangle ABC$의 무게중심이므로 $\overline{AD}$는 $\triangle ABC$의 중선이다. 따라서 점 D는 직각삼각형 ABC의 빗변 BC의 중점, 즉 $\triangle ABC$의 외심이다.

VI-3. 피타고라스 정리 **35**

정답 및 풀이

 유형 **02** 삼각형에서 피타고라스 정리 이용하기 56쪽

(1) 삼각형에서 직각삼각형을 찾아 피타고라스 정리를 이용한다.

① ②

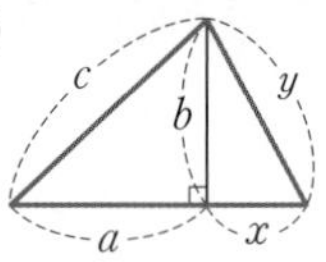

→ $c^2 = a^2 + b^2$
　$y^2 = x^2 + b^2$

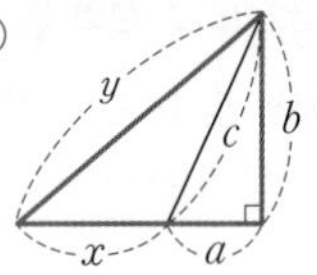

→ $c^2 = a^2 + b^2$
　$y^2 = (x+a)^2 + b^2$

(2) $\angle A = 90°$인 직각삼각형 ABC
　에서 $\overline{AD} \perp \overline{BC}$일 때

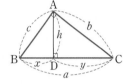

① 피타고라스 정리를 이용한다.
　→ $a^2 = b^2 + c^2$, $c^2 = x^2 + h^2$,
　　$b^2 = y^2 + h^2$

② 직각삼각형의 닮음을 이용한다.
　→ $c^2 = ax$, $b^2 = ay$, $h^2 = xy$

③ 직각삼각형의 넓이를 이용한다.
　→ $bc = ah$

05 답 10 cm

△ADC에서 $\overline{AD}^2 = 17^2 - 15^2 = 64$
∴ $\overline{AD} = 8$(cm) ($∵ \overline{AD} > 0$)
△ABD에서 $\overline{AB}^2 = 6^2 + 8^2 = 100$
∴ $\overline{AB} = 10$(cm) ($∵ \overline{AB} > 0$)

06 답 20 cm

△ABD에서 $\overline{AB}^2 = 13^2 - 5^2 = 144$
∴ $\overline{AB} = 12$(cm) ($∵ \overline{AB} > 0$)
△ABC에서 $\overline{AC}^2 = 12^2 + (5+11)^2 = 400$
∴ $\overline{AC} = 20$(cm) ($∵ \overline{AC} > 0$)

07 답 4 cm

△ABC에서 $\overline{AC}^2 = 2^2 + 2^2 = 8$
△ACD에서 $\overline{AD}^2 = \overline{AC}^2 + \overline{CD}^2 = 8 + 2^2 = 12$
따라서 △ADE에서
$\overline{AE}^2 = \overline{AD}^2 + \overline{DE}^2 = 12 + 2^2 = 16$
∴ $\overline{AE} = 4$(cm) ($∵ \overline{AE} > 0$)

08 답 $\dfrac{27}{5}$ cm

△ABC에서 $\overline{BC}^2 = 9^2 + 12^2 = 225$
∴ $\overline{BC} = 15$(cm) ($∵ \overline{BC} > 0$)
또, $\overline{AB}^2 = \overline{BD} \times \overline{BC}$이므로
$9^2 = \overline{BD} \times 15$ ∴ $\overline{BD} = \dfrac{27}{5}$(cm)

09 답 150 cm²

△ABH에서 $\overline{AH}^2 = 20^2 - 16^2 = 144$
∴ $\overline{AH} = 12$(cm) ($∵ \overline{AH} > 0$)
또, $\overline{AB}^2 = \overline{BH} \times \overline{BC}$이므로
$20^2 = 16 \times \overline{BC}$ ∴ $\overline{BC} = 25$(cm)
∴ △ABC $= \dfrac{1}{2} \times 25 \times 12$
　　　　　$= 150$(cm²)

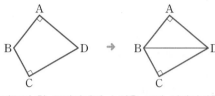 유형 **03** 사각형에서 피타고라스 정리 이용하기 57쪽

(1) 사각형에서 마주 보는 두 내각이 직각인 경우 보조선을 그어
두 개의 직각삼각형을 만든 후 피타고라스 정리를 이용한다.

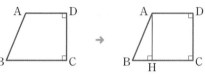

(2) 사다리꼴의 한 꼭짓점에서 수선을 그어 직각삼각형을 만든
후 피타고라스 정리를 이용한다.

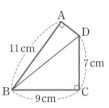

10 답 3 cm

오른쪽 그림과 같이 $\overline{BD}$를 그으면
△DBC에서
$\overline{BD}^2 = 9^2 + 7^2 = 130$
따라서 △ABD에서
$\overline{AD}^2 = 130 - 11^2 = 9$
∴ $\overline{AD} = 3$(cm) ($∵ \overline{AD} > 0$)

11 답 20 cm

오른쪽 그림과 같이 점 A에서 $\overline{BC}$에
내린 수선의 발을 H라 하면
$\overline{HC} = \overline{AD} = 11$ cm
∴ $\overline{BH} = \overline{BC} - \overline{HC}$
　　　$= 16 - 11 = 5$(cm)
△ABH에서
$\overline{AH}^2 = 13^2 - 5^2 = 144$
∴ $\overline{AH} = 12$(cm) ($∵ \overline{AH} > 0$)
이때 $\overline{DC} = \overline{AH} = 12$ cm이므로
△DBC에서 $\overline{BD}^2 = 16^2 + 12^2 = 400$
∴ $\overline{BD} = 20$(cm) ($∵ \overline{BD} > 0$)

12 답 ④

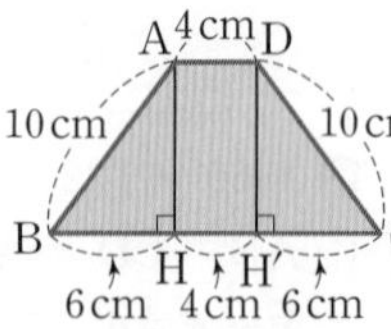

오른쪽 그림과 같이 두 점 A, D에서
$\overline{BC}$에 내린 수선의 발을 각각 H, H′
이라 하면
$\overline{HH'} = \overline{AD} = 4$ cm
△ABH와 △DCH′에서
$\angle AHB = \angle DH'C = 90°$, $\overline{AB} = \overline{DC} = 10$ cm, $\angle B = \angle C$
이므로 △ABH ≡ △DCH′ (RHA 합동)
∴ $\overline{BH} = \overline{CH'} = \dfrac{1}{2} \times (16-4) = 6$(cm)
△ABH에서 $\overline{AH}^2 = 10^2 - 6^2 = 64$
∴ $\overline{AH} = 8$(cm) ($∵ \overline{AH} > 0$)
∴ □ABCD $= \dfrac{1}{2} \times (4+16) \times 8 = 80$(cm²)

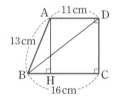

유형 04 직사각형의 대각선의 길이 57쪽

가로, 세로의 길이가 각각 a, b인 직사각형 ABCD의 대각선의 길이를 l이라 하면
→ $l^2 = a^2 + b^2$

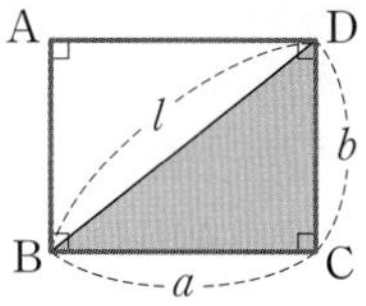

13 답 ②

△ABC에서 $\overline{AB}^2 = 15^2 - 12^2 = 81$

∴ $\overline{AB} = 9$(cm) ($\because \overline{AB} > 0$)

∴ □ABCD $= 12 \times 9 = 108$(cm^2)

14 답 ⑤

가로의 길이를 $3x$ cm, 세로의 길이를 $4x$ cm (단, $x > 0$)라 하면 대각선의 길이가 40 cm이므로

$40^2 = (3x)^2 + (4x)^2$, $25x^2 = 1600$, $x^2 = 64$

∴ $x = 8$ ($\because x > 0$)

따라서 직사각형의 가로의 길이는 $3 \times 8 = 24$(cm),

세로의 길이는 $4 \times 8 = 32$(cm)이므로

둘레의 길이는 $2 \times (24 + 32) = 112$(cm)

15 답 10 cm

△ABD에서 $\overline{BD}^2 = 12^2 + 16^2 = 400$

∴ $\overline{BD} = 20$(cm) ($\because \overline{BD} > 0$)

∴ $\overline{OC} = \frac{1}{2}\overline{AC} = \frac{1}{2}\overline{BD} = \frac{1}{2} \times 20 = 10$(cm)

참고 직사각형은 두 대각선의 길이가 같고 서로 다른 것을 이등분한다. → $\overline{AC} = \overline{BD}$, $\overline{OA} = \overline{OB} = \overline{OC} = \overline{OD}$

16 답 6 cm

오른쪽 그림과 같이 직사각형의 네 꼭짓점을 각각 A, B, C, D라 하고 $\overline{AC}$를 그으면 $\overline{AC}$는 원 O의 지름이므로

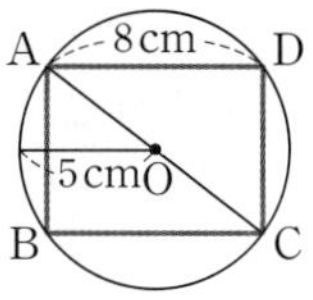

$\overline{AC} = 2 \times 5 = 10$(cm)

△ACD에서 $\overline{DC}^2 = 10^2 - 8^2 = 36$

∴ $\overline{DC} = 6$(cm) ($\because \overline{DC} > 0$)

따라서 직사각형의 세로의 길이는 6 cm이다.

유형 05 이등변삼각형의 높이와 넓이 58쪽

이등변삼각형의 높이 h와 넓이 S는 꼭지각의 꼭짓점에서 밑변에 수선을 그어 2개의 직각삼각형으로 나눈 후 피타고라스 정리를 이용하여 구한다.

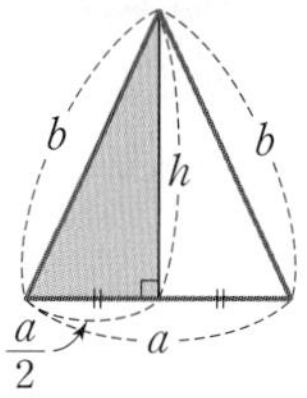

① $h^2 = b^2 - \left(\dfrac{a}{2}\right)^2$

② $S = \dfrac{1}{2}ah$

→ 이등변삼각형의 꼭지각의 꼭짓점에서 밑변에 그은 수선은 밑변을 이등분한다.

17 답 12 cm^2

오른쪽 그림과 같이 점 A에서 $\overline{BC}$에 내린 수선의 발을 H라 하면

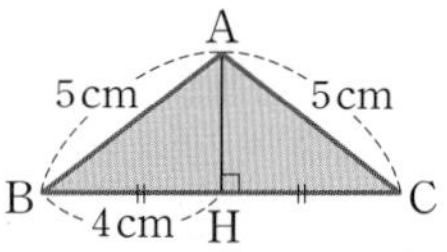

$\overline{BH} = \frac{1}{2}\overline{BC} = \frac{1}{2} \times 8 = 4$(cm)

△ABH에서 $\overline{AH}^2 = 5^2 - 4^2 = 9$

∴ $\overline{AH} = 3$(cm) ($\because \overline{AH} > 0$)

∴ △ABC $= \frac{1}{2} \times 8 \times 3 = 12$($\text{cm}^2$)

18 답 32 cm

오른쪽 그림과 같이 점 A에서 $\overline{BC}$에 내린 수선의 발을 H라 하면

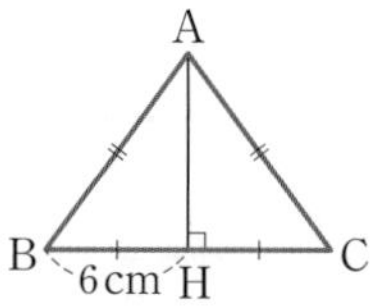

$\overline{BH} = \frac{1}{2}\overline{BC} = \frac{1}{2} \times 12 = 6$(cm)

이때 △ABC의 넓이가 48 cm^2이므로

$\frac{1}{2} \times 12 \times \overline{AH} = 48$ ∴ $\overline{AH} = 8$(cm)

즉, △ABH에서 $\overline{AB}^2 = 6^2 + 8^2 = 100$

∴ $\overline{AB} = 10$(cm) ($\because \overline{AB} > 0$)

따라서 △ABC의 둘레의 길이는

$\overline{AB} + \overline{BC} + \overline{CA} = 10 + 12 + 10 = 32$(cm)

유형 06 종이접기 58쪽

직사각형 ABCD를 $\overline{AP}$를 접는 선으로 하여 꼭짓점 D가 $\overline{BC}$ 위의 점 Q에 오도록 접었을 때

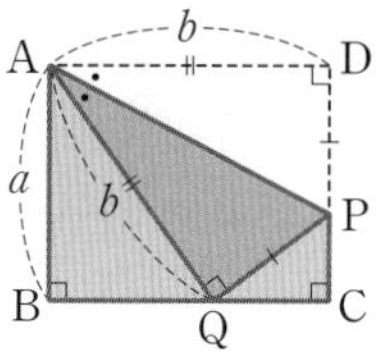

① △ABQ에서 $\overline{BQ}^2 = b^2 - a^2$

② $\overline{QC} = b - \overline{BQ}$

③ △ABQ∽△QCP (AA 닮음)이므로
$a : \overline{QC} = b : \overline{QP}$

19 답 5 cm

$\overline{AQ} = \overline{AD} = \overline{BC} = 15$ cm이므로

△ABQ에서 $\overline{BQ}^2 = 15^2 - 9^2 = 144$

∴ $\overline{BQ} = 12$(cm) ($\because \overline{BQ} > 0$)

∴ $\overline{QC} = \overline{BC} - \overline{BQ} = 15 - 12 = 3$(cm)

△ABQ와 △QCP에서

∠B = ∠C = 90°, ∠BAQ = 90° − ∠AQB = ∠CQP

이므로 △ABQ∽△QCP (AA 닮음)

따라서 $\overline{AB} : \overline{QC} = \overline{AQ} : \overline{QP}$이므로

$9 : 3 = 15 : \overline{PQ}$, $9\overline{PQ} = 45$

∴ $\overline{PQ} = 5$(cm)

20 답 18 cm

△ABF와 △EDF에서

∠A = ∠E = 90°, $\overline{AB} = \overline{DC} = \overline{ED}$,

∠ABF = 90° − ∠AFB = 90° − ∠EFD
$\qquad = ∠EDF$

이므로 △ABF≡△EDF (ASA 합동)

∴ $\overline{AF} = \overline{EF}$

$\overline{ED} = \overline{AB} = 12$ cm이므로

△EDF에서 $\overline{EF}^2 = 13^2 - 12^2 = 25$

∴ $\overline{EF} = 5$(cm) ($\because \overline{EF} > 0$)

∴ $\overline{BC} = \overline{AD} = \overline{AF} + \overline{FD}$
$\qquad = \overline{EF} + \overline{FD}$
$\qquad = 5 + 13 = 18$(cm)

유형 07 피타고라스 정리의 이해
58쪽

(1)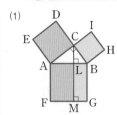

□ACDE=□AFML,
□BHIC=□LMGB이므로
□ACDE+□BHIC=□AFGB
→ $\overline{AC}^2+\overline{BC}^2=\overline{AB}^2$

(2)

① △ABC≡△GAD≡△HGE≡△BHF (SAS 합동)
이므로 □HBAG는 한 변의 길이가 c인 정사각형이다.
② (㉠의 넓이)=(㉡의 넓이)+(㉢의 넓이)이므로
$c^2=a^2+b^2$

21 답 8 cm
□BFGC=□ADEB+□ACHI이므로
$81=□ADEB+17$ ∴ □ADEB$=64(\mathrm{cm}^2)$
즉, $\overline{AB}^2=64$이므로 $\overline{AB}=8(\mathrm{cm})$ ($\because \overline{AB}>0$)

22 답 ①
□ADEB=□ACHI+□BFGC이므로
$74=□ACHI+49$ ∴ □ACHI$=25(\mathrm{cm}^2)$
즉, $\overline{AC}^2=25$이므로 $\overline{AC}=5(\mathrm{cm})$ ($\because \overline{AC}>0$)
이때 $\overline{BC}^2=49$이므로 $\overline{BC}=7(\mathrm{cm})$ ($\because \overline{BC}>0$)
∴ △ABC$=\dfrac{1}{2}\times 7\times 5=\dfrac{35}{2}(\mathrm{cm}^2)$

23 답 ①
△ABC에서
$\overline{AC}^2=10^2-8^2=36$ ∴ $\overline{AC}=6(\mathrm{cm})$ ($\because \overline{AC}>0$)
오른쪽 그림과 같이 $\overline{AH}$, $\overline{BH}$를 그으
면 △AGC와 △HBC에서
$\overline{AC}=\overline{HC}$,
∠ACG$=90°+$∠ACB$=$∠HCB,
$\overline{GC}=\overline{BC}$
이므로 △AGC≡△HBC (SAS 합동)

∴ △AGC=△HBC=△ACH
$=\dfrac{1}{2}$□ACHI
$=\dfrac{1}{2}\times 6\times 6=18(\mathrm{cm}^2)$

24 답 ③
$\overline{EB}/\!/\overline{DC}$이므로 △EBA=△EBC ……㉠
△EBC와 △ABF에서
$\overline{EB}=\overline{AB}$, ∠EBC$=90°+$∠ABC$=$∠ABF, $\overline{BC}=\overline{BF}$
이므로 △EBC≡△ABF (SAS 합동)
∴ △EBC=△ABF ……㉡
또, $\overline{BF}/\!/\overline{AM}$이므로 △ABF=△LBF ……㉢
㉠, ㉡, ㉢에서 △EBA=△EBC=△ABF=△LBF

따라서 넓이가 나머지 넷과 다른 하나는 ③이다.

25 답 $34\ \mathrm{cm}^2$
$\overline{AE}=\overline{BF}=\overline{CG}=\overline{DH}=3\ \mathrm{cm}$이므로
$\overline{AH}=\overline{BE}=\overline{CF}=\overline{DG}=8-3=5(\mathrm{cm})$
즉, △AEH≡△BFE≡△CGF≡△DHG (SAS 합동)이므로
□EFGH는 정사각형이다.
이때 △AEH에서 $\overline{EH}^2=3^2+5^2=34$이므로
□EFGH$=\overline{EH}^2=34(\mathrm{cm}^2)$

26 답 $289\ \mathrm{cm}^2$
△AEH≡△BFE≡△CGF≡△DHG (SAS 합동)이므로
□EFGH는 정사각형이다.
□EFGH의 넓이가 $169\ \mathrm{cm}^2$이므로
$\overline{EH}^2=169$ ∴ $\overline{EH}=13(\mathrm{cm})$ ($\because \overline{EH}>0$)
△AEH에서 $\overline{AE}^2=13^2-12^2=25$
∴ $\overline{AE}=5(\mathrm{cm})$ ($\because \overline{AE}>0$)
따라서 $\overline{AB}=\overline{AE}+\overline{BE}=5+12=17(\mathrm{cm})$이므로
□ABCD$=\overline{AB}^2=17^2=289(\mathrm{cm}^2)$

27 답 ④
△ABQ≡△BCR≡△CDS≡△DAP이므로 □ABCD와
□PQRS는 모두 정사각형이다.
① $\overline{DS}=\overline{AP}=8\ \mathrm{cm}$
② △BCR에서 $\overline{BC}=\overline{AB}=17\ \mathrm{cm}$, $\overline{CR}=\overline{AP}=8\ \mathrm{cm}$이므로
$\overline{BR}^2=17^2-8^2=225$ ∴ $\overline{BR}=15(\mathrm{cm})$ ($\because \overline{BR}>0$)
③ $\overline{AQ}=\overline{BR}=15\ \mathrm{cm}$이므로
$\overline{PQ}=\overline{AQ}-\overline{AP}=15-8=7(\mathrm{cm})$
④ △ABQ$=\dfrac{1}{2}\times 8\times 15=60(\mathrm{cm}^2)$
⑤ □PQRS$=7^2=49(\mathrm{cm}^2)$
따라서 옳지 않은 것은 ④이다.

참고

유형 08 직각삼각형이 되는 조건
59쪽

세 변의 길이가 각각 a, b, c인 △ABC에서 $a^2+b^2=c^2$이면
△ABC는 빗변의 길이가 c인 직각삼각형이다.

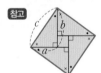 $\xrightarrow{a^2+b^2=c^2}$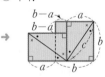

28 답 ⑤
① $3^2+8^2\neq 9^2$이므로 직각삼각형이 아니다.
② $5^2+12^2\neq 15^2$이므로 직각삼각형이 아니다.
③ $7^2+10^2\neq 13^2$이므로 직각삼각형이 아니다.
④ $8^2+14^2\neq 17^2$이므로 직각삼각형이 아니다.

⑤ $10^2+24^2=26^2$이므로 직각삼각형이다.
따라서 직각삼각형인 것은 ⑤이다.

29 답 45, 117

(i) 가장 긴 변의 길이가 x cm일 때
$x^2=6^2+9^2=117$

(ii) 가장 긴 변의 길이가 9 cm일 때
$9^2=x^2+6^2$ ∴ $x^2=45$

(i), (ii)에서 x^2의 값은 45, 117이다.

오답 피하기

6 cm < 9 cm이므로 6 cm는 가장 긴 변의 길이가 될 수 없음에 주의한다.

유형 **09** 삼각형의 변의 길이와 각의 크기 사이의 관계 59쪽

세 변의 길이가 각각 a, b, c인 △ABC에서
① 가장 긴 변의 길이 c를 찾는다.
② c^2과 a^2+b^2의 대소를 비교한다.
  (i) $c^2<a^2+b^2$이면 ∠C<90° ➔ 예각삼각형
  (ii) $c^2=a^2+b^2$이면 ∠C=90° ➔ 직각삼각형
  (iii) $c^2>a^2+b^2$이면 ∠C>90° ➔ 둔각삼각형

30 답 ③, ⑤

① $5^2=3^2+4^2$이므로 직각삼각형이다.
② $6^2<4^2+5^2$이므로 예각삼각형이다.
③ $8^2>5^2+6^2$이므로 둔각삼각형이다.
④ $9^2<6^2+8^2$이므로 예각삼각형이다.
⑤ $11^2>7^2+8^2$이므로 둔각삼각형이다.
따라서 둔각삼각형인 것은 ③, ⑤이다.

31 답 ⑤

$\overline{AB}$가 가장 긴 변이므로
$\overline{AB}^2=10^2=100$, $\overline{BC}^2+\overline{CA}^2=6^2+7^2=85$
즉, $\overline{AB}^2>\overline{BC}^2+\overline{CA}^2$이므로 △ABC는 ∠C>90°인 둔각삼각형이다.
따라서 옳은 것은 ⑤이다.

32 답 33

$x>15$에서 가장 긴 변의 길이가 x cm이므로 삼각형이 만들어지려면
$15<x<9+15$에서 $15<x<24$ ······ ㉠
예각삼각형이 되려면
$x^2<9^2+15^2$에서 $x^2<306$ ······ ㉡
따라서 ㉠, ㉡을 모두 만족시키는 자연수 x는 16, 17이므로 구하는 합은 $16+17=33$

유형 **10** 피타고라스 정리를 이용한 직각삼각형의 성질 60쪽

∠A=90°인 직각삼각형 ABC에서
$\overline{AB}$, $\overline{AC}$ 위의 두 점 D, E에 대하여
$\overline{DE}^2+\overline{BC}^2=\overline{BE}^2+\overline{CD}^2$

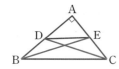

33 답 24

$\overline{DE}^2+\overline{BC}^2=\overline{BE}^2+\overline{CD}^2$이므로
$3^2+8^2=7^2+\overline{CD}^2$ ∴ $\overline{CD}^2=24$

참고 두 직각삼각형 ADE와 ABC에서
$\overline{DE}^2+\overline{BC}^2=(\overline{AD}^2+\overline{AE}^2)+(\overline{AB}^2+\overline{AC}^2)$
$=(\overline{AE}^2+\overline{AB}^2)+(\overline{AD}^2+\overline{AC}^2)$
$=\overline{BE}^2+\overline{CD}^2$

34 답 125

$\overline{BD}=\overline{DA}$, $\overline{BE}=\overline{EC}$이므로
$\overline{DE}=\dfrac{1}{2}\overline{AC}=\dfrac{1}{2}\times10=5$

∴ $\overline{AE}^2+\overline{CD}^2=\overline{AC}^2+\overline{DE}^2=10^2+5^2=125$

참고 △ABC에서
$\overline{AM}=\overline{MB}$, $\overline{AN}=\overline{NC}$이면
$\overline{MN}\,/\!/\,\overline{BC}$, $\overline{MN}=\dfrac{1}{2}\overline{BC}$

35 답 36

△ABC에서 $\overline{BC}^2=8^2+6^2=100$
이때 $\overline{DE}^2+\overline{BC}^2=\overline{BE}^2+\overline{CD}^2$이므로
$\overline{DE}^2+100=\overline{BE}^2+8^2$
∴ $\overline{BE}^2-\overline{DE}^2=100-64=36$

36 답 39

△EDC에서 $\overline{DE}^2=5^2+5^2=50$
△EBC에서 $\overline{BE}^2=(3+5)^2+5^2=89$
따라서 $\overline{DE}^2+\overline{AB}^2=\overline{BE}^2+\overline{AD}^2$이므로
$50+\overline{AB}^2=89+\overline{AD}^2$ ∴ $\overline{AB}^2-\overline{AD}^2=89-50=39$

유형 **11** 피타고라스 정리를 이용한 사각형의 성질 60쪽

(1) □ABCD의 두 대각선이 직교할 때,
$\overline{AB}^2+\overline{CD}^2=\overline{AD}^2+\overline{BC}^2$

(2) 직사각형 ABCD의 내부에 있는 임의의 한 점 P에 대하여
$\overline{AP}^2+\overline{CP}^2=\overline{BP}^2+\overline{DP}^2$

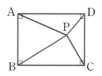

37 답 ②

$\overline{AB}^2+\overline{CD}^2=\overline{AD}^2+\overline{BC}^2$이므로
$5^2+y^2=8^2+x^2$ ∴ $y^2-x^2=64-25=39$

38 답 ③

△AOD에서 $\overline{AD}^2=4^2+3^2=25$
∴ $\overline{AD}=5$ (∵ $\overline{AD}>0$)
따라서 $\overline{AB}^2+\overline{CD}^2=\overline{AD}^2+\overline{BC}^2$이므로
$8^2+7^2=5^2+\overline{BC}^2$ ∴ $\overline{BC}^2=88$

39 답 $70\,\text{cm}^2$

$\overline{AB}$, $\overline{BC}$, $\overline{CD}$를 각각 한 변으로 하는 세 정사각형의 넓이가 각각 $25\,\text{cm}^2$, $36\,\text{cm}^2$, $81\,\text{cm}^2$이므로

$\overline{AB}^2=25$, $\overline{BC}^2=36$, $\overline{CD}^2=81$

이때 $\overline{AB}^2+\overline{CD}^2=\overline{AD}^2+\overline{BC}^2$이므로

$25+81=\overline{AD}^2+36$ $\quad\therefore \overline{AD}^2=70$

따라서 $\overline{AD}$를 한 변으로 하는 정사각형의 넓이는 $70\,\text{cm}^2$이다.

40 답 $7\,\text{km}$

$\overline{AP}^2+\overline{CP}^2=\overline{BP}^2+\overline{DP}^2$이므로

$2^2+9^2=6^2+\overline{DP}^2$ $\quad\therefore \overline{DP}^2=49$

$\therefore \overline{DP}=7(\text{km})\ (\because \overline{DP}>0)$

따라서 학교에서 D 지점까지의 거리는 $7\,\text{km}$이다.

41 답 $5\,\text{cm}$

$\overline{AP}:\overline{CP}=3:1$이므로

$\overline{AP}=3x\,\text{cm}$, $\overline{CP}=x\,\text{cm}$ (단, $x>0$)라 하자.

$\overline{AP}^2+\overline{CP}^2=\overline{BP}^2+\overline{DP}^2$이므로

$(3x)^2+x^2=13^2+9^2$, $10x^2=250$, $x^2=25$

$\therefore x=5\ (\because x>0)$

따라서 $\overline{CP}$의 길이는 $5\,\text{cm}$이다.

유형 **12** 직각삼각형의 세 반원 사이의 관계   61쪽

$\angle A=90°$인 직각삼각형 ABC의 세 변을 각각 지름으로 하는 세 반원에서

(1)

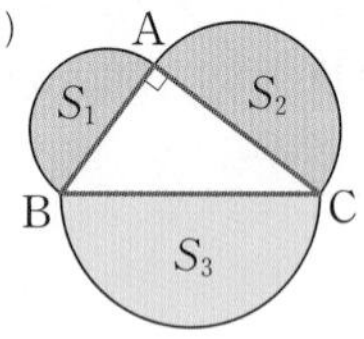

$\rightarrow S_1+S_2=S_3$

(2)

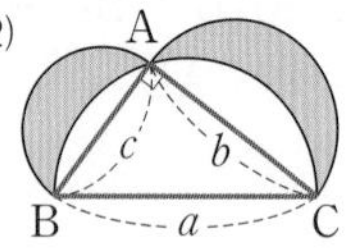

$\rightarrow$ (색칠한 부분의 넓이)
$\quad =\triangle ABC=\dfrac{1}{2}bc$

42 답 ③

$R=\dfrac{1}{2}\times(\pi\times5^2)=\dfrac{25}{2}\pi$

이때 $P+Q=R$이므로

$P+Q+R=2R=2\times\dfrac{25}{2}\pi=25\pi$

43 답 $60\,\text{cm}^2$

$\triangle ABC$에서 $\overline{AC}^2=17^2-15^2=64$

$\therefore \overline{AC}=8(\text{cm})\ (\because \overline{AC}>0)$

$\therefore$ (색칠한 부분의 넓이)$=\triangle ABC$
$\qquad\qquad\qquad\qquad\quad =\dfrac{1}{2}\times8\times15=60(\text{cm}^2)$

44 답 $\dfrac{36}{5}\,\text{cm}$

색칠한 부분의 넓이는 $\triangle ABC$의 넓이와 같으므로

$\dfrac{1}{2}\times9\times\overline{AC}=54$ $\quad\therefore \overline{AC}=12(\text{cm})$

$\triangle ABC$에서 $\overline{BC}^2=9^2+12^2=225$

$\therefore \overline{BC}=15(\text{cm})\ (\because \overline{BC}>0)$

이때 $\overline{AB}\times\overline{AC}=\overline{BC}\times\overline{AD}$이므로

$9\times12=15\times\overline{AD}$ $\quad\therefore \overline{AD}=\dfrac{36}{5}(\text{cm})$

유형 **13** 입체도형에서의 최단 거리   61쪽

입체도형의 전개도의 일부에서 선이 지나는 시작점과 끝 점을 선분으로 연결한 후 피타고라스 정리를 이용하여 최단 거리를 구한다.

(1) 각기둥의 최단 거리

 $\rightarrow$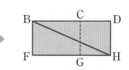

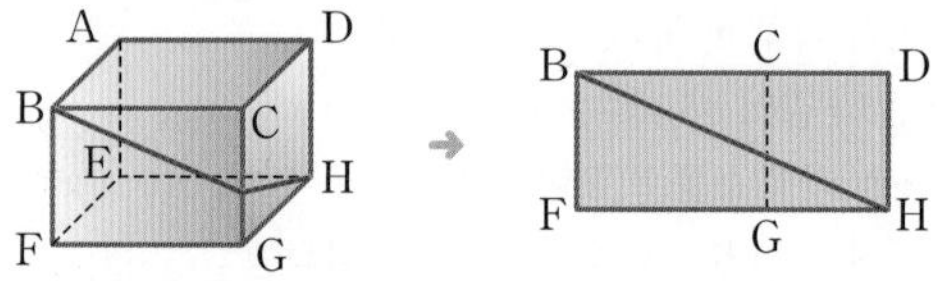

(2) 원기둥의 최단 거리

 $\rightarrow$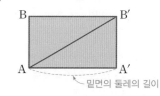

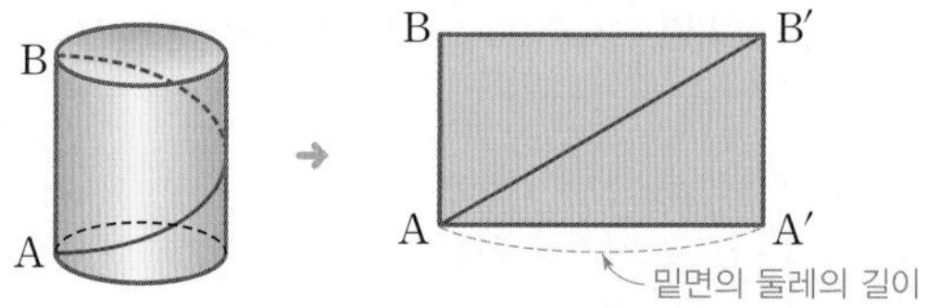

밑면의 둘레의 길이

45 답 ④

오른쪽 그림의 전개도에서 구하는 최단 거리는 $\overline{AG}$의 길이와 같으므로

$\triangle AFG$에서
$\overline{AG}^2=(8+4)^2+5^2=169$

$\therefore \overline{AG}=13(\text{cm})\ (\because \overline{AG}>0)$

따라서 구하는 최단 거리는 $13\,\text{cm}$이다.

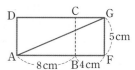

46 답 $17\,\text{cm}$

오른쪽 그림의 전개도에서 구하는 최단 거리는 $\overline{AD'}$의 길이와 같으므로

$\triangle AD'A'$에서
$\overline{AD'}^2=(4+5+6)^2+8^2=289$

$\therefore \overline{AD'}=17(\text{cm})\ (\because \overline{AD'}>0)$

따라서 구하는 최단 거리는 $17\,\text{cm}$이다.

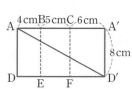

47 답 $25\pi\,\text{cm}$

원기둥의 밑면의 둘레의 길이는 $2\pi\times6=12\pi(\text{cm})$

오른쪽 그림의 전개도에서
$\overline{AA''}=12\pi\times2=24\pi(\text{cm})$

즉, 구하는 최단 거리는 $\overline{AB''}$의 길이와 같으므로

$\triangle AA''B''$에서 $\overline{AB''}^2=(24\pi)^2+(7\pi)^2=625\pi^2$

$\therefore \overline{AB''}=25\pi(\text{cm})\ (\because \overline{AB''}>0)$

따라서 구하는 최단 거리는 $25\pi\,\text{cm}$이다.

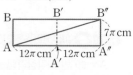

서술형

◘62쪽~63쪽

01 답 13 cm

채점 기준 1 $\overline{BC}$의 길이 구하기 … 2점

정사각형 ABCD의 넓이가 25 cm²이므로

$\overline{BC}^2 = \underline{25}$ ∴ $\overline{BC} = \underline{5}$ (cm) (∵ $\overline{BC} > 0$)

채점 기준 2 $\overline{CE}$의 길이 구하기 … 2점

정사각형 CEFG의 넓이가 49 cm²이므로

$\overline{CE}^2 = \underline{49}$ ∴ $\overline{CE} = \underline{7}$ (cm) (∵ $\overline{CE} > 0$)

채점 기준 3 $\overline{AE}$의 길이 구하기 … 2점

△ABE에서 $\overline{AE}^2 = \underline{5}^2 + (\underline{5} + \underline{7})^2 = \underline{169}$

∴ $\overline{AE} = \underline{13}$ (cm) (∵ $\overline{AE} > 0$)

01-1 답 15 cm

채점 기준 1 $\overline{BC}$의 길이 구하기 … 2점

정사각형 ABCD의 넓이가 81 cm²이므로

$\overline{BC}^2 = 81$ ∴ $\overline{BC} = 9$(cm) (∵ $\overline{BC} > 0$)

채점 기준 2 $\overline{CE}$의 길이 구하기 … 2점

정사각형 CEFG의 넓이가 9 cm²이므로

$\overline{CE}^2 = 9$ ∴ $\overline{CE} = 3$(cm) (∵ $\overline{CE} > 0$)

채점 기준 3 $\overline{AE}$의 길이 구하기 … 2점

△ABE에서 $\overline{AE}^2 = 9^2 + (9 + 3)^2 = 225$

∴ $\overline{AE} = 15$(cm) (∵ $\overline{AE} > 0$)

02 답 둔각삼각형

채점 기준 1 $\overline{DC}$의 길이 구하기 … 2점

△ADC에서 $\overline{DC}^2 = \underline{5}^2 - \underline{4}^2 = \underline{9}$

∴ $\overline{DC} = \underline{3}$ (∵ $\overline{DC} > 0$)

채점 기준 2 $\overline{AB}^2$의 값 구하기 … 2점

△ABD에서 $\overline{AB}^2 = 6^2 + \underline{4}^2 = \underline{52}$

채점 기준 3 △ABC가 어떤 삼각형인지 구하기 … 2점

$\overline{AB}^2 + \overline{AC}^2 = \underline{52} + \underline{5}^2 = \underline{77}$

$\overline{BC}^2 = (6 + \underline{3})^2 = \underline{81}$

따라서 $\overline{AB}^2 + \overline{AC}^2 \boxed{<} \overline{BC}^2$이므로

△ABC는 <u>둔각</u> 삼각형이다.

02-1 답 예각삼각형

채점 기준 1 $\overline{AC}^2$의 값 구하기 … 2점

△ADC에서 $\overline{AC}^2 = 8^2 + 6^2 = 100$

채점 기준 2 $\overline{AB}^2$의 값 구하기 … 2점

△ABD에서 $\overline{AB}^2 = 10^2 + 8^2 = 164$

채점 기준 3 △ABC가 어떤 삼각형인지 구하기 … 2점

$\overline{AB}^2 + \overline{AC}^2 = 164 + 100 = 264$

$\overline{BC}^2 = (10 + 6)^2 = 256$

따라서 $\overline{AB}^2 + \overline{AC}^2 > \overline{BC}^2$이므로

△ABC는 예각삼각형이다.

02-2 답 예각삼각형

채점 기준 1 $\overline{AB}^2$, $\overline{BC}^2$, $\overline{AC}^2$의 값을 각각 구하기 … 4점

오른쪽 그림에서

$\overline{AB}^2 = 3^2 + 3^2 = 18$

$\overline{BC}^2 = 2^2 + 6^2 = 40$

$\overline{AC}^2 = 3^2 + 5^2 = 34$

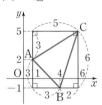

채점 기준 2 △ABC가 어떤 삼각형인지 구하기 … 3점

$\overline{AB}^2 + \overline{AC}^2 = 18 + 34 = 52$

따라서 $\overline{AB}^2 + \overline{AC}^2 > \overline{BC}^2$이므로 △ABC는 예각삼각형이다.

03 답 15 cm²

△ABC에서 $\overline{AD}$는 ∠A의 이등분선이므로

$\overline{AB} : \overline{AC} = \overline{BD} : \overline{CD} = 5 : 3$ ……❶

$\overline{AB} = 5x$ cm, $\overline{AC} = 3x$ cm (단, $x > 0$)라 하면

△ABC에서 $(5x)^2 = (5 + 3)^2 + (3x)^2$

$16x^2 = 64$, $x^2 = 4$ ∴ $x = 2$ (∵ $x > 0$) ……❷

따라서 $\overline{AC} = 3x = 3 \times 2 = 6$(cm)이므로

$\triangle ABD = \dfrac{1}{2} \times 5 \times 6 = 15$(cm²) ……❸

채점 기준	배점
❶ $\overline{AB} : \overline{AC}$ 구하기	2점
❷ $\overline{AB}$, $\overline{AC}$의 길이를 미지수로 나타낸 후 미지수의 값 구하기	2점
❸ △ABD의 넓이 구하기	2점

04 답 6 cm²

△BCE에서 $\overline{CE}^2 = 15^2 - 12^2 = 81$

∴ $\overline{CE} = 9$(cm) (∵ $\overline{CE} > 0$)

이때 □ABCD는 한 변의 길이가 12 cm인 정사각형이므로

$\overline{DE} = \overline{DC} - \overline{CE} = 12 - 9 = 3$(cm) ……❶

△EBC와 △EFD에서

∠ECB = ∠EDF = 90°, ∠BEC = ∠FED (맞꼭지각)

이므로 △EBC ∽ △EFD (AA 닮음)

즉, $\overline{BC} : \overline{FD} = \overline{EC} : \overline{ED}$에서

$12 : \overline{FD} = 9 : 3$, $9\overline{FD} = 36$ ∴ $\overline{FD} = 4$(cm) ……❷

∴ $\triangle DEF = \dfrac{1}{2} \times 4 \times 3 = 6$(cm²) ……❸

채점 기준	배점
❶ $\overline{DE}$의 길이 구하기	3점
❷ $\overline{FD}$의 길이 구하기	3점
❸ △DEF의 넓이 구하기	1점

05 답 $\dfrac{7}{5}$ cm

△ABD에서 $\overline{BD}^2 = 3^2 + 4^2 = 25$

∴ $\overline{BD} = 5$(cm) (∵ $\overline{BD} > 0$) ……❶

또, △ABD에서 $\overline{AB}^2 = \overline{BP} \times \overline{BD}$이므로

$3^2 = \overline{BP} \times 5$ ∴ $\overline{BP} = \dfrac{9}{5}$(cm) ……❷

△ABP와 △CDQ에서

∠APB=∠CQD=90°, $\overline{AB}=\overline{CD}$, ∠ABP=∠CDQ (엇각)

이므로 △ABP≡△CDQ (RHA 합동)

따라서 $\overline{DQ}=\overline{BP}=\dfrac{9}{5}$ cm이므로

$\overline{PQ}=\overline{BD}-\overline{BP}-\overline{DQ}=5-\dfrac{9}{5}-\dfrac{9}{5}=\dfrac{7}{5}$(cm) ...... ❸

채점 기준	배점
❶ $\overline{BD}$의 길이 구하기	2점
❷ $\overline{BP}$의 길이 구하기	2점
❸ $\overline{PQ}$의 길이 구하기	2점

06 답 $32\ cm^2$

△ABC에서 $\overline{AB}^2=10^2-6^2=64$

∴ $\overline{AB}=8$(cm) (∵ $\overline{AB}>0$) ...... ❶

오른쪽 그림과 같이 $\overline{EA}$, $\overline{EC}$, $\overline{AF}$를 그으면 △LFM=△BFL ...... ㉠

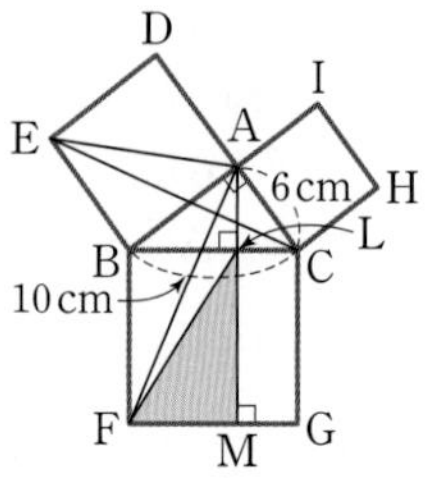

$\overline{BF}/\!/\overline{AM}$이므로

△BFL=△ABF ...... ㉡

△ABF와 △EBC에서

$\overline{AB}=\overline{EB}$,

∠ABF=90°+∠ABC=∠EBC,

$\overline{BF}=\overline{BC}$

이므로 △ABF≡△EBC (SAS 합동)

∴ △ABF=△EBC ...... ㉢

또, $\overline{EB}/\!/\overline{DC}$이므로 △EBC=△EBA ...... ㉣

㉠, ㉡, ㉢, ㉣에서 △LFM=△EBA ...... ❷

∴ △LFM=$\dfrac{1}{2}$□ADEB

$=\dfrac{1}{2}\times 8^2=32$(cm²) ...... ❸

채점 기준	배점
❶ $\overline{AB}$의 길이 구하기	2점
❷ △LFM=△EBA임을 알기	3점
❸ △LFM의 넓이 구하기	1점

07 답 (1) 8, 9 (2) 10, 11, 12

$a>7$에서 가장 긴 변의 길이는 a이므로 삼각형이 만들어지려면

$7<a<6+7$에서 $7<a<13$ ...... ㉠

(1) 예각삼각형이 되려면

$a^2<6^2+7^2$에서 $a^2<85$ ...... ㉡

따라서 ㉠, ㉡을 모두 만족시키는 자연수 a의 값은 8, 9이다. ...... ❶

(2) 둔각삼각형이 되려면

$a^2>6^2+7^2$에서 $a^2>85$ ...... ㉢

따라서 ㉠, ㉢을 모두 만족시키는 자연수 a의 값은 10, 11, 12이다. ...... ❷

채점 기준	배점
❶ 예각삼각형이 되도록 하는 자연수 a의 값 구하기	3점
❷ 둔각삼각형이 되도록 하는 자연수 a의 값 구하기	3점

08 답 $126\ cm^2$

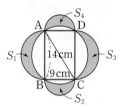

오른쪽 그림과 같이 $\overline{AC}$를 긋고 색칠한 부분의 넓이를 차례로 S_1, S_2, S_3, S_4라 하면

$S_1+S_2=$△ABC

$=\dfrac{1}{2}\times 14\times 9$

$=63$(cm²) ...... ❶

또, $S_3+S_4=$△ACD$=\dfrac{1}{2}\times 14\times 9=63$(cm²) ...... ❷

따라서 색칠한 부분의 넓이는

$S_1+S_2+S_3+S_4=63+63=126$(cm²) ...... ❸

채점 기준	배점
❶ S_1+S_2의 값 구하기	3점
❷ S_3+S_4의 값 구하기	3점
❸ 색칠한 부분의 넓이 구하기	1점

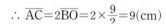

실전 중단원
학교 시험 1회
├── 64쪽~67쪽

01 ②	02 ④	03 ②	04 ②	05 ①
06 ③	07 ④	08 ②	09 ⑤	10 ⑤
11 ②	12 ③	13 ②	14 ⑤	15 ③, ⑤
16 ④	17 ①	18 ③	19 60 cm	20 $\dfrac{8}{3}$ cm²
21 24 cm	22 46	23 (1) 풀이 참조 (2) 29		

01 답 ② ⟨유형 01⟩

$\overline{AB}^2=10^2-8^2=36$ ∴ $\overline{AB}=6$(cm) (∵ $\overline{AB}>0$)

∴ △ABC$=\dfrac{1}{2}\times 6\times 8=24$(cm²)

02 답 ④ ⟨유형 01⟩

△ABC에서 $\overline{AB}^2=15^2+8^2=289$

∴ $\overline{AB}=17$(cm) (∵ $\overline{AB}>0$)

이때 점 D는 직각삼각형 ABC의 외심이므로

$\overline{CD}=\overline{AD}=\overline{BD}=\dfrac{1}{2}\overline{AB}=\dfrac{1}{2}\times 17=\dfrac{17}{2}$(cm)

03 답 ② ⟨유형 01⟩

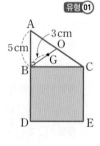

오른쪽 그림에서 $\overline{BG}$의 연장선과 $\overline{AC}$가 만나는 점을 O라 하면 점 G가 △ABC의 무게중심이므로

$\overline{BO}=\dfrac{3}{2}\overline{BG}=\dfrac{3}{2}\times 3=\dfrac{9}{2}$(cm)

이때 $\overline{AO}=\overline{CO}$이므로 점 O는 직각삼각형 ABC의 외심이다.

∴ $\overline{AC}=2\overline{BO}=2\times\dfrac{9}{2}=9$(cm)

따라서 △ABC에서 $\overline{BC}^2=9^2-5^2=56$이므로 정사각형 BDEC의 넓이는 56 cm²이다.

04 답 ②　　　　　　　　　　　　　　　　　유형 02

△ABD에서 $\overline{AB}^2=10^2-6^2=64$

∴ $\overline{AB}=8(cm)$ ($\because \overline{AB}>0$)

△ABC에서 $\overline{AC}^2=8^2+(6+9)^2=289$

∴ $\overline{AC}=17(cm)$ ($\because \overline{AC}>0$)

05 답 ①　　　　　　　　　　　　　　　　　유형 02

△DBC에서 $\overline{BC}^2=13^2-5^2=144$

∴ $\overline{BC}=12$ ($\because \overline{BC}>0$)

따라서 △ABC에서 $\overline{AB}=\overline{AC}$이고 $\overline{AB}^2+\overline{AC}^2=\overline{BC}^2$이므로

$2\overline{AB}^2=144$　　∴ $\overline{AB}^2=72$

06 답 ③　　　　　　　　　　　　　　　　　유형 02

△ABC≡△CDE이므로 $\overline{BC}=\overline{DE}=6$ cm

△ABC에서 $\overline{AC}^2=3^2+6^2=45$

∠ACE$=180°-(∠ACB+∠ECD)$

$=180°-(∠CED+∠ECD)$

$=180°-90°=90°$

이때 $\overline{AC}=\overline{CE}$이므로

△ACE$=\dfrac{1}{2}×\overline{AC}×\overline{CE}=\dfrac{1}{2}\overline{AC}^2=\dfrac{45}{2}(cm^2)$

07 답 ④　　　　　　　　　　　　　　　　　유형 03

오른쪽 그림과 같이 점 A에서 $\overline{BC}$에

내린 수선의 발을 H라 하면

$\overline{HC}=\overline{AD}=8$ cm이므로

$\overline{BH}=\overline{BC}-\overline{HC}=14-8=6(cm)$

△ABH에서 $\overline{AH}^2=10^2-6^2=64$

∴ $\overline{AH}=8(cm)$ ($\because \overline{AH}>0$)

∴ $\overline{DC}=\overline{AH}=8$ cm

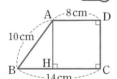

08 답 ②　　　　　　　　　　　　　　　　　유형 04

대각선의 길이가 같으므로 대각선의 길이의 제곱의 값도 같다.

즉, $5^2+x^2=4^2+6^2$이므로 $x^2=27$

09 답 ⑤　　　　　　　　　　　　　　　　　유형 04

△ABC에서 $\overline{AC}^2=9^2+12^2=225$

∴ $\overline{AC}=15(cm)$ ($\because \overline{AC}>0$)

△ACD의 넓이에서

$\dfrac{1}{2}×9×12=\dfrac{1}{2}×15×\overline{DH}$, $15\overline{DH}=108$

∴ $\overline{DH}=\dfrac{36}{5}(cm)$

10 답 ⑤　　　　　　　　　　　　　　　　　유형 05

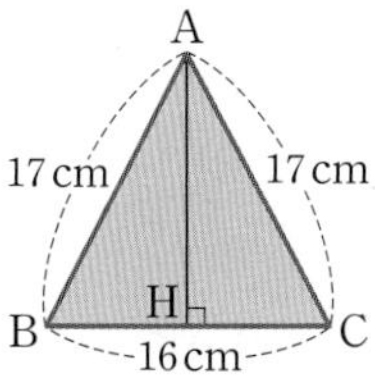

오른쪽 그림과 같이 점 A에서 $\overline{BC}$에 내린 수선의 발을 H라 하면

$\overline{BH}=\overline{CH}=\dfrac{1}{2}\overline{BC}=\dfrac{1}{2}×16=8(cm)$

△ABH에서

$\overline{AH}^2=17^2-8^2=225$

∴ $\overline{AH}=15(cm)$ ($\because \overline{AH}>0$)

따라서 △ABC의 넓이는 $\dfrac{1}{2}×16×15=120(cm^2)$

11 답 ②　　　　　　　　　　　　　　　　　유형 06

$\overline{AE}=\overline{AD}=5$ cm이므로

△ABE에서 $\overline{BE}^2=5^2-3^2=16$

∴ $\overline{BE}=4(cm)$ ($\because \overline{BE}>0$)

∴ $\overline{EC}=\overline{BC}-\overline{BE}=5-4=1(cm)$

△ABE와 △ECF에서

∠ABE$=$∠ECF$=90°$, ∠BAE$=90°-$∠AEB$=$∠CEF

이므로 △ABE∽△ECF (AA 닮음)

따라서 $\overline{AB}:\overline{EC}=\overline{AE}:\overline{EF}$이므로

$3:1=5:\overline{EF}$, $3\overline{EF}=5$　　∴ $\overline{EF}=\dfrac{5}{3}(cm)$

12 답 ③　　　　　　　　　　　　　　　　　유형 07

□ADEB$+$□BFGC$=$□ACHI이므로

$25+$□BFGC$=169$

∴ □BFGC$=169-25=144(cm^2)$

즉, $\overline{BC}^2=144$이므로 $\overline{BC}=12(cm)$ ($\because \overline{BC}>0$)

13 답 ②　　　　　　　　　　　　　　　　　유형 07

$\overline{AH}=\overline{BE}=\overline{CF}=\overline{DG}=6$ cm이므로

$\overline{AE}=\overline{BF}=\overline{CG}=\overline{DH}=14-6=8(cm)$

△AEH≡△BFE≡△CGF≡△DHG (SAS 합동)이므로

□EFGH는 정사각형이다.

이때 △AEH에서 $\overline{EH}^2=6^2+8^2=100$

∴ $\overline{EH}=10(cm)$ ($\because \overline{EH}>0$)

따라서 □EFGH의 둘레의 길이는

$4\overline{EH}=4×10=40(cm)$

14 답 ⑤　　　　　　　　　　　　　　　　　유형 08

(i) 가장 긴 빨대의 길이가 x cm일 때,

　$x^2=12^2+5^2=169$

(ii) 가장 긴 빨대의 길이가 12 cm일 때,

　$x^2=12^2-5^2=119$

(i), (ii)에서 x^2의 값은 119, 169이므로 구하는 합은

$119+169=288$

15 답 ③, ⑤　　　　　　　　　　　　　　　유형 09

③ $a^2<b^2+c^2$이면 ∠A$<90°$이지만 △ABC가 예각삼각형인

　지는 알 수 없다.

④ $a^2+b^2<c^2$이면 ∠C$>90°$이므로 ∠A$<90°$이다.

⑤ $a^2+b^2>c^2$이면 ∠C$<90°$이지만 ∠A$>90°$인지는 알 수 없다.

따라서 옳지 않은 것은 ③, ⑤이다.

16 답 ④　　　　　　　　　　　　　　　　　유형 11

$\overline{AB}^2+\overline{CD}^2=\overline{AD}^2+\overline{BC}^2$이므로

$4^2+x^2=y^2+6^2$

∴ $x^2-y^2=36-16=20$

17 답 ①　　　　　　　　　　　　　　　　　유형 12

$\overline{BC}$를 지름으로 하는 반원의 넓이는

$\dfrac{1}{2}×(\pi×4^2)=8\pi(cm^2)$

따라서 $\overline{AC}$를 지름으로 하는 반원의 넓이는

$8\pi-6\pi=2\pi(cm^2)$

18 답 ③

유형 13

오른쪽 그림의 전개도에서 구하는 최단 거리는 $\overline{EG}$의 길이와 같으므로

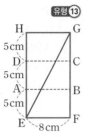

$\triangle EFG$에서

$\overline{EG}^2=8^2+(5+5+5)^2=289$

$\therefore \overline{EG}=17(cm)\ (\because \overline{EG}>0)$

따라서 구하는 최단 거리는 17 cm이다.

19 답 60 cm

유형 01

마름모는 네 변의 길이가 같고 두 대각선은 서로 다른 것을 수직 이등분하므로

$\overline{AC}\perp\overline{BD}$, $\overline{AO}=\overline{CO}=\dfrac{1}{2}\overline{AC}=\dfrac{1}{2}\times 18=9(cm)$,

$\overline{BO}=\overline{DO}=\dfrac{1}{2}\overline{BD}=\dfrac{1}{2}\times 24=12(cm)$ ······ ❶

$\triangle ABO$에서 $\overline{AB}^2=9^2+12^2=225$

$\therefore \overline{AB}=15(cm)\ (\because \overline{AB}>0)$ ······ ❷

따라서 마름모 ABCD의 둘레의 길이는

$4\overline{AB}=4\times 15=60(cm)$ ······ ❸

채점 기준	배점
❶ $\overline{AO}$, $\overline{BO}$의 길이를 각각 구하기	2점
❷ $\overline{AB}$의 길이 구하기	2점
❸ 마름모 ABCD의 둘레의 길이 구하기	2점

20 답 $\dfrac{8}{3}$ cm²

유형 01

점 M은 $\triangle ABC$의 외심이므로

$\overline{AM}=\overline{BM}=\overline{CM}=\dfrac{1}{2}\overline{AC}=\dfrac{1}{2}\times 10=5(cm)$

또, 점 G는 $\triangle ABC$의 무게중심이므로

$\overline{BG}=\dfrac{2}{3}\overline{BM}=\dfrac{2}{3}\times 5=\dfrac{10}{3}(cm)$ ······ ❶

$\triangle ABC$에서 $\overline{AB}^2=10^2-8^2=36$

$\therefore \overline{AB}=6(cm)\ (\because \overline{AB}>0)$

오른쪽 그림과 같이 점 M에서 $\overline{BC}$에 내린 수선의 발을 D라 하면

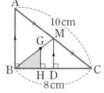

$\triangle ABC$에서

$\overline{AM}=\overline{MC}$, $\overline{AB}/\!/\overline{MD}$이므로

$\overline{MD}=\dfrac{1}{2}\overline{AB}=\dfrac{1}{2}\times 6=3(cm)$

$\triangle BDM$에서

$\overline{BG}:\overline{BM}=\overline{GH}:\overline{MD}$이므로

$2:3=\overline{GH}:3$ $\therefore \overline{GH}=2(cm)$ ······ ❷

따라서 $\triangle GBH$에서

$\overline{BH}^2=\left(\dfrac{10}{3}\right)^2-2^2=\dfrac{64}{9}$

$\therefore \overline{BH}=\dfrac{8}{3}(cm)\ (\because \overline{BH}>0)$

$\therefore \triangle GBH=\dfrac{1}{2}\times\dfrac{8}{3}\times 2=\dfrac{8}{3}(cm^2)$ ······ ❸

채점 기준	배점
❶ $\overline{BG}$의 길이 구하기	2점
❷ $\overline{GH}$의 길이 구하기	3점
❸ $\triangle GBH$의 넓이 구하기	2점

21 답 24 cm

유형 07

$\triangle ABE\equiv\triangle BCF\equiv\triangle CDG\equiv\triangle DAH$이므로

$\square ABCD$와 $\square EFGH$는 모두 정사각형이다.

이때 $\square ABCD$의 넓이가 146 cm²이므로 $\overline{AB}^2=146$ ······ ❶

$\overline{AE}=\overline{BF}=5$ cm이므로 $\triangle ABE$에서

$\overline{BE}^2=146-25=121$

$\therefore \overline{BE}=11(cm)\ (\because \overline{BE}>0)$ ······ ❷

따라서 $\overline{EF}=\overline{BE}-\overline{BF}=11-5=6(cm)$이므로

$\square EFGH$의 둘레의 길이는

$4\overline{EF}=4\times 6=24(cm)$ ······ ❸

채점 기준	배점
❶ $\overline{AB}^2$의 값 구하기	2점
❷ $\overline{BE}$의 길이 구하기	3점
❸ $\square EFGH$의 둘레의 길이 구하기	2점

22 답 46

유형 10

$\triangle ADE$에서 $\overline{DE}^2=3^2+3^2=18$ ······ ❶

$\triangle ABC$에서 $\overline{DE}^2+\overline{BC}^2=\overline{BE}^2+\overline{CD}^2$이므로

$18+\overline{BC}^2=8^2+\overline{CD}^2$

$\therefore \overline{BC}^2-\overline{CD}^2=64-18=46$ ······ ❷

채점 기준	배점
❶ $\overline{DE}^2$의 값 구하기	2점
❷ $\overline{BC}^2-\overline{CD}^2$의 값 구하기	2점

23 답 (1) 풀이 참조 (2) 29

유형 11

(1) 오른쪽 그림과 같이 점 P를 지나면서 $\overline{AB}$, $\overline{AD}$와 평행한 직선을 각각 그어 $\square ABCD$의 네 변과 만나는 점을 E, F, G, H라 하자.

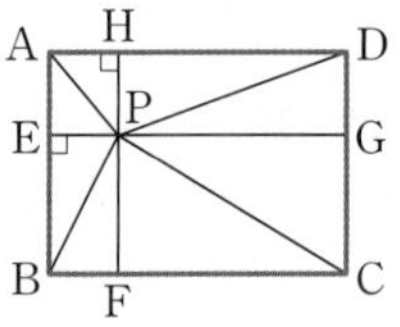

$\triangle AEP$에서 $\overline{AP}^2=\overline{AE}^2+\overline{EP}^2$

$\triangle EBP$에서 $\overline{BP}^2=\overline{BE}^2+\overline{EP}^2$

$\triangle CPG$에서 $\overline{CP}^2=\overline{CG}^2+\overline{GP}^2$

$\triangle DPG$에서 $\overline{DP}^2=\overline{DG}^2+\overline{GP}^2$ ······ ❶

$\therefore \overline{AP}^2+\overline{CP}^2=(\overline{AE}^2+\overline{EP}^2)+(\overline{CG}^2+\overline{GP}^2)$

$=(\overline{CG}^2+\overline{EP}^2)+(\overline{AE}^2+\overline{GP}^2)$

$=(\overline{BE}^2+\overline{EP}^2)+(\overline{DG}^2+\overline{GP}^2)$

$=\overline{BP}^2+\overline{DP}^2$ ······ ❷

(2) $\overline{BP}^2+\overline{DP}^2=\overline{AP}^2+\overline{CP}^2=2^2+5^2=29$ ······ ❸

채점 기준	배점
❶ $\overline{AP}^2$, $\overline{BP}^2$, $\overline{CP}^2$, $\overline{DP}^2$을 각각 다른 선분의 길이의 제곱의 합으로 나타내기	2점
❷ $\overline{AP}^2+\overline{CP}^2=\overline{BP}^2+\overline{DP}^2$임을 설명하기	2점
❸ $\overline{BP}^2+\overline{DP}^2$의 값 구하기	2점

01 ①	02 ②	03 ②	04 ④	05 ④
06 ③	07 ⑤	08 ①	09 ③	10 ①
11 ②	12 ④	13 ④	14 ④	15 ③
16 ④	17 ③	18 ①	**19** 25 m	**20** $\dfrac{60}{13}$
21 61 cm²	**22** 54 cm²	**23** $\dfrac{24}{5}$ cm		

01 답 ① 　　　　　　　　　　　유형 **01**

원뿔의 높이를 h cm라 하면
$h^2 = 10^2 - 6^2 = 64$ 　　$\therefore h = 8 \ (\because h > 0)$
따라서 원뿔의 부피는
$\dfrac{1}{3} \times (\pi \times 6^2) \times 8 = 96\pi(\text{cm}^3)$

02 답 ② 　　　　　　　　　　　유형 **01**

$\triangle ABC$에서 $\overline{BC}^2 = 4^2 + 3^2 = 25$
$\therefore \overline{BC} = 5(\text{cm}) \ (\because \overline{BC} > 0)$
이때 점 D는 $\triangle ABC$의 외심이므로
$\overline{AD} = \overline{BD} = \overline{CD} = \dfrac{1}{2}\overline{BC} = \dfrac{1}{2} \times 5 = \dfrac{5}{2}(\text{cm})$

따라서 점 G는 $\triangle ABC$의 무게중심이므로
$\overline{AG} = \dfrac{2}{3}\overline{AD} = \dfrac{2}{3} \times \dfrac{5}{2} = \dfrac{5}{3}(\text{cm})$

03 답 ② 　　　　　　　　　　　유형 **02**

$\triangle ADC$에서 $y^2 = 13^2 - 5^2 = 144$
$\therefore y = 12 \ (\because y > 0)$
$\triangle ABD$에서 $x^2 = 9^2 + 12^2 = 225$
$\therefore x = 15 \ (\because x > 0)$
$\therefore x - y = 15 - 12 = 3$

04 답 ④ 　　　　　　　　　　　유형 **02**

$\triangle OAB$에서 $\overline{OB}^2 = 3^2 + 3^2 = 18$
$\triangle OBC$에서 $\overline{OC}^2 = \overline{OB}^2 + \overline{BC}^2 = 18 + 3^2 = 27$
$\triangle OCD$에서 $\overline{OD}^2 = \overline{OC}^2 + \overline{CD}^2 = 27 + 3^2 = 36$
$\therefore \overline{OD} = 6(\text{cm}) \ (\because \overline{OD} > 0)$

05 답 ④ 　　　　　　　　　　　유형 **02**

점 M은 직각삼각형 ABC의 외심이므로
$\overline{AM} = \overline{BM} = \overline{CM} = 5 \text{ cm}$
$\therefore \overline{BC} = \overline{BM} + \overline{CM} = 5 + 5 = 10(\text{cm})$
$\triangle ABC$에서 $\overline{AC}^2 = 10^2 - 8^2 = 36$
$\therefore \overline{AC} = 6(\text{cm}) \ (\because \overline{AC} > 0)$
또, $\overline{AC}^2 = \overline{CH} \times \overline{CB}$이므로
$6^2 = \overline{CH} \times 10$ 　　$\therefore \overline{CH} = \dfrac{18}{5}(\text{cm})$
$\therefore \overline{MH} = \overline{MC} - \overline{CH} = 5 - \dfrac{18}{5} = \dfrac{7}{5}(\text{cm})$

06 답 ③ 　　　　　　　　　　　유형 **03**

오른쪽 그림과 같이 $\overline{AC}$를 그으면
$\triangle ACD$에서
$\overline{AC}^2 = 5^2 + 7^2 = 74$
또, $\triangle ABC$에서
$\overline{BC}^2 = \overline{AC}^2 - \overline{AB}^2 = 74 - 4^2 = 58$

07 답 ⑤ 　　　　　　　　　　　유형 **03**

오른쪽 그림과 같이 점 D에서 $\overline{BC}$
에 내린 수선의 발을 H라 하면
$\overline{BH} = \overline{AD} = 9 \text{ cm}$이므로
$\overline{HC} = \overline{BC} - \overline{BH} = 15 - 9 = 6(\text{cm})$
$\triangle DHC$에서 $\overline{DH}^2 = 10^2 - 6^2 = 64$
$\therefore \overline{DH} = 8(\text{cm}) \ (\because \overline{DH} > 0)$
따라서 $\overline{AB} = \overline{DH} = 8 \text{ cm}$이므로
$\triangle ABC$에서 $\overline{AC}^2 = 8^2 + 15^2 = 289$
$\therefore \overline{AC} = 17(\text{cm}) \ (\because \overline{AC} > 0)$

08 답 ① 　　　　　　　　　　　유형 **04**

직사각형의 대각선의 길이를 x cm라 하면
$x^2 = 7^2 + 24^2 = 625$ 　　$\therefore x = 25 \ (\because x > 0)$
따라서 직사각형의 대각선의 길이는 25 cm이다.

09 답 ③ 　　　　　　　　　　　유형 **04**

$\overline{AE} = \overline{AD} - \overline{ED} = 11 - 6 = 5(\text{cm})$이므로
$\triangle ABE$에서 $\overline{AB}^2 = 10^2 - 5^2 = 75$
따라서 $\triangle ABD$에서 $\overline{BD}^2 = 75 + 11^2 = 196$
$\therefore \overline{BD} = 14(\text{cm}) \ (\because \overline{BD} > 0)$

10 답 ① 　　　　　　　　　　　유형 **05**

$\overline{OB} = \overline{OA} = 10 \text{ cm}$
오른쪽 그림과 같이 점 O에서 $\overline{AB}$에
내린 수선의 발을 H라 하면
$\overline{AH} = \overline{BH} = \dfrac{1}{2}\overline{AB}$
$\qquad = \dfrac{1}{2} \times 12 = 6(\text{cm})$
$\triangle OAH$에서
$\overline{OH}^2 = 10^2 - 6^2 = 64$
$\therefore \overline{OH} = 8(\text{cm}) (\because \overline{OH} > 0)$
$\therefore \triangle OAB = \dfrac{1}{2} \times 12 \times 8 = 48(\text{cm}^2)$

11 답 ② 　　　　　　　　　　　유형 **06**

$\triangle ABF$와 $\triangle EDF$에서
$\angle A = \angle E = 90°$, $\overline{AB} = \overline{DC} = \overline{ED}$,
$\angle ABF = 90° - \angle AFB = 90° - \angle EFD = \angle EDF$
이므로 $\triangle ABF \equiv \triangle EDF$ (ASA 합동)
$\therefore \overline{AF} = \overline{EF}$
$\overline{ED} = \overline{AB} = 12 \text{ cm}$이므로
$\triangle EDF$에서 $\overline{EF}^2 = 15^2 - 12^2 = 81$
$\therefore \overline{EF} = 9(\text{cm}) \ (\because \overline{EF} > 0)$
$\therefore \overline{BC} = \overline{AD} = \overline{AF} + \overline{FD}$
$\qquad = \overline{EF} + \overline{FD}$
$\qquad = 9 + 15 = 24(\text{cm})$

12 답 ④ 유형 07

오른쪽 그림과 같이 $\overline{AF}$, $\overline{LF}$를 그으면 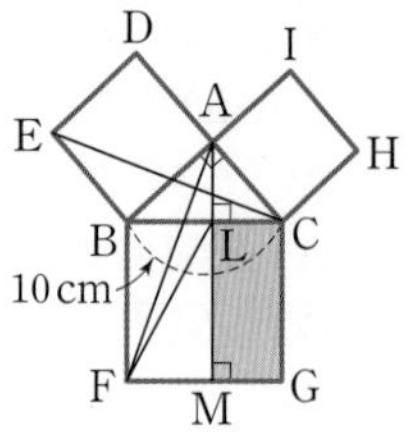
$\triangle ABF$와 $\triangle EBC$에서 $\overline{AB}=\overline{EB}$,
$\angle ABF=90°+\angle ABC=\angle EBC$,
$\overline{BF}=\overline{BC}$
이므로 $\triangle ABF\equiv\triangle EBC$ (SAS 합동)
$\therefore \triangle EBC=\triangle ABF$
$\overline{BF}/\!/\overline{AM}$이므로 $\triangle ABF=\triangle LBF$
$\therefore \triangle LBF=\triangle EBC=30\ cm^2$
따라서 $\square BFML=2\triangle LBF=2\times30=60(cm^2)$이므로
$\square LMGC=\square BFGC-\square BFML$
$\qquad\quad=10^2-60=40(cm^2)$

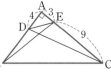

13 답 ④ 유형 07

$\triangle ABE$에서 $\overline{BE}^2=10^2-8^2=36$
$\therefore \overline{BE}=6(cm)\ (\because \overline{BE}>0)$
4개의 직각삼각형이 모두 합동이므로 $\overline{BF}=\overline{AE}=8\ cm$
$\therefore \overline{EF}=\overline{BF}-\overline{BE}=8-6=2(cm)$
따라서 $\square EFGH$는 정사각형이므로
$\square EFGH=2\times2=4(cm^2)$

14 답 ④ 유형 08

ㄱ. $3^2+3^2\neq5^2$이므로 직각삼각형이 아니다.
ㄴ. $5^2+12^2=13^2$이므로 직각삼각형이다.
ㄷ. $6^2+8^2\neq12^2$이므로 직각삼각형이 아니다.
ㄹ. $8^2+15^2=17^2$이므로 직각삼각형이다.
따라서 직각삼각형인 것은 ㄴ, ㄹ이다.

15 답 ③ 유형 09

$x>10$에서 가장 긴 변의 길이가 $x\ cm$이므로 삼각형이 만들어지려면
$10<x<10+5$에서 $10<x<15$ $\cdots\cdots$ ㉠
둔각삼각형이 되려면
$x^2>10^2+5^2$에서 $x^2>125$ $\cdots\cdots$ ㉡
따라서 ㉠, ㉡을 모두 만족시키는 자연수 x는 12, 13, 14의 3개이다.

16 답 ④ 유형 10

오른쪽 그림과 같이 $\overline{DE}$를 그으면
$\triangle ADE$에서 $\overline{DE}^2=4^2+3^2=25$
$\triangle ADC$에서
$\overline{CD}^2=4^2+(3+9)^2=160$
따라서 $\overline{DE}^2+\overline{BC}^2=\overline{BE}^2+\overline{CD}^2$이므로
$25+\overline{BC}^2=\overline{BE}^2+160$
$\therefore \overline{BC}^2-\overline{BE}^2=160-25=135$

17 답 ③ 유형 12

$\overline{BC}=2\overline{BM}=2\times5=10(cm)$
$\triangle ABC$에서 $\overline{AC}^2=10^2-6^2=64$
$\therefore \overline{AC}=8(cm)\ (\because \overline{AC}>0)$
오른쪽 그림과 같이 $\overline{AB}$와 $\overline{AC}$를 지름으로 하는 반원에서 색칠한 부분의 넓이를 각각 S_1, S_2라 하면

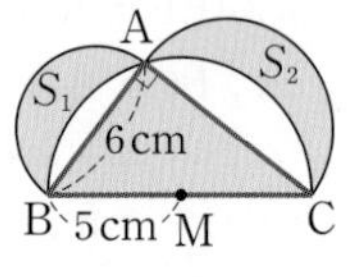

$S_1+S_2=\triangle ABC$이므로 색칠한 부분의 넓이는
$S_1+S_2+\triangle ABC=2\triangle ABC$
$\qquad\qquad\qquad=2\times\left(\dfrac{1}{2}\times6\times8\right)=48(cm^2)$

18 답 ① 유형 13

오른쪽 그림과 같이 $\overline{DB}=\overline{D'B}$가 되도록 $\overline{DB}$의 연장선 위에 점 D'을 잡으면 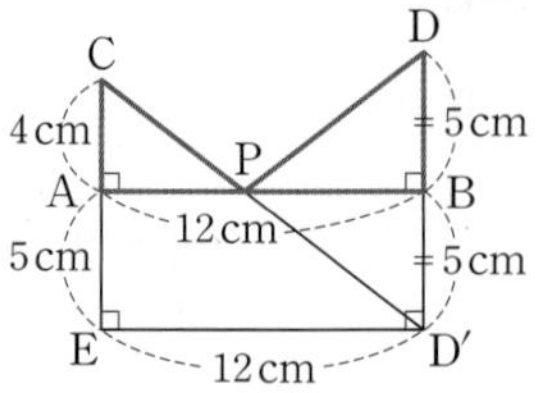
$\overline{AE}=\overline{BD'}=\overline{DB}=5\ cm$
이때 점 C에서 점 P를 거쳐 점 D까지의 최단 거리는 $\overline{CD'}$의 길이와 같으므로
$\triangle CED'$에서
$\overline{CD'}^2=(4+5)^2+12^2=225$
$\therefore \overline{CD'}=15(cm)\ (\because \overline{CD'}>0)$
따라서 구하는 최단 거리는 15 cm이다.

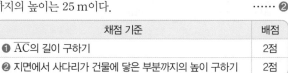

19 답 25 m 유형 01

오른쪽 그림과 같은 $\triangle ABC$에서 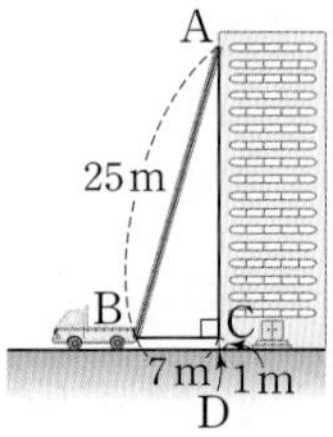
$\overline{AC}^2=25^2-7^2=576$
$\therefore \overline{AC}=24(m)\ (\because \overline{AC}>0)$ $\cdots\cdots$ ❶
$\therefore \overline{AD}=\overline{AC}+\overline{CD}$
$\qquad\quad=24+1=25(m)$
따라서 지면에서 사다리가 건물에 닿은 부분까지의 높이는 25 m이다. $\cdots\cdots$ ❷

채점 기준	배점
❶ $\overline{AC}$의 길이 구하기	2점
❷ 지면에서 사다리가 건물에 닿은 부분까지의 높이 구하기	2점

20 답 $\dfrac{60}{13}$ 유형 02

$12x+5y=60$에서 $y=-\dfrac{12}{5}x+12$
이 그래프의 x절편은 5, y절편은 12이므로
$\overline{OA}=5$, $\overline{OB}=12$ $\cdots\cdots$ ❶
$\triangle OAB$에서 $\overline{AB}^2=5^2+12^2=169$
$\therefore \overline{AB}=13\ (\because \overline{AB}>0)$ $\cdots\cdots$ ❷
따라서 $\overline{OA}\times\overline{OB}=\overline{AB}\times\overline{OH}$이므로
$5\times12=13\times\overline{OH}$ $\therefore \overline{OH}=\dfrac{60}{13}$ $\cdots\cdots$ ❸

채점 기준	배점
❶ $\overline{OA}$, $\overline{OB}$의 길이를 각각 구하기	2점
❷ $\overline{AB}$의 길이 구하기	3점
❸ $\overline{OH}$의 길이 구하기	2점

21 답 61 cm² 유형 07

$\triangle AEH\equiv\triangle BFE\equiv\triangle CGF\equiv\triangle DHG$ (SAS 합동)이므로
$\square EFGH$는 정사각형이다. $\cdots\cdots$ ❶
이때 $\triangle AEH$에서 $\overline{EH}^2=5^2+6^2=61$ $\cdots\cdots$ ❷
$\therefore \square EFGH=\overline{EH}^2=61(cm^2)$ $\cdots\cdots$ ❸

채점 기준	배점
❶ □EFGH가 정사각형임을 알기	2점
❷ $\overline{EH}^2$의 값 구하기	2점
❸ □EFGH의 넓이 구하기	2점

22 답 $54\,cm^2$　　　　　　　　유형 ⑪

$\overline{AB}^2+\overline{CD}^2=\overline{AD}^2+\overline{BC}^2$이므로

$250=5^2+\overline{BC}^2$, $\overline{BC}^2=225$

$\therefore \overline{BC}=15(cm)$ $(\because \overline{BC}>0)$ ······ ❶

$\triangle OBC$에서 $\overline{OC}^2=15^2-9^2=144$

$\therefore \overline{OC}=12(cm)$ $(\because \overline{OC}>0)$ ······ ❷

$\therefore \triangle OBC=\dfrac{1}{2}\times 9\times 12=54(cm^2)$ ······ ❸

채점 기준	배점
❶ $\overline{BC}$의 길이 구하기	2점
❷ $\overline{OC}$의 길이 구하기	2점
❸ $\triangle OBC$의 넓이 구하기	2점

23 답 $\dfrac{24}{5}\,cm$　　　　　　　　유형 ⑬

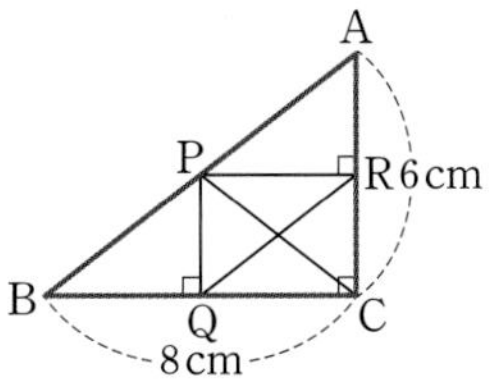

□PQCR는 직사각형이고 직사각형의 대각선의 길이는 서로 같으므로 오른쪽 그림과 같이 $\overline{PC}$를 그으면 $\overline{PC}=\overline{QR}$

이때 $\overline{PC}$의 길이가 가장 짧을 때는 $\overline{AB}\perp\overline{PC}$일 때이다. ······ ❶

$\triangle ABC$에서 $\overline{AB}^2=8^2+6^2=100$

$\therefore \overline{AB}=10(cm)$ $(\because \overline{AB}>0)$ ······ ❷

$\triangle ABC$의 넓이에서

$\dfrac{1}{2}\times 8\times 6=\dfrac{1}{2}\times 10\times \overline{PC}$, $5\overline{PC}=24$

$\therefore \overline{PC}=\dfrac{24}{5}(cm)$

따라서 가장 짧은 $\overline{QR}$의 길이는 $\dfrac{24}{5}\,cm$이다. ······ ❸

채점 기준	배점
❶ $\overline{QR}$가 가장 짧은 길이일 때의 점 P의 위치 알기	3점
❷ $\overline{AB}$의 길이 구하기	2점
❸ 가장 짧은 $\overline{QR}$의 길이 구하기	2점

교과서 속 ★
특이 문제 　　　　　　　　◐ 72쪽

01 답 풀이 참조

$\triangle ADI$와 $\triangle ABH$에서

$\overline{AI}=\overline{AH}$, $\overline{AD}=\overline{AB}$, $\angle ADI=\angle ABH=90°$

이므로 $\triangle ADI\equiv\triangle ABH$ (RHS 합동)

$\triangle IGF$와 $\triangle HEF$에서

$\overline{IF}=\overline{HF}$, $\overline{GF}=\overline{EF}$, $\angle IGF=\angle HEF=90°$

이므로 $\triangle IGF\equiv\triangle HEF$ (RHS 합동)

□AHFI=□AHJD+△ADI+△IGF+△GJF

　　　　=□AHJD+△ABH+△HEF+△GJF

　　　　=□ABCD+□GCEF

$\therefore \overline{AH}^2=\overline{AB}^2+\overline{CE}^2=\overline{AB}^2+\overline{BH}^2$

따라서 직각삼각형 ABH에서 직각을 낀 두 변의 길이의 제곱의 합은 빗변의 길이의 제곱과 같다.

02 답 $675\,cm^2$

$\triangle ABC$에서 $\overline{BC}^2=9^2+12^2=225$

$\therefore \overline{BC}=15(cm)$ $(\because \overline{BC}>0)$

이때 □NOEJ+□MJDL=□ADEB,

□IKRS+□KHPQ=□ACHI,

□ADEB+□ACHI=□BFGC

이므로 색칠한 부분의 넓이는

(□NOEJ+□MJDL)+(□IKRS+□KHPQ)

　　　　　　　+□ADEB+□ACHI+□BFGC

=(□ADEB+□ACHI)+(□ADEB+□ACHI)

　　　　　　　　　　　　　　　+□BFGC

=3□BFGC=3×15^2=3×225=675(cm^2)

03 답 $8\,km$

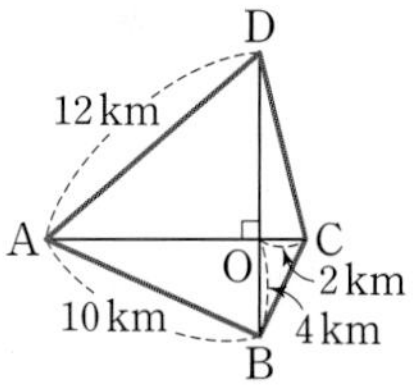

오른쪽 그림과 같이 $\overline{BC}$를 그으면

$\triangle BOC$에서 $\overline{BC}^2=2^2+4^2=20$

$\overline{AC}\perp\overline{BD}$이므로

$\overline{AB}^2+\overline{CD}^2=\overline{AD}^2+\overline{BC}^2$에서

$10^2+\overline{CD}^2=12^2+20$, $\overline{CD}^2=64$

$\therefore \overline{CD}=8(km)$ $(\because \overline{CD}>0)$

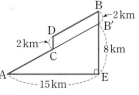

04 답 $19\,km$

오른쪽 그림과 같이 $\overline{BD}$를 $\overline{B'C}$와 일치하도록 평행이동 하면 A→C→B'은 두 점 A와 B'을 잇는 최단 경로이므로

$\triangle AEB'$에서

$\overline{AB'}^2=\overline{AE}^2+\overline{B'E}^2=15^2+8^2=289$

$\therefore \overline{AB'}=17(km)$ $(\because \overline{AB'}>0)$

따라서 A 공장에서 B 공장까지의 최단 거리는

$\overline{AB'}+\overline{CD}=17+2=19(km)$

1 경우의 수

개념 check

74쪽~75쪽

1 답 (1) 3 (2) 3 (3) 4

(1) 홀수의 눈이 나오는 경우는 1, 3, 5의 3가지이므로 경우의 수는 3이다.

(2) 2의 배수의 눈이 나오는 경우는 2, 4, 6의 3가지이므로 경우의 수는 3이다.

(3) 6의 약수의 눈이 나오는 경우는 1, 2, 3, 6의 4가지이므로 경우의 수는 4이다.

2 답 (1) 3 (2) 2 (3) 5

(1) 3의 배수가 적힌 카드가 나오는 경우는 3, 6, 9의 3가지이므로 경우의 수는 3이다.

(2) 4의 배수가 적힌 카드가 나오는 경우는 4, 8의 2가지이므로 경우의 수는 2이다.

(3) 3+2=5

3 답 9

소설책을 한 권 꺼내는 경우의 수는 7, 만화책을 한 권 꺼내는 경우의 수는 2이므로 구하는 경우의 수는 7+2=9

4 답 24

햄버거를 한 가지 주문하는 경우의 수는 6, 음료수를 한 가지 주문하는 경우의 수는 4이므로 구하는 경우의 수는 6×4=24

5 답 12

동전 한 개를 던져서 나올 수 있는 경우는 앞면, 뒷면의 2가지, 주사위 한 개를 던져서 나올 수 있는 경우는 1, 2, 3, 4, 5, 6의 6가지이다.

따라서 구하는 경우의 수는 2×6=12

6 답 (1) 120 (2) 20 (3) 60 (4) 48

(1) 5×4×3×2×1=120

(2) 5×4=20

(3) 5×4×3=60

(4) B와 D를 1명으로 생각하여 4명을 한 줄로 세우는 경우의 수는

4×3×2×1=24

이때 B와 D가 자리를 바꾸는 경우의 수는 2

따라서 구하는 경우의 수는 24×2=48

7 답 (1) 12 (2) 24

(1) 십의 자리에 올 수 있는 숫자는 1, 2, 3, 4의 4개, 일의 자리에 올 수 있는 숫자는 십의 자리에 온 숫자를 제외한 3개이므로 만들 수 있는 두 자리의 자연수의 개수는 4×3=12

(2) 백의 자리에 올 수 있는 숫자는 1, 2, 3, 4의 4개, 십의 자리에 올 수 있는 숫자는 백의 자리에 온 숫자를 제외한 3개, 일의 자리에 올 수 있는 숫자는 백의 자리와 십의 자리에 온 숫자를 제외한 2개이므로 만들 수 있는 세 자리의 자연수의 개수는

4×3×2=24

8 답 (1) 9 (2) 18

(1) 십의 자리에 올 수 있는 숫자는 0을 제외한 1, 2, 3의 3개, 일의 자리에 올 수 있는 숫자는 십의 자리에 온 숫자를 제외한 3

개이므로 만들 수 있는 두 자리의 자연수의 개수는 3×3=9

(2) 백의 자리에 올 수 있는 숫자는 0을 제외한 1, 2, 3의 3개, 십의 자리에 올 수 있는 숫자는 백의 자리에 온 숫자를 제외한 3개, 일의 자리에 올 수 있는 숫자는 백의 자리와 십의 자리에 온 숫자를 제외한 2개이므로 만들 수 있는 세 자리의 자연수의 개수는 3×3×2=18

9 답 (1) 12 (2) 6

(1) 4×3=12

(2) $\dfrac{4 \times 3}{2} = 6$

기출 유형

76쪽~81쪽

유형 01 경우의 수

76쪽

경우의 수를 구할 때는 모든 경우를 빠짐없이, 중복되지 않게 구한다.

참고 (1) 두 개 이상의 동전이나 주사위를 던질 때, 일어날 수 있는 사건의 경우의 수는 순서쌍으로 나타내어 구하는 것이 편리하다.

(2) 돈을 지불하는 방법의 수는 액수가 큰 동전의 개수부터 정하여 지불해야 하는 금액에 맞게 각 동전의 개수를 표로 나타내면 편리하다.

01 답 ③

두 눈의 수의 차가 1인 경우는 (1, 2), (2, 1), (2, 3), (3, 2), (3, 4), (4, 3), (4, 5), (5, 4), (5, 6), (6, 5)의 10가지이므로 경우의 수는 10이다.

02 답 ①

① 소수가 나오는 경우는 2, 3, 5, 7, 11의 5가지

② 홀수가 나오는 경우는 1, 3, 5, 7, 9, 11의 6가지

③ 7 이상의 수가 나오는 경우는 7, 8, 9, 10, 11, 12의 6가지

④ 2의 배수가 나오는 경우는 2, 4, 6, 8, 10, 12의 6가지

⑤ 12의 약수가 나오는 경우는 1, 2, 3, 4, 6, 12의 6가지

따라서 경우의 수가 나머지 넷과 다른 하나는 ①이다.

03 답 ①

세 명 모두 서로 다른 것을 내는 경우는 (가위, 바위, 보), (가위, 보, 바위), (바위, 가위, 보), (바위, 보, 가위), (보, 가위, 바위), (보, 바위, 가위)의 6가지이므로 경우의 수는 6이다.

04 답 ②

2x+y=9를 만족시키는 순서쌍 (x, y)는 (2, 5), (3, 3), (4, 1)의 3가지이므로 경우의 수는 3이다.

05 답 ③

750원을 지불하는 방법은 다음 표와 같다.

500원짜리 동전(개)	100원짜리 동전(개)	50원짜리 동전(개)
1	2	1
1	1	3
1	0	5
0	5	5

따라서 750원을 지불하는 방법은 모두 4가지이다.

06 답 ②

1000원짜리 지폐 2장과 500원짜리 동전 3개로 나올 수 있는 금액은 다음 표와 같다.

500원＼1000원	0장	1장	2장
0개	0원	1000원	2000원
1개	500원	1500원	2500원
2개	1000원	2000원	3000원
3개	1500원	2500원	3500원

따라서 지불할 수 있는 금액은 500원, 1000원, 1500원, 2000원, 2500원, 3000원, 3500원이므로 모두 7가지이다.

[오답 피하기]
물건을 살 때, 0원은 포함하지 않는다.

07 답 ①

한 걸음에 1계단씩 올라가는 경우를 1, 한 걸음에 2계단씩 올라가는 경우를 2라 하고 순서쌍으로 나타내면
$(1, 1, 1, 1)$, $(1, 1, 2)$, $(1, 2, 1)$, $(2, 1, 1)$, $(2, 2)$이므로 4계단을 오르는 방법은 모두 5가지이다.

08 답 6

서로 다른 4개의 점을 꼭짓점으로 하는 정사각형의 종류와 그 개수는 각각 다음과 같다.

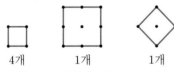

4개   1개   1개

따라서 만들 수 있는 정사각형의 개수는 $4+1+1=6$

유형 02 사건 A 또는 사건 B가 일어나는 경우의 수   77쪽

(1) 교통수단 또는 물건을 한 가지 선택하는 경우의 수
  → 동시에 두 가지 교통수단 또는 두 가지 물건을 이용할 수 없을 때, 각 사건의 경우의 수를 더한다.

(2) 서로 다른 두 개의 주사위를 동시에 던질 때, 나오는 두 눈의 수의 합이 a 또는 b인 경우의 수
  → (두 눈의 수의 합이 a인 경우의 수)
    $+$(두 눈의 수의 합이 b인 경우의 수)

(3) A의 배수 또는 B의 배수의 개수
  ① A, B의 공배수가 없는 경우
    → (A의 배수의 개수)$+$(B의 배수의 개수)
  ② A, B의 공배수가 있는 경우
    → (A의 배수의 개수)$+$(B의 배수의 개수)
      $-$(A, B의 공배수의 개수)

09 답 ④

고속버스를 타고 가는 경우의 수는 2, 기차를 타고 가는 경우의 수는 3이므로 구하는 경우의 수는 $2+3=5$

10 답 ④

팝을 한 곡 듣는 경우의 수는 6, 클래식을 한 곡 듣는 경우의 수는 7이므로 구하는 경우의 수는 $6+7=13$

---

11 답 14

선택된 학생의 혈액형이 B형인 경우의 수는 9, O형인 경우의 수는 5이므로 구하는 경우의 수는 $9+5=14$

12 답 9

서현이가 외할머니 댁에 화요일에 가는 경우는 7일, 14일, 21일, 28일의 4가지, 목요일에 가는 경우는 2일, 9일, 16일, 23일, 30일의 5가지이다.
따라서 구하는 경우의 수는 $4+5=9$

13 답 ⑤

두 눈의 수의 합이 8인 경우는
$(2, 6)$, $(3, 5)$, $(4, 4)$, $(5, 3)$, $(6, 2)$의 5가지
두 눈의 수의 합이 10인 경우는
$(4, 6)$, $(5, 5)$, $(6, 4)$의 3가지
따라서 구하는 경우의 수는 $5+3=8$

14 답 12

바늘이 가리키는 수의 합이 5인 경우는
$(1, 4)$, $(2, 3)$, $(3, 2)$, $(4, 1)$의 4가지
바늘이 가리키는 수의 합이 9인 경우는
$(1, 8)$, $(2, 7)$, $(3, 6)$, $(4, 5)$, $(5, 4)$, $(6, 3)$, $(7, 2)$, $(8, 1)$의 8가지
따라서 구하는 경우의 수는 $4+8=12$

15 답 6

두 눈의 수의 차가 4인 경우는
$(1, 5)$, $(2, 6)$, $(5, 1)$, $(6, 2)$의 4가지
두 눈의 수의 차가 5인 경우는
$(1, 6)$, $(6, 1)$의 2가지
따라서 구하는 경우의 수는 $4+2=6$

16 답 7

4의 배수가 적힌 카드가 나오는 경우는 4, 8, 12, 16, 20의 5가지, 6의 배수가 적힌 카드가 나오는 경우는 6, 12, 18의 3가지이다.
이때 4와 6의 공배수가 적힌 카드가 나오는 경우는 12의 1가지이므로 구하는 경우의 수는 $5+3-1=7$

유형 03 사건 A와 사건 B가 동시에 일어나는 경우의 수   78쪽

(1) 서로 다른 m개의 물건 A와 서로 다른 n개의 물건 B가 있을 때, 물건 A와 물건 B를 각각 한 개씩 선택하는 경우의 수
  → $m \times n$

(2) A 지점에서 B 지점까지 가는 경우의 수가 m, B 지점에서 C 지점까지 가는 경우의 수가 n일 때, A 지점에서 B 지점을 거쳐 C 지점까지 가는 경우의 수 → $m \times n$

(3) 서로 다른 n개의 동전을 동시에 던질 때, 일어날 수 있는 모든 경우의 수 → $\underbrace{2 \times 2 \times \cdots \times 2}_{n개}=2^{n}$

(4) 서로 다른 n개의 주사위를 동시에 던질 때, 일어날 수 있는 모든 경우의 수 → $\underbrace{6 \times 6 \times \cdots \times 6}_{n개}=6^{n}$

17 답 18

피자를 한 가지 주문하는 경우의 수는 6, 디저트를 한 가지 주문하는 경우의 수는 3이므로 구하는 경우의 수는 $6 \times 3 = 18$

18 답 ④

자음이 적힌 카드를 한 장 뽑는 경우는 4가지, 모음이 적힌 카드를 한 장 뽑는 경우는 3가지이므로 자음과 모음이 적힌 카드를 각각 한 장씩 뽑아 만들 수 있는 글자의 개수는 $4 \times 3 = 12$

19 답 ⑤

항공편을 이용하여 우리나라에서 영국으로 가는 방법이 5가지, 영국에서 미국으로 가는 방법이 4가지이므로 우리나라에서 영국을 거쳐 미국으로 가는 방법은 모두 $5 \times 4 = 20$(가지)

20 답 ⑤

짝수의 눈이 나오는 경우는 2, 4, 6의 3가지, 소수의 눈이 나오는 경우는 2, 3, 5의 3가지이므로 구하는 경우의 수는 $3 \times 3 = 9$

21 답 ③

동전 2개에서 서로 다른 면이 나오는 경우는 (앞면, 뒷면), (뒷면, 앞면)의 2가지, 주사위에서 홀수의 눈이 나오는 경우는 1, 3, 5의 3가지이므로 구하는 경우의 수는 $2 \times 3 = 6$

22 답 9

(i) A 지점에서 B 지점을 거쳐 C 지점으로 가는 방법은
  $4 \times 2 = 8$(가지)
(ii) A 지점에서 B 지점을 거치지 않고 C 지점으로 가는 방법은
  1가지
(i), (ii)에서 구하는 방법의 수는 $8 + 1 = 9$

23 답 ⑤

열람실에서 휴게실로 나오는 방법은 3가지,
휴게실에서 화장실로 들어가는 방법은 2가지,
화장실에서 휴게실로 나오는 방법은 2가지,
휴게실에서 도서관 밖으로 나가는 방법은 2가지이다.
따라서 구하는 방법은 모두 $3 \times 2 \times 2 \times 2 = 24$(가지)

24 답 12

오른쪽 그림과 같이 A 지점에서 P 지점까지 최단 거리로 가는 경우는 3가지, P 지점에서 B 지점까지 최단 거리로 가는 경우는 4가지이다.
따라서 구하는 경우의 수는
$3 \times 4 = 12$

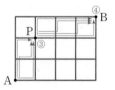

참고 다음과 같이 최단 거리로 가는 경우의 수를 구해도 된다.
❶ 출발점(A)에서 가로, 세로 방향으로 갈 수 있는 경우의 수를 각 꼭짓점에 적는다.
❷ 두 길이 만나는 지점에서 갈 수 있는 경우의 수는 지나온 두 꼭짓점에 쓰인 경우의 수의 합이다.

---

(1) n명을 한 줄로 세우는 경우의 수
  → $n \times (n-1) \times (n-2) \times \cdots \times 2 \times 1$
(2) n명 중에서 r명을 뽑아 한 줄로 세우는 경우의 수
  → $\underbrace{n \times (n-1) \times (n-2) \times \cdots \times \{n-(r-1)\}}_{r개}$ (단, $n \geq r$)

25 답 ④

$4 \times 3 \times 2 \times 1 = 24$

26 답 360

6명 중에서 4명을 뽑아 한 줄로 세우는 경우의 수와 같으므로 구하는 경우의 수는 $6 \times 5 \times 4 \times 3 = 360$

27 답 ⑤

7개 중에서 3개를 뽑아 한 줄로 세우는 경우의 수와 같으므로 구하는 경우의 수는 $7 \times 6 \times 5 = 210$

---

(1) n명을 한 줄로 세울 때, A를 특정한 자리에 고정하는 경우의 수
  → A를 특정한 자리에 고정시키므로 A를 제외한 나머지 $(n-1)$명을 한 줄로 세우는 경우의 수와 같다.
(2) 이웃하여 한 줄로 세우는 경우의 수
  (i) 이웃하는 것을 하나로 묶어서 한 줄로 세우는 경우의 수를 구한다.
  (ii) 묶음 안에서 자리를 바꾸는 경우의 수를 구한다.
  (iii) (i), (ii)에서 구한 경우의 수를 곱한다.

28 답 24

B, E를 제외한 나머지 4명을 한 줄로 세우는 경우의 수와 같으므로 $4 \times 3 \times 2 \times 1 = 24$

29 답 ②

부모님을 제외한 나머지 3명의 가족이 한 줄로 서는 경우의 수는 $3 \times 2 \times 1 = 6$
이때 부모님이 자리를 바꾸는 경우의 수는 2
따라서 구하는 경우의 수는 $6 \times 2 = 12$

30 답 ⑤

자음 K, R를 1개의 문자로 생각하여 4개의 알파벳을 한 줄로 나열하는 경우의 수는 $4 \times 3 \times 2 \times 1 = 24$
이때 K와 R가 자리를 바꾸는 경우의 수는 2
따라서 구하는 경우의 수는 $24 \times 2 = 48$

31 답 240

남학생 2명을 1명으로 생각하여 5명을 한 줄로 세우는 경우의 수는 $5 \times 4 \times 3 \times 2 \times 1 = 120$
이때 남학생 2명이 자리를 바꾸는 경우의 수는 2
따라서 구하는 경우의 수는 $120 \times 2 = 240$

32 답 ④

현지와 다혜, 인애와 한결이를 각각 1명으로 생각하여 3명을 한 줄로 세우는 경우의 수는 $3 \times 2 \times 1 = 6$

이때 현지와 다혜가 자리를 바꾸는 경우의 수는 2이고 인애와 한결이의 자리는 정해져 있으므로 구하는 경우의 수는 $6 \times 2 = 12$

80쪽

나누어진 각 부분에 색을 칠하는 경우의 수
(1) 모두 다른 색을 칠하는 경우
　➡ 한 번 칠한 색은 다시 사용할 수 없음을 이용하여 경우의 수를 구한다.
(2) 같은 색을 여러 번 사용해도 되지만 이웃하는 부분은 서로 다른 색을 칠하는 경우
　➡ 이웃하지 않는 부분은 칠한 색을 다시 사용할 수 있음을 이용하여 경우의 수를 구한다.

33 답 60

A 부분에 칠할 수 있는 색은 5가지, B 부분에 칠할 수 있는 색은 A 부분에 칠한 색을 제외한 4가지, C 부분에 칠할 수 있는 색은 A, B 부분에 칠한 색을 제외한 3가지이다.
따라서 구하는 경우의 수는 $5 \times 4 \times 3 = 60$

다른 풀이

5가지 중에서 3가지를 뽑아 한 줄로 나열하는 경우의 수와 같으므로 구하는 경우의 수는 $5 \times 4 \times 3 = 60$

34 답 48

A 부분에 칠할 수 있는 색은 4가지, B 부분에 칠할 수 있는 색은 A 부분에 칠한 색을 제외한 3가지, C 부분에 칠할 수 있는 색은 A, B 부분에 칠한 색을 제외한 2가지, D 부분에 칠할 수 있는 색은 A, C 부분에 칠한 색을 제외한 2가지이다.
따라서 구하는 경우의 수는 $4 \times 3 \times 2 \times 2 = 48$

오답 피하기

$A \rightarrow B \rightarrow C \rightarrow D$ 순서가 아닌 $B \rightarrow C \rightarrow D \rightarrow A$ 순서로 칠할 수 있는 색의 개수를 구하게 되면 다음과 같이 두 가지 경우로 나누어 구해야 함에 주의한다.
　➡ (i) B, D 부분에 같은 색을 칠할 경우 : $4 \times 3 \times 1 \times 2 = 24$
　　(ii) B, D 부분에 다른 색을 칠할 경우 : $4 \times 3 \times 2 \times 1 = 24$
　　(i), (ii)에서 구하는 경우의 수는 $24 + 24 = 48$

80쪽

0이 아닌 서로 다른 한 자리의 숫자가 각각 하나씩 적힌 n장의 카드 중에서
(1) 2장을 뽑아 만들 수 있는 두 자리의 자연수의 개수
　➡ $n \times (n-1)$
　　└ 십의 자리에 올 수 있는 숫자는 n개 　└ 일의 자리에 올 수 있는 숫자는 십의 자리에 온 숫자를 제외한 $(n-1)$개
(2) 3장을 뽑아 만들 수 있는 세 자리의 자연수의 개수
　➡ $n \times (n-1) \times (n-2)$

35 답 210

백의 자리에 올 수 있는 숫자는 7개, 십의 자리에 올 수 있는 숫자는 백의 자리에 온 숫자를 제외한 6개, 일의 자리에 올 수 있

는 숫자는 백의 자리와 십의 자리에 온 숫자를 제외한 5개이므로 만들 수 있는 세 자리의 자연수의 개수는 $7 \times 6 \times 5 = 210$

36 답 15

홀수가 되려면 일의 자리의 숫자가 1 또는 3 또는 5이어야 한다.
(i) 일의 자리의 숫자가 1인 경우 : 21, 31, 41, 51, 61의 5개
(ii) 일의 자리의 숫자가 3인 경우 : 13, 23, 43, 53, 63의 5개
(iii) 일의 자리의 숫자가 5인 경우 : 15, 25, 35, 45, 65의 5개
(i), (ii), (iii)에서 홀수의 개수는 $5 + 5 + 5 = 15$

다른 풀이

일의 자리에 올 수 있는 숫자는 1, 3, 5의 3개, 십의 자리에 올 수 있는 숫자는 일의 자리에 온 숫자를 제외한 5개이므로 홀수의 개수는 $3 \times 5 = 15$

37 답 315

(i) 백의 자리의 숫자가 1인 경우
　십의 자리에 올 수 있는 숫자는 1을 제외한 4개, 일의 자리에 올 수 있는 숫자는 1과 십의 자리에 온 숫자를 제외한 3개이므로 $4 \times 3 = 12$(개)
(ii) 백의 자리의 숫자가 2인 경우
　십의 자리에 올 수 있는 숫자는 2를 제외한 4개, 일의 자리에 올 수 있는 숫자는 2와 십의 자리에 온 숫자를 제외한 3개이므로 $4 \times 3 = 12$(개)
(i), (ii)에서 $12 + 12 = 24$(개)이므로 크기가 작은 것부터 나열할 때, 27번째에 오는 수는 백의 자리의 숫자가 3인 수 중에서 세 번째로 작은 수이다. 따라서 백의 자리의 숫자가 3인 수를 작은 수부터 차례대로 나열하면 312, 314, 315, 321, …이므로 27번째에 오는 수는 315이다.

80쪽

0을 포함한 서로 다른 한 자리의 숫자가 각각 하나씩 적힌 n장의 카드 중에서
(1) 2장을 뽑아 만들 수 있는 두 자리의 자연수의 개수
　➡ $(n-1) \times (n-1)$
　　　　　　　　　└ 일의 자리에 올 수 있는 숫자는 십의 자리에 온 숫자를 제외한 $(n-1)$개
　└ 십의 자리에 올 수 있는 숫자는 0을 제외한 $(n-1)$개
(2) 3장을 뽑아 만들 수 있는 세 자리의 자연수의 개수
　➡ $(n-1) \times (n-1) \times (n-2)$

38 답 ②

십의 자리에 올 수 있는 숫자는 0을 제외한 5개, 일의 자리에 올 수 있는 숫자는 십의 자리에 온 숫자를 제외한 5개이므로 만들 수 있는 두 자리의 자연수의 개수는 $5 \times 5 = 25$

39 답 24

(i) 백의 자리의 숫자가 1인 경우
　십의 자리에 올 수 있는 숫자는 1을 제외한 4개, 일의 자리에 올 수 있는 숫자는 1과 십의 자리에 온 숫자를 제외한 3개이므로 $4 \times 3 = 12$(개)
(ii) 백의 자리의 숫자가 2인 경우
　십의 자리에 올 수 있는 숫자는 2를 제외한 4개, 일의 자리에

올 수 있는 숫자는 2와 십의 자리에 온 숫자를 제외한 3개이므로 $4 \times 3 = 12$(개)

(i), (ii)에서 300보다 작은 자연수의 개수는 $12 + 12 = 24$

40 답 ⑤

5의 배수가 되려면 일의 자리의 숫자가 0 또는 5이어야 한다.

(i) 일의 자리의 숫자가 0인 경우

백의 자리에 올 수 있는 숫자는 0을 제외한 4개, 십의 자리에 올 수 있는 숫자는 0과 백의 자리에 온 숫자를 제외한 3개이므로 $4 \times 3 = 12$(개)

(ii) 일의 자리의 숫자가 5인 경우

백의 자리에 올 수 있는 숫자는 5와 0을 제외한 3개, 십의 자리에 올 수 있는 숫자는 5와 백의 자리에 온 숫자를 제외한 3개이므로 $3 \times 3 = 9$(개)

(i), (ii)에서 5의 배수의 개수는 $12 + 9 = 21$

유형 09 자격이 다른 대표를 뽑는 경우의 수   81쪽

n명 중에서 자격이 다른 대표 r명을 뽑는 경우의 수

→ 뽑는 순서와 관계가 있다.

→ n명 중에서 r명을 뽑아 한 줄로 세우는 경우의 수와 같으므로

$n \times (n-1) \times (n-2) \times \cdots \times \{n-(r-1)\}$ (단, $n \geq r$)

---

41 답 ⑤

$7 \times 6 \times 5 = 210$

42 답 ④

D를 제외한 4명의 후보 중에서 대상 1명, 우수상 1명을 뽑는 경우의 수와 같으므로 $4 \times 3 = 12$

43 답 36

남학생 4명 중에서 대표 1명, 부대표 1명을 뽑는 경우의 수는

$4 \times 3 = 12$

여학생 3명 중에서 대표 1명을 뽑는 경우의 수는 3

따라서 구하는 경우의 수는 $12 \times 3 = 36$

유형 10 자격이 같은 대표를 뽑는 경우의 수   81쪽

(1) n명 중에서 자격이 같은 대표 2명을 뽑는 경우의 수

→ 뽑는 순서와 관계가 없다.

→ $\dfrac{n \times (n-1)}{2}$ → 2명을 한 줄로 세우는 경우의 수

(2) n명 중에서 자격이 같은 대표 3명을 뽑는 경우의 수

→ $\dfrac{n \times (n-1) \times (n-2)}{3 \times 2 \times 1}$ → 3명을 한 줄로 세우는 경우의 수

---

44 답 20

$\dfrac{6 \times 5 \times 4}{3 \times 2 \times 1} = 20$

45 답 ④

A와 B가 악수를 하는 것과 B와 A가 악수를 하는 것은 같은 경우이므로 9명 중에서 대표 2명을 뽑는 경우의 수와 같다.

따라서 악수를 총 $\dfrac{9 \times 8}{2} = 36$(번) 해야 한다.

---

46 답 ②

여학생 5명 중에서 대표 2명을 뽑는 경우의 수는 $\dfrac{5 \times 4}{2} = 10$

남학생 4명 중에서 대표 2명을 뽑는 경우의 수는 $\dfrac{4 \times 3}{2} = 6$

따라서 구하는 경우의 수는 $10 \times 6 = 60$

유형 11 선분 또는 삼각형의 개수   81쪽

어느 세 점도 한 직선 위에 있지 않은 $n(n \geq 3)$개의 점 중에서

(1) 두 점을 연결하여 만들 수 있는 선분의 개수

→ $\dfrac{n \times (n-1)}{2}$ → n개의 점 중에서 순서에 관계없이 2개의 점을 선택하는 경우의 수

(2) 세 점을 연결하여 만들 수 있는 삼각형의 개수

→ $\dfrac{n \times (n-1) \times (n-2)}{3 \times 2 \times 1}$ → n개의 점 중에서 순서에 관계없이 3개의 점을 선택하는 경우의 수

---

47 답 ⑤

선분의 개수는 6개의 점 중에서 2개의 점을 선택하는 경우의 수와 같으므로

$x = \dfrac{6 \times 5}{2} = 15$

삼각형의 개수는 6개의 점 중에서 3개의 점을 선택하는 경우의 수와 같으므로

$y = \dfrac{6 \times 5 \times 4}{3 \times 2 \times 1} = 20$

$\therefore x + y = 15 + 20 = 35$

48 답 34

7개의 점 중에서 3개의 점을 선택하는 경우의 수는

$\dfrac{7 \times 6 \times 5}{3 \times 2 \times 1} = 35$

이때 한 직선 위의 세 점 A, B, C를 선택하는 경우에는 삼각형이 만들어지지 않으므로 만들 수 있는 삼각형의 개수는 $35 - 1 = 34$

서술형   82쪽~83쪽

01 답 7

채점 기준 1 100원짜리 동전이 6개 또는 5개인 경우 구하기 … 2점

600원이 되는 경우의 각 동전의 개수를 순서쌍 (100원짜리, 50원짜리, 10원짜리)로 나타내면

100원짜리 동전이 6개인 경우는 (6, _0_, _0_)

100원짜리 동전이 5개인 경우는

(5, _2_, _0_), (5, _1_, _5_)

채점 기준 2 100원짜리 동전이 4개 또는 3개인 경우 구하기 … 2점

100원짜리 동전이 4개인 경우는

(4, _4_, _0_), (4, _3_, _5_)

100원짜리 동전이 3개인 경우는

(3, _6_, _0_), (3, _5_, _5_)

채점 기준 3 조건을 만족시키는 경우의 수 구하기 … 2점

꺼낸 금액이 600원이 되는 경우의 수는 _7_ 이다.

01-1 답 10

채점 기준 1 1000원짜리 지폐가 3장 또는 2장인 경우 구하기 … 2점

3000원이 되는 경우의 지폐의 장수와 각 동전의 개수를 순서쌍
(1000원짜리, 500원짜리, 100원짜리)로 나타내면

1000원짜리 지폐가 3장인 경우는 (3, 0, 0)

1000원짜리 지폐가 2장인 경우는
(2, 2, 0), (2, 1, 5), (2, 0, 10)

채점 기준 2 1000원짜리 지폐가 1장 또는 0장인 경우 구하기 … 2점

1000원짜리 지폐가 1장인 경우는
(1, 4, 0), (1, 3, 5), (1, 2, 10)

1000원짜리 지폐가 0장인 경우는
(0, 6, 0), (0, 5, 5), (0, 4, 10)

채점 기준 3 조건을 만족시키는 경우의 수 구하기 … 2점

3000원을 지불하는 경우의 수는 10이다.

02 답 24

채점 기준 1 남학생과 여학생을 각각 1명으로 생각하여 한 줄로 세우는
경우의 수 구하기 … 2점

남학생 3명과 여학생 2명을 각각 1명으로 생각하여 2명을 한 줄
로 세우는 경우의 수는 _2_ ×1= _2_

채점 기준 2 남학생끼리, 여학생끼리 자리를 바꾸는 경우의 수 구하기
… 2점

남학생끼리 자리를 바꾸는 경우의 수는
3× _2_ ×1= _6_

여학생끼리 자리를 바꾸는 경우의 수는
_2_ ×1= _2_

채점 기준 3 조건을 만족시키는 경우의 수 구하기 … 2점

구하는 경우의 수는 2× _6_ × _2_ = _24_

02-1 답 288

채점 기준 1 소설책과 시집을 각각 1권으로 생각하여 나란히 꽂는 경우
의 수 구하기 … 2점

소설책 3권과 시집 4권을 각각 1권으로 생각하여 2권을 나란히
꽂는 경우의 수는 2×1=2

채점 기준 2 소설책끼리, 시집끼리 자리를 바꾸는 경우의 수 구하기 … 2점

소설책끼리 자리를 바꾸는 경우의 수는
3×2×1=6

시집끼리 자리를 바꾸는 경우의 수는
4×3×2×1=24

채점 기준 3 조건을 만족시키는 경우의 수 구하기 … 2점

구하는 경우의 수는 2×6×24=288

03 답 10

2의 배수가 적힌 카드가 나오는 경우는
2, 4, 6, 8, 10, 12, 14의 7가지 ······ ❶

3의 배수가 적힌 카드가 나오는 경우는
3, 6, 9, 12, 15의 5가지 ······ ❷

이때 2와 3의 공배수가 적힌 카드가 나오는 경우는 6, 12의 2가
지이므로 구하는 경우의 수는

7+5−2=10 ······ ❸

채점 기준	배점
❶ 2의 배수가 적힌 카드가 나오는 경우의 수 구하기	2점
❷ 3의 배수가 적힌 카드가 나오는 경우의 수 구하기	2점
❸ 2의 배수 또는 3의 배수가 적힌 카드가 나오는 경우의 수 구하기	2점

04 답 (1) 11 (2) 6 (3) 36

(1) 현서네 집에서 할아버지 댁을 가는 방법의 수는
3+2+6=11 ······ ❶

(2) 현서네 집에서 할아버지 댁을 왕복하는 데 갈 때 비행기를 이
용하는 방법은 3가지, 올 때 고속열차를 이용하는 방법은 2가
지이므로 구하는 방법의 수는 3×2=6 ······ ❷

(3) 현서네 집에서 할아버지 댁을 왕복하는 데 갈 때 버스를 이용
하는 방법은 6가지, 올 때 버스를 이용하는 방법은 6가지이므
로 구하는 방법의 수는 6×6=36 ······ ❸

채점 기준	배점
❶ 현서네 집에서 할아버지 댁을 가는 방법의 수 구하기	2점
❷ 현서네 집에서 할아버지 댁을 왕복하는 데 갈 때는 비행기를 이용하고, 올 때는 고속열차를 이용하는 방법의 수 구하기	2점
❸ 현서네 집에서 할아버지 댁을 버스로만 왕복하는 방법의 수 구하기	2점

05 답 10

짝수가 되려면 일의 자리의 숫자가 0 또는 2 또는 4이어야 한다.
······ ❶

(i) 일의 자리의 숫자가 0인 경우
십의 자리에 올 수 있는 숫자는 0을 제외한 4개

(ii) 일의 자리의 숫자가 2인 경우
십의 자리에 올 수 있는 숫자는 0과 2를 제외한 3개

(iii) 일의 자리의 숫자가 4인 경우
십의 자리에 올 수 있는 숫자는 0과 4를 제외한 3개 ······ ❷

(i), (ii), (iii)에서 짝수의 개수는 4+3+3=10 ······ ❸

채점 기준	배점
❶ 짝수가 되기 위한 일의 자리의 숫자 구하기	2점
❷ 일의 자리의 숫자가 0 또는 2 또는 4인 각각의 경우의 수 구하기	3점
❸ 짝수의 개수 구하기	1점

06 답 (1) 56 (2) 28 (3) 30

(1) 8명 중에서 자격이 다른 대표 2명을 뽑는 경우의 수와 같으므로
8×7=56 ······ ❶

(2) 8명 중에서 대표 2명을 뽑는 경우의 수는
$\dfrac{8\times7}{2}=28$ ······ ❷

(3) 남학생 5명 중에서 3명을 뽑는 경우의 수는
$\dfrac{5\times4\times3}{3\times2\times1}=10$

여학생 3명 중에서 2명을 뽑는 경우의 수는
$\dfrac{3\times2}{2}=3$

따라서 구하는 경우의 수는 10×3=30 ······ ❸

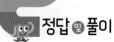

채점 기준	배점
❶ 대표 1명, 부대표 1명을 뽑는 경우의 수 구하기	2점
❷ 대표 2명을 뽑는 경우의 수 구하기	2점
❸ 대회에 참가할 남학생 3명과 여학생 2명을 뽑는 경우의 수 구하기	3점

07 답 5

삼각형에서 가장 긴 변의 길이는 나머지 두 변의 길이의 합보다 짧아야 하므로 삼각형이 만들어지는 세 변의 길이를 순서쌍으로 나타내면

(i) 가장 긴 변의 길이가 21 cm인 경우
　(8 cm, 15 cm, 21 cm), (12 cm, 15 cm, 21 cm)의 2가지
　　　　　　　　　　　　　　　　　　　　　…… ❶

(ii) 가장 긴 변의 길이가 15 cm인 경우
　(6 cm, 12 cm, 15 cm), (8 cm, 12 cm, 15 cm)의 2가지
　　　　　　　　　　　　　　　　　　　　　…… ❷

(iii) 가장 긴 변의 길이가 12 cm인 경우
　(6 cm, 8 cm, 12 cm)의 1가지　　　　　　…… ❸

(i), (ii), (iii)에서 구하는 경우의 수는
$2+2+1=5$　　　　　　　　　　　　　　…… ❹

채점 기준	배점
❶ 가장 긴 변의 길이가 21 cm일 때의 경우의 수 구하기	2점
❷ 가장 긴 변의 길이가 15 cm일 때의 경우의 수 구하기	2점
❸ 가장 긴 변의 길이가 12 cm일 때의 경우의 수 구하기	2점
❹ 삼각형이 만들어지는 경우의 수 구하기	1점

08 답 6

동전을 4번 던져서 앞면이 x번 나온다고 하면 뒷면은 $(4-x)$번 나온다. 이때 병민이가 처음에 서 있던 계단의 위치보다 두 칸 위로 올라가려면
$2x-(4-x)=2$, $3x-4=2$, $3x=6$　　∴ $x=2$
즉, 앞면이 2번, 뒷면이 2번 나와야 한다.　　…… ❶
따라서 두 칸 위에 올라가 있을 경우를 순서쌍으로 나타내면
(앞, 앞, 뒤, 뒤), (앞, 뒤, 앞, 뒤), (앞, 뒤, 뒤, 앞),
(뒤, 앞, 앞, 뒤), (뒤, 앞, 뒤, 앞), (뒤, 뒤, 앞, 앞)이므로 구하는 경우의 수는 6이다.　　　　　　　　…… ❷

채점 기준	배점
❶ 앞면과 뒷면이 각각 몇 번 나와야 하는지 구하기	4점
❷ 두 칸 위에 올라가 있을 경우의 수 구하기	3점

학교 시험 1회

84쪽~87쪽

01 ④	**02** ①	**03** ②	**04** ③	**05** ③
06 ③	**07** ②	**08** ②	**09** ④	**10** ②
11 ①	**12** ⑤	**13** ②	**14** ①	**15** ②
16 ③	**17** ④	**18** ②	**19** 7	**20** 10
21 72	**22** 30	**23** 60		

01 답 ④　　　　　　　　　　　　　　　　유형 **01**

주머니에 파란 공이 4개 있으므로 파란 공이 나오는 경우의 수는 4이다.

02 답 ①　　　　　　　　　　　　　　　　유형 **01**

$x+2y<6$을 만족시키는 순서쌍 (x, y)는 (1, 1), (1, 2), (2, 1), (3, 1)의 4가지이므로 경우의 수는 4이다.

03 답 ②　　　　　　　　　　　　　　　　유형 **01**

500원짜리 동전 2개와 100원짜리 동전 5개로 나올 수 있는 금액은 다음 표와 같다.

100원 ＼ 500원	0개	1개	2개
0개	0원	500원	1000원
1개	100원	600원	1100원
2개	200원	700원	1200원
3개	300원	800원	1300원
4개	400원	900원	1400원
5개	500원	1000원	1500원

따라서 동전을 1개 이상 꺼내서 나올 수 있는 금액은 100원, 200원, 300원, …, 1500원의 15가지이다.

04 답 ③　　　　　　　　　　　　　　　　유형 **02**

빵을 사는 경우의 수는 5, 음료수를 사는 경우의 수는 8이므로 구하는 경우의 수는 $5+8=13$

05 답 ③　　　　　　　　　　　　　　　　유형 **02**

두 눈의 수의 합이 6인 경우는
(1, 5), (2, 4), (3, 3), (4, 2), (5, 1)의 5가지
두 눈의 수의 합이 10인 경우는
(4, 6), (5, 5), (6, 4)의 3가지
따라서 구하는 경우의 수는 $5+3=8$

06 답 ③　　　　　　　　　　　　　　　　유형 **03**

자음이 4개, 모음이 5개 있으므로 자음 한 개와 모음 한 개를 사용하여 만들 수 있는 글자는 $4×5=20$(개)

07 답 ②　　　　　　　　　　　　　　　　유형 **03**

전구 1개로 만들 수 있는 신호는 켜지거나 꺼지는 경우의 2가지이다. 즉, 전구 3개를 이용하여 만들 수 있는 신호는
$2×2×2=8$(가지)
이때 전구가 모두 꺼진 경우는 신호로 생각하지 않으므로 구하는 경우의 수는 $8-1=7$

08 답 ②　　　　　　　　　　　　　　　　유형 **03**

(i) 집에서 출발하여 편의점을 거쳐 도서관으로 가는 방법은
　$2×3=6$(가지)
(ii) 집에서 편의점을 거치지 않고 도서관으로 가는 방법은 3가지
(i), (ii)에서 구하는 방법의 수는 $6+3=9$

09 답 ④　　　　　　　　　　　　　　　　유형 **04**

5명을 한 줄로 세우는 경우의 수와 같으므로 구하는 경우의 수는
$5×4×3×2×1=120$

10 답 ②　　　　　　　　　　　　　　　　유형 **05**

B와 E를 제외한 나머지 알파벳 4개를 한 줄로 나열하는 경우의 수는 $4×3×2×1=24$

이때 B와 E가 자리를 바꾸는 경우의 수는 2

따라서 구하는 경우의 수는 $24 \times 2 = 48$

11 답 ①　　　　　　　　　　　　　　　　　　유형 **05**

F를 제외한 나머지 5명 중에서 A, B, C를 1명으로 생각하여 3명을 한 줄로 세우는 경우의 수는 $3 \times 2 \times 1 = 6$

이때 A, B, C가 자리를 바꾸는 경우의 수는 $3 \times 2 \times 1 = 6$

따라서 구하는 경우의 수는 $6 \times 6 = 36$

12 답 ⑤　　　　　　　　　　　　　　　　　　유형 **06**

A 부분에 칠할 수 있는 색은 4가지, B 부분에 칠할 수 있는 색은 A 부분에 칠한 색을 제외한 3가지, C 부분에 칠할 수 있는 색은 A, B 부분에 칠한 색을 제외한 2가지, D 부분에 칠할 수 있는 색은 B, C 부분에 칠한 색을 제외한 2가지이다.

따라서 구하는 경우의 수는 $4 \times 3 \times 2 \times 2 = 48$

13 답 ②　　　　　　　　　　　　　　　　　　유형 **07**

(i) 십의 자리의 숫자가 5인 경우
　일의 자리에 올 수 있는 숫자는 5를 제외한 4개

(ii) 십의 자리의 숫자가 4인 경우
　일의 자리에 올 수 있는 숫자는 4를 제외한 4개

(iii) 십의 자리의 숫자가 3인 경우
　일의 자리에 올 수 있는 숫자는 3을 제외한 4개

(i), (ii), (iii)에서 $4 + 4 + 4 = 12$(개)이므로 13번째로 큰 수는 십의 자리의 숫자가 2인 두 자리의 자연수 중에서 가장 큰 수이다.

따라서 13번째로 큰 수는 25이다.

14 답 ①　　　　　　　　　　　　　　　　　　유형 **08**

홀수가 되려면 일의 자리의 숫자가 1 또는 3이어야 한다.

(i) 일의 자리의 숫자가 1인 경우
　십의 자리에 올 수 있는 숫자는 0과 1을 제외한 3개

(ii) 일의 자리의 숫자가 3인 경우
　십의 자리에 올 수 있는 숫자는 0과 3을 제외한 3개

(i), (ii)에서 구하는 홀수의 개수는 $3 + 3 = 6$

15 답 ②　　　　　　　　　　　　　　　　　　유형 **09**

$5 \times 4 \times 3 = 60$

16 답 ③　　　　　　　　　　　　　　　　　　유형 **10**

5개 팀 중에서 2개 팀을 선택하는 경우의 수와 같으므로 모두

$\dfrac{5 \times 4}{2} = 10$(번)의 시합을 하게 된다.

17 답 ④　　　　　유형 **03** + 유형 **04** + 유형 **05** + 유형 **10**

① $4 \times 3 \times 2 \times 1 = 24$　　　② $6 \times 5 = 30$

③ $2 \times 2 \times 2 = 8$　　　④ $\dfrac{4 \times 3}{2} = 6$

⑤ 여학생 2명을 1명으로 생각하여 3명을 한 줄로 세우는 경우의 수는 $3 \times 2 \times 1 = 6$

이때 여학생 2명이 자리를 바꾸는 경우의 수는 2이므로 구하는 경우의 수는 $6 \times 2 = 12$

따라서 경우의 수가 가장 작은 것은 ④이다.

18 답 ②　　　　　　　　　　　　　　　　　　유형 **11**

8개의 점 중에서 2개의 점을 선택하는 경우의 수는

$\dfrac{8 \times 7}{2} = 28$

이때 한 직선 위에 있는 5개의 점 중에서 2개의 점을 선택하여 만들어지는 직선은 모두 같고 그 경우의 수는 $\dfrac{5 \times 4}{2} = 10$

따라서 구하는 직선의 개수는 $28 - 10 + 1 = 19$

19 답 7　　　　　　　　　　　　　　　　　　유형 **02**

점 P가 꼭짓점 D에 위치하려면 두 눈의 수의 합이 3 또는 8이 되어야 한다.　　　　　　　　　　　　　　　…… ❶

(i) 두 눈의 수의 합이 3인 경우
　$(1, 2)$, $(2, 1)$의 2가지　　　　　　　　　…… ❷

(ii) 두 눈의 수의 합이 8인 경우
　$(2, 6)$, $(3, 5)$, $(4, 4)$, $(5, 3)$, $(6, 2)$의 5가지　　…… ❸

(i), (ii)에서 점 P가 꼭짓점 D에 위치할 경우의 수는

$2 + 5 = 7$　　　　　　　　　　　　　　　…… ❹

채점 기준	배점
❶ 점 P가 꼭짓점 D에 위치할 조건 구하기	2점
❷ 두 눈의 수의 합이 3인 경우의 수 구하기	1점
❸ 두 눈의 수의 합이 8인 경우의 수 구하기	2점
❹ 점 P가 꼭짓점 D에 위치할 경우의 수 구하기	1점

20 답 10　　　　　　　　　　　　　　　　　　유형 **02**

5의 배수가 적힌 공이 나오는 경우는

5, 10, 15, 20, 25, 30의 6가지　　　　　　　…… ❶

6의 배수가 적힌 공이 나오는 경우는

6, 12, 18, 24, 30의 5가지　　　　　　　　　…… ❷

이때 5와 6의 공배수가 적힌 공이 나오는 경우는 30의 1가지이므로 구하는 경우의 수는

$6 + 5 - 1 = 10$　　　　　　　　　　　　　…… ❸

채점 기준	배점
❶ 5의 배수가 적힌 공이 나오는 경우의 수 구하기	1점
❷ 6의 배수가 적힌 공이 나오는 경우의 수 구하기	1점
❸ 5의 배수 또는 6의 배수가 적힌 공이 나오는 경우의 수 구하기	2점

21 답 72　　　　　　　　　　　　　　　　　　유형 **05**

(i) 맨 앞에 어른을 세우는 경우
　어른 3명을 첫 번째, 세 번째, 다섯 번째에 세운 후 아이 3명을 두 번째, 네 번째, 여섯 번째에 세우면 되므로 구하는 경우의 수는
　$(3 \times 2 \times 1) \times (3 \times 2 \times 1) = 36$　　…… ❶

(ii) 맨 앞에 아이를 세우는 경우
　아이 3명을 첫 번째, 세 번째, 다섯 번째에 세운 후 어른 3명을 두 번째, 네 번째, 여섯 번째에 세우면 되므로 구하는 경우의 수는
　$(3 \times 2 \times 1) \times (3 \times 2 \times 1) = 36$　　…… ❷

(i), (ii)에서 구하는 경우의 수는

$36 + 36 = 72$　　　　　　　　　　　　　…… ❸

채점 기준	배점
❶ 맨 앞에 어른을 세우는 경우의 수 구하기	3점
❷ 맨 앞에 아이를 세우는 경우의 수 구하기	3점
❸ 어른과 아이를 교대로 세우는 경우의 수 구하기	1점

22 답 30   유형 **08**

(i) 0, 1, 2, 3의 숫자를 한 번씩만 사용하여 만들 수 있는 네 자리의 자연수의 개수

천의 자리에 올 수 있는 숫자는 0을 제외한 3개, 백의 자리에 올 수 있는 숫자는 천의 자리에 온 숫자를 제외한 3개, 십의 자리에 올 수 있는 숫자는 천의 자리와 백의 자리에 온 숫자를 제외한 2개, 일의 자리에 올 수 있는 숫자는 천의 자리, 백의 자리, 십의 자리에 온 숫자를 제외한 1개이므로

$3 \times 3 \times 2 \times 1 = 18$ ∴ $a = 18$ …… ❶

(ii) 0, 1, 2, 3의 숫자를 중복하여 사용하여 만들 수 있는 세 자리의 자연수의 개수

백의 자리에 올 수 있는 숫자는 0을 제외한 3개, 십의 자리에 올 수 있는 숫자는 4개, 일의 자리에 올 수 있는 숫자는 4개이므로 $3 \times 4 \times 4 = 48$ ∴ $b = 48$ …… ❷

∴ $b - a = 48 - 18 = 30$ …… ❸

채점 기준	배점
❶ a의 값 구하기	3점
❷ b의 값 구하기	3점
❸ $b-a$의 값 구하기	1점

23 답 60   유형 **10**

재우가 5종류의 사탕 중에서 2종류를 고르는 경우의 수는

$\dfrac{5 \times 4}{2} = 10$ …… ❶

현수가 4종류의 젤리 중에서 2종류를 고르는 경우의 수는

$\dfrac{4 \times 3}{2} = 6$ …… ❷

따라서 구하는 경우의 수는 $10 \times 6 = 60$ …… ❸

채점 기준	배점
❶ 재우가 2종류의 사탕을 고르는 경우의 수 구하기	2점
❷ 현수가 2종류의 젤리를 고르는 경우의 수 구하기	2점
❸ 재우는 2종류의 사탕을, 현수는 2종류의 젤리를 고르는 경우의 수 구하기	2점

실전! 중단원 **학교 시험 2**회 |88쪽~91쪽|

01 ③	02 ①	03 ②	04 ①	05 ⑤
06 ④	07 ③	08 ③	09 ④	10 ③
11 ③	12 ⑤	13 ①	14 ④	15 ③
16 ①	17 ②	18 ③	19 9	20 40
21 48	22 297	23 (1) 21	(2) 35	

01 답 ③   유형 **01**

24의 약수가 적힌 카드가 나오는 경우는 1, 2, 3, 4, 6, 8, 12의 7가지이므로 구하는 경우의 수는 7이다.

02 답 ①   유형 **01**

$a - b = 2$이려면 $a = 3$, $b = 1$이어야 한다.

즉, 앞면이 3번, 뒷면이 1번 나오는 경우는 (앞, 앞, 앞, 뒤), (앞, 앞, 뒤, 앞), (앞, 뒤, 앞, 앞), (뒤, 앞, 앞, 앞)의 4가지이므로 구하는 경우의 수는 4이다.

03 답 ②   유형 **01**

한 걸음에 1계단씩 올라가는 경우를 1, 한 걸음에 2계단씩 올라가는 경우를 2라 하고 순서쌍으로 나타내면

(1, 1, 1, 1, 1), (2, 1, 1, 1), (1, 2, 1, 1), (1, 1, 2, 1), (1, 1, 1, 2), (2, 2, 1), (2, 1, 2), (1, 2, 2)의 8가지이므로 5계단을 오르는 방법의 수는 8이다.

04 답 ①   유형 **02**

버스를 타고 가는 경우의 수는 4, 지하철을 타고 가는 경우의 수는 3이므로 구하는 경우의 수는 $4 + 3 = 7$

05 답 ⑤   유형 **02**

두 눈의 수의 차가 0인 경우

(1, 1), (2, 2), (3, 3), (4, 4), (5, 5), (6, 6)의 6가지

두 눈의 수의 차가 1인 경우

(1, 2), (2, 1), (2, 3), (3, 2), (3, 4), (4, 3), (4, 5), (5, 4), (5, 6), (6, 5)의 10가지

따라서 구하는 경우의 수는 $6 + 10 = 16$

06 답 ④   유형 **03**

소설책을 한 권 고르는 경우의 수는 5, 역사책을 한 권 고르는 경우의 수는 3이므로 구하는 경우의 수는 $5 \times 3 = 15$

07 답 ③   유형 **03**

서로 다른 동전 3개를 동시에 던질 때, 일어날 수 있는 경우의 수는 $2 \times 2 \times 2 = 8$

주사위 1개를 던질 때, 일어날 수 있는 경우의 수는 6

따라서 서로 다른 동전 3개와 주사위 1개를 동시에 던질 때, 일어날 수 있는 모든 경우의 수는 $8 \times 6 = 48$

08 답 ③   유형 **03**

오른쪽 그림과 같이 A 지점에서 P 지점까지 최단 거리로 가는 경우는 6가지, P 지점에서 B 지점까지 최단 거리로 가는 경우는 3가지이다.

따라서 구하는 경우의 수는

$6 \times 3 = 18$

09 답 ④   유형 **04**

6권 중에서 3권을 뽑아 한 줄로 나열하는 경우의 수와 같으므로

$6 \times 5 \times 4 = 120$

10 답 ③   유형 **05**

A, B, C, D, E 5명을 한 줄로 세우는 경우의 수는

$5 \times 4 \times 3 \times 2 \times 1 = 120$

B와 D가 서로 이웃하여 서는 경우의 수는 B와 D를 1명으로 생각하여 4명을 한 줄로 세우는 경우의 수와 B와 D가 자리를 바꾸

는 경우의 수의 곱이므로

$(4 \times 3 \times 2 \times 1) \times 2 = 48$

따라서 B와 D가 서로 이웃하지 않는 경우의 수는

$120 - 48 = 72$

11 답 ③   유형 06

A 부분에 칠할 수 있는 색은 4가지,

B 부분에 칠할 수 있는 색은 A 부분에 칠한 색을 제외한 3가지,

C 부분에 칠할 수 있는 색은 A, B 부분에 칠한 색을 제외한 2가지이다.

따라서 구하는 경우의 수는 $4 \times 3 \times 2 = 24$

12 답 ⑤   유형 07

2의 배수가 되려면 일의 자리의 숫자가 2, 4, 6, 8 중 하나이어야 한다.

즉, 일의 자리에 올 수 있는 숫자는 2, 4, 6, 8의 4개, 백의 자리에 올 수 있는 숫자는 일의 자리에 온 숫자를 제외한 8개, 십의 자리에 올 수 있는 숫자는 백의 자리와 일의 자리에 온 숫자를 제외한 7개이므로 구하는 2의 배수의 개수는 $4 \times 8 \times 7 = 224$

13 답 ①   유형 08

(i) 십의 자리의 숫자가 1인 경우

    일의 자리에 올 수 있는 숫자는 1을 제외한 5개

(ii) 십의 자리의 숫자가 2인 경우

    일의 자리에 올 수 있는 숫자는 2를 제외한 5개

(i), (ii)에서 30보다 작은 수의 개수는 $5 + 5 = 10$

14 답 ④   유형 09

B를 제외한 5명의 후보 중에서 대표 1명, 부대표 1명을 뽑는 경우의 수와 같으므로 $5 \times 4 = 20$

15 답 ③   유형 10

6곳 중에서 2곳을 선택하는 경우의 수이므로

$\dfrac{6 \times 5}{2} = 15$

16 답 ①   유형 10

남학생 4명 중에서 대표 2명을 뽑는 경우의 수는

$\dfrac{4 \times 3}{2} = 6$

여학생 4명 중에서 대표 1명을 뽑는 경우의 수는 4

따라서 구하는 경우의 수는 $6 \times 4 = 24$

17 답 ②   유형 02 + 유형 10

(i) 개가 나오는 경우

    윷가락 4개 중에서 2개가 볼록한 면이 나와야 하므로 4개 중에서 2개를 뽑는 경우와 같다.

    $\therefore \dfrac{4 \times 3}{2} = 6$(가지)

(ii) 걸이 나오는 경우

    윷가락 4개 중에서 1개가 볼록한 면이 나와야 하므로 4개 중에서 1개를 뽑는 경우와 같다. 즉, 4가지이다.

(i), (ii)에서 구하는 경우의 수는 $6 + 4 = 10$

18 답 ③   유형 11

(i) 삼각형의 한 변이 직선 l 위에 있는 경우

직선 l 위의 5개의 점 중에서 2개의 점을 선택하고 직선 m 위의 3개의 점 중에서 1개의 점을 선택하는 경우의 수와 같으므로 $\dfrac{5 \times 4}{2} \times 3 = 30$

(ii) 삼각형의 한 변이 직선 m 위에 있는 경우

직선 l 위의 5개의 점 중에서 1개의 점을 선택하고 직선 m 위의 3개의 점 중에서 2개의 점을 선택하는 경우의 수와 같으므로 $5 \times \dfrac{3 \times 2}{2} = 15$

(i), (ii)에서 만들 수 있는 삼각형의 개수는 $30 + 15 = 45$

다른 풀이

8개의 점 중에서 3개의 점을 선택하는 경우의 수는

$\dfrac{8 \times 7 \times 6}{3 \times 2 \times 1} = 56$

직선 l 위의 점 5개 중에서 3개의 점을 선택하는 경우의 수는

$\dfrac{5 \times 4 \times 3}{3 \times 2 \times 1} = 10$

직선 m 위의 점 3개 중에서 3개의 점을 선택하는 경우의 수는 1

따라서 세 점을 연결하여 만들어지는 삼각형의 개수는

$56 - 10 - 1 = 45$

19 답 9   유형 02

(i) $ax - b = 0$의 해가 $x = 1$인 경우

    $a = b$이므로 이를 만족시키는 순서쌍 (a, b)는 $(1, 1)$, $(2, 2)$, $(3, 3)$, $(4, 4)$, $(5, 5)$, $(6, 6)$의 6가지   …… ❶

(ii) $ax - b = 0$의 해가 $x = 2$인 경우

    $2a = b$이므로 이를 만족시키는 순서쌍 (a, b)는 $(1, 2)$, $(2, 4)$, $(3, 6)$의 3가지   …… ❷

(i), (ii)에서 구하는 경우의 수는 $6 + 3 = 9$ …… ❸

채점 기준	배점
❶ $ax - b = 0$의 해가 $x = 1$인 경우의 수 구하기	2점
❷ $ax - b = 0$의 해가 $x = 2$인 경우의 수 구하기	2점
❸ $ax - b = 0$의 해가 $x = 1$ 또는 $x = 2$인 경우의 수 구하기	2점

20 답 40   유형 03

$a + b$의 값이 홀수가 되려면 a는 홀수, b는 짝수이거나 a는 짝수, b는 홀수이어야 한다.   …… ❶

(i) a는 홀수, b는 짝수인 경우

    a가 홀수인 경우는 1, 3, 5, 7, 9의 5가지, b가 짝수인 경우는 2, 4, 6, 8의 4가지이므로 $5 \times 4 = 20$(가지)

(ii) a는 짝수, b는 홀수인 경우

    a가 짝수인 경우는 2, 4, 6, 8의 4가지, b가 홀수인 경우는 1, 3, 5, 7, 9의 5가지이므로 $4 \times 5 = 20$(가지)   …… ❷

(i), (ii)에서 구하는 경우의 수는 $20 + 20 = 40$ …… ❸

채점 기준	배점
❶ $a + b$의 값이 홀수가 되는 조건 알기	2점
❷ 각각의 조건에 대한 경우의 수 구하기	3점
❸ $a + b$의 값이 홀수가 되는 경우의 수 구하기	2점

21 답 48   유형 05

A가 수요일에 청소 당번을 하는 경우는 A를 제외한 나머지 4명

을 한 줄로 세우는 경우의 수와 같으므로

$4 \times 3 \times 2 \times 1 = 24$ ...... ❶

같은 방법으로 하면 D가 수요일에 청소 당번을 하는 경우의 수는 24이다. ...... ❷

따라서 구하는 경우의 수는 $24 + 24 = 48$ ...... ❸

채점 기준	배점
❶ A가 수요일에 청소 당번을 하는 경우의 수 구하기	2점
❷ D가 수요일에 청소 당번을 하는 경우의 수 구하기	1점
❸ A 또는 D가 수요일에 청소 당번을 하는 경우의 수 구하기	1점

22 답 297   유형 07

(i) 백의 자리의 숫자가 1인 경우

십의 자리와 일의 자리에 올 수 있는 숫자는 각각 9개이므로

$9 \times 9 = 81$(개) ...... ❶

(ii) 백의 자리의 숫자가 2인 경우

십의 자리와 일의 자리에 올 수 있는 숫자는 각각 9개이므로

$9 \times 9 = 81$(개) ...... ❷

(i), (ii)에서 $81 + 81 = 162$(개)이므로 160번째로 작은 수는 백의 자리의 숫자가 2인 수 중에서 세 번째로 큰 수이다. ...... ❸

백의 자리의 숫자가 2인 수를 작은 수부터 차례대로 나열하면 211, 212, $\cdots$, 297, 298, 299이므로 구하는 수는 297이다.

...... ❹

채점 기준	배점
❶ 백의 자리의 숫자가 1인 경우의 수 구하기	2점
❷ 백의 자리의 숫자가 2인 경우의 수 구하기	2점
❸ 160번째로 작은 수에 대한 조건 알기	2점
❹ 세 자리의 자연수 중 160번째로 작은 수 구하기	1점

23 답 ⑴ 21 ⑵ 35   유형 11

⑴ 7개의 점 중에서 2개의 점을 선택하는 경우의 수와 같으므로

$$\frac{7 \times 6}{2} = 21$$ ...... ❶

⑵ 7개의 점 중에서 3개의 점을 선택하는 경우의 수와 같으므로

$$\frac{7 \times 6 \times 5}{3 \times 2 \times 1} = 35$$ ...... ❷

채점 기준	배점
❶ 선분의 개수 구하기	3점
❷ 삼각형의 개수 구하기	3점

교과서 속 특이 문제   ◦92쪽

01 답 27가지

A 홈, B 홈, C 홈의 깊이는 각각 상, 중, 하 3단계 중 중복하여 선택할 수 있으므로 만들 수 있는 열쇠의 종류는

$3 \times 3 \times 3 = 27$(가지)

02 답 64

한 점당 볼록하게 튀어나온 경우와 그렇지 않은 경우인 2가지 방법으로 표현할 수 있으므로 6개의 점을 이용하여 만들 수 있는 방법의 수는 $2 \times 2 \times 2 \times 2 \times 2 \times 2 = 64$

03 답 9

민준이가 채연이의 연필을 가져가고 채연, 지원, 상현이가 다른 사람의 연필을 가져가는 경우는 다음과 같이 3가지이다.

민준	채연	지원	상현
채연	민준	상현	지원
채연	지원	상현	민준
채연	상현	민준	지원

민준이가 지원 또는 상현이의 연필을 가져가는 경우도 마찬가지로 3가지씩이므로 구하는 경우의 수는 $3 \times 3 = 9$

04 답 3

오른쪽 그림과 같이 두 갈래 길이 연속된 길에서 A 지점에서 B 지점까지 가는 길목의 기점을 ①, ②, ③, ④라 할 때, 소윤이가 A 지점에서 B 지점까지 최단 거리로 가는 경우는

A → ① → ③ → B인 경우

A → ② → ③ → B인 경우

A → ② → ④ → B인 경우

의 3가지이다.

05 답 4

오른쪽 그림과 같이 빛의 직진 성질에 의하여 제일 먼저 거울을 배치할 수 있는 곳은 A 칸 또는 B 칸이다.

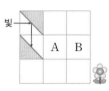

(i) 첫 번째 거울을 A 칸에 놓았을 경우

만들 수 있는 경우는 다음 그림과 같이 2가지이다.

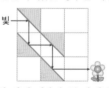 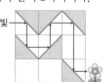

(ii) 첫 번째 거울을 B 칸에 놓았을 경우

만들 수 있는 경우는 다음 그림과 같이 2가지이다.

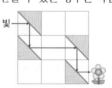 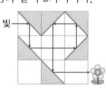

(i), (ii)에서 빛이 꽃을 비출 수 있게 만들 수 있는 모든 경우의 수는 4이다.

2 확률

개념 check

1 답 (1) 6 (2) 3 (3) $\frac{1}{2}$

(1) 일어나는 모든 경우는 1, 2, 3, 4, 5, 6의 6가지이므로 경우의 수는 6이다.

(2) 소수의 눈이 나오는 경우는 2, 3, 5의 3가지이므로 경우의 수는 3이다.

(3) $\frac{3}{6} = \frac{1}{2}$

2 답 (1) $\frac{3}{8}$ (2) 0 (3) 1

(2) 주머니 속에 노란 공은 없으므로 노란 공이 나올 확률은 0이다.

(3) 주머니 속의 공은 빨간 공 또는 파란 공이므로 구하는 확률은 1이다.

3 답 (1) $\frac{9}{10}$ (2) $\frac{3}{5}$

(1) (당첨 제비를 뽑지 못할 확률)=1−(당첨 제비를 뽑을 확률)

$$= 1 - \frac{1}{10} = \frac{9}{10}$$

(2) (어떤 문제를 틀릴 확률)=1−(이 문제를 맞힐 확률)

$$= 1 - \frac{2}{5} = \frac{3}{5}$$

4 답 (1) $\frac{1}{4}$ (2) $\frac{3}{4}$

(1) 모든 경우의 수는 $2 \times 2 = 4$이고, 모두 앞면이 나오는 경우는 (앞, 앞)의 1가지이므로 구하는 확률은 $\frac{1}{4}$이다.

(2) (적어도 한 개는 뒷면이 나올 확률)

$$= 1 - (모두 \ 앞면이 \ 나올 \ 확률) = 1 - \frac{1}{4} = \frac{3}{4}$$

5 답 (1) $\frac{1}{3}$ (2) $\frac{1}{6}$ (3) $\frac{1}{2}$

(1) 모든 경우의 수는 12이고, 3의 배수인 경우는 3, 6, 9, 12의 4가지이므로 구하는 확률은 $\frac{4}{12} = \frac{1}{3}$

(2) 모든 경우의 수는 12이고, 5의 배수인 경우는 5, 10의 2가지이므로 구하는 확률은 $\frac{2}{12} = \frac{1}{6}$

(3) $\frac{1}{3} + \frac{1}{6} = \frac{3}{6} = \frac{1}{2}$

6 답 (1) $\frac{1}{2}$ (2) $\frac{2}{3}$ (3) $\frac{1}{3}$

(1) 동전은 앞면 또는 뒷면이 나오므로 뒷면이 나올 확률은 $\frac{1}{2}$

(2) 모든 경우의 수는 6이고, 4 이하의 눈이 나오는 경우는 1, 2, 3, 4의 4가지이므로 구하는 확률은 $\frac{4}{6} = \frac{2}{3}$

(3) $\frac{1}{2} \times \frac{2}{3} = \frac{1}{3}$

7 답 $\frac{1}{16}$

첫 번째에 당첨 제비를 뽑을 확률은 $\frac{4}{16} = \frac{1}{4}$

뽑은 제비를 다시 넣으므로 두 번째에 당첨 제비를 뽑을 확률은

$$\frac{4}{16} = \frac{1}{4}$$

따라서 구하는 확률은 $\frac{1}{4} \times \frac{1}{4} = \frac{1}{16}$

8 답 $\frac{1}{20}$

첫 번째에 당첨 제비를 뽑을 확률은 $\frac{4}{16} = \frac{1}{4}$

뽑은 제비를 다시 넣지 않으므로 두 번째에 남은 당첨 제비 3개 중에서 한 개를 뽑을 확률은 $\frac{3}{15} = \frac{1}{5}$

따라서 구하는 확률은 $\frac{1}{4} \times \frac{1}{5} = \frac{1}{20}$

기출 유형

○96쪽~101쪽

유형 01 확률

96쪽

(사건 A가 일어날 확률)$= \dfrac{(사건 \ A가 \ 일어나는 \ 경우의 \ 수)}{(일어나는 \ 모든 \ 경우의 \ 수)}$

01 답 $\frac{1}{5}$

모든 경우의 수는 60

$60 = 2^2 \times 3 \times 5$의 약수의 개수는 $(2+1) \times (1+1) \times (1+1) = 12$

따라서 구하는 확률은 $\frac{12}{60} = \frac{1}{5}$

02 답 ③

모든 경우의 수는 $6 \times 6 = 36$

두 눈의 수의 합이 7이 되는 경우는

(1, 6), (2, 5), (3, 4), (4, 3), (5, 2), (6, 1)의 6가지

따라서 구하는 확률은 $\frac{6}{36} = \frac{1}{6}$

03 답 ③

모든 경우의 수는 $4 \times 4 = 16$

22 미만인 경우는 10, 12, 13, 14, 20, 21의 6가지

따라서 구하는 확률은 $\frac{6}{16} = \frac{3}{8}$

04 답 $\frac{5}{9}$

모든 경우의 수는 $9 \times 9 = 81$

홀수가 되려면 일의 자리에 홀수가 와야 한다.

즉, 일의 자리에 올 수 있는 숫자는 1, 3, 5, 7, 9의 5개, 십의 자리에 올 수 있는 숫자는 9개이므로 만든 두 자리의 자연수가 홀수인 경우의 수는 $5 \times 9 = 45$

따라서 구하는 확률은 $\frac{45}{81} = \frac{5}{9}$

05 답 ①

모든 경우의 수는 $\dfrac{4\times3}{2}=6$

A가 뽑히는 경우의 수는 A를 제외한 3명 중에서 대표 1명을 뽑는 경우의 수와 같으므로 3

따라서 구하는 확률은 $\dfrac{3}{6}=\dfrac{1}{2}$

06 답 $\dfrac{3}{10}$

모든 경우의 수는 $5\times4\times3\times2\times1=120$

남학생 3명을 1명으로 생각하여 3명을 한 줄로 세우는 경우의 수는 $3\times2\times1=6$이고, 남학생끼리 자리를 바꾸는 경우의 수는 $3\times2\times1=6$이므로 남학생 3명이 이웃하여 서는 경우의 수는 $6\times6=36$

따라서 구하는 확률은 $\dfrac{36}{120}=\dfrac{3}{10}$

07 답 2

주머니 속에 들어 있는 파란 구슬의 개수를 x라 하면

전체 구슬의 개수는 $4+2+x=6+x$

이때 빨간 구슬이 나올 확률이 $\dfrac{1}{4}$이므로

$\dfrac{2}{6+x}=\dfrac{1}{4}$, $6+x=8$ ∴ $x=2$

따라서 파란 구슬의 개수는 2이다.

08 답 $\dfrac{1}{4}$

모든 경우의 수는 $2\times2\times2\times2=16$

동전을 4번 던졌을 때, 앞면이 x번 나온다고 하면 뒷면은 $(4-x)$번 나온다. 이때 점 P가 -2의 위치에 있으려면

$x-(4-x)=-2$, $2x=2$ ∴ $x=1$

즉, 앞면이 1번, 뒷면이 3번 나와야 하므로 그 경우는 (앞, 뒤, 뒤, 뒤), (뒤, 앞, 뒤, 뒤), (뒤, 뒤, 앞, 뒤), (뒤, 뒤, 뒤, 앞)의 4가지이다.

따라서 구하는 확률은 $\dfrac{4}{16}=\dfrac{1}{4}$

유형 02 방정식, 부등식에서의 확률　97쪽

❶ 모든 경우의 수를 구한다.
❷ 주어진 방정식 또는 부등식을 만족시키는 x, y의 값을 순서쌍으로 나타내고 그 개수를 구한다.
❸ 주어진 식을 만족시키는 확률을 구한다.

09 답 ①

모든 경우의 수는 $6\times6=36$

$2x+y=10$을 만족시키는 순서쌍 (x, y)는 $(2, 6)$, $(3, 4)$, $(4, 2)$

의 3가지이므로 구하는 확률은 $\dfrac{3}{36}=\dfrac{1}{12}$

10 답 $\dfrac{1}{6}$

모든 경우의 수는 $6\times6=36$

$x-y\geq3$을 만족시키는 순서쌍 (x, y)는

(i) $x-y=3$인 경우 : $(4, 1)$, $(5, 2)$, $(6, 3)$의 3가지
(ii) $x-y=4$인 경우 : $(5, 1)$, $(6, 2)$의 2가지
(iii) $x-y=5$인 경우 : $(6, 1)$의 1가지
(i), (ii), (iii)에서 $x-y\geq3$을 만족시키는 경우의 수는

$3+2+1=6$이므로 구하는 확률은 $\dfrac{6}{36}=\dfrac{1}{6}$

11 답 ③

모든 경우의 수는 $6\times6=36$

방정식 $ax=b$에서

(i) 해가 1인 경우
$a=b$이므로 $(1, 1)$, $(2, 2)$, $(3, 3)$, $(4, 4)$, $(5, 5)$, $(6, 6)$의 6가지
(ii) 해가 2인 경우
$2a=b$이므로 $(1, 2)$, $(2, 4)$, $(3, 6)$의 3가지
(iii) 해가 3인 경우
$3a=b$이므로 $(1, 3)$, $(2, 6)$의 2가지
(iv) 해가 4인 경우
$4a=b$이므로 $(1, 4)$의 1가지
(v) 해가 5인 경우
$5a=b$이므로 $(1, 5)$의 1가지
(vi) 해가 6인 경우
$6a=b$이므로 $(1, 6)$의 1가지
(i)~(vi)에서 방정식 $ax=b$의 해가 정수인 경우의 수는

$6+3+2+1+1+1=14$이므로 구하는 확률은 $\dfrac{14}{36}=\dfrac{7}{18}$

12 답 $\dfrac{5}{36}$

모든 경우의 수는 $6\times6=36$

연립방정식 $\begin{cases}3x+5y=5\\ax+5y=b\end{cases}$의 해가 존재하지 않으려면 $a=3$, $b\neq5$

이어야 한다.

$a=3$, $b\neq5$를 만족시키는 순서쌍 (a, b)는 $(3, 1)$, $(3, 2)$, $(3, 3)$, $(3, 4)$, $(3, 6)$의 5가지이므로 구하는 확률은 $\dfrac{5}{36}$이다.

유형 03 확률의 성질　97쪽

어떤 사건이 일어날 확률을 p라 하면
→ $0\leq p\leq1$
반드시 일어나는 사건의 확률은 1이다.
절대로 일어나지 않는 사건의 확률은 0이다.

13 답 ②, ④

① 빨간 구슬이 나올 확률은 $\dfrac{1}{5}$이다.

② 파란 구슬은 없으므로 파란 구슬이 나올 확률은 0이다.

③ 노란 구슬이 나올 확률은 $\dfrac{4}{5}$이다.

④ 주머니 속에 빨간 구슬 또는 노란 구슬만 있으므로 빨간 구슬
또는 노란 구슬이 나올 확률은 1이다.

따라서 옳은 것은 ②, ④이다.

14 답 ③

① 앞면이 나올 확률은 $\frac{1}{2}$이다.

② 앞면과 뒷면이 동시에 나오는 경우는 없으므로 구하는 확률은 0이다.

③ 주사위의 눈의 수는 모두 자연수이므로 구하는 확률은 1이다.

④ 6의 배수의 눈이 나오는 경우는 6의 1가지이므로 구하는 확률은 $\frac{1}{6}$이다.

⑤ 두 눈의 수의 차가 6인 경우는 없으므로 구하는 확률은 0이다.

따라서 확률이 가장 큰 것은 ③이다.

15 답 ②, ③

① 주머니에 파란 공만 있으므로 구하는 확률은 1이다.

② 불량품이 없으므로 불량품이 나올 확률은 0이다.

③ D는 후보가 아니므로 D가 뽑힐 확률은 0이다.

④ 10보다 작은 수는 1, 2, 3, …, 9의 9가지이므로 구하는 확률은 $\frac{9}{10}$이다.

⑤ 모든 경우의 수는 $3 \times 3 = 9$이고, 비기는 경우는 (가위, 가위), (바위, 바위), (보, 보)의 3가지이므로 구하는 확률은 $\frac{1}{3}$이다.

따라서 확률이 0인 것은 ②, ③이다.

유형 04 어떤 사건이 일어나지 않을 확률 98쪽

사건 A가 일어날 확률을 p라 하면

→ (사건 A가 일어나지 않을 확률)$=1-p$

16 답 $\frac{5}{7}$

(B 중학교가 이길 확률)$=1-$(A 중학교가 이길 확률)

$$=1-\frac{2}{7}=\frac{5}{7}$$

17 답 ⑤

모든 경우의 수는 $6 \times 6 = 36$

두 눈의 수가 같은 경우는 $(1, 1), (2, 2), (3, 3), (4, 4), (5, 5), (6, 6)$의 6가지이므로 두 눈의 수가 같을 확률은 $\frac{6}{36}=\frac{1}{6}$

따라서 두 눈의 수가 서로 다를 확률은 $1-\frac{1}{6}=\frac{5}{6}$

18 답 ④

모든 경우의 수는 $4 \times 3 \times 2 \times 1 = 24$

A가 맨 앞에 서는 경우의 수는 A를 제외한 나머지 3명을 한 줄로 세우는 경우의 수와 같으므로 $3 \times 2 \times 1 = 6$

즉, A가 맨 앞에 설 확률은 $\frac{6}{24}=\frac{1}{4}$

따라서 A가 맨 앞에 서지 않을 확률은 $1-\frac{1}{4}=\frac{3}{4}$

19 답 ②

모든 경우의 수는 $\frac{5 \times 4}{2}=10$

미란이가 대표로 뽑히는 경우의 수는 미란이를 제외한 4명의 후보 중에서 1명의 대표를 뽑는 경우의 수와 같으므로 4이다.

즉, 미란이가 대표로 뽑힐 확률은 $\frac{4}{10}=\frac{2}{5}$

따라서 미란이가 대표로 뽑히지 않을 확률은 $1-\frac{2}{5}=\frac{3}{5}$

다른 풀이

모든 경우의 수는 $\frac{5 \times 4}{2}=10$

미란이가 대표로 뽑히지 않는 경우의 수는 미란이를 제외한 4명의 후보 중에서 2명의 대표를 뽑는 경우의 수와 같으므로

$$\frac{4 \times 3}{2}=6$$

따라서 구하는 확률은 $\frac{6}{10}=\frac{3}{5}$

20 답 ④

모든 경우의 수는 $6 \times 6 = 36$

직선 $y=ax-b$가 점 $(1, 1)$을 지나는 경우, 즉 $1=a-b$를 만족시키는 경우는 $(2, 1), (3, 2), (4, 3), (5, 4), (6, 5)$의 5가지이므로 그 확률은 $\frac{5}{36}$

따라서 직선이 점 $(1, 1)$을 지나지 않을 확률은 $1-\frac{5}{36}=\frac{31}{36}$

유형 05 적어도 ~일 확률 98쪽

(적어도 하나는 A일 확률)$=1-$(모두 A가 아닐 확률)

예 (1) (적어도 한 개는 뒷면일 확률)$=1-$(모두 앞면일 확률)

(2) (적어도 한 개는 맞힐 확률)$=1-$(모두 틀릴 확률)

21 답 ⑤

모든 경우의 수는 $2 \times 2 \times 2 = 8$

모두 앞면이 나오는 경우는 (앞, 앞, 앞)의 1가지이므로

모두 앞면이 나올 확률은 $\frac{1}{8}$이다.

∴ (적어도 한 개는 뒷면이 나올 확률)

$=1-$(모두 앞면이 나올 확률)

$=1-\frac{1}{8}=\frac{7}{8}$

22 답 $\frac{31}{32}$

모든 경우의 수는 $2 \times 2 \times 2 \times 2 \times 2 = 32$

5개의 문제를 모두 틀리는 경우는 1가지이므로 5개의 문제를 모두 틀릴 확률은 $\frac{1}{32}$이다.

∴ (적어도 한 문제는 맞힐 확률)

$=1-$(5개의 문제를 모두 틀릴 확률)

$=1-\frac{1}{32}=\frac{31}{32}$

23 답 ③

모든 경우의 수는 $\dfrac{6\times 5}{2}=15$

2명 모두 여학생이 뽑히는 경우의 수는 $\dfrac{3\times 2}{2}=3$이므로 그 확률

은 $\dfrac{3}{15}=\dfrac{1}{5}$

∴ (적어도 한 명은 남학생이 뽑힐 확률)

　　$=1-$(2명 모두 여학생이 뽑힐 확률)

　　$=1-\dfrac{1}{5}=\dfrac{4}{5}$

유형 06 사건 A 또는 사건 B가 일어날 확률 　99쪽

동일한 실험이나 관찰에서 사건 A와 사건 B가 동시에 일어나지 않을 때, 사건 A가 일어날 확률을 p, 사건 B가 일어날 확률을 q라 하면

→ (사건 A 또는 사건 B가 일어날 확률)$=p+q$

24 답 ④

모든 경우의 수는 $3+2+2=7$

수학 문제집을 꺼낼 확률은 $\dfrac{3}{7}$, 영어 문제집을 꺼낼 확률은 $\dfrac{2}{7}$

따라서 구하는 확률은 $\dfrac{3}{7}+\dfrac{2}{7}=\dfrac{5}{7}$

25 답 $\dfrac{3}{5}$

소수는 2, 3, 5, 7, 11, 13의 6개이므로 소수가 적힌 카드가 나올

확률은 $\dfrac{6}{15}=\dfrac{2}{5}$

4의 배수는 4, 8, 12의 3개이므로 4의 배수가 적힌 카드가 나올

확률은 $\dfrac{3}{15}=\dfrac{1}{5}$

따라서 구하는 확률은 $\dfrac{2}{5}+\dfrac{1}{5}=\dfrac{3}{5}$

26 답 ②

모든 경우의 수는 $6\times 6=36$

두 눈의 수의 합이 3인 경우는 $(1, 2), (2, 1)$의 2가지

이므로 그 확률은 $\dfrac{2}{36}=\dfrac{1}{18}$

두 눈의 수의 합이 9인 경우는 $(3, 6), (4, 5), (5, 4), (6, 3)$의

4가지이므로 그 확률은 $\dfrac{4}{36}=\dfrac{1}{9}$

따라서 구하는 확률은 $\dfrac{1}{18}+\dfrac{1}{9}=\dfrac{1}{6}$

27 답 $\dfrac{7}{36}$

모든 경우의 수는 $6\times 6=36$

주사위를 2번 던져 말이 꼭짓점 B에 위치하려면 나오는 두 눈의 수의 합이 6 또는 11이어야 한다.

(i) 두 눈의 수의 합이 6이 되는 경우

　$(1, 5), (2, 4), (3, 3), (4, 2), (5, 1)$의 5가지이므로 그 확

　률은 $\dfrac{5}{36}$

(ii) 두 눈의 수의 합이 11이 되는 경우

$(5, 6), (6, 5)$의 2가지이므로 그 확률은 $\dfrac{2}{36}=\dfrac{1}{18}$

(i), (ii)에서 구하는 확률은 $\dfrac{5}{36}+\dfrac{1}{18}=\dfrac{7}{36}$

유형 07 사건 A와 사건 B가 동시에 일어날 확률 　99쪽

사건 A와 사건 B가 서로 영향을 끼치지 않을 때, 사건 A가 일어날 확률을 p, 사건 B가 일어날 확률을 q라 하면

→ (사건 A와 사건 B가 동시에 일어날 확률)$=p\times q$

28 답 $\dfrac{3}{10}$

두 스위치 A와 B가 모두 닫혀야 전구에 불이 들어오므로 전구에

불이 들어올 확률은 $\dfrac{1}{2}\times\dfrac{3}{5}=\dfrac{3}{10}$

29 답 $\dfrac{9}{25}$

화살을 한 번 쏘아 과녁에 명중시킬 확률은 $\dfrac{60}{100}=\dfrac{3}{5}$이므로 화살

을 2번 쏘아 2번 모두 과녁에 명중시킬 확률은 $\dfrac{3}{5}\times\dfrac{3}{5}=\dfrac{9}{25}$

30 답 ④

A 주머니에서 1개의 공을 꺼낼 때, 노란 공이 나올 확률은 $\dfrac{3}{7}$

B 주머니에서 1개의 공을 꺼낼 때, 노란 공이 나올 확률은 $\dfrac{5}{7}$

따라서 구하는 확률은 $\dfrac{3}{7}\times\dfrac{5}{7}=\dfrac{15}{49}$

31 답 ①

동전 한 개를 던질 때 뒷면이 나올 확률은 $\dfrac{1}{2}$

주사위 한 개를 던질 때 짝수의 눈이 나오는 경우는 2, 4, 6의 3가

지이므로 그 확률은 $\dfrac{3}{6}=\dfrac{1}{2}$

따라서 구하는 확률은 $\dfrac{1}{2}\times\dfrac{1}{2}\times\dfrac{1}{2}=\dfrac{1}{8}$

다른 풀이

서로 다른 동전 2개를 던져 나올 수 있는 모든 경우의 수는

$2\times 2=4$

모두 뒷면이 나오는 경우는 (뒤, 뒤)의 1가지이므로 그 확률은 $\dfrac{1}{4}$

또, 주사위 한 개를 던질 때 짝수의 눈이 나오는 경우는 2, 4, 6의

3가지이므로 그 확률은 $\dfrac{3}{6}=\dfrac{1}{2}$

따라서 구하는 확률은 $\dfrac{1}{4}\times\dfrac{1}{2}=\dfrac{1}{8}$

32 답 $\dfrac{1}{20}$

4등분된 원판에서 바늘이 C 부분을 가리킬 확률은 $\dfrac{1}{4}$

5등분된 원판에서 바늘이 C 부분을 가리킬 확률은 $\dfrac{1}{5}$

따라서 구하는 확률은 $\dfrac{1}{4}\times\dfrac{1}{5}=\dfrac{1}{20}$

유형 08 어떤 사건이 일어나지 않을 확률 - 확률의 곱셈 이용 ·····100쪽

두 사건 A, B가 서로 영향을 끼치지 않을 때, 두 사건 A, B가 일어날 확률을 각각 p, q라 하면

(1) 사건 A가 일어나고 사건 B가 일어나지 않을 확률
 ➡ $p \times (1-q)$

(2) 두 사건 A, B가 모두 일어나지 않을 확률
 ➡ $(1-p) \times (1-q)$

(3) 두 사건 A, B 중 적어도 하나가 일어날 확률
 ➡ $1 - (1-p) \times (1-q)$

33 답 $\dfrac{4}{21}$

민아가 문제를 틀릴 확률은 $1 - \dfrac{1}{3} = \dfrac{2}{3}$

성호가 문제를 틀릴 확률은 $1 - \dfrac{5}{7} = \dfrac{2}{7}$

따라서 구하는 확률은 $\dfrac{2}{3} \times \dfrac{2}{7} = \dfrac{4}{21}$

34 답 ①

한 발을 쏠 때 명중시킬 확률은 $\dfrac{16}{20} = \dfrac{4}{5}$이므로 명중시키지 못할

확률은 $1 - \dfrac{4}{5} = \dfrac{1}{5}$

따라서 두 번째에만 명중시킬 확률은 $\dfrac{1}{5} \times \dfrac{4}{5} = \dfrac{4}{25}$

35 답 $\dfrac{1}{3}$

두 사람이 약속 장소에서 만날 확률은 두 사람 모두 약속 장소에 나

갈 확률과 같으므로 $\dfrac{5}{6} \times \dfrac{4}{5} = \dfrac{2}{3}$

따라서 구하는 확률은 $1 - \dfrac{2}{3} = \dfrac{1}{3}$

오답 피하기

두 사람이 약속 장소에서 만나지 못하는 경우는

① 수연이는 약속 장소에 나가고 원욱이는 약속 장소에 나가지 못하는 경우

② 수연이는 약속 장소에 나가지 못하고 원욱이는 약속 장소에 나가는 경우

③ 두 사람 모두 약속 장소에 나가지 못하는 경우

이므로 약속 장소에서 만나지 못할 확률을 ③인 경우로만 생각하여

$\left(1 - \dfrac{5}{6}\right) \times \left(1 - \dfrac{4}{5}\right) = \dfrac{1}{30}$과 같이 풀지 않도록 주의한다.

36 답 $\dfrac{23}{24}$

A, B, C 세 사람이 시험에 불합격할 확률은 각각

$1 - \dfrac{1}{2} = \dfrac{1}{2}$, $1 - \dfrac{2}{3} = \dfrac{1}{3}$, $1 - \dfrac{3}{4} = \dfrac{1}{4}$

이므로 A, B, C 세 사람이 시험에 모두 불합격할 확률은

$\dfrac{1}{2} \times \dfrac{1}{3} \times \dfrac{1}{4} = \dfrac{1}{24}$

∴ (적어도 한 명은 합격할 확률) = 1 - (세 명 모두 불합격할 확률)

$= 1 - \dfrac{1}{24} = \dfrac{23}{24}$

유형 09 확률의 덧셈과 곱셈 ·····100쪽

❶ 조건을 만족시키는 각 경우의 확률을 확률의 곱셈을 이용하여 구한다.

❷ ❶에서 구한 각각의 경우의 확률을 모두 더한다.

37 답 ③

(i) A 상자에서 흰 구슬, B 상자에서 검은 구슬을 꺼낼 확률은

$\dfrac{4}{7} \times \dfrac{4}{10} = \dfrac{8}{35}$

(ii) A 상자에서 검은 구슬, B 상자에서 흰 구슬을 꺼낼 확률은

$\dfrac{3}{7} \times \dfrac{6}{10} = \dfrac{9}{35}$

(i), (ii)에서 구하는 확률은 $\dfrac{8}{35} + \dfrac{9}{35} = \dfrac{17}{35}$

38 답 $\dfrac{1}{2}$

(i) 진경이의 주사위에서 4가 나오고, 소희의 주사위에서 3이 나

올 확률은 $\dfrac{4}{6} \times \dfrac{3}{6} = \dfrac{1}{3}$

(ii) 진경이의 주사위에서 6이 나오고, 소희의 주사위에서 3이 나올

확률은 $\dfrac{2}{6} \times \dfrac{3}{6} = \dfrac{1}{6}$

(i), (ii)에서 구하는 확률은 $\dfrac{1}{3} + \dfrac{1}{6} = \dfrac{1}{2}$

다른 풀이

진경이가 이기려면 진경이의 주사위에서 나오는 숫자와 상관없이 소희의 주사위에서 3이 나오면 된다.

따라서 구하는 확률은 $1 \times \dfrac{3}{6} = \dfrac{1}{2}$

39 답 $\dfrac{5}{16}$

수요일에 비가 왔으므로

(i) 목요일에 비가 오고, 금요일에도 비가 올 확률은

$\dfrac{1}{4} \times \dfrac{1}{4} = \dfrac{1}{16}$

(ii) 목요일에 비가 오지 않고, 금요일에 비가 올 확률은

$\left(1 - \dfrac{1}{4}\right) \times \dfrac{1}{3} = \dfrac{3}{4} \times \dfrac{1}{3} = \dfrac{1}{4}$

(i), (ii)에서 구하는 확률은 $\dfrac{1}{16} + \dfrac{1}{4} = \dfrac{5}{16}$

40 답 $\dfrac{11}{24}$

(i) 승현, 지인이만 합격할 확률은

$\dfrac{1}{2} \times \dfrac{3}{4} \times \left(1 - \dfrac{2}{3}\right) = \dfrac{1}{2} \times \dfrac{3}{4} \times \dfrac{1}{3} = \dfrac{1}{8}$

(ii) 승현, 종태만 합격할 확률은

$\dfrac{1}{2} \times \left(1 - \dfrac{3}{4}\right) \times \dfrac{2}{3} = \dfrac{1}{2} \times \dfrac{1}{4} \times \dfrac{2}{3} = \dfrac{1}{12}$

(iii) 지인, 종태만 합격할 확률은

$\left(1 - \dfrac{1}{2}\right) \times \dfrac{3}{4} \times \dfrac{2}{3} = \dfrac{1}{2} \times \dfrac{3}{4} \times \dfrac{2}{3} = \dfrac{1}{4}$

(i), (ii), (iii)에서 구하는 확률은 $\dfrac{1}{8} + \dfrac{1}{12} + \dfrac{1}{4} = \dfrac{11}{24}$

유형 10 연속하여 뽑는 경우의 확률 - 뽑은 것을 다시 넣는 경우 101쪽

뽑은 것을 다시 넣고 연속하여 뽑으므로 처음에 일어나는 사건이 나중에 일어나는 사건에 영향을 주지 않는다.
→ (처음에 뽑을 때의 조건)=(나중에 뽑을 때의 조건)

41 답 ①

첫 번째에 흰 공을 꺼낼 확률은 $\dfrac{4}{9}$

두 번째에 흰 공을 꺼낼 확률은 $\dfrac{4}{9}$

따라서 구하는 확률은 $\dfrac{4}{9} \times \dfrac{4}{9} = \dfrac{16}{81}$

42 답 $\dfrac{2}{25}$

8의 약수인 경우는 1, 2, 4, 8의 4가지이므로 첫 번째에 8의 약수가 적힌 카드를 뽑을 확률은 $\dfrac{4}{10} = \dfrac{2}{5}$

5의 배수인 경우는 5, 10의 2가지이므로 두 번째에 5의 배수가 적힌 카드를 뽑을 확률은 $\dfrac{2}{10} = \dfrac{1}{5}$

따라서 구하는 확률은 $\dfrac{2}{5} \times \dfrac{1}{5} = \dfrac{2}{25}$

43 답 $\dfrac{1}{6}$

A가 당첨 제비를 뽑고 B가 당첨 제비를 뽑을 확률은
$\dfrac{2}{12} \times \dfrac{2}{12} = \dfrac{1}{36}$

A가 당첨 제비를 뽑지 못하고 B가 당첨 제비를 뽑을 확률은
$\dfrac{10}{12} \times \dfrac{2}{12} = \dfrac{5}{36}$

따라서 구하는 확률은 $\dfrac{1}{36} + \dfrac{5}{36} = \dfrac{1}{6}$

유형 11 연속하여 뽑는 경우의 확률 - 뽑은 것을 다시 넣지 않는 경우 101쪽

뽑은 것을 다시 넣지 않고 연속하여 뽑으므로 처음에 일어나는 사건이 나중에 일어나는 사건에 영향을 준다.
→ (처음에 뽑을 때의 조건)≠(나중에 뽑을 때의 조건)

44 답 ③

첫 번째에 불량품이 나올 확률은 $\dfrac{8}{50} = \dfrac{4}{25}$

두 번째에 불량품이 나올 확률은 $\dfrac{7}{49} = \dfrac{1}{7}$

따라서 구하는 확률은 $\dfrac{4}{25} \times \dfrac{1}{7} = \dfrac{4}{175}$

45 답 $\dfrac{9}{14}$

첫 번째에 초코 맛 사탕을 꺼낼 확률은 $\dfrac{5}{8}$

두 번째에 초코 맛 사탕을 꺼낼 확률은 $\dfrac{4}{7}$

즉, 2개 모두 초코 맛 사탕을 꺼낼 확률은 $\dfrac{5}{8} \times \dfrac{4}{7} = \dfrac{5}{14}$

∴ (적어도 한 개는 딸기 맛 사탕을 꺼낼 확률)
=1-(2개 모두 초코 맛 사탕을 꺼낼 확률)
=$1 - \dfrac{5}{14} = \dfrac{9}{14}$

46 답 $\dfrac{3}{5}$

카드에 적힌 수의 합이 홀수가 되려면 뽑은 카드에 적힌 수가 차례대로 짝수, 홀수이거나 홀수, 짝수이어야 한다.
(i) 첫 번째에 짝수가 적힌 카드를 뽑고 두 번째에 홀수가 적힌 카드를 뽑을 확률은 $\dfrac{2}{5} \times \dfrac{3}{4} = \dfrac{3}{10}$

(ii) 첫 번째에 홀수가 적힌 카드를 뽑고 두 번째에 짝수가 적힌 카드를 뽑을 확률은 $\dfrac{3}{5} \times \dfrac{2}{4} = \dfrac{3}{10}$

(i), (ii)에서 구하는 확률은 $\dfrac{3}{10} + \dfrac{3}{10} = \dfrac{3}{5}$

서술형 .... 102쪽~103쪽

01 답 $\dfrac{9}{20}$

채점 기준 1 만들 수 있는 두 자리의 자연수의 개수 구하기 … 2점
5장의 카드 중에서 2장을 뽑아 만들 수 있는 두 자리의 자연수의 개수는 $5 \times \underline{4} = \underline{20}$

채점 기준 2 21보다 작거나 43보다 큰 두 자리의 자연수의 개수 구하기 … 3점

21보다 작은 수는 $\underline{12, 13, 14, 15}$ 의 $\underline{4}$ 개
43보다 큰 수는 $\underline{45, 51, 52, 53, 54}$ 의 $\underline{5}$ 개
즉, 21보다 작거나 43보다 큰 두 자리의 자연수의 개수는
$\underline{4} + \underline{5} = \underline{9}$

채점 기준 3 21보다 작거나 43보다 클 확률 구하기 … 1점

21보다 작거나 43보다 클 확률은 $\dfrac{9}{20}$ 이다.

01-1 답 $\dfrac{11}{16}$

채점 기준 1 만들 수 있는 두 자리의 자연수의 개수 구하기 … 2점
5장의 카드 중에서 2장을 뽑아 만들 수 있는 두 자리의 자연수의 개수는 $4 \times 4 = 16$

채점 기준 2 20보다 작거나 30보다 큰 두 자리의 자연수의 개수 구하기 … 3점

20보다 작은 수는 10, 12, 13, 14의 4개
30보다 큰 수는 31, 32, 34, 40, 41, 42, 43의 7개
즉, 20보다 작거나 30보다 큰 자연수의 개수는 4+7=11

채점 기준 3 20보다 작거나 30보다 클 확률 구하기 … 1점

20보다 작거나 30보다 클 확률은 $\dfrac{11}{16}$ 이다.

01-2 답 $\dfrac{13}{25}$

채점 기준 1 만들 수 있는 두 자리의 자연수의 개수 구하기 ··· 2점

6장의 카드 중에서 2장을 뽑아 만들 수 있는 두 자리의 자연수의 개수는 $5 \times 5 = 25$

채점 기준 2 짝수의 개수 구하기 ··· 4점

짝수가 되려면 일의 자리의 숫자가 0 또는 2 또는 4이어야 한다.

(i) 일의 자리의 숫자가 0인 경우

　십의 자리에 올 수 있는 숫자는 0을 제외한 5개이다.

(ii) 일의 자리의 숫자가 2인 경우

　십의 자리에 올 수 있는 숫자는 0과 2를 제외한 4개이다.

(iii) 일의 자리의 숫자가 4인 경우

　십의 자리에 올 수 있는 숫자는 0과 4를 제외한 4개이다.

(i), (ii), (iii)에서 짝수의 개수는 $5 + 4 + 4 = 13$

채점 기준 3 짝수일 확률 구하기 ··· 1점

짝수일 확률은 $\dfrac{13}{25}$이다.

02 답 $\dfrac{15}{16}$

채점 기준 1 1개의 자유투를 던질 때, 성공하지 못할 확률 구하기 ··· 2점

1개의 자유투를 던질 때, 성공할 확률이 $\dfrac{75}{100} = \dfrac{3}{4}$이므로

성공하지 못할 확률은 $1 - \dfrac{3}{4} = \dfrac{1}{4}$

채점 기준 2 2개의 자유투를 던질 때, 2개 모두 성공하지 못할 확률 구하기 ··· 2점

2개의 자유투를 던질 때, 2개 모두 성공하지 못할 확률은

$\dfrac{1}{4} \times \dfrac{1}{4} = \dfrac{1}{16}$

채점 기준 3 적어도 1개는 성공할 확률 구하기 ··· 2점

(적어도 1개는 성공할 확률)

$= 1 -$ (2개 모두 성공하지 못할 확률) $= 1 - \dfrac{1}{16} = \dfrac{15}{16}$

02-1 답 $\dfrac{117}{125}$

채점 기준 1 1개의 자유투를 던질 때, 성공하지 못할 확률 구하기 ··· 2점

1개의 자유투를 던질 때, 성공할 확률이 $\dfrac{60}{100} = \dfrac{3}{5}$이므로

성공하지 못할 확률은 $1 - \dfrac{3}{5} = \dfrac{2}{5}$

채점 기준 2 3개의 자유투를 던질 때, 3개 모두 성공하지 못할 확률 구하기 ··· 2점

3개의 자유투를 던질 때, 3개 모두 성공하지 못할 확률은

$\dfrac{2}{5} \times \dfrac{2}{5} \times \dfrac{2}{5} = \dfrac{8}{125}$

채점 기준 3 적어도 1개는 성공할 확률 구하기 ··· 2점

(적어도 1개는 성공할 확률)

$= 1 -$ (3개 모두 성공하지 못할 확률) $= 1 - \dfrac{8}{125} = \dfrac{117}{125}$

03 답 $\dfrac{3}{8}$

모든 경우의 수는 $2 \times 2 \times 2 = 8$ ······ ❶

동전을 세 번 던진 후 처음 위치보다 한 계단 아래에 있으려면 동전을 세 번 던졌을 때 앞면이 1번, 뒷면이 2번 나와야 한다.

앞면이 1번, 뒷면이 2번 나오는 경우는 (앞, 뒤, 뒤),

(뒤, 앞, 뒤), (뒤, 뒤, 앞)의 3가지이다. ······ ❷

따라서 구하는 확률은 $\dfrac{3}{8}$ ······ ❸

채점 기준	배점
❶ 모든 경우의 수 구하기	1점
❷ 처음 위치보다 한 계단 아래에 있는 경우의 수 구하기	4점
❸ 처음 위치보다 한 계단 아래에 있을 확률 구하기	1점

04 답 $\dfrac{1}{4}$

모든 경우의 수는 $6 \times 6 = 36$ ······ ❶

(i) 두 눈의 수의 합이 4인 경우

　$(1, 3)$, $(2, 2)$, $(3, 1)$의 3가지이므로 그 확률은 $\dfrac{3}{36} = \dfrac{1}{12}$

(ii) 두 눈의 수의 합이 8인 경우

　$(2, 6)$, $(3, 5)$, $(4, 4)$, $(5, 3)$, $(6, 2)$의 5가지이므로

　그 확률은 $\dfrac{5}{36}$

(iii) 두 눈의 수의 합이 12인 경우

　$(6, 6)$의 1가지이므로 그 확률은 $\dfrac{1}{36}$ ······ ❷

(i), (ii), (iii)에서 구하는 확률은

$\dfrac{1}{12} + \dfrac{5}{36} + \dfrac{1}{36} = \dfrac{1}{4}$ ······ ❸

채점 기준	배점
❶ 모든 경우의 수 구하기	1점
❷ 두 눈의 수의 합이 4, 8, 12인 각각의 경우의 확률 구하기	3점
❸ 두 눈의 수의 합이 4의 배수일 확률 구하기	2점

05 답 $\dfrac{11}{18}$

모든 경우의 수는 $6 \times 6 = 36$ ······ ❶

$\dfrac{y}{x}$가 자연수인 경우는

(i) $x = 1$일 때, $y = 1, 2, 3, 4, 5, 6$의 6가지

(ii) $x = 2$일 때, $y = 2, 4, 6$의 3가지

(iii) $x = 3$일 때, $y = 3, 6$의 2가지

(iv) $x = 4$일 때, $y = 4$의 1가지

(v) $x = 5$일 때, $y = 5$의 1가지

(vi) $x = 6$일 때, $y = 6$의 1가지

(i)~(vi)에서 $\dfrac{y}{x}$가 자연수인 경우의 수는

$6 + 3 + 2 + 1 + 1 + 1 = 14$ ······ ❷

이므로 그 확률은 $\dfrac{14}{36} = \dfrac{7}{18}$ ······ ❸

따라서 구하는 확률은 $1 - \dfrac{7}{18} = \dfrac{11}{18}$ ······ ❹

채점 기준	배점
❶ 모든 경우의 수 구하기	1점
❷ $\dfrac{y}{x}$ 가 자연수인 경우의 수 구하기	3점
❸ $\dfrac{y}{x}$ 가 자연수일 확률 구하기	1점
❹ $\dfrac{y}{x}$ 가 자연수가 아닐 확률 구하기	2점

06 답 $\dfrac{4}{9}$

화살을 한 번 쏠 때, 색칠한 부분을 맞힐 확률은

$\dfrac{6}{9}=\dfrac{2}{3}$ ...... ❶

화살을 세 번 쏠 때, 색칠한 부분을 두 번만 맞힐 확률은

(i) 첫 번째, 두 번째에 색칠한 부분을 맞히는 경우

$\dfrac{2}{3}\times\dfrac{2}{3}\times\left(1-\dfrac{2}{3}\right)=\dfrac{2}{3}\times\dfrac{2}{3}\times\dfrac{1}{3}=\dfrac{4}{27}$

(ii) 첫 번째, 세 번째에 색칠한 부분을 맞히는 경우

$\dfrac{2}{3}\times\left(1-\dfrac{2}{3}\right)\times\dfrac{2}{3}=\dfrac{2}{3}\times\dfrac{1}{3}\times\dfrac{2}{3}=\dfrac{4}{27}$

(iii) 두 번째, 세 번째에 색칠한 부분을 맞히는 경우

$\left(1-\dfrac{2}{3}\right)\times\dfrac{2}{3}\times\dfrac{2}{3}=\dfrac{1}{3}\times\dfrac{2}{3}\times\dfrac{2}{3}=\dfrac{4}{27}$ ...... ❷

(i), (ii), (iii)에서 구하는 확률은

$\dfrac{4}{27}+\dfrac{4}{27}+\dfrac{4}{27}=\dfrac{4}{9}$ ...... ❸

채점 기준	배점
❶ 화살을 한 번 쏠 때, 색칠한 부분을 맞힐 확률 구하기	1점
❷ 색칠한 부분을 두 번만 맞히는 각각의 경우의 확률 구하기	4점
❸ 색칠한 부분을 두 번만 맞힐 확률 구하기	2점

07 답 $\dfrac{5}{16}$

A팀이 우승하려면 B팀이 2승을 더 하기 전에 A팀이 먼저 3승을 더 해야 한다. ...... ❶

이때 A팀이 이기는 경우를 ○, 지는 경우를 ×라 하면 A팀이 한 게임에서 이길 확률은 $\dfrac{1}{2}$이므로 A팀이 우승하는 각각의 경우의 확률은 다음과 같다.

(i) ○○○인 경우 : $\dfrac{1}{2}\times\dfrac{1}{2}\times\dfrac{1}{2}=\dfrac{1}{8}$

(ii) ○○×○인 경우 : $\dfrac{1}{2}\times\dfrac{1}{2}\times\left(1-\dfrac{1}{2}\right)\times\dfrac{1}{2}=\dfrac{1}{16}$

(iii) ○×○○인 경우 : $\dfrac{1}{2}\times\left(1-\dfrac{1}{2}\right)\times\dfrac{1}{2}\times\dfrac{1}{2}=\dfrac{1}{16}$

(iv) ×○○○인 경우 : $\left(1-\dfrac{1}{2}\right)\times\dfrac{1}{2}\times\dfrac{1}{2}\times\dfrac{1}{2}=\dfrac{1}{16}$ ...... ❷

(i)~(iv)에서 구하는 확률은

$\dfrac{1}{8}+\dfrac{1}{16}+\dfrac{1}{16}+\dfrac{1}{16}=\dfrac{5}{16}$ ...... ❸

채점 기준	배점
❶ A팀이 우승하기 위한 조건 알기	1점
❷ A팀이 우승하기 위한 각각의 경우의 확률 구하기	4점
❸ A팀이 우승할 확률 구하기	2점

08 답 $\dfrac{25}{63}$

(i) A 주머니에서 검은 공 1개를 꺼내 B 주머니에 넣은 후, B 주머니에서 흰 공을 꺼낼 확률은

$\dfrac{3}{7}\times\dfrac{3}{9}=\dfrac{1}{7}$ ...... ❶

(ii) A 주머니에서 흰 공 1개를 꺼내 B 주머니에 넣은 후, B 주머니에서 흰 공을 꺼낼 확률은

$\dfrac{4}{7}\times\dfrac{4}{9}=\dfrac{16}{63}$ ...... ❷

(i), (ii)에서 구하는 확률은 $\dfrac{1}{7}+\dfrac{16}{63}=\dfrac{25}{63}$ ...... ❸

채점 기준	배점
❶ A 주머니에서 검은 공을 꺼내는 경우, B 주머니에서 흰 공을 꺼낼 확률 구하기	3점
❷ A 주머니에서 흰 공을 꺼내는 경우, B 주머니에서 흰 공을 꺼낼 확률 구하기	3점
❸ B 주머니에서 흰 공을 꺼낼 확률 구하기	1점

실전 중단원 학교 시험 1회

104쪽~107쪽

01 ⑤	02 ③	03 ①	04 ③	05 ④, ⑤
06 ⑤	07 ②	08 ④	09 ④	10 ②
11 ⑤	12 ②	13 ①	14 ③	15 ③
16 ④	17 ③	18 ④	19 $\dfrac{3}{8}$	20 $\dfrac{3}{4}$
21 $\dfrac{67}{100}$	22 $\dfrac{37}{40}$	23 $\dfrac{3}{8}$		

01 답 ⑤   유형 01

12의 약수는 1, 2, 3, 4, 6의 5가지이므로 구하는 확률은 $\dfrac{5}{8}$이다.

02 답 ③   유형 01

모든 경우의 수는 $3+5+4=12$

빨간 공을 꺼내는 경우의 수는 4이므로 구하는 확률은 $\dfrac{4}{12}=\dfrac{1}{3}$

03 답 ①   유형 01

모든 경우의 수는 $4\times4\times3=48$

(i) 백의 자리의 숫자가 3, 십의 자리의 숫자가 4인 경우
340, 341, 342의 3개

(ii) 백의 자리의 숫자가 4인 경우
십의 자리에 올 수 있는 숫자는 4를 제외한 4개, 일의 자리에 올 수 있는 숫자는 4와 십의 자리에 온 숫자를 제외한 3개이므로 $4\times3=12$(개)

(i), (ii)에서 330 이상인 수의 개수는 $3+12=15$이므로

구하는 확률은 $\dfrac{15}{48}=\dfrac{5}{16}$

04 답 ③   _{유형} **02**

모든 경우의 수는 $6 \times 6 = 36$

두 직선 $y = ax$와 $y = -2x + b$의 교점의 x좌표가 1이므로

$a = -2 + b$ $\therefore b = a + 2$

$b = a + 2$를 만족시키는 순서쌍 (a, b)는 $(1, 3)$, $(2, 4)$, $(3, 5)$,

$(4, 6)$의 4가지이므로 구하는 확률은 $\dfrac{4}{36} = \dfrac{1}{9}$

05 답 ④, ⑤   _{유형} **03** + _{유형} **04**

④ $q = 0$이면 $p = 1$이므로 사건 A는 반드시 일어난다.

⑤ 사건 A가 반드시 일어나는 사건이면 $p = 1$이다.

따라서 옳지 않은 것은 ④, ⑤이다.

06 답 ⑤   _{유형} **04**

모든 경우의 수는 $\dfrac{10 \times 9}{2} = 45$

정우가 뽑히는 경우의 수는 정우를 제외한 9명의 후보 중에서 대표

1명을 뽑는 경우의 수와 같으므로 9이고 그 확률은 $\dfrac{9}{45} = \dfrac{1}{5}$

따라서 구하는 확률은 $1 - \dfrac{1}{5} = \dfrac{4}{5}$

07 답 ②   _{유형} **05**

모든 경우의 수는 $6 \times 6 = 36$

홀수는 1, 3, 5의 3가지이므로 두 주사위에서 모두 홀수의 눈이

나오는 경우는 $3 \times 3 = 9$(가지)

즉, 두 주사위에서 모두 홀수의 눈이 나올 확률은 $\dfrac{9}{36} = \dfrac{1}{4}$

$\therefore$ (적어도 한 개는 짝수의 눈이 나올 확률)

     $= 1 -$ (모두 홀수의 눈이 나올 확률) $= 1 - \dfrac{1}{4} = \dfrac{3}{4}$

08 답 ④   _{유형} **06**

3의 배수인 경우는 3, 6, 9, 12의 4가지이므로 그 확률은

$\dfrac{4}{12} = \dfrac{1}{3}$

10의 약수인 경우는 1, 2, 5, 10의 4가지이므로 그 확률은

$\dfrac{4}{12} = \dfrac{1}{3}$

따라서 구하는 확률은 $\dfrac{1}{3} + \dfrac{1}{3} = \dfrac{2}{3}$

09 답 ④   _{유형} **07**

야구 선수가 안타를 칠 확률은 $\dfrac{1}{5}$이므로

세 타석에서 모두 안타를 칠 확률은

$\dfrac{1}{5} \times \dfrac{1}{5} \times \dfrac{1}{5} = \dfrac{1}{125}$

10 답 ②   _{유형} **07**

A 주머니에서 빨간 구슬을 꺼낼 확률은 $\dfrac{6}{9} = \dfrac{2}{3}$

B 주머니에서 빨간 구슬을 꺼낼 확률은 $\dfrac{2}{6} = \dfrac{1}{3}$

따라서 구하는 확률은 $\dfrac{2}{3} \times \dfrac{1}{3} = \dfrac{2}{9}$

11 답 ⑤   _{유형} **08**

월요일에 비가 올 확률은 $\dfrac{40}{100} = \dfrac{2}{5}$이므로 월요일에 비가 오지 않

을 확률은 $1 - \dfrac{2}{5} = \dfrac{3}{5}$

화요일에 비가 올 확률은 $\dfrac{30}{100} = \dfrac{3}{10}$이므로 화요일에 비가 오지

않을 확률은 $1 - \dfrac{3}{10} = \dfrac{7}{10}$

따라서 구하는 확률은 $\dfrac{3}{5} \times \dfrac{7}{10} = \dfrac{21}{50}$

12 답 ②   _{유형} **08**

두 사람이 만날 확률은 두 사람 모두 약속을 지킬 확률과 같으므

로 $\dfrac{4}{5} \times \dfrac{2}{3} = \dfrac{8}{15}$

따라서 구하는 확률은 $1 - \dfrac{8}{15} = \dfrac{7}{15}$

13 답 ①   _{유형} **08**

태민이가 A 오디션에 합격하지 못할 확률은 $1 - \dfrac{1}{4} = \dfrac{3}{4}$

A, B 두 오디션에 모두 합격하지 못할 확률이 $\dfrac{11}{16}$이므로 B 오디

션에 합격하지 못할 확률을 p라 하면

$\dfrac{3}{4} \times p = \dfrac{11}{16}$ $\therefore p = \dfrac{11}{12}$

따라서 태민이가 B 오디션에만 합격할 확률은

$\dfrac{3}{4} \times \left(1 - \dfrac{11}{12}\right) = \dfrac{3}{4} \times \dfrac{1}{12} = \dfrac{1}{16}$

14 답 ③   _{유형} **09**

각 문제를 맞힐 확률은 $\dfrac{1}{5}$이므로 맞히지 못할 확률은 $1 - \dfrac{1}{5} = \dfrac{4}{5}$

3문제 중 2문제를 맞힐 확률은

(i) 첫 번째, 두 번째 문제를 맞힌 경우 : $\dfrac{1}{5} \times \dfrac{1}{5} \times \dfrac{4}{5} = \dfrac{4}{125}$

(ii) 첫 번째, 세 번째 문제를 맞힌 경우 : $\dfrac{1}{5} \times \dfrac{4}{5} \times \dfrac{1}{5} = \dfrac{4}{125}$

(iii) 두 번째, 세 번째 문제를 맞힌 경우 : $\dfrac{4}{5} \times \dfrac{1}{5} \times \dfrac{1}{5} = \dfrac{4}{125}$

(i), (ii), (iii)에서 구하는 확률은 $\dfrac{4}{125} + \dfrac{4}{125} + \dfrac{4}{125} = \dfrac{12}{125}$

15 답 ③   _{유형} **10**

첫 번째에 당첨 제비를 뽑을 확률은 $\dfrac{2}{10} = \dfrac{1}{5}$

두 번째에 당첨 제비를 뽑을 확률은 $\dfrac{2}{10} = \dfrac{1}{5}$

따라서 구하는 확률은 $\dfrac{1}{5} \times \dfrac{1}{5} = \dfrac{1}{25}$

16 답 ④   _{유형} **10**

두 카드에 적힌 수의 합이 짝수가 되려면 두 카드에 적힌 수가

모두 짝수이거나 홀수이어야 한다.

(i) 두 카드에 적힌 수가 모두 짝수일 확률은 $\dfrac{3}{7} \times \dfrac{3}{7} = \dfrac{9}{49}$

(ii) 두 카드에 적힌 수가 모두 홀수일 확률은 $\dfrac{4}{7} \times \dfrac{4}{7} = \dfrac{16}{49}$

(i), (ii)에서 구하는 확률은 $\dfrac{9}{49}+\dfrac{16}{49}=\dfrac{25}{49}$

17 답 ③　　　　　　　　　　　　　　유형 ⑪

첫 번째에 불량품을 꺼낼 확률은 $\dfrac{3}{9}=\dfrac{1}{3}$

두 번째에 불량품을 꺼낼 확률은 $\dfrac{2}{8}=\dfrac{1}{4}$

세 번째에 불량품을 꺼낼 확률은 $\dfrac{1}{7}$

따라서 구하는 확률은 $\dfrac{1}{3}\times\dfrac{1}{4}\times\dfrac{1}{7}=\dfrac{1}{84}$

18 답 ④　　　　　　　　　　　　　　유형 ⑪

(i) A 주머니에서 노란 구슬 1개를 꺼내 B 주머니에 넣은 후, B 주머니에서 노란 구슬을 꺼낼 확률은

$\dfrac{2}{7}\times\dfrac{5}{8}=\dfrac{5}{28}$

(ii) A 주머니에서 초록 구슬 1개를 꺼내 B 주머니에 넣은 후, B 주머니에서 노란 구슬을 꺼낼 확률은

$\dfrac{5}{7}\times\dfrac{4}{8}=\dfrac{5}{14}$

(i), (ii)에서 구하는 확률은 $\dfrac{5}{28}+\dfrac{5}{14}=\dfrac{15}{28}$

19 답 $\dfrac{3}{8}$　　　　　　　　　　　　유형 ①

이안이네 반 전체 학생 수는 $7+6+9+2=24$(명)　······ ❶
이때 O형은 9명이므로 구하는 확률은

$\dfrac{9}{24}=\dfrac{3}{8}$　　　　　　　　　　　　　······ ❷

채점 기준	배점
❶ 전체 학생 수 구하기	2점
❷ O형일 확률 구하기	2점

20 답 $\dfrac{3}{4}$　　　　　　　　　　　　유형 ①

모든 경우의 수는 $\dfrac{4\times3\times2}{3\times2\times1}=4$　　······ ❶

이때 삼각형이 만들어지려면 가장 긴 변의 길이가 나머지 두 변의 길이의 합보다 짧아야 하므로
$(3\,\mathrm{cm},\,5\,\mathrm{cm},\,7\,\mathrm{cm})$, $(3\,\mathrm{cm},\,7\,\mathrm{cm},\,9\,\mathrm{cm})$,
$(5\,\mathrm{cm},\,7\,\mathrm{cm},\,9\,\mathrm{cm})$의 3가지이다.　　　　······ ❷

따라서 삼각형이 만들어질 확률은 $\dfrac{3}{4}$이다.　　······ ❸

채점 기준	배점
❶ 모든 경우의 수 구하기	2점
❷ 삼각형이 만들어지는 경우의 수 구하기	3점
❸ 삼각형이 만들어질 확률 구하기	1점

21 답 $\dfrac{67}{100}$　　　　　　　　　　　유형 ④

뽑은 카드에 적힌 수를 x라 하면

$\dfrac{x}{150}=\dfrac{x}{2\times3\times5^2}$

$\dfrac{x}{2\times3\times5^2}$가 유한소수이려면 x는 3의 배수이어야 한다. ······ ❶

1부터 100까지의 자연수 중 3의 배수는 33개이므로

$\dfrac{x}{150}$가 유한소수일 확률은 $\dfrac{33}{100}$이다.　　　······ ❷

따라서 $\dfrac{x}{150}$가 유한소수가 아닐 확률은

$1-\dfrac{33}{100}=\dfrac{67}{100}$　　　　　　　　　　······ ❸

채점 기준	배점
❶ 유한소수가 될 조건 알기	2점
❷ $\dfrac{x}{150}$가 유한소수일 확률 구하기	3점
❸ $\dfrac{x}{150}$가 유한소수가 아닐 확률 구하기	2점

22 답 $\dfrac{37}{40}$　　　　　　　　　　　유형 ⑧

가람, 민혁, 지원이가 불합격할 확률은 각각

$1-\dfrac{3}{5}=\dfrac{2}{5}$, $1-\dfrac{1}{2}=\dfrac{1}{2}$, $1-\dfrac{5}{8}=\dfrac{3}{8}$이므로　······ ❶

3명 모두 불합격할 확률은 $\dfrac{2}{5}\times\dfrac{1}{2}\times\dfrac{3}{8}=\dfrac{3}{40}$　······ ❷

∴ (적어도 한 명은 합격할 확률)
　＝$1-$(3명 모두 불합격할 확률)
　＝$1-\dfrac{3}{40}=\dfrac{37}{40}$　　　　　　　　······ ❸

채점 기준	배점
❶ 가람, 민혁, 지원이가 불합격할 확률을 각각 구하기	2점
❷ 3명 모두 불합격할 확률 구하기	2점
❸ 적어도 한 명은 합격할 확률 구하기	2점

23 답 $\dfrac{3}{8}$　　　　　　　　　　　　유형 ⑨

주사위 한 개를 4번 던진 후 점 P가 다시 원점의 위치에 오려면 짝수의 눈이 2번, 홀수의 눈이 2번 나와야 한다. 즉,　······ ❶
(짝수, 짝수, 홀수, 홀수), (짝수, 홀수, 짝수, 홀수),
(짝수, 홀수, 홀수, 짝수), (홀수, 짝수, 홀수, 짝수),
(홀수, 짝수, 짝수, 홀수), (홀수, 홀수, 짝수, 짝수)
의 6가지이다.

이때 각 경우의 확률은 $\dfrac{1}{2}\times\dfrac{1}{2}\times\dfrac{1}{2}\times\dfrac{1}{2}=\dfrac{1}{16}$　······ ❷

따라서 구하는 확률은

$\dfrac{1}{16}+\dfrac{1}{16}+\dfrac{1}{16}+\dfrac{1}{16}+\dfrac{1}{16}+\dfrac{1}{16}=\dfrac{3}{8}$　······ ❸

채점 기준	배점
❶ 점 P가 다시 원점의 위치에 오는 조건 알기	1점
❷ 점 P가 다시 원점의 위치에 오는 각각의 경우의 확률 구하기	4점
❸ 점 P가 다시 원점의 위치에 올 확률 구하기	2점

실전 중단원 U 학교 시험 2회

108쪽~111쪽

01 ①	02 ③	03 ①	04 ③	05 ④
06 ⑤	07 ⑤	08 ④	09 ②	10 ②
11 ③	12 ⑤	13 ④	14 ③	15 ④
16 ④	17 ②	18 ⑤	19 $\frac{2}{9}$	20 $\frac{1}{6}$
21 $\frac{5}{36}$	22 $\frac{7}{10}$	23 $\frac{28}{45}$		

01 답 ① 〔유형 01〕

모든 경우의 수는 $6 \times 6 = 36$

두 눈의 수가 서로 같은 경우는 $(1, 1), (2, 2), (3, 3), (4, 4),$ $(5, 5), (6, 6)$의 6가지이므로 구하는 확률은 $\frac{6}{36} = \frac{1}{6}$

02 답 ③ 〔유형 01〕

모든 경우의 수는 $4 \times 4 = 16$

두 수의 합이 0이 되는 경우는 $(-1, 1), (0, 0), (1, -1)$의 3가 지이므로 구하는 확률은 $\frac{3}{16}$이다.

03 답 ① 〔유형 02〕

모든 경우의 수는 $6 \times 6 = 36$

$2x + y < 7$을 만족시키는 순서쌍 (x, y)는 $(1, 1), (1, 2), (1, 3),$ $(1, 4), (2, 1), (2, 2)$의 6가지이므로 구하는 확률은 $\frac{6}{36} = \frac{1}{6}$

04 답 ③ 〔유형 03〕

① 홀수는 없으므로 홀수가 적힌 카드가 나올 확률은 0이다.

② 모두 짝수이므로 짝수가 적힌 카드가 나올 확률은 1이다.

③ 소수는 2이므로 소수가 적힌 카드가 나올 확률은 $\frac{1}{5}$이다.

④ 모두 10 이하의 수이므로 10 이하의 수가 적힌 카드가 나올 확률은 1이다.

⑤ 한 자리의 자연수는 2, 4, 6, 8이므로 한 자리의 자연수가 적힌 카드가 나올 확률은 $\frac{4}{5}$이다.

따라서 옳지 않은 것은 ③이다.

05 답 ④ 〔유형 04〕

모든 경우의 수는 $5 \times 4 \times 3 \times 2 \times 1 = 120$

A와 B를 1명으로 생각하여 4명을 한 줄로 세우는 경우의 수는 $4 \times 3 \times 2 \times 1 = 24$

이때 A와 B가 자리를 바꾸는 경우의 수는 2

즉, A와 B가 이웃하여 서는 경우의 수는 $24 \times 2 = 48$

이므로 그 확률은 $\frac{48}{120} = \frac{2}{5}$

따라서 구하는 확률은 $1 - \frac{2}{5} = \frac{3}{5}$

06 답 ⑤ 〔유형 05〕

모든 경우의 수는 $2 \times 2 \times 2 \times 2 = 16$

모두 뒷면이 나오는 경우는 1가지이므로 그 확률은 $\frac{1}{16}$

∴ (적어도 한 개는 앞면이 나올 확률)

$= 1 - ($모두 뒷면이 나올 확률$) = 1 - \frac{1}{16} = \frac{15}{16}$

07 답 ⑤ 〔유형 05〕

모든 경우의 수는 $9 \times 8 = 72$

남학생 4명 중에서 대표 1명, 부대표 1명을 뽑는 경우의 수는 $4 \times 3 = 12$이므로 그 확률은 $\frac{12}{72} = \frac{1}{6}$

∴ (적어도 한 명은 여학생일 확률)

$= 1 - ($모두 남학생일 확률$) = 1 - \frac{1}{6} = \frac{5}{6}$

08 답 ④ 〔유형 06〕

8의 약수가 적힌 카드가 나오는 경우는 1, 2, 4, 8의 4가지이므로 그 확률은 $\frac{4}{20} = \frac{1}{5}$

16 이상인 수가 적힌 카드가 나오는 경우는 16, 17, 18, 19, 20의 5가지이므로 그 확률은 $\frac{5}{20} = \frac{1}{4}$

따라서 구하는 확률은 $\frac{1}{5} + \frac{1}{4} = \frac{9}{20}$

09 답 ② 〔유형 06〕

6명을 한 줄로 세우는 경우의 수는

$6 \times 5 \times 4 \times 3 \times 2 \times 1 = 720$

경하가 맨 앞에 서는 경우의 수는 경하를 제외한 나머지 5명을 한 줄로 세우는 경우의 수와 같으므로

$5 \times 4 \times 3 \times 2 \times 1 = 120$

즉, 경하가 맨 앞에 설 확률은 $\frac{120}{720} = \frac{1}{6}$

민주가 맨 앞에 서는 경우의 수는 민주를 제외한 나머지 5명을 한 줄로 세우는 경우의 수와 같으므로

$5 \times 4 \times 3 \times 2 \times 1 = 120$

즉, 민주가 맨 앞에 설 확률은 $\frac{120}{720} = \frac{1}{6}$

따라서 구하는 확률은 $\frac{1}{6} + \frac{1}{6} = \frac{1}{3}$

10 답 ② 〔유형 07〕

$\frac{1}{3} \times \frac{1}{2} = \frac{1}{6}$

11 답 ③ 〔유형 07〕

A 주사위에서 3 이상의 눈이 나오는 경우는 3, 4, 5, 6의 4가지이므로 그 확률은 $\frac{4}{6} = \frac{2}{3}$

또, B 주사위에서 소수의 눈이 나오는 경우는 2, 3, 5의 3가지이므로 그 확률은 $\frac{3}{6} = \frac{1}{2}$

따라서 구하는 확률은 $\frac{2}{3} \times \frac{1}{2} = \frac{1}{3}$

12 답 ⑤ 〔유형 08〕

$a+b$가 홀수인 경우는 a가 짝수, b가 홀수이거나 a가 홀수, b가 짝수인 경우이다.

(ⅰ) a가 짝수, b가 홀수일 확률

b가 홀수일 확률은 $1 - \frac{2}{7} = \frac{5}{7}$이므로 구하는 확률은

$\frac{3}{5} \times \frac{5}{7} = \frac{3}{7}$

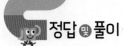
(ii) a가 홀수, b가 짝수일 확률

a가 홀수일 확률은 $1-\dfrac{3}{5}=\dfrac{2}{5}$이므로 구하는 확률은

$\dfrac{2}{5}\times\dfrac{2}{7}=\dfrac{4}{35}$

(i), (ii)에서 구하는 확률은 $\dfrac{3}{7}+\dfrac{4}{35}=\dfrac{19}{35}$

13 답 ④ 　　　　　　　　　　　　　　　　　유형 ⑧

가위바위보를 한 번 할 때 모든 경우의 수는 $3\times3=9$

가영이와 나영이가 승부가 나지 않는 경우는

(가위, 가위), (바위, 바위), (보, 보)의 3가지이므로

그 확률은 $\dfrac{3}{9}=\dfrac{1}{3}$

따라서 첫 번째, 두 번째는 승부가 나고 세 번째는 승부가 나지 않을 확률은

$\left(1-\dfrac{1}{3}\right)\times\left(1-\dfrac{1}{3}\right)\times\dfrac{1}{3}=\dfrac{2}{3}\times\dfrac{2}{3}\times\dfrac{1}{3}=\dfrac{4}{27}$

14 답 ③ 　　　　　　　　　　　　　　　　　유형 ⑨

A, B 주머니 중 임의로 하나를 선택할 확률은 $\dfrac{1}{2}$

(i) A 주머니를 선택한 후 빨간 공을 꺼낼 확률은 $\dfrac{1}{2}\times\dfrac{3}{9}=\dfrac{1}{6}$

(ii) B 주머니를 선택한 후 빨간 공을 꺼낼 확률은 $\dfrac{1}{2}\times\dfrac{4}{6}=\dfrac{1}{3}$

(i), (ii)에서 구하는 확률은 $\dfrac{1}{6}+\dfrac{1}{3}=\dfrac{1}{2}$

15 답 ④ 　　　　　　　　　　　　　　　　　유형 ⑨

민석이가 한 경기에서 이기는 경우를 ◯, 지는 경우를 ✕라 하면

민석이가 게임에서 승리하는 경우는 (◯, ◯), (◯, ✕, ◯), (✕, ◯, ◯)의 3가지이다.

(i) (◯, ◯)인 경우의 확률은

$\dfrac{3}{4}\times\dfrac{3}{4}=\dfrac{9}{16}$

(ii) (◯, ✕, ◯)인 경우의 확률은

$\dfrac{3}{4}\times\left(1-\dfrac{3}{4}\right)\times\dfrac{3}{4}=\dfrac{3}{4}\times\dfrac{1}{4}\times\dfrac{3}{4}=\dfrac{9}{64}$

(iii) (✕, ◯, ◯)인 경우의 확률은

$\left(1-\dfrac{3}{4}\right)\times\dfrac{3}{4}\times\dfrac{3}{4}=\dfrac{1}{4}\times\dfrac{3}{4}\times\dfrac{3}{4}=\dfrac{9}{64}$

(i), (ii), (iii)에서 구하는 확률은 $\dfrac{9}{16}+\dfrac{9}{64}+\dfrac{9}{64}=\dfrac{27}{32}$

16 답 ④ 　　　　　　　　　　　　　　　　　유형 ⑩

두 번 모두 L이 적힌 카드일 확률은 $\dfrac{1}{4}\times\dfrac{1}{4}=\dfrac{1}{16}$

두 번 모두 O가 적힌 카드일 확률은 $\dfrac{1}{4}\times\dfrac{1}{4}=\dfrac{1}{16}$

두 번 모두 V가 적힌 카드일 확률은 $\dfrac{1}{4}\times\dfrac{1}{4}=\dfrac{1}{16}$

두 번 모두 E가 적힌 카드일 확률은 $\dfrac{1}{4}\times\dfrac{1}{4}=\dfrac{1}{16}$

따라서 구하는 확률은 $\dfrac{1}{16}+\dfrac{1}{16}+\dfrac{1}{16}+\dfrac{1}{16}=\dfrac{1}{4}$

17 답 ② 　　　　　　　　　　　　　　　　　유형 ⑪

주원이만 썩은 감자를 꺼낼 확률은 $\dfrac{2}{8}\times\dfrac{6}{7}=\dfrac{3}{14}$

미주만 썩은 감자를 꺼낼 확률은 $\dfrac{6}{8}\times\dfrac{2}{7}=\dfrac{3}{14}$

따라서 구하는 확률은 $\dfrac{3}{14}+\dfrac{3}{14}=\dfrac{3}{7}$

18 답 ⑤ 　　　　　　　　　　　　　　　　　유형 ⑪

(i) 첫 번째로 종이를 뽑는 사람이 청소 당번이 될 확률은 $\dfrac{1}{4}$

(ii) 두 번째로 종이를 뽑는 사람이 청소 당번이 될 확률은

$\dfrac{3}{4}\times\dfrac{1}{3}=\dfrac{1}{4}$

(iii) 세 번째로 종이를 뽑는 사람이 청소 당번이 될 확률은

$\dfrac{3}{4}\times\dfrac{2}{3}\times\dfrac{1}{2}=\dfrac{1}{4}$

(iv) 네 번째로 종이를 뽑는 사람이 청소 당번이 될 확률은

$\dfrac{3}{4}\times\dfrac{2}{3}\times\dfrac{1}{2}\times1=\dfrac{1}{4}$

(i)~(iv)에서 뽑는 순서에 상관없이 청소 당번이 될 확률은 모두 같다.

19 답 $\dfrac{2}{9}$ 　　　　　　　　　　　　　　　유형 ①

색칠한 두 부채꼴의 중심각의 크기의 합은

$40°+40°=80°$ ‥‥‥ ❶

따라서 구하는 확률은 $\dfrac{80}{360}=\dfrac{2}{9}$ ‥‥‥ ❷

채점 기준	배점
❶ 색칠한 두 부채꼴의 중심각의 크기의 합 구하기	2점
❷ 색칠한 부분을 맞힐 확률 구하기	2점

20 답 $\dfrac{1}{6}$ 　　　　　　　　　　　　　　　유형 ①

모든 경우의 수는 $6\times6=36$ ‥‥‥ ❶

점 P가 꼭짓점 E에 위치하려면 첫 번째에 나오는 눈의 수는 두 번째에 나오는 눈의 수보다 4만큼 작거나 2만큼 커야 한다.

즉, (1, 5), (2, 6), (3, 1), (4, 2), (5, 3), (6, 4)의 6가지이다. ‥‥‥ ❷

따라서 구하는 확률은 $\dfrac{6}{36}=\dfrac{1}{6}$ ‥‥‥ ❸

채점 기준	배점
❶ 모든 경우의 수 구하기	2점
❷ 점 P가 꼭짓점 E에 위치하는 경우의 수 구하기	4점
❸ 점 P가 꼭짓점 E에 위치할 확률 구하기	1점

21 답 $\dfrac{5}{36}$ 　　　　　　　　　　　　　　　유형 ②

모든 경우의 수는 $6\times6=36$ ‥‥‥ ❶

연립방정식 $\begin{cases}x+y=2\\ax+3y=b\end{cases}$ 즉 $\begin{cases}3x+3y=6\\ax+3y=b\end{cases}$의 해가 존재하지 않으려면 $a=3$, $b\neq6$ ‥‥‥ ❷

$a=3$, $b\neq6$을 만족시키는 순서쌍 (a, b)는 (3, 1), (3, 2), (3, 3), (3, 4), (3, 5)의 5가지 ‥‥‥ ❸

따라서 구하는 확률은 $\dfrac{5}{36}$이다. ‥‥‥ ❹

채점 기준	배점
❶ 모든 경우의 수 구하기	1점
❷ 연립방정식의 해가 존재하지 않는 a, b의 조건 알기	2점
❸ 연립방정식의 해가 존재하지 않는 경우의 수 구하기	2점
❹ 연립방정식의 해가 존재하지 않을 확률 구하기	1점

22 답 $\dfrac{7}{10}$ 〈유형 **04**〉

모든 경우의 수는 $\dfrac{5\times4\times3}{3\times2\times1}=10$ ······ ❶

A, B가 모두 대표로 뽑히는 경우의 수는 A, B를 제외한 나머지 3명 중에서 대표 1명을 뽑는 경우의 수와 같으므로 3이다.

······ ❷

따라서 A, B가 모두 대표로 뽑힐 확률은 $\dfrac{3}{10}$이므로 ······ ❸

구하는 확률은 $1-\dfrac{3}{10}=\dfrac{7}{10}$ ······ ❹

채점 기준	배점
❶ 모든 경우의 수 구하기	2점
❷ A, B가 모두 대표로 뽑히는 경우의 수 구하기	2점
❸ A, B가 모두 대표로 뽑힐 확률 구하기	1점
❹ A 또는 B가 대표로 뽑히지 않을 확률 구하기	1점

23 답 $\dfrac{28}{45}$ 〈유형 **09**〉

오늘 비가 오지 않았으므로

(i) 내일과 모레 이틀 동안 비가 올 확률은

$\dfrac{2}{3}\times\dfrac{3}{5}=\dfrac{2}{5}$ ······ ❶

(ii) 내일은 비가 오지 않고, 모레 비가 올 확률은

$\left(1-\dfrac{2}{3}\right)\times\dfrac{2}{3}=\dfrac{1}{3}\times\dfrac{2}{3}=\dfrac{2}{9}$ ······ ❷

(i), (ii)에서 구하는 확률은 $\dfrac{2}{5}+\dfrac{2}{9}=\dfrac{28}{45}$ ······ ❸

채점 기준	배점
❶ 내일과 모레 이틀 동안 비가 올 확률 구하기	3점
❷ 내일은 비가 오지 않고, 모레 비가 올 확률 구하기	3점
❸ 모레 비가 올 확률 구하기	1점

특이 문제

○ 112쪽

01 답 풀이 참조

원판 A에서 각 숫자의 개수는 같으므로 원판 A의 바늘을 여러 번 돌렸을 때, 각 숫자가 나올 확률은 거의 같을 것이라고 기대할 수 있다. 원판 B에서는 1과 2의 개수가 같고 3의 개수가 1과 2의 개수의 두 배이므로 원판 B의 바늘을 여러 번 돌렸을 때 1과 2가 나올 확률은 거의 같고 3이 나올 확률이 1과 2가 나올 확률의 두 배 정도 될 것이라고 기대할 수 있다. 원판 C에서는 1의 개수가 가장 많고 그 다음은 2, 3의 순이므로 원판 C의 바늘을 여러 번 돌렸을 때 각 숫자가 나올 확률도 1, 2, 3의 순서일 것이라고 기대할 수 있다. 기록 1, 기록 2, 기록 3의 표에서 각 숫자가 나온 횟수를 정리하면 다음과 같다.

(단위 : 개)

숫자 기록표	1	2	3	합계
기록 1	9	6	5	20
기록 2	6	7	7	20
기록 3	3	7	10	20

따라서 기록 1이 나올 가능성이 가장 큰 원판은 원판 C, 기록 2가 나올 가능성이 가장 큰 원판은 원판 A, 기록 3이 나올 가능성이 가장 큰 원판은 원판 B라고 추측할 수 있다.

02 답 $\dfrac{1}{2}$

아버지의 혈액형이 A형(유전자형 AO), 어머니의 혈액형이 AB형일 때, 자녀의 유전자형을 표로 나타내면 다음과 같다.

모(AB형)	부(A형)	AO	
		A	O
AB	A	AA	AO
	B	AB	BO

따라서 4가지의 유전자형 중 A형인 경우는 AA, AO의 2가지이므로 구하는 확률은 $\dfrac{2}{4}=\dfrac{1}{2}$

03 답 $\dfrac{7}{8}$

어느 면도 색칠되지 않은 쌓기나무의 개수는 $2\times2\times2=8$이므로 1개의 쌓기나무를 집었을 때, 어느 면도 색칠되지 않은 쌓기나무일 확률은 $\dfrac{8}{64}=\dfrac{1}{8}$

∴ (적어도 한 면이 색칠된 쌓기나무일 확률)

　＝$1-$(어느 면도 색칠되지 않은 쌓기나무일 확률)

　＝$1-\dfrac{1}{8}=\dfrac{7}{8}$

04 답 $\dfrac{11}{12}$

직선 $y=\dfrac{a}{b}x$가 직선 PQ와 만나려면 두 직선의 기울기가 달라야 한다.

두 점 P, Q를 지나는 직선의 기울기는 $\dfrac{3-1}{2-1}=2$

$\dfrac{a}{b}=2$, 즉 $a=2b$를 만족시키는 순서쌍 (a, b)는 $(2, 1)$, $(4, 2)$, $(6, 3)$의 3개이므로 두 직선의 기울기가 같을 확률은 $\dfrac{3}{36}=\dfrac{1}{12}$

따라서 구하는 확률은 $1-\dfrac{1}{12}=\dfrac{11}{12}$

05 답 0.153

5점 이상을 받으려면 자유투를 2번 연속으로 성공하여 5점을 받거나 3번 연속으로 성공하여 8점을 받아야 한다.

(i) 5점을 받는 경우

첫 번째와 두 번째에 성공하고 세 번째에 성공하지 못할 확률은 $0.3\times0.3\times(1-0.3)=0.063$이고 첫 번째에 성공하지 못하고 두 번째와 세 번째에 성공할 확률은

$(1-0.3)\times0.3\times0.3=0.063$이므로 5점을 받을 확률은

$0.063+0.063=0.126$

(ii) 8점을 받는 경우

3번 연속으로 성공할 확률은 $0.3\times0.3\times0.3=0.027$이므로 8점을 받을 확률은 0.027이다.

(i), (ii)에서 구하는 확률은 $0.126+0.027=0.153$

114쪽~122쪽

01 답 186π cm³

물이 채워진 원뿔 모양의 부분의 높이가 원뿔 모양의 그릇의 높이의 $\frac{4}{7}$이므로 물의 높이는 $14\times\frac{4}{7}=8$(cm)

물이 채워진 원뿔 모양의 부분과 원뿔 모양의 그릇의 닮음비는

$8:14=4:7$

수면의 반지름의 길이를 r cm라 하면

$2r:14=4:7$, $14r=56$ $\therefore r=4$

따라서 더 넣어야 하는 물의 양은

$\frac{1}{3}\times\pi\times7^2\times14-\frac{1}{3}\times\pi\times4^2\times8$

$=\frac{686}{3}\pi-\frac{128}{3}\pi=186\pi(\text{cm}^3)$

02 답 13 : 3

$\triangle$EBD에서 $\angle$B$=60°$이므로

$\angle$BED$+\angle$BDE$=120°$ ······ ㉠

$\angle$ADE$=60°$, $\angle$BDC$=180°$이므로

$\angle$BDE$+\angle$CDA$=120°$ ······ ㉡

㉠, ㉡에서 $\angle$BED$=\angle$CDA

$\triangle$EBD와 $\triangle$DCA에서

$\angle$BED$=\angle$CDA, $\angle$B$=\angle$C$=60°$

이므로 $\triangle$EBD∽$\triangle$DCA (AA 닮음)

$\overline{\text{CD}}=x$라 하면 $\overline{\text{BD}}=3x$이므로

$\overline{\text{AC}}=\overline{\text{BC}}=\overline{\text{BD}}+\overline{\text{CD}}=3x+x=4x$

따라서 $\overline{\text{BD}}:\overline{\text{CA}}=\overline{\text{BE}}:\overline{\text{CD}}$, 즉 $3x:4x=\overline{\text{BE}}:x$이므로

$4\overline{\text{BE}}=3x$ $\therefore \overline{\text{BE}}=\frac{3}{4}x$

$\therefore \overline{\text{AE}}=\overline{\text{AB}}-\overline{\text{BE}}=4x-\frac{3}{4}x=\frac{13}{4}x$

$\therefore \overline{\text{AE}}:\overline{\text{BE}}=\frac{13}{4}x:\frac{3}{4}x=13:3$

03 답 15 cm

□ADEF에서 $\overline{\text{AF}}/\!/\overline{\text{DE}}$이므로 $\angle$DAF$=\angle$BDE (동위각)

$\triangle$ABC와 $\triangle$DBE에서

$\angle$A$=\angle$BDE, $\angle$B는 공통

이므로 $\triangle$ABC∽$\triangle$DBE (AA 닮음)

마름모 ADEF의 한 변의 길이를 x cm라 하면

$\overline{\text{AB}}:\overline{\text{DB}}=\overline{\text{AC}}:\overline{\text{DE}}$, 즉 $10:(10-x)=6:x$이므로

$10x=60-6x$, $16x=60$ $\therefore x=\frac{15}{4}$

따라서 □ADEF의 둘레의 길이는 $4\times\frac{15}{4}=15$(cm)

04 답 $\frac{91}{10}$ cm

□ABCD가 직사각형이므로

$\overline{\text{OA}}=\overline{\text{OB}}=\overline{\text{OC}}=\overline{\text{OD}}=\frac{1}{2}\overline{\text{AC}}=13$(cm)

$\triangle$FDA와 $\triangle$FBE에서

$\angle$FDA$=\angle$FBE (엇각), $\angle$FAD$=\angle$FEB (엇각)

이므로 $\triangle$FDA∽$\triangle$FBE (AA 닮음)

$\overline{\text{BE}}:\overline{\text{EC}}=1:2$에서 $\overline{\text{BE}}=\frac{1}{3}\times24=8$(cm)

즉, $\overline{\text{DA}}:\overline{\text{BE}}=24:8=3:1$이므로

$\triangle$FDA와 $\triangle$FBE의 닮음비는 3 : 1이다.

$\overline{\text{BD}}=26$ cm이므로 $\overline{\text{DF}}=\frac{3}{4}\times26=\frac{39}{2}$(cm)

$\therefore \overline{\text{OF}}=\overline{\text{DF}}-\overline{\text{OD}}=\frac{39}{2}-13=\frac{13}{2}$(cm)

$\triangle$GDA와 $\triangle$GEC에서

$\angle$GDA$=\angle$GEC (엇각), $\angle$GAD$=\angle$GCE (엇각)

이므로 $\triangle$GDA∽$\triangle$GEC (AA 닮음)

$\overline{\text{DA}}:\overline{\text{EC}}=24:16=3:2$이므로

$\triangle$GDA와 $\triangle$GEC의 닮음비는 3 : 2이다.

$\overline{\text{AC}}=26$ cm이므로 $\overline{\text{AG}}=\frac{3}{5}\times26=\frac{78}{5}$(cm)

$\therefore \overline{\text{OG}}=\overline{\text{AG}}-\overline{\text{OA}}=\frac{78}{5}-13=\frac{13}{5}$(cm)

$\therefore \overline{\text{OF}}+\overline{\text{OG}}=\frac{13}{2}+\frac{13}{5}=\frac{91}{10}$(cm)

05 답 325

오른쪽 그림의 $\triangle$ABC와 $\triangle$DCE에서

$\angle$BAC$=\angle$CDE$=90°$,

$\angle$ABC$=90°-\angle$ACB$=\angle$DCE

이므로 $\triangle$ABC∽$\triangle$DCE (AA 닮음)

$\overline{\text{AB}}=x$라 하면

$\overline{\text{AB}}:\overline{\text{DC}}=\overline{\text{AC}}:\overline{\text{DE}}$이므로

$x:4=9:x$, $x^2=36$ $\therefore x=6 (\because x>0)$

따라서 처음 정사각형의 한 변의 길이는

$x+9+4+x=2x+13=12+13=25$

이므로 색칠한 정사각형의 넓이는

$25\times25-4\times\left\{\frac{1}{2}\times(6+9)\times(6+4)\right\}=325$

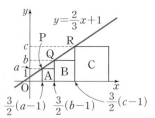

06 답 9 : 15 : 25

다음 그림과 같이 세 점 P, Q, R의 y좌표를 각각 a, b, c라 하면 x좌표는 각각 $\frac{3}{2}(a-1)$, $\frac{3}{2}(b-1)$, $\frac{3}{2}(c-1)$이다.

정사각형 A의 한 변의 길이가 a이므로

$\frac{3}{2}(b-1)-\frac{3}{2}(a-1)=a$, $\frac{3}{2}b=\frac{5}{2}a$ $\therefore a=\frac{3}{5}b$

또, 정사각형 B의 한 변의 길이가 b이므로

$\frac{3}{2}(c-1)-\frac{3}{2}(b-1)=b$, $\frac{3}{2}c=\frac{5}{2}b$ $\therefore c=\frac{5}{3}b$

따라서 세 정사각형 A, B, C의 닮음비는

$a:b:c=\frac{3}{5}b:b:\frac{5}{3}b=9:15:25$

07 탭 $\dfrac{56}{5}$ cm

$\triangle ABC$에서 $\overline{AD}^2 = \overline{DB} \times \overline{DC}$이므로

$\overline{AD}^2 = 4 \times (20-4) = 64$ $\therefore \overline{AD} = 8$(cm) $(\because \overline{AD} > 0)$

점 M은 직각삼각형 ABC의 외심이므로

$\overline{AM} = \overline{BM} = \overline{CM} = \dfrac{1}{2}\overline{BC} = \dfrac{1}{2} \times 20 = 10$(cm)

$\therefore \overline{DM} = \overline{BM} - \overline{BD} = 10-4 = 6$(cm)

$\triangle ADM$에서 $\overline{DA}^2 = \overline{AE} \times \overline{AM}$이므로

$8^2 = \overline{AE} \times 10$, $10\overline{AE} = 64$ $\therefore \overline{AE} = \dfrac{32}{5}$(cm)

또, $\overline{AD} \times \overline{DM} = \overline{AM} \times \overline{DE}$이므로

$8 \times 6 = 10 \times \overline{DE}$ $\therefore \overline{DE} = \dfrac{24}{5}$(cm)

$\therefore \overline{AE} + \overline{DE} = \dfrac{32}{5} + \dfrac{24}{5} = \dfrac{56}{5}$(cm)

08 탭 16 : 9

$\triangle ABC$에서 $\overline{AC}^2 = \overline{AD} \times \overline{AB}$이고 $\overline{BC}^2 = \overline{BD} \times \overline{BA}$이므로

$\overline{AC}^2 : \overline{BC}^2 = (\overline{AD} \times \overline{AB}) : (\overline{BD} \times \overline{BA})$

$= \overline{AD} : \overline{BD}$

또, $\square EFDA = \overline{AD} \times \overline{FD}$, $\square FGBD = \overline{BD} \times \overline{FD}$이므로

$\square EFDA : \square FGBD = \overline{AD} : \overline{BD} = \overline{AC}^2 : \overline{BC}^2$

$= 4^2 : 3^2 = 16 : 9$

09 탭 6 m

오른쪽 그림과 같이 $\overline{BC}$의 연장선과 $\overline{AD}$의 연장선이 만나는 점을 E라 하면 전봇대의 그림자가 벽면에 생기지 않을 때의 전봇대의 그림자의 길이는 $\overline{BE}$의 길이와 같다.

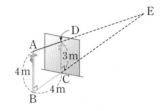

$\triangle ABE$와 $\triangle DCE$에서

$\angle ABE = \angle DCE = 90°$, $\angle E$는 공통

이므로 $\triangle ABE \backsim \triangle DCE$ (AA 닮음)

$\overline{BE} = x$ m라 하면

$\overline{AB} : \overline{DC} = \overline{BE} : \overline{CE}$, 즉 $4 : 3 = x : (x-4)$이므로

$4x - 16 = 3x$ $\therefore x = 16$

따라서 높이가 4 m인 전봇대의 그림자의 길이는 16 m이므로 길이가 1.5 m인 막대의 그림자의 길이를 y m라 하면

$4 : 16 = 1.5 : y$, $4y = 24$ $\therefore y = 6$

따라서 막대의 그림자의 길이는 6 m이다.

10 탭 6

$\triangle ABC$에서 $\overline{AB} /\!/ \overline{FD}$이므로

$\overline{AF} : \overline{FC} = \overline{BD} : \overline{DC} = 15 : 10 = 3 : 2$

$\triangle ADC$에서 $\overline{EF} /\!/ \overline{DC}$이므로

$\overline{EF} : \overline{DC} = \overline{AF} : \overline{AC}$, 즉 $\overline{EF} : 10 = 3 : (3+2)$이므로

$5\overline{EF} = 30$ $\therefore \overline{EF} = 6$

11 탭 45 cm

$\overline{AP} : \overline{AB} = \overline{AS} : \overline{AC}$이므로 $\overline{PS} /\!/ \overline{BC}$

즉, $\square PQRS$는 직사각형이다.

$\overline{PQ} = x$ cm라 하면

$\overline{PQ} : \overline{QR} = 1 : 4$이므로 $\overline{QR} = 4x$ cm

오른쪽 그림과 같이 $\overline{AH}$와 $\overline{PS}$의 교점을 H'이라 하면

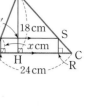

$\triangle ABH$에서 $\overline{PH'} /\!/ \overline{BH}$이므로

$\overline{AP} : \overline{AB} = \overline{AH'} : \overline{AH}$ ......㉠

$\triangle ABC$에서 $\overline{PS} /\!/ \overline{BC}$이므로

$\overline{AP} : \overline{AB} = \overline{PS} : \overline{BC}$ ......㉡

㉠, ㉡에서 $\overline{AH'} : \overline{AH} = \overline{PS} : \overline{BC}$이므로

$(18-x) : 18 = 4x : 24$, $24(18-x) = 72x$, $18-x = 3x$

$4x = 18$ $\therefore x = \dfrac{9}{2}$

따라서 $\square PQRS$의 둘레의 길이는

$2(\overline{PQ} + \overline{QR}) = 2(x + 4x) = 10x = 10 \times \dfrac{9}{2} = 45$(cm)

12 탭 1 cm

$\triangle ABC$에서 $\overline{BD} : \overline{CD} = \overline{AB} : \overline{AC} = 5 : 10 = 1 : 2$

$\triangle BDE$와 $\triangle CDF$에서

$\angle BED = \angle CFD = 90°$, $\angle BDE = \angle CDF$ (맞꼭지각)

이므로 $\triangle BDE \backsim \triangle CDF$ (AA 닮음)

따라서 $\overline{BD} : \overline{CD} = \overline{DE} : \overline{DF}$, 즉 $1 : 2 = \overline{DE} : 2$이므로

$2\overline{DE} = 2$ $\therefore \overline{DE} = 1$(cm)

13 탭 $\dfrac{27}{2}$ cm²

$\triangle ABC$에서 $\overline{BD} : \overline{CD} = \overline{AB} : \overline{AC} = 9 : 6 = 3 : 2$이므로

$\overline{BD} = \dfrac{3}{5}\overline{BC} = \dfrac{3}{5} \times 10 = 6$(cm),

$\overline{CD} = \dfrac{2}{5}\overline{BC} = \dfrac{2}{5} \times 10 = 4$(cm)

$\triangle ABD$에서

$\angle ADC = \angle ABD + \angle BAD$이므로

$\angle CDE = \angle BAD = \angle CAD$

$\triangle ADC$와 $\triangle DEC$에서

$\angle CAD = \angle CDE$, $\angle C$는 공통

이므로 $\triangle ADC \backsim \triangle DEC$ (AA 닮음)

따라서 $\overline{CD} : \overline{CE} = \overline{AC} : \overline{DC}$, 즉 $4 : \overline{CE} = 6 : 4$이므로

$6\overline{CE} = 16$ $\therefore \overline{CE} = \dfrac{8}{3}$(cm)

$\triangle ADE : \triangle DCE = \overline{AE} : \overline{CE} = \left(6 - \dfrac{8}{3}\right) : \dfrac{8}{3} = 5 : 4$이므로

$\triangle ADE : 4 = 5 : 4$, $4\triangle ADE = 20$ $\therefore \triangle ADE = 5$(cm²)

$\triangle ABD : \triangle ADC = \overline{BD} : \overline{CD} = 6 : 4 = 3 : 2$이므로

$\triangle ABD : (5+4) = 3 : 2$, $2\triangle ABD = 27$

$\therefore \triangle ABD = \dfrac{27}{2}$(cm²)

14 탭 10 cm

$\triangle ABC$와 $\triangle ADC$에서

$\angle B = \angle ADC = 90°$, $\overline{AC}$는 공통, $\angle ACB = \angle ACD$

이므로 $\triangle ABC \equiv \triangle ADC$ (RHA 합동)

$\therefore \overline{AD} = \overline{AB} = 10$ cm, $\overline{DC} = \overline{BC} = 8+12 = 20$(cm)

$\triangle ABC$에서 $\overline{FE} /\!/ \overline{AB}$이므로

$\overline{CE} : \overline{CB} = \overline{FE} : \overline{AB}$, 즉 $12 : 20 = \overline{FE} : 10$이므로

$20\overline{FE} = 120$ $\therefore \overline{FE} = 6$(cm)

$\triangle CDE$에서 $\overline{CF}$는 $\angle C$의 이등분선이므로

$\overline{CD} : \overline{CE} = \overline{DF} : \overline{EF}$, 즉 $20 : 12 = \overline{DF} : 6$이므로

$12\overline{DF}=120$ $\therefore \overline{DF}=10(cm)$

15 답 2배

△DBC에서 $\overline{PF}:\overline{BC}=\overline{DF}:\overline{DC}$이므로

$(5+\overline{QF}):15=6:(6+4)$, $50+10\overline{QF}=90$

$10\overline{QF}=40$ $\therefore \overline{QF}=4(cm)$

△ACD에서 $\overline{QF}:\overline{AD}=\overline{CF}:\overline{CD}$이므로

$4:\overline{AD}=4:(4+6)$, $4\overline{AD}=40$ $\therefore \overline{AD}=10(cm)$

$\overline{AD}\,/\!/\,\overline{PQ}$이므로 △AOD∽△QOP (AA 닮음)에서

$\overline{AD}:\overline{PQ}=10:5=2:1$

즉, $△AOD:△QOP=2^2:1^2$ $\therefore △AOD=4△QOP$

$\overline{BC}\,/\!/\,\overline{PQ}$이므로 △OPQ∽△OBC (AA 닮음)에서

$\overline{PQ}:\overline{BC}=5:15=1:3$

즉, $△OPQ:△OBC=1^2:3^2$ $\therefore △OBC=9△OPQ$

$□PBCQ=△OBC-△OPQ=8△OPQ$

$=2\times4△OPQ=2△AOD$

따라서 □PBCQ의 넓이는 △AOD의 넓이의 2배이다.

16 답 $\dfrac{30}{11}$ cm

$\overline{EP}=\overline{PQ}=\overline{QF}=a$ cm라 하고 $\overline{AE}:\overline{EB}=1:x$라 하면

△ABD에서 $\overline{BE}:\overline{BA}=\overline{EP}:\overline{AD}$이므로

$x:(1+x)=a:6$ $\therefore 6x=a(1+x)$ ……㉠

△ABC에서 $\overline{AE}:\overline{AB}=\overline{EQ}:\overline{BC}$이므로

$1:(1+x)=2a:10$ $\therefore 10=2a(1+x)$ ……㉡

㉠, ㉡에서 $2\times6x=10$ $\therefore x=\dfrac{5}{6}$

$x=\dfrac{5}{6}$를 ㉠에 대입하면 $5=\dfrac{11}{6}a$ $\therefore a=\dfrac{30}{11}$

따라서 $\overline{PQ}$의 길이는 $\dfrac{30}{11}$ cm이다.

17 답 130°

△ABD에서 $\overline{DE}=\overline{EA}$, $\overline{DG}=\overline{GB}$이므로

$\overline{EG}=\dfrac{1}{2}\overline{AB}$ ……㉠

△BCD에서 $\overline{BF}=\overline{FC}$, $\overline{BG}=\overline{GD}$이므로

$\overline{GF}=\dfrac{1}{2}\overline{CD}$ ……㉡

이때 $\overline{AB}=\overline{CD}$이므로 ㉠, ㉡에서 $\overline{EG}=\overline{GF}$

따라서 △EGF는 $\overline{EG}=\overline{GF}$인 이등변삼각형이므로

$\angle EGF=180°-2\angle GFE=180°-2\times25°=130°$

18 답 18 cm

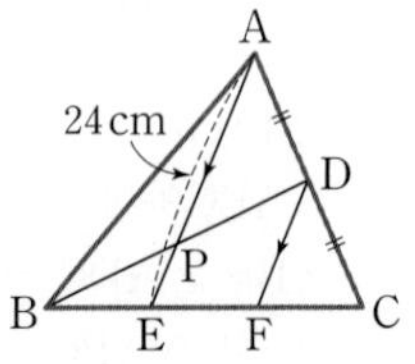

오른쪽 그림과 같이 점 D에서 $\overline{AE}$에 평행한 직선을 그어 $\overline{BC}$와 만나는 점을 F라 하면

△AEC에서 $\overline{AD}=\overline{DC}$, $\overline{AE}\,/\!/\,\overline{DF}$이므로 $\overline{EF}=\overline{FC}$

$\therefore \overline{DF}=\dfrac{1}{2}\overline{AE}=\dfrac{1}{2}\times24=12(cm)$

즉, $\overline{EF}=\overline{FC}$이고 $\overline{BE}:\overline{CE}=1:2$이므로 $\overline{BE}=\overline{EF}$

△BFD에서 $\overline{BE}=\overline{EF}$, $\overline{PE}\,/\!/\,\overline{DF}$이므로 $\overline{BP}=\overline{PD}$

$\therefore \overline{PE}=\dfrac{1}{2}\overline{DF}=\dfrac{1}{2}\times12=6(cm)$

$\therefore \overline{AP}=\overline{AE}-\overline{PE}=24-6=18(cm)$

19 답 25

오른쪽 그림과 같이 점 D에서 $\overline{CF}$에 평행한 직선을 그어 $\overline{AB}$와 만나는 점을 P라 하면

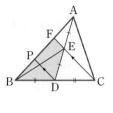

△APD에서

$\overline{AE}=\overline{ED}$, $\overline{FE}\,/\!/\,\overline{PD}$이므로 $\overline{AF}=\overline{FP}$

△BCF에서

$\overline{BD}=\overline{DC}$, $\overline{PD}\,/\!/\,\overline{FC}$이므로 $\overline{BP}=\overline{PF}$

$\therefore \overline{BP}=\overline{PF}=\overline{FA}$

$\overline{BE}$를 그으면 △AFE:△BFE=$\overline{AF}:\overline{BF}$이므로

$5:△BFE=1:2$ $\therefore △BFE=5\times2=10$

또, △ABE:△EBD=$\overline{AE}:\overline{ED}$이므로

$(5+10):△EBD=1:1$ $\therefore △EBD=15$

$\therefore □FBDE=△BFE+△EBD=10+15=25$

20 답 16 cm

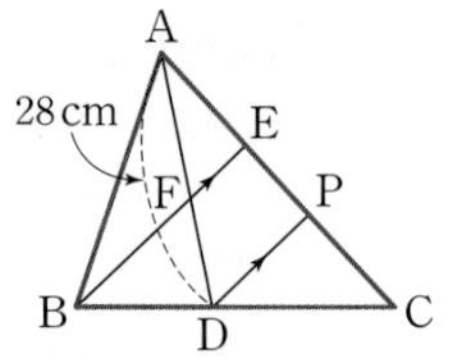

오른쪽 그림과 같이 점 D에서 $\overline{BE}$에 평행한 직선을 그어 $\overline{AC}$와 만나는 점을 P라 하면

△BCE에서 $\overline{BE}\,/\!/\,\overline{DP}$이므로

$\overline{EP}:\overline{PC}=\overline{BD}:\overline{DC}=3:4$

이때 $\overline{AE}:\overline{EC}=4:7$이므로 $\overline{AE}:\overline{EP}:\overline{PC}=4:3:4$

△ADP에서 $\overline{AF}:\overline{FD}=\overline{AE}:\overline{EP}=4:3$이므로

$\overline{AF}=\dfrac{4}{7}\overline{AD}=\dfrac{4}{7}\times28=16(cm)$

21 답 3 cm

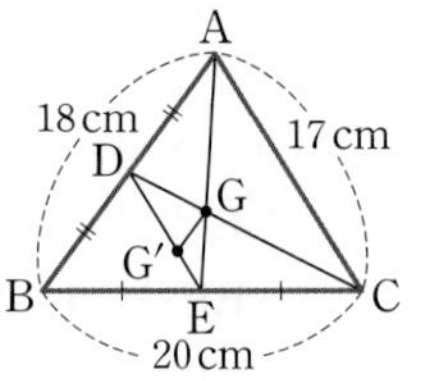

두 점 G, G′은 각각 △ABC, △BCD의 무게중심이므로 오른쪽 그림과 같이 $\overline{AG}$의 연장선과 $\overline{DG'}$의 연장선은 $\overline{BC}$의 중점인 E에서 만난다.

점 G는 △ABC의 무게중심이므로

$\overline{AG}:\overline{GE}=2:1$

또, 점 G′은 △BCD의 무게중심이므로

$\overline{DG'}:\overline{G'E}=2:1$

△EAD와 △EGG′에서

$\overline{EA}:\overline{EG}=\overline{ED}:\overline{EG'}=3:1$, $\angle E$는 공통

이므로 △EAD∽△EGG′ (SAS 닮음)

따라서 $\overline{AD}:\overline{GG'}=\overline{EA}:\overline{EG}=3:1$이므로

$9:\overline{GG'}=3:1$, $3\overline{GG'}=9$ $\therefore \overline{GG'}=3(cm)$

22 답 $\dfrac{3}{7}$ cm²

점 I가 △ABC의 내심이므로 $\overline{AE}$는 $\angle A$의 이등분선이다.

즉, $\overline{AB}:\overline{AC}=\overline{BE}:\overline{CE}$에서 $4:3=\overline{BE}:\overline{CE}$

$\therefore \overline{BE}=\dfrac{4}{7}\overline{BC}$

또, 점 G가 △ABC의 무게중심이므로 점 D는 $\overline{BC}$의 중점이다.

$\therefore \overline{BD}=\dfrac{1}{2}\overline{BC}$

따라서 $\overline{DE}=\overline{BE}-\overline{BD}=\dfrac{4}{7}\overline{BC}-\dfrac{1}{2}\overline{BC}=\dfrac{1}{14}\overline{BC}$이므로

$△ADE=\dfrac{1}{14}△ABC=\dfrac{1}{14}\times\left(\dfrac{1}{2}\times4\times3\right)=\dfrac{3}{7}(cm^2)$

23 답 3 cm²

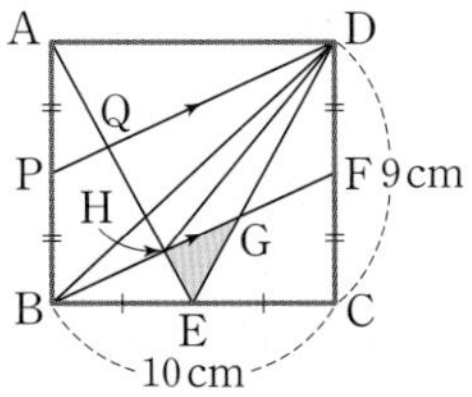

오른쪽 그림과 같이 $\overline{BD}$를 그으면
점 G는 △BCD의 무게중심이므로
$\overline{DG}:\overline{GE}=2:1$
$\overline{AB}$의 중점을 P라 하면
□PBFD는 평행사변형이므로
$\overline{PD}\,/\!/\,\overline{BF}$
$\overline{AE}$와 $\overline{PD}$의 교점을 Q라 하면 △DEQ에서 $\overline{HG}\,/\!/\,\overline{QD}$이므로
$\overline{EH}:\overline{HQ}=\overline{EG}:\overline{GD}=1:2$ ······ ㉠
△ABH에서 $\overline{AP}=\overline{PB}$, $\overline{PQ}\,/\!/\,\overline{BH}$이므로
$\overline{AQ}=\overline{QH}$ ······ ㉡
㉠, ㉡에서 $\overline{AQ}:\overline{QH}:\overline{HE}=2:2:1$
$\triangle AED=\dfrac{1}{2}\square ABCD=\dfrac{1}{2}\times(10\times9)=45(\text{cm}^2)$이므로
$\overline{DH}$를 그으면 $\triangle DHE=\dfrac{1}{5}\triangle AED=\dfrac{1}{5}\times45=9(\text{cm}^2)$
$\overline{EG}:\overline{GD}=1:2$이므로
$\triangle EGH=\dfrac{1}{3}\triangle DHE=\dfrac{1}{3}\times9=3(\text{cm}^2)$

24 답 30π cm²

△ABC에서 $\overline{BC}^2=9^2+12^2=225$
$\therefore \overline{BC}=15(\text{cm})\ (\because \overline{BC}>0)$
$\therefore$ (색칠한 부분의 넓이)
$=\triangle A'BC'+(\text{부채꼴 BCC'의 넓이})-\triangle ABC$
$=(\text{부채꼴 BCC'의 넓이})=\pi\times15^2\times\dfrac{48}{360}=30\pi(\text{cm}^2)$

25 답 $\dfrac{84}{25}$ cm²

△ABD에서 $\overline{BD}^2=3^2+4^2=25$
$\therefore \overline{BD}=5(\text{cm})\ (\because \overline{BD}>0)$
$\overline{AB}\times\overline{AD}=\overline{BD}\times\overline{AE}$이므로
$3\times4=5\times\overline{AE}$ $\therefore \overline{AE}=\dfrac{12}{5}(\text{cm})$
또, $\overline{AB}^2=\overline{BE}\times\overline{BD}$이므로
$3^2=\overline{BE}\times5$ $\therefore \overline{BE}=\dfrac{9}{5}(\text{cm})$
같은 방법으로 하면 $\overline{DF}=\overline{BE}=\dfrac{9}{5}$ cm이므로
$\overline{EF}=5-2\times\dfrac{9}{5}=\dfrac{7}{5}(\text{cm})$
이때 $\overline{AE}\,/\!/\,\overline{FC}$, $\overline{AE}=\overline{FC}$이므로 □AECF는 평행사변형이다.
$\therefore \square AECF=2\triangle AEF=2\times\left(\dfrac{1}{2}\times\dfrac{7}{5}\times\dfrac{12}{5}\right)=\dfrac{84}{25}(\text{cm}^2)$

26 답 $\dfrac{18}{5}$ cm²

△ABC에서 $\overline{BC}^2=6^2+8^2=100$
$\therefore \overline{BC}=10(\text{cm})\ (\because \overline{BC}>0)$
$\overline{AB}^2=\overline{BD}\times\overline{BC}$이므로
$6^2=\overline{BD}\times10$ $\therefore \overline{BD}=\dfrac{18}{5}(\text{cm})$
△BEA와 △BFD에서
$\angle ABE=\angle DBF$, $\angle BAE=\angle BDF=90°$
이므로 △BEA∽△BFD (AA 닮음)

즉, $\overline{BE}:\overline{BF}=\overline{BA}:\overline{BD}=6:\dfrac{18}{5}=5:3$이므로
$\overline{BF}:\overline{FE}=3:2$ ······ ㉠
$\overline{BE}$는 $\angle B$의 이등분선이므로
$\overline{AE}:\overline{EC}=\overline{AB}:\overline{BC}=6:10=3:5$ ······ ㉡
따라서 ㉠, ㉡에서 $\triangle AFE=\dfrac{2}{5}\triangle ABE=\dfrac{2}{5}\times\dfrac{3}{8}\triangle ABC$
$\qquad\qquad\qquad =\dfrac{3}{20}\times\left(\dfrac{1}{2}\times8\times6\right)=\dfrac{18}{5}(\text{cm}^2)$

27 답 54 cm²

△ABC에서 $\overline{AC}^2=15^2-9^2=144$
$\therefore \overline{AC}=12(\text{cm})\ (\because \overline{AC}>0)$ 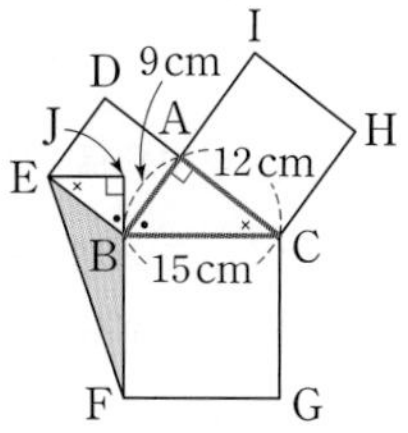
오른쪽 그림과 같이 점 E에서 $\overline{BF}$의 연장선 위에 내린 수선의 발을 J라 하면
△ABC와 △JBE에서
$\angle BAC=\angle BJE=90°$,
$\angle ABC=90°-\angle JBA=\angle JBE$
이므로 △ABC∽△JBE (AA 닮음)
따라서 $\overline{AC}:\overline{JE}=\overline{BC}:\overline{BE}$, 즉 $12:\overline{JE}=15:9$이므로
$15\overline{JE}=108$ $\therefore \overline{JE}=\dfrac{36}{5}(\text{cm})$
$\therefore \triangle BEF=\dfrac{1}{2}\times\overline{BF}\times\overline{JE}=\dfrac{1}{2}\times15\times\dfrac{36}{5}=54(\text{cm}^2)$

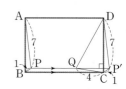

28 답 8

오른쪽 그림과 같이 $\overline{PQ}$의 연장선 위에 $\overline{AP}=\overline{DP'}$, $\overline{BP}=\overline{CP'}$이 되도록 점 P'을 잡으면 $\overline{QP'}\perp\overline{DC}$이므로
$\overline{DQ}^2+\overline{P'C}^2=\overline{DP'}^2+\overline{QC}^2$
$\overline{DQ}^2+1^2=7^2+4^2$, $\overline{DQ}^2=64$
$\therefore \overline{DQ}=8\ (\because \overline{DQ}>0)$

29 답 15π cm

원기둥의 밑면의 둘레의 길이는 $2\pi\times8=16\pi(\text{cm})$ 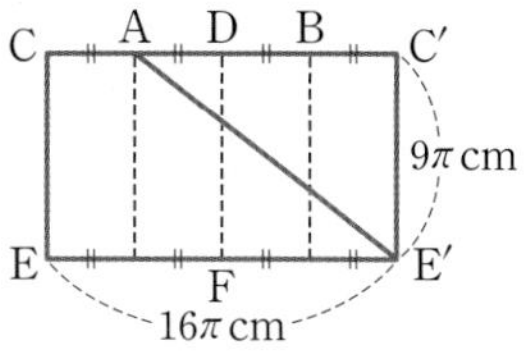
오른쪽 그림의 전개도에서 구하는 최단 거리는 $\overline{AE'}$의 길이와 같으므로
△AC'E'에서
$\overline{AE'}^2=\left(16\pi\times\dfrac{3}{4}\right)^2+(9\pi)^2$
$\qquad =225\pi^2$
$\therefore \overline{AE'}=15\pi(\text{cm})\ (\because \overline{AE'}>0)$
따라서 구하는 최단 거리는 15π cm이다.

30 답 20 cm

오른쪽 그림과 같이 점 P와 $\overline{BC}$에 대칭인 점을 P', 점 S와 $\overline{CD}$에 대칭인 점을 S'이라 하면
$\overline{PQ}+\overline{QR}+\overline{RS}=\overline{P'Q}+\overline{QR}+\overline{RS'}$
이때 $\overline{P'Q}+\overline{QR}+\overline{RS'}$의 길이가 최소가 되려면 네 점 P', Q, R, S'이 한 직선 위에 있어야 한다.
즉, $\overline{P'Q}+\overline{QR}+\overline{RS'}\geq\overline{P'S'}$이므로

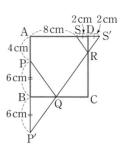

△AP′S′에서 $\overline{P'S'}^2 = (10+6)^2 + (10+2)^2 = 400$

∴ $\overline{P'S'} = 20$(cm) ($∵ \overline{P'S'} > 0$)

따라서 구하는 최단 거리는 20 cm이다.

31 답 12

(ⅰ) ㄱ과 ㅏ를 선택하면 받침으로 선택할 수 있는 경우는

ㄴ, ㅁ의 2가지

(ⅱ) ㄱ과 ㅗ를 선택하면 받침으로 선택할 수 있는 경우는

ㄴ, ㅁ의 2가지

(ⅰ), (ⅱ)에서 받침이 아닌 자음 ㄱ으로 한 글자가 만들어지는 경우의 수는 $2+2=4$

같은 방법으로 하면 자음 ㄴ, ㅁ으로 한 글자가 만들어지는 경우의 수도 각각 4이다.

따라서 구하는 경우의 수는 $4+4+4=12$

다른 풀이

자음 3개 중 순서를 생각하여 2개를 선택하고, 모음 2개 중 1개를 선택하는 경우의 수와 같으므로 구하는 경우의 수는

$(3 \times 2) \times 2 = 12$

32 답 6

4명 중 자신의 책을 받는 두 학생이 선택되는 경우를 순서쌍으로 나타내면 (A, B), (A, C), (A, D), (B, C), (B, D), (C, D)의 6가지이다.

이때 4명의 학생 A, B, C, D의 책을 각각 a, b, c, d라 하면 A, B만 자신의 책을 받을 경우는 다음과 같이 1가지이다.

학생	A	B	C	D
책	a	b	d	c

따라서 구하는 경우의 수는 $6 \times 1 = 6$

33 답 $cbeda$

(ⅰ) $a\square\square\square\square$인 경우 : $4 \times 3 \times 2 \times 1 = 24$(개)

(ⅱ) $b\square\square\square\square$인 경우 : $4 \times 3 \times 2 \times 1 = 24$(개)

(ⅲ) $c\,a\square\square\square$인 경우 : $3 \times 2 \times 1 = 6$(개)

(ⅳ) $c\,b\square\square\square$인 경우 : $3 \times 2 \times 1 = 6$(개)

(ⅰ)~(ⅳ)에서 $24+24+6+6=60$(개)이므로 60번째에 나오는 문자는 $cbeda$이다.

34 답 36

부모님의 자리를 A, B열에 고정시키고 C, D, E열에 자녀 3명이 앉는 경우의 수는 $3 \times 2 \times 1 = 6$

이때 부모님이 자리를 바꾸는 경우의 수가 2이므로 부모님이 A, B열에 앉는 경우의 수는 $6 \times 2 = 12$

같은 방법으로 하면 부모님이 C, D열 또는 D, E열에 앉는 경우의 수도 각각 12이다.

따라서 구하는 경우의 수는 $12+12+12=36$

35 답 420

(ⅰ) B, D가 같은 색인 경우

A에 칠할 수 있는 색은 5가지

B에 칠할 수 있는 색은 A에 칠한 색을 제외한 4가지

C에 칠할 수 있는 색은 A, B에 칠한 색을 제외한 3가지

D에 칠할 수 있는 색은 B에 칠한 색과 같은 1가지

E에 칠할 수 있는 색은 A에 칠한 색과 B, D에 칠한 색을 제외한 3가지

∴ $5 \times 4 \times 3 \times 1 \times 3 = 180$

(ⅱ) B, D가 다른 색인 경우

A에 칠할 수 있는 색은 5가지

B에 칠할 수 있는 색은 A에 칠한 색을 제외한 4가지

C에 칠할 수 있는 색은 A, B에 칠한 색을 제외한 3가지

D에 칠할 수 있는 색은 A, B, C에 칠한 색을 제외한 2가지

E에 칠할 수 있는 색은 A, B, D에 칠한 색을 제외한 2가지

∴ $5 \times 4 \times 3 \times 2 \times 2 = 240$

(ⅰ), (ⅱ)에서 구하는 경우의 수는 $180+240=420$

36 답 57

(ⅰ) 한 장의 카드를 뒤집었을 때, 그 합이 10이 되는 경우는 10의 1가지

(ⅱ) 두 장의 카드를 뒤집었을 때, 그 합이 10이 되는 경우는

(1, 9), (2, 8), (3, 7), (4, 6)의 4가지

이때 카드를 뽑는 순서의 경우가 2가지씩 있으므로 구하는 경우의 수는 $4 \times 2 = 8$

(ⅲ) 세 장의 카드를 뒤집었을 때, 그 합이 10이 되는 경우는

(1, 2, 7), (1, 3, 6), (1, 4, 5), (2, 3, 5)의 4가지

이때 카드를 뽑는 순서의 경우가 $3 \times 2 \times 1 = 6$(가지)씩 있으므로 구하는 경우의 수는 $4 \times 6 = 24$

(ⅳ) 네 장의 카드를 뒤집었을 때, 그 합이 10이 되는 경우는

(1, 2, 3, 4)의 1가지

이때 카드를 뽑는 순서의 경우가 $4 \times 3 \times 2 \times 1 = 24$(가지) 있으므로 구하는 경우의 수는 $1 \times 24 = 24$

(ⅰ)~(ⅳ)에서 구하는 경우의 수는 $1+8+24+24=57$

37 답 75번째

작은 수부터 나열하므로 만의 자리의 숫자가 1인 경우부터 차례대로 생각한다.

(ⅰ) $1\square\square\square\square$인 경우 : $4 \times 3 \times 2 \times 1 = 24$(가지)

(ⅱ) $2\square\square\square\square$인 경우 : $4 \times 3 \times 2 \times 1 = 24$(가지)

(ⅲ) $3\square\square\square\square$인 경우 : $4 \times 3 \times 2 \times 1 = 24$(가지)

(ⅰ), (ⅱ), (ⅲ)에서 34210은 $24+24+24=72$(번째) 수이고 그 다음은 40123, 40132, 40213, …이므로 40213은 75번째 수이다.

38 답 28

세 수의 합이 짝수가 되려면 세 수 모두 짝수이거나 세 수 중 2개는 홀수, 1개는 짝수이어야 한다.

(ⅰ) 세 수 모두 짝수인 경우

2, 4, 6, 8이 적힌 카드 중에서 3장을 뽑는 경우이므로

$\dfrac{4 \times 3 \times 2}{3 \times 2 \times 1} = 4$(가지)

(ⅱ) 2개는 홀수, 1개는 짝수인 경우

1, 3, 5, 7이 적힌 카드 중에서 2장을 뽑고, 2, 4, 6, 8이 적힌 카드 중에서 1장을 뽑는 경우이므로

$\dfrac{4 \times 3}{2} \times 4 = 24$(가지)

(ⅰ), (ⅱ)에서 구하는 경우의 수는 $4+24=28$

39 답 25명

학생 수를 x명이라 하면 학생 A가 학생 B와 팔씨름을 하는 것과 학생 B가 학생 A와 팔씨름을 하는 것은 같은 경우이므로 학생들끼리 팔씨름하는 총 횟수는 x명 중에서 대표 2명을 뽑는 경우의 수와 같다.

즉, $\dfrac{x(x-1)}{2}=300$, $x(x-1)=600=25\times24$ $\therefore x=25$

따라서 구하는 학생 수는 25명이다.

40 답 $\dfrac{25}{49}$

모든 경우의 수는 $7\times7=49$

(i) 첫 번째 꺼낸 공에 적힌 수가 1인 경우
$(1,1)$, $(1,2)$, $(1,3)$, $(1,4)$, $(1,5)$, $(1,6)$, $(1,7)$의 7가지

(ii) 첫 번째 꺼낸 공에 적힌 수가 2인 경우
$(2,1)$, $(2,2)$, $(2,4)$, $(2,6)$의 4가지

(iii) 첫 번째 꺼낸 공에 적힌 수가 3인 경우
$(3,1)$, $(3,3)$, $(3,6)$의 3가지

(iv) 첫 번째 꺼낸 공에 적힌 수가 4인 경우
$(4,1)$, $(4,2)$, $(4,4)$의 3가지

(v) 첫 번째 꺼낸 공에 적힌 수가 5인 경우
$(5,1)$, $(5,5)$의 2가지

(vi) 첫 번째 꺼낸 공에 적힌 수가 6인 경우
$(6,1)$, $(6,2)$, $(6,3)$, $(6,6)$의 4가지

(vii) 첫 번째 꺼낸 공에 적힌 수가 7인 경우
$(7,1)$, $(7,7)$의 2가지

(i)~(vii)에서 구하는 경우의 수는 $7+4+3+3+2+4+2=25$

따라서 구하는 확률은 $\dfrac{25}{49}$이다.

41 답 $\dfrac{19}{36}$

모든 경우의 수는 $6\times6=36$

오른쪽 그림과 같이 일차함수

$y=\dfrac{b}{a}x-2$의 그래프가 점 A를 지날 때

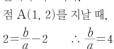

기울기가 최대이고, 점 B를 지날 때 기울기가 최소이다.

점 $A(1,2)$를 지날 때,

$2=\dfrac{b}{a}-2$ $\therefore \dfrac{b}{a}=4$

점 $B(3,1)$을 지날 때, $1=\dfrac{3b}{a}-2$ $\therefore \dfrac{b}{a}=1$

즉, 일차함수 $y=\dfrac{b}{a}x-2$의 그래프가 선분 AB와 만나는 경우는

$1\leq\dfrac{b}{a}\leq4$

(i) $a=1$일 때, $1\leq b\leq4$이므로 $b=1,2,3,4$의 4가지
(ii) $a=2$일 때, $2\leq b\leq8$이므로 $b=2,3,4,5,6$의 5가지
(iii) $a=3$일 때, $3\leq b\leq12$이므로 $b=3,4,5,6$의 4가지
(iv) $a=4$일 때, $4\leq b\leq16$이므로 $b=4,5,6$의 3가지
(v) $a=5$일 때, $5\leq b\leq20$이므로 $b=5,6$의 2가지
(vi) $a=6$일 때, $6\leq b\leq24$이므로 $b=6$의 1가지

(i)~(vi)에서 일차함수 $y=\dfrac{b}{a}x-2$의 그래프가 선분 AB와 만나는 경우의 수는 $4+5+4+3+2+1=19$

따라서 구하는 확률은 $\dfrac{19}{36}$이다.

42 답 $\dfrac{5}{16}$

모든 경우의 수는 $2\times2\times2\times2\times2=32$

동전을 5번 던져서 앞면이 x번 나온다고 하면 뒷면은 $(5-x)$번 나온다.

이때 점 P에 대응하는 수가 1이어야 하므로

$x\times2+(5-x)\times(-1)=1$, $3x=6$ $\therefore x=2$

즉, 앞면이 2번, 뒷면이 3번 나와야 하므로 그 경우는

(앞, 앞, 뒤, 뒤, 뒤), (앞, 뒤, 앞, 뒤, 뒤), (앞, 뒤, 뒤, 앞, 뒤),
(앞, 뒤, 뒤, 뒤, 앞), (뒤, 앞, 앞, 뒤, 뒤), (뒤, 앞, 뒤, 앞, 뒤),
(뒤, 앞, 뒤, 뒤, 앞), (뒤, 뒤, 앞, 앞, 뒤), (뒤, 뒤, 앞, 뒤, 앞),
(뒤, 뒤, 뒤, 앞, 앞)의 10가지이다.

따라서 구하는 확률은 $\dfrac{10}{32}=\dfrac{5}{16}$

43 답 $\dfrac{1}{24}$

모든 경우의 수는 $6\times6\times6=216$

홀수가 한 번만 나오면 x좌표가 -6이 될 수 없으므로 거북이가 점 $P(-6,2)$에 있으려면 주사위의 눈은 홀수가 두 번, 짝수가 한 번 나와야 한다.

(i) 주사위의 눈이 1, 5, 2가 나오는 경우
$3\times2\times1=6$(가지)

(ii) 주사위의 눈이 3, 3, 2가 나오는 경우
$(3,3,2)$, $(3,2,3)$, $(2,3,3)$의 3가지

(i), (ii)에서 구하는 경우의 수는 $6+3=9$

따라서 구하는 확률은 $\dfrac{9}{216}=\dfrac{1}{24}$

44 답 $\dfrac{7}{50}$

약수의 개수가 홀수 개인 수는 책상 위에 종이가 놓여 있고, 짝수 개인 수는 책상 위에 종이가 없다.

예를 들어 8은 약수가 1, 2, 4, 8로 짝수 개이고 1번 학생이 종이를 놓으면, 2번 학생이 가져가고, 4번 학생이 놓고, 8번 학생이 가져가므로 책상 위에 종이는 없게 된다.

이때 약수가 홀수 개인 수는 제곱인 수이므로 1^2, 2^2, 3^2, 4^2, 5^2, 6^2, 7^2의 7개이다.

따라서 구하는 확률은 $\dfrac{7}{50}$이다.

45 답 $\dfrac{13}{18}$

모든 경우의 수는 $6\times6=36$

세 점 A, P, Q로 삼각형이 만들어지려면 세 점 A, P, Q가 한 직선 위에 있지 않으면 된다.

이때 세 점 A, P, Q가 한 직선 위에 있는 경우는 두 눈의 수의 합이 5 이하일 때이므로 $(1,1)$, $(1,2)$, $(1,3)$, $(1,4)$, $(2,1)$, $(2,2)$, $(2,3)$, $(3,1)$, $(3,2)$, $(4,1)$의 10가지이다.

따라서 세 점 A, P, Q가 한 직선 위에 있을 확률은 $\frac{10}{36}=\frac{5}{18}$이

므로 구하는 확률은 $1-\frac{5}{18}=\frac{13}{18}$

46 답 $\frac{11}{18}$

가로로 놓인 선분 4개 중에서 2개를 선택하고 세로로 놓인 선분 4개 중에서 2개를 선택하면 사각형이 만들어지므로 모든 경우의

수는 $\frac{4\times3}{2}\times\frac{4\times3}{2}=36$

(i) 한 변의 길이가 1인 정사각형이 나오는 경우 : $3\times3=9$(개)

(ii) 한 변의 길이가 2인 정사각형이 나오는 경우 : $2\times2=4$(개)

(iii) 한 변의 길이가 3인 정사각형이 나오는 경우 : $1\times1=1$(개)

(i), (ii), (iii)에서 정사각형의 개수는 $9+4+1=14$이므로 정사각형

이 나올 확률은 $\frac{14}{36}=\frac{7}{18}$

따라서 구하는 확률은 $1-\frac{7}{18}=\frac{11}{18}$

47 답 $\frac{11}{12}$

진희네 가족이 여행 날짜를 정하는 경우는
8월 4일부터 8월 7일 또는 8월 5일부터 8월 8일 또는
8월 6일부터 8월 9일 또는 8월 7일부터 8월 10일의 4가지이다.
선호네 가족이 여행 날짜를 정하는 경우는
8월 6일부터 8월 8일 또는 8월 7일부터 8월 9일 또는
8월 8일부터 8월 10일의 3가지이다.
두 가족이 여행 날짜를 정하는 모든 경우의 수는 $4\times3=12$
두 가족의 여행 날짜가 하루도 겹치지 않는 경우는
진희네 가족이 8월 4일부터 8월 7일까지 여행을 가고, 선호네 가족이 8월 8일부터 8월 10일까지 여행을 가는 경우의 1가지이다.

따라서 구하는 확률은 $1-\frac{1}{12}=\frac{11}{12}$

48 답 $\frac{18}{35}$

(i) 흰 공 2개, 검은 공 2개를 차례대로 옮길 확률

$\frac{3}{7}\times\frac{2}{6}\times\frac{4}{5}\times\frac{3}{4}=\frac{3}{35}$

(ii) 검은 공 2개, 흰 공 2개를 차례대로 옮길 확률

$\frac{4}{7}\times\frac{3}{6}\times\frac{3}{5}\times\frac{2}{4}=\frac{3}{35}$

(iii) 흰 공 1개, 검은 공 1개를 차례대로 2번 옮길 확률
흰 공 1개, 검은 공 1개를 차례대로 2번 옮기는 경우는
(흰 공, 검은 공, 검은 공, 흰 공),
(흰 공, 검은 공, 흰 공, 검은 공),
(검은 공, 흰 공, 흰 공, 검은 공),
(검은 공, 흰 공, 검은 공, 흰 공)의 4가지
이때 각 경우가 나올 확률은 모두 같으므로

$\left(\frac{3}{7}\times\frac{4}{6}\times\frac{3}{5}\times\frac{2}{4}\right)\times4=\frac{12}{35}$

(i), (ii), (iii)에서 구하는 확률은 $\frac{3}{35}+\frac{3}{35}+\frac{12}{35}=\frac{18}{35}$

49 답 $\frac{134}{375}$

(i) 수요일, 목요일, 금요일 모두 비가 올 확률

$\frac{2}{5}\times\frac{2}{5}\times\frac{2}{5}=\frac{8}{125}$

(ii) 수요일에 비가 오고, 목요일에 비가 오지 않고, 금요일에 비가 올 확률

$\frac{2}{5}\times\left(1-\frac{2}{5}\right)\times\frac{1}{3}=\frac{2}{25}$

(iii) 수요일에 비가 오지 않고, 목요일, 금요일에 비가 올 확률

$\left(1-\frac{2}{5}\right)\times\frac{1}{3}\times\frac{2}{5}=\frac{2}{25}$

(iv) 수요일, 목요일에 비가 오지 않고, 금요일에 비가 올 확률

$\left(1-\frac{2}{5}\right)\times\left(1-\frac{1}{3}\right)\times\frac{1}{3}=\frac{2}{15}$

(i)~(iv)에서 구하는 확률은 $\frac{8}{125}+\frac{2}{25}+\frac{2}{25}+\frac{2}{15}=\frac{134}{375}$

50 답 $\frac{4}{9}$

(i) 진영이가 1번 이기고, 2번은 비길 확률

$\frac{1}{3}\times\frac{1}{3}\times\frac{1}{3}\times3=\frac{1}{9}$

(ii) 동희가 1번 이기고, 2번은 비길 확률

$\frac{1}{3}\times\frac{1}{3}\times\frac{1}{3}\times3=\frac{1}{9}$

(iii) 진영이가 2번 이기고, 동희가 1번 이길 확률

$\frac{1}{3}\times\frac{1}{3}\times\frac{1}{3}\times3=\frac{1}{9}$

(iv) 동희가 2번 이기고, 진영이가 1번 이길 확률

$\frac{1}{3}\times\frac{1}{3}\times\frac{1}{3}\times3=\frac{1}{9}$

(i)~(iv)에서 구하는 확률은 $\frac{1}{9}+\frac{1}{9}+\frac{1}{9}+\frac{1}{9}=\frac{4}{9}$

기말고사 대비 실전 모의고사 1회　123쪽~126쪽

01 ②	02 ④	03 ③	04 ①	05 ②
06 ③	07 ⑤	08 ④	09 ③	10 ③
11 ②	12 ③	13 ②	14 ①	15 ⑤
16 ③	17 ④	18 ②	19 60 cm²	
20 (1) 1 : 2　(2) 64 cm²		21 $\frac{13}{2}$ cm²	22 12π cm³	23 $\frac{1}{9}$

01 답 ②

두 직육면체의 닮음비는 $\overline{BF}:\overline{B'F'}=8:16=1:2$
즉, $\overline{CD}:\overline{C'D'}=1:2$이므로 $x:8=1:2$, $2x=8$ ∴ $x=4$
또, $\overline{BC}:\overline{B'C'}=1:2$이므로 $5:y=1:2$ ∴ $y=10$
∴ $x+y=4+10=14$

02 답 ④

$\triangle ABC$와 $\triangle BDC$에서
$\overline{BC}:\overline{DC}=12:8=3:2$, $\overline{AC}:\overline{BC}=(10+8):12=3:2$,
∠C는 공통이므로 $\triangle ABC$∽$\triangle BDC$ (SAS 닮음)
따라서 $\overline{AB}:\overline{BD}=3:2$, 즉 $15:\overline{BD}=3:2$이므로
$3\overline{BD}=30$ ∴ $\overline{BD}=10$(cm)

03 답 ③

△AFD와 △CFE에서 $\overline{AD}\,/\!/\,\overline{EC}$이므로

∠DAF=∠ECF (엇각), ∠ADF=∠CEF (엇각)

∴ △AFD∽△CFE (AA 닮음)

따라서 $\overline{AF}:\overline{CF}=\overline{AD}:\overline{CE}$, 즉 12:4=15:$\overline{CE}$이므로

$12\overline{CE}=60$ ∴ $\overline{CE}=5(cm)$

∴ $\overline{BE}=\overline{BC}-\overline{CE}=15-5=10(cm)$

04 답 ①

두 지점 A, B 사이의 실제 거리는

$5\div\dfrac{1}{200000}=5\times200000=1000000(cm)=10(km)$

A 지점에서 B 지점까지 가는 데 25분, 즉 $\dfrac{25}{60}=\dfrac{5}{12}$(시간)이 걸

렸으므로 자전거의 속력은 시속 $10\div\dfrac{5}{12}=10\times\dfrac{12}{5}=24(km)$

05 답 ②

$\overline{DF}:\overline{BG}=\overline{FE}:\overline{GC}$에서

4:5=$\overline{FE}$:6, $5\overline{FE}=24$ ∴ $\overline{FE}=\dfrac{24}{5}(cm)$

06 답 ③

$\overline{AB}:\overline{AC}=\overline{BD}:\overline{CD}$에서

10:$\overline{AC}$=(8+8):8, $16\overline{AC}=80$ ∴ $\overline{AC}=5(cm)$

07 답 ⑤

$(x-12):12=7:14$이므로 $14x-168=84$

$14x=252$ ∴ $x=18$

08 답 ④

오른쪽 그림과 같이 $\overline{AC}$를 긋고 $\overline{EF}$와
의 교점을 G라 하면 △ABC에서

$\overline{AE}:\overline{AB}=\overline{EG}:\overline{BC}$이므로

2:(2+3)=$\overline{EG}$:9, $5\overline{EG}=18$

∴ $\overline{EG}=\dfrac{18}{5}(cm)$

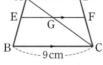

또, △ACD에서 $\overline{CG}:\overline{CA}=\overline{GF}:\overline{AD}$이므로

3:(3+2)=$\overline{GF}$:6, $5\overline{GF}=18$ ∴ $\overline{GF}=\dfrac{18}{5}(cm)$

∴ $\overline{EF}=\overline{EG}+\overline{GF}=\dfrac{18}{5}+\dfrac{18}{5}=\dfrac{36}{5}(cm)$

09 답 ③

$\overline{PQ}\,/\!/\,\overline{AC}\,/\!/\,\overline{SR}$, $\overline{PS}\,/\!/\,\overline{BD}\,/\!/\,\overline{QR}$이므로

$\overline{PQ}=\overline{SR}=\dfrac{1}{2}\overline{AC}$ ∴ $\overline{PQ}+\overline{SR}=\overline{AC}$

$\overline{PS}=\overline{QR}=\dfrac{1}{2}\overline{BD}$ ∴ $\overline{PS}+\overline{QR}=\overline{BD}$

∴ (□PQRS의 둘레의 길이)=$\overline{PQ}+\overline{QR}+\overline{RS}+\overline{SP}$

$=(\overline{PQ}+\overline{SR})+(\overline{PS}+\overline{QR})$

$=\overline{AC}+\overline{BD}=22(cm)$

이때 $\overline{AC}:\overline{BD}=6:5$이므로 $\overline{AC}=\dfrac{6}{11}\times22=12(cm)$

10 답 ③

점 G는 △ABC의 무게중심이므로

$△FGE=2△FGH=2\times2=4(cm^2)$

$\overline{FG}:\overline{CG}=\overline{EG}:\overline{BG}=1:2$이므로

$△FGE=\dfrac{1}{2}△FBG=\dfrac{1}{2}\times\dfrac{1}{6}△ABC=\dfrac{1}{12}△ABC$

∴ $△ABC=12△FGE=12\times4=48(cm^2)$

11 답 ②

△ABD에서 $\overline{BD}^2=15^2-12^2=81$

∴ $\overline{BD}=9(cm)$ $(∵\overline{BD}>0)$

△ADC에서 $\overline{CD}^2=13^2-12^2=25$

∴ $\overline{CD}=5(cm)$ $(∵\overline{CD}>0)$

∴ $\overline{BC}=\overline{BD}+\overline{CD}=9+5=14(cm)$

12 답 ③

△ABE≡△BCF≡△CDG≡△DAH이므로

□EFGH는 정사각형이다.

$\overline{BE}=\overline{AH}=9cm$, $\overline{AE}=\overline{AH}+\overline{HE}=9+3=12(cm)$이므로

△ABE에서 $\overline{AB}^2=9^2+12^2=225$

∴ $□ABCD=\overline{AB}^2=225(cm^2)$

13 답 ②

① 4 이하의 수가 나오는 경우는 1, 2, 3, 4의 4가지

② 10의 약수가 나오는 경우는 1, 2, 5의 3가지

③ 소수가 나오는 경우는 2, 3, 5, 7의 4가지

④ 홀수가 나오는 경우는 1, 3, 5, 7의 4가지

⑤ 짝수가 나오는 경우는 2, 4, 6, 8의 4가지

따라서 경우의 수가 나머지 넷과 다른 하나는 ②이다.

14 답 ①

A 지점에서 B 지점을 거쳐 C 지점까지 가는 경우의 수는

$3\times3=9$

C 지점에서 B 지점을 거쳐 A 지점으로 돌아오는 경우의 수는 지

나간 도로를 제외해야 하므로 $2\times2=4$

따라서 구하는 경우의 수는 $9\times4=36$

15 답 ⑤

ab의 값이 짝수가 되려면 a 또는 b 중 하나는 짝수이어야 한다.

(i) a가 짝수, b가 짝수인 경우의 수 : $5\times5=25$

(ii) a가 짝수, b가 홀수인 경우의 수 : $5\times5=25$

(iii) a가 홀수, b가 짝수인 경우의 수 : $5\times5=25$

(i), (ii), (iii)에서 구하는 경우의 수는 $25+25+25=75$

16 답 ③

모든 경우의 수는 $5\times4\times3\times2\times1=120$

A와 C가 이웃하여 서는 경우의 수는 $(4\times3\times2\times1)\times2=48$

이므로 그 확률은 $\dfrac{48}{120}=\dfrac{2}{5}$

따라서 구하는 확률은 $1-\dfrac{2}{5}=\dfrac{3}{5}$

17 답 ④

A 주머니에서 빨간 구슬, B 주머니에서 파란 구슬을 꺼낼 확률은

$\dfrac{5}{9}\times\dfrac{2}{6}=\dfrac{5}{27}$

A 주머니에서 파란 구슬, B 주머니에서 빨간 구슬을 꺼낼 확률은

$\dfrac{4}{9}\times\dfrac{4}{6}=\dfrac{8}{27}$

따라서 구하는 확률은 $\dfrac{5}{27}+\dfrac{8}{27}=\dfrac{13}{27}$

18 답 ②

1개의 주사위를 한 번 던질 때, 홀수의 눈이 나올 확률은

$\dfrac{3}{6}=\dfrac{1}{2}$이므로 짝수의 눈이 나올 확률은 $1-\dfrac{1}{2}=\dfrac{1}{2}$

5회 이내에 소윤이가 이기려면 1회 또는 3회 또는 5회에서 홀수의 눈이 처음으로 나와야 한다.

(i) 1회에서 소윤이가 이길 확률 : $\dfrac{1}{2}$

(ii) 3회에서 소윤이가 이길 확률 : $\dfrac{1}{2}\times\dfrac{1}{2}\times\dfrac{1}{2}=\dfrac{1}{8}$

(iii) 5회에서 소윤이가 이길 확률 : $\dfrac{1}{2}\times\dfrac{1}{2}\times\dfrac{1}{2}\times\dfrac{1}{2}\times\dfrac{1}{2}=\dfrac{1}{32}$

(i), (ii), (iii)에서 구하는 확률은 $\dfrac{1}{2}+\dfrac{1}{8}+\dfrac{1}{32}=\dfrac{21}{32}$

19 답 $60\,\mathrm{cm}^2$

세 원은 닮은 도형이고 닮음비는 $1:2:3$이므로 넓이의 비는

$1^2:2^2:3^2=1:4:9$ ...... ❶

즉, A, B, C 세 부분의 넓이의 비는

$(9-4):(4-1):1=5:3:1$ ...... ❷

A 부분의 넓이를 $x\,\mathrm{cm}^2$라 하면

$x:36=5:3,\ 3x=180$ ∴ $x=60$

따라서 A 부분의 넓이는 $60\,\mathrm{cm}^2$이다. ...... ❸

채점 기준	배점
❶ 세 원의 넓이의 비 구하기	2점
❷ A, B, C 세 부분의 넓이의 비 구하기	2점
❸ A 부분의 넓이 구하기	2점

20 답 (1) $1:2$ (2) $64\,\mathrm{cm}^2$

(1) △ABE와 △CDE에서

∠AEB=∠CED (맞꼭지각), ∠ABE=∠CDE (엇각)

이므로 △ABE∽△CDE (AA 닮음)

∴ $\overline{AE}:\overline{CE}=\overline{AB}:\overline{CD}=8:16=1:2$ ...... ❶

(2) 오른쪽 그림과 같이 점 E에서 $\overline{BC}$에 내린 수선의 발을 F라 하면 $\overline{AB}\,/\!/\,\overline{EF}\,/\!/\,\overline{DC}$

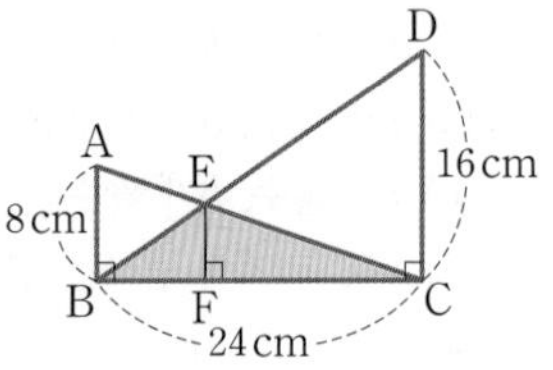

△ABC에서

$\overline{CE}:\overline{CA}=\overline{EF}:\overline{AB}$이므로

$2:(2+1)=\overline{EF}:8,\ 3\overline{EF}=16$

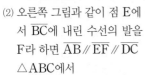

∴ $\overline{EF}=\dfrac{16}{3}(\mathrm{cm})$ ...... ❷

∴ $\triangle BCE=\dfrac{1}{2}\times24\times\dfrac{16}{3}=64(\mathrm{cm}^2)$ ...... ❸

채점 기준	배점
❶ $\overline{AE}:\overline{CE}$를 가장 간단한 자연수의 비로 나타내기	3점
❷ $\overline{EF}$의 길이 구하기	3점
❸ △BCE의 넓이 구하기	1점

21 답 $\dfrac{13}{2}\,\mathrm{cm}^2$

$\triangle ABM=\dfrac{1}{2}\triangle ABC=\dfrac{1}{2}\times26=13(\mathrm{cm}^2)$ ...... ❶

∴ $\triangle NBM=\dfrac{1}{2}\triangle ABM=\dfrac{1}{2}\times13=\dfrac{13}{2}(\mathrm{cm}^2)$ ...... ❷

채점 기준	배점
❶ △ABM의 넓이 구하기	2점
❷ △NBM의 넓이 구하기	2점

22 답 $12\pi\,\mathrm{cm}^3$

밑면인 원의 반지름의 길이를 $r\,\mathrm{cm}$라 하면

$2\pi\times5\times\dfrac{216}{360}=2\pi r,\ 2\pi r=6\pi$ ∴ $r=3$ ...... ❶

즉, 오른쪽 그림과 같은 원뿔에서

원뿔의 높이를 $h\,\mathrm{cm}$라 하면

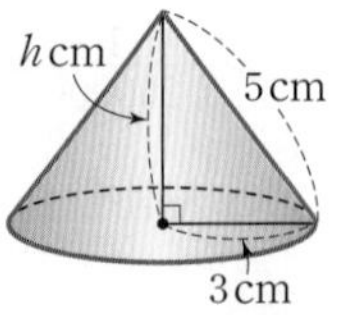

$h^2=5^2-3^2=16$

∴ $h=4\ (\because h>0)$ ...... ❷

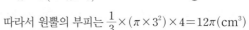

따라서 원뿔의 부피는 $\dfrac{1}{3}\times(\pi\times3^2)\times4=12\pi(\mathrm{cm}^3)$ ...... ❸

채점 기준	배점
❶ 원뿔의 밑면의 반지름의 길이 구하기	2점
❷ 원뿔의 높이 구하기	2점
❸ 원뿔의 부피 구하기	2점

23 답 $\dfrac{1}{9}$

모든 경우의 수는 $6\times6=36$ ...... ❶

직선 $\dfrac{x}{a}+\dfrac{y}{b}=1$의 x절편은 a, y절편은 b이므로

직선 $\dfrac{x}{a}+\dfrac{y}{b}=1$과 x축, y축으로 둘러싸인 부분은 오른쪽 그림과 같다.

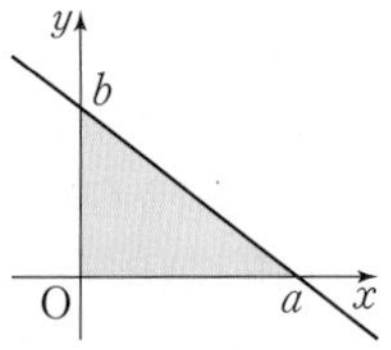

즉, $\dfrac{1}{2}\times a\times b=6$이어야 하므로

$ab=12$ ...... ❷

$ab=12$를 만족시키는 순서쌍 $(a,\ b)$는

$(2,\ 6),\ (3,\ 4),\ (4,\ 3),\ (6,\ 2)$의 4가지 ...... ❸

따라서 구하는 확률은 $\dfrac{4}{36}=\dfrac{1}{9}$ ...... ❹

채점 기준	배점
❶ 모든 경우의 수 구하기	1점
❷ 넓이가 6이 되는 a, b의 조건 알기	3점
❸ $ab=12$인 경우의 수 구하기	2점
❹ 넓이가 6일 확률 구하기	1점

기말고사 대비 실전 모의고사 2회

127쪽~130쪽

01 ⑤	02 ④	03 ②	04 ④	05 ④
06 ③	07 ②	08 ①	09 ④	10 ①
11 ②	12 ①	13 ③	14 ④	15 ③
16 ①	17 ⑤	18 ③	19 $128\,\mathrm{cm}^3$	20 $6\,\mathrm{cm}$
21 $48\,\mathrm{cm}^2$	22 6	23 $\dfrac{1}{2}$		

01 답 ⑤

⑤ △ABC와 △DEF의 닮음비는 $\overline{AC}:\overline{DF}=12:9=4:3$

02 답 ④

□ABCD와 □EFGH의 닮음비가 2 : 3이므로
$\overline{AB}:\overline{EF}=2:3$에서 $12:\overline{EF}=2:3$
$2\overline{EF}=36$ ∴ $\overline{EF}=18(cm)$
따라서 □EFGH의 둘레의 길이는 $2\times(18+9)=54(cm)$

03 답 ②

△ABC에서 $\overline{AC}^2=\overline{CD}\times\overline{CB}$이므로
$\overline{AC}^2=4\times(12+4)=64$ ∴ $\overline{AC}=8(cm)$ $(\because \overline{AC}>0)$

04 답 ④

$\angle C'BD=\angle CBD$ (접은 각), $\angle PDB=\angle CBD$ (엇각)
∴ $\angle PBD=\angle PDB$
즉, △PBD는 $\overline{PB}=\overline{PD}$인 이등변삼각형이므로
$\overline{BQ}=\frac{1}{2}\overline{BD}=\frac{1}{2}\times10=5(cm)$
△PBQ와 △DBC에서
$\angle PQB=\angle DCB=90°$, $\angle PBQ=\angle DBC$
이므로 △PBQ∽△DBC (AA 닮음)
따라서 $\overline{BQ}:\overline{BC}=\overline{PQ}:\overline{DC}$, 즉 $5:8=\overline{PQ}:6$이므로
$8\overline{PQ}=30$ ∴ $\overline{PQ}=\frac{15}{4}(cm)$

05 답 ④

$\overline{AB}/\!/\overline{FG}$이므로 $\overline{CG}:\overline{CB}=\overline{FG}:\overline{AB}$에서
$6:(6+3)=x:8$, $9x=48$ ∴ $x=\frac{16}{3}$
$\overline{BC}/\!/\overline{DE}$이므로 $\overline{AB}:\overline{AD}=\overline{BC}:\overline{DE}$에서
$8:y=(3+6):3$, $9y=24$ ∴ $y=\frac{8}{3}$
∴ $x-y=\frac{16}{3}-\frac{8}{3}=\frac{8}{3}$

06 답 ③

△ABC에서 $\overline{AF}:\overline{FC}=\overline{AD}:\overline{DB}=2:3$이므로
$\overline{AF}:5=2:3$, $3\overline{AF}=10$ ∴ $\overline{AF}=\frac{10}{3}(cm)$
△ABF에서 $\overline{AE}:\overline{EF}=\overline{AD}:\overline{DB}=2:3$이므로
$\overline{EF}=\frac{3}{5}\overline{AF}=\frac{3}{5}\times\frac{10}{3}=2(cm)$

07 답 ②

$\overline{BD}:\overline{CD}=\overline{AB}:\overline{AC}=12:9=4:3$이므로
△ABD : △ABC$=\overline{BD}:\overline{BC}=4:(4+3)=4:7$에서
$24:$△ABC$=4:7$, 4△ABC$=168$
∴ △ABC$=42(cm^2)$

08 답 ①

△AEC에서 $\overline{AD}=\overline{DE}$, $\overline{AF}=\overline{FC}$이므로
$\overline{DF}/\!/\overline{EC}$이고 $\overline{EC}=2\overline{DF}=2\times4=8(cm)$
△BGD에서 $\overline{BE}=\overline{ED}$, $\overline{EC}/\!/\overline{DG}$이므로
$\overline{BC}=\overline{CG}$이고 $\overline{DG}=2\overline{EC}=2\times8=16(cm)$
∴ $\overline{FG}=\overline{DG}-\overline{DF}=16-4=12(cm)$

09 답 ④

점 G는 △ABC의 무게중심이므로

△GBM$=\frac{1}{6}$△ABC$=\frac{1}{6}\times54=9(cm^2)$
또, 점 G'은 △GBC의 무게중심이므로
△G'BM$=\frac{1}{3}$△GBM$=\frac{1}{3}\times9=3(cm^2)$

10 답 ①

오른쪽 그림과 같이 점 A에서 $\overline{BC}$에 내린 수선의 발을 H라 하면
$\overline{HC}=\overline{AD}=4\ cm$
∴ $\overline{BH}=\overline{BC}-\overline{HC}=7-4=3(cm)$
△ABH에서 $\overline{AH}^2=5^2-3^2=16$
∴ $\overline{AH}=4(cm)$ $(\because \overline{AH}>0)$
이때 $\overline{DC}=\overline{AH}=4\ cm$이므로
□ABCD$=\frac{1}{2}\times(4+7)\times4=22(cm^2)$

11 답 ②

□ACHI=□ADEB+□BFGC이므로
$169=$□ADEB$+144$ ∴ □ADEB$=25(cm^2)$
즉, $\overline{AB}^2=25$이므로 $\overline{AB}=5(cm)$ $(\because \overline{AB}>0)$
$\overline{BC}^2=144$이므로 $\overline{BC}=12(cm)$ $(\because \overline{BC}>0)$
$\overline{AC}^2=169$이므로 $\overline{AC}=13(cm)$ $(\because \overline{AC}>0)$
따라서 △ABC의 둘레의 길이는
$\overline{AB}+\overline{BC}+\overline{CA}=5+12+13=30(cm)$

12 답 ①

오른쪽 그림의 전개도에서 구하는 최단 거리는 $\overline{FA}$의 길이와 같으므로 △FBA에서
$\overline{FA}^2=9^2+(4+4+4)^2=225$
∴ $\overline{FA}=15(cm)$ $(\because \overline{FA}>0)$
따라서 구하는 최단 거리는
$15\ cm$이다.

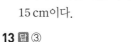

13 답 ③

$6\times5=30$

14 답 ④

A, B는 양 끝에 고정하고 C, D를 1명으로 생각하여 3명을 한 줄로 세우는 경우의 수는 $3\times2\times1=6$
이때 A와 B, C와 D의 자리가 바뀌는 경우의 수가 각각 2이므로 구하는 경우의 수는 $6\times2\times2=24$

15 답 ③

(i) 십의 자리의 숫자가 1인 경우
　일의 자리에 올 수 있는 숫자는 1을 제외한 5개
(ii) 십의 자리의 숫자가 2인 경우
　일의 자리에 올 수 있는 숫자는 2를 제외한 5개
(iii) 십의 자리의 숫자가 3인 경우
　일의 자리에 올 수 있는 숫자는 3을 제외한 5개
(iv) 십의 자리의 숫자가 4인 경우
　일의 자리에 올 수 있는 숫자는 4를 제외한 5개
(i)~(iv)에서 $5+5+5+5=20$(개)이므로 23번째로 작은 수는 십의 자리의 숫자가 5인 수 중에서 3번째로 작은 수인 52이다.

16 답 ①

첫 번째에 당첨 제비를 뽑을 확률은 $\dfrac{3}{10}$

두 번째에 당첨 제비를 뽑을 확률은 $\dfrac{2}{9}$

세 번째에 당첨 제비를 뽑을 확률은 $\dfrac{1}{8}$

따라서 구하는 확률은 $\dfrac{3}{10} \times \dfrac{2}{9} \times \dfrac{1}{8} = \dfrac{1}{120}$

17 답 ⑤

환자 한 명이 치료되지 않을 확률은 $1 - \dfrac{75}{100} = \dfrac{1}{4}$

두 명의 환자 모두 치료되지 않을 확률은 $\dfrac{1}{4} \times \dfrac{1}{4} = \dfrac{1}{16}$

따라서 구하는 확률은 $1 - \dfrac{1}{16} = \dfrac{15}{16}$

18 답 ③

모든 경우의 수는 $2 \times 2 \times 2 \times 2 = 16$

(i) 점 P가 0의 위치에 있는 경우

동전을 4번 던져서 앞면이 x번 나온다고 하면 뒷면은 $(4-x)$번 나오므로

$x - (4-x) = 0$, $2x = 4$ ∴ $x = 2$

즉, 앞면이 2번, 뒷면이 2번 나와야 하므로 그 경우는

(앞, 앞, 뒤, 뒤), (앞, 뒤, 앞, 뒤), (앞, 뒤, 뒤, 앞),

(뒤, 뒤, 앞, 앞), (뒤, 앞, 뒤, 앞), (뒤, 앞, 앞, 뒤)의 6가지

(ii) 점 P가 2의 위치에 있는 경우

같은 방법으로 하면 $x - (4-x) = 2$, $2x = 6$ ∴ $x = 3$

즉, 앞면이 3번, 뒷면이 1번 나와야 하므로 그 경우는

(앞, 앞, 앞, 뒤), (앞, 앞, 뒤, 앞), (앞, 뒤, 앞, 앞),

(뒤, 앞, 앞, 앞)의 4가지

(i), (ii)에서 $6 + 4 = 10$이므로 구하는 확률은 $\dfrac{10}{16} = \dfrac{5}{8}$

19 답 128 cm³

두 삼각뿔의 겉넓이의 비가 $16 : 9 = 4^2 : 3^2$이므로 닮음비는 $4 : 3$이다. ······ ❶

즉, 두 삼각뿔의 부피의 비는 $4^3 : 3^3 = 64 : 27$ ······ ❷

큰 삼각뿔의 부피를 x cm³라 하면

$x : 54 = 64 : 27$, $27x = 3456$ ∴ $x = 128$

따라서 큰 삼각뿔의 부피는 128 cm³이다. ······ ❸

채점 기준	배점
❶ 두 삼각뿔의 닮음비 구하기	2점
❷ 두 삼각뿔의 부피의 비 구하기	2점
❸ 큰 삼각뿔의 부피 구하기	2점

20 답 6 cm

점 G는 △ABC의 무게중심이므로

$\overline{BE} = \dfrac{3}{2}\overline{BG} = \dfrac{3}{2} \times 8 = 12$(cm) ······ ❶

△BCE에서 $\overline{CD} = \overline{DB}$, $\overline{BE} /\!/ \overline{DF}$이므로 $\overline{CF} = \overline{FE}$

∴ $\overline{DF} = \dfrac{1}{2}\overline{BE} = \dfrac{1}{2} \times 12 = 6$(cm) ······ ❷

채점 기준	배점
❶ $\overline{BE}$의 길이 구하기	2점
❷ $\overline{DF}$의 길이 구하기	2점

21 답 48 cm²

$\overline{BC} = 2 \times 5 = 10$(cm)이므로

△ABC에서 $\overline{AB}^2 = 10^2 - 8^2 = 36$

∴ $\overline{AB} = 6$(cm) ($\because \overline{AB} > 0$) ······ ❶

$\overline{AB}$와 $\overline{AC}$를 지름으로 하는 반원에서 색칠한 부분의 넓이를 각각 S_1, S_2라 하면 $S_1 + S_2 = $ △ABC ······ ❷

따라서 색칠한 부분의 넓이는

$S_1 + S_2 + $ △ABC

$= 2$△ABC $= 2 \times \left(\dfrac{1}{2} \times 8 \times 6\right) = 48$(cm²) ······ ❸

채점 기준	배점
❶ $\overline{BC}$, $\overline{AB}$의 길이를 각각 구하기	2점
❷ $S_1 + S_2 = $ △ABC임을 알기	2점
❸ 색칠한 부분의 넓이 구하기	2점

22 답 6

10000원을 지불하는 경우의 각 지폐와 동전의 수를 순서쌍 (5000원짜리, 1000원짜리, 500원짜리)로 나타내면

(i) 5000원짜리 지폐 2장을 사용하여 지불하는 경우

(2, 0, 0)의 1가지 ······ ❶

(ii) 5000원짜리 지폐 1장을 사용하여 지불하는 경우

(1, 5, 0), (1, 4, 2), (1, 3, 4), (1, 2, 6)의 4가지 ······ ❷

(iii) 5000원짜리 지폐를 사용하지 않고 지불하는 경우

(0, 7, 6)의 1가지 ······ ❸

(i), (ii), (iii)에서 구하는 경우의 수는 $1 + 4 + 1 = 6$ ······ ❹

채점 기준	배점
❶ 5000원짜리 지폐 2장을 사용하여 지불하는 경우의 수 구하기	2점
❷ 5000원짜리 지폐 1장을 사용하여 지불하는 경우의 수 구하기	2점
❸ 5000원짜리 지폐를 사용하지 않고 지불하는 경우의 수 구하기	2점
❹ 10000원을 지불하는 경우의 수 구하기	1점

23 답 $\dfrac{1}{2}$

서로 다른 4개의 점을 꼭짓점으로 하는 직사각형의 종류와 그 개수는 각각 다음과 같다.

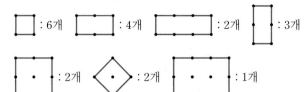

즉, 직사각형의 개수는 $6 + 4 + 2 + 3 + 2 + 2 + 1 = 20$ ······ ❶

이 중에서 정사각형의 개수는 $6 + 2 + 2 = 10$ ······ ❷

따라서 구하는 확률은 $\dfrac{10}{20} = \dfrac{1}{2}$ ······ ❸

채점 기준	배점
❶ 직사각형의 개수 구하기	3점
❷ 정사각형의 개수 구하기	2점
❸ 만든 직사각형이 정사각형일 확률 구하기	2점

01 ③	**02** ④	**03** ②	**04** ⑤	**05** ⑤
06 ③	**07** ①	**08** ②	**09** ③	**10** ③
11 ②	**12** ①	**13** ②	**14** ④	**15** ③
16 ③	**17** ③	**18** ④	**19** C $(-12, 8)$	
20 10 cm^2	**21** 20 cm	**22** 6	**23** $\frac{4}{7}$	

01 답 ③

△ABC와 △DEF의 닮음비가 4 : 3이므로

$\overline{AC} : \overline{DF} = 4 : 3$에서 $\overline{AC} : 9 = 4 : 3$

$3\overline{AC} = 36$ ∴ $\overline{AC} = 12$(cm)

또, $\overline{BC} : \overline{EF} = 4 : 3$에서 $\overline{BC} : 12 = 4 : 3$

$3\overline{BC} = 48$ ∴ $\overline{BC} = 16$(cm)

따라서 △ABC의 둘레의 길이는 $18 + 16 + 12 = 46$(cm)

02 답 ④

물이 채워진 원뿔 모양의 부분과 원뿔 모양의 그릇은 서로 닮은

도형이고 그릇의 높이의 $\frac{3}{4}$만큼 물을 채웠으므로 닮음비는 3 : 4

이다. 수면의 반지름의 길이를 r cm라 하면

$r : 12 = 3 : 4$, $4r = 36$ ∴ $r = 9$

따라서 수면의 반지름의 길이는 9 cm이므로 넓이는

$\pi \times 9^2 = 81\pi (\text{cm}^2)$

03 답 ②

△ABC와 △EDC에서 ∠A = ∠DEC, ∠C는 공통

이므로 △ABC ∽ △EDC (AA 닮음)

따라서 $\overline{AC} : \overline{EC} = \overline{BC} : \overline{DC}$, 즉 $(7+8) : 6 = \overline{BC} : 8$이므로

$6\overline{BC} = 120$ ∴ $\overline{BC} = 20$(cm)

∴ $\overline{BE} = \overline{BC} - \overline{EC} = 20 - 6 = 14$(cm)

04 답 ⑤

△ABC에서 점 M은 $\overline{BC}$의 중점이므로 점 M은 △ABC의 외심

이다. 즉, $\overline{AM} = \overline{BM} = \overline{CM} = \frac{1}{2}\overline{BC} = \frac{1}{2} \times 10 = 5$(cm)이므로

$\overline{DM} = \overline{DC} - \overline{CM} = 8 - 5 = 3$(cm)

따라서 △ADM에서 $\overline{DM}^2 = \overline{ME} \times \overline{MA}$이므로

$3^2 = \overline{ME} \times 5$ ∴ $\overline{EM} = \frac{9}{5}$(cm)

05 답 ⑤

$\overline{AB} : \overline{AD} = \overline{BC} : \overline{DE}$에서 $6 : 3 = x : 4$, $3x = 24$ ∴ $x = 8$

06 답 ③

① $\overline{AD} : \overline{AB} = 9 : 15 = 3 : 5$, $\overline{AE} : \overline{AC} = 6 : 10 = 3 : 5$

즉, $\overline{AD} : \overline{AB} = \overline{AE} : \overline{AC}$이므로 $\overline{BC} /\!/ \overline{DE}$이다.

② $\overline{AD} : \overline{DB} = 6 : 3 = 2 : 1$, $\overline{AE} : \overline{EC} = 4 : 2 = 2 : 1$

즉, $\overline{AD} : \overline{DB} = \overline{AE} : \overline{EC}$이므로 $\overline{BC} /\!/ \overline{DE}$이다.

③ $\overline{AB} : \overline{AD} = 3 : (3+6) = 3 : 9 = 1 : 3$,

$\overline{BC} : \overline{DE} = 4 : 8 = 1 : 2$

즉, $\overline{AB} : \overline{AD} \neq \overline{BC} : \overline{DE}$이므로 $\overline{BC}$와 $\overline{DE}$는 평행하지 않다.

④ $\overline{AB} : \overline{AD} = 4 : 8 = 1 : 2$,

$\overline{AC} : \overline{AE} = 5 : (15-5) = 5 : 10 = 1 : 2$

즉, $\overline{AB} : \overline{AD} = \overline{AC} : \overline{AE}$이므로 $\overline{BC} /\!/ \overline{DE}$이다.

⑤ $\overline{AB} : \overline{AD} = 6 : 2 = 3 : 1$, $\overline{AC} : \overline{AE} = 9 : 3 = 3 : 1$

즉, $\overline{AB} : \overline{AD} = \overline{AC} : \overline{AE}$이므로 $\overline{BC} /\!/ \overline{DE}$이다.

따라서 $\overline{BC} /\!/ \overline{DE}$가 아닌 것은 ③이다.

07 답 ①

ㄱ. $\overline{BD} : \overline{CD} = \overline{AB} : \overline{AC} = 12 : 9 = 4 : 3$이므로

$\overline{CD} = \frac{3}{7}\overline{BC} = \frac{3}{7} \times 14 = 6$(cm)

ㄴ. $\overline{AD} /\!/ \overline{EC}$이므로

∠ACE = ∠CAD (엇각), ∠AEC = ∠BAD (동위각)

에서 ∠ACE = ∠AEC

즉, △ACE는 이등변삼각형이므로 $\overline{AE} = \overline{AC} = 9$ cm

ㄷ. △BCE에서 $\overline{AD} : \overline{EC} = \overline{BD} : \overline{BC} = 4 : (4+3) = 4 : 7$

ㄹ. △ABD : △ACD = $\overline{BD} : \overline{CD} = 4 : 3$

따라서 옳은 것은 ㄱ, ㄴ이다.

08 답 ②

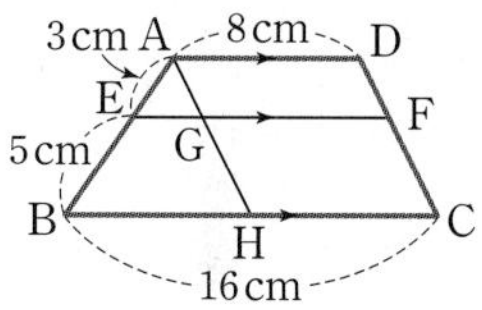

오른쪽 그림과 같이 점 A에서 $\overline{DC}$
에 평행한 직선을 그어 $\overline{EF}$, $\overline{BC}$와
만나는 점을 각각 G, H라 하자.

$\overline{GF} = \overline{HC} = \overline{AD} = 8$ cm이므로

$\overline{BH} = \overline{BC} - \overline{HC} = 16 - 8 = 8$(cm)

△ABH에서 $\overline{AE} : \overline{AB} = \overline{EG} : \overline{BH}$이므로

$3 : (3+5) = \overline{EG} : 8$, $8\overline{EG} = 24$ ∴ $\overline{EG} = 3$(cm)

∴ $\overline{EF} = \overline{EG} + \overline{GF} = 3 + 8 = 11$(cm)

09 답 ③

$\overline{AG} = 2\overline{GD}$ ∴ $x = 2 \times 3 = 6$

$\overline{BD} = \overline{DC}$이므로 $y = \frac{1}{2}\overline{BC} = \frac{1}{2} \times 10 = 5$

∴ $x + y = 6 + 5 = 11$

10 답 ③

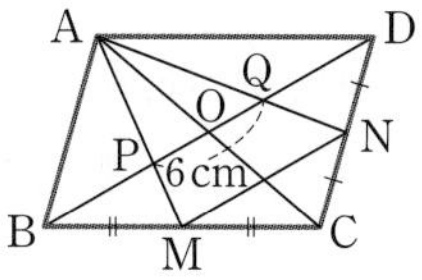

오른쪽 그림과 같이 $\overline{AC}$를 긋고
$\overline{AC}$와 $\overline{BD}$의 교점을 O라 하면
$\overline{AO} = \overline{CO}$이므로 두 점 P, Q는 각각
△ABC, △ACD의 무게중심이다.

즉, $\overline{BO} = 3\overline{PO}$, $\overline{OD} = 3\overline{OQ}$이므로

$\overline{BD} = \overline{BO} + \overline{OD} = 3\overline{PO} + 3\overline{OQ}$

$= 3(\overline{PO} + \overline{OQ}) = 3\overline{PQ} = 3 \times 6 = 18$(cm)

따라서 △BCD에서 $\overline{MN} = \frac{1}{2}\overline{BD} = \frac{1}{2} \times 18 = 9$(cm)

11 답 ②

△ABD에서 $\overline{AB}^2 = 13^2 - 5^2 = 144$

∴ $\overline{AB} = 12$(cm) (∵ $\overline{AB} > 0$)

△ABC에서 $x^2 = 12^2 + (5+4)^2 = 225$

∴ $x = 15$ (∵ $x > 0$)

12 답 ①

$x > 8$에서 가장 긴 변의 길이가 x이므로

삼각형이 만들어지려면 $8 < x < 6 + 8$에서

$8 < x < 14$ ······ ㉠

예각삼각형이 되려면 $x^2 < 6^2 + 8^2$에서 $x^2 < 100$ ······ ㉡

따라서 ㉠, ㉡을 모두 만족시키는 자연수 x는 9의 1개이다.

13 답 ②

$\overline{AE}=\overline{AD}=10$ cm이므로

$\triangle ABE$에서 $\overline{BE}^2=10^2-6^2=64$ ∴ $\overline{BE}=8$(cm)($∵\overline{BE}>0$)

∴ $\overline{EC}=\overline{BC}-\overline{BE}=10-8=2$(cm)

$\triangle ABE$와 $\triangle ECF$에서

$\angle B=\angle C=90°$, $\angle BAE=90°-\angle AEB=\angle CEF$

이므로 $\triangle ABE \backsim \triangle ECF$ (AA 닮음)

따라서 $\overline{AB}:\overline{EC}=\overline{AE}:\overline{EF}$, 즉 $6:2=10:\overline{EF}$이므로

$6\overline{EF}=20$ ∴ $\overline{EF}=\dfrac{10}{3}$(cm)

14 답 ④

A 부분에 칠할 수 있는 색은 4가지, B 부분에 칠할 수 있는 색은 A 부분에 칠한 색을 제외한 3가지, C 부분에 칠할 수 있는 색은 A, B 부분에 칠한 색을 제외한 2가지, D 부분에 칠할 수 있는 색은 A, B, C 부분에 칠한 색을 제외한 1가지이다.

따라서 구하는 경우의 수는 $4\times3\times2\times1=24$

15 답 ③

$\dfrac{6\times5}{2}=15$

16 답 ③

모든 경우의 수는 $5\times5=25$

40보다 큰 경우는 41, 42, 43, 45, 50, 51, 52, 53, 54의 9가지

이므로 그 확률은 $\dfrac{9}{25}$

따라서 구하는 확률은 $1-\dfrac{9}{25}=\dfrac{16}{25}$

17 답 ③

모든 경우의 수는 $6\times6=36$

$ax-b=0$, 즉 $x=\dfrac{b}{a}$가 정수이려면 b는 a의 배수이어야 하고

이를 만족시키는 순서쌍 (a, b)는 $(1, 1)$, $(1, 2)$, $(1, 3)$, $(1, 4)$, $(1, 5)$, $(1, 6)$, $(2, 2)$, $(2, 4)$, $(2, 6)$, $(3, 3)$, $(3, 6)$, $(4, 4)$, $(5, 5)$, $(6, 6)$의 14가지이다.

따라서 $ax-b=0$의 해가 정수일 확률은 $\dfrac{14}{36}=\dfrac{7}{18}$이므로 구하는 확률은 $1-\dfrac{7}{18}=\dfrac{11}{18}$

18 답 ④

(i) 화요일에 버스로 등교하고 수요일에 자전거로 등교할 확률

$\left(1-\dfrac{1}{3}\right)\times\dfrac{1}{3}=\dfrac{2}{3}\times\dfrac{1}{3}=\dfrac{2}{9}$

(ii) 화요일에 자전거로 등교하고 수요일에도 자전거로 등교할 확률

$\dfrac{1}{3}\times\left(1-\dfrac{1}{2}\right)=\dfrac{1}{3}\times\dfrac{1}{2}=\dfrac{1}{6}$

(i), (ii)에서 구하는 확률은 $\dfrac{2}{9}+\dfrac{1}{6}=\dfrac{7}{18}$

19 답 $C(-12, 8)$

$\triangle OAB$와 $\triangle COD$의 닮음비가 $7:4$이므로

$\overline{OB}:\overline{CD}=7:4$에서 $14:\overline{CD}=7:4$

$7\overline{CD}=56$ ∴ $\overline{CD}=8$ ……❶

또, $\overline{AB}:\overline{OD}=7:4$에서 $21:\overline{OD}=7:4$

$7\overline{OD}=84$ ∴ $\overline{OD}=12$ ……❷

따라서 점 C의 좌표는 $C(-12, 8)$이다. ……❸

채점 기준	배점
❶ $\overline{CD}$의 길이 구하기	3점
❷ $\overline{OD}$의 길이 구하기	3점
❸ 점 C의 좌표 구하기	1점

20 답 10 cm^2

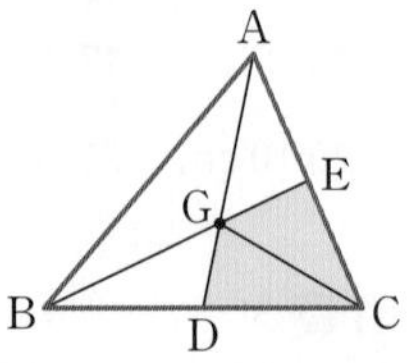

오른쪽 그림과 같이 $\overline{CG}$를 그으면

$\triangle GDC=\triangle GCE=\dfrac{1}{6}\triangle ABC$이므로

……❶

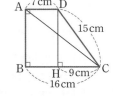

$\square GDCE=\triangle GDC+\triangle GCE$

$=\dfrac{1}{3}\triangle ABC=\dfrac{1}{3}\times30=10$(cm^2) ……❷

채점 기준	배점
❶ $\triangle GDC=\triangle GCE=\dfrac{1}{6}\triangle ABC$임을 알기	2점
❷ $\square GDCE$의 넓이 구하기	2점

21 답 20 cm

오른쪽 그림과 같이 점 D에서 $\overline{BC}$에 내린 수선의 발을 H라 하면

$\triangle DHC$에서 $\overline{DH}^2=15^2-9^2=144$

∴ $\overline{DH}=12$(cm) ($∵\overline{DH}>0$)

……❶

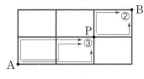

따라서 $\overline{AB}=\overline{DH}=12$ cm이므로

$\triangle ABC$에서 $\overline{AC}^2=12^2+16^2=400$

∴ $\overline{AC}=20$(cm) ($∵\overline{AC}>0$) ……❷

채점 기준	배점
❶ $\overline{DH}$의 길이 구하기	3점
❷ $\overline{AC}$의 길이 구하기	3점

22 답 6

오른쪽 그림과 같이 A 지점에서 P 지점까지 최단 거리로 가는 경우는 3가지 ……❶

P 지점에서 B 지점까지 최단 거리로 가는 경우는 2가지 ……❷

따라서 구하는 경우의 수는 $3\times2=6$ ……❸

채점 기준	배점
❶ A 지점에서 P 지점까지 최단 거리로 가는 경우의 수 구하기	2점
❷ P 지점에서 B 지점까지 최단 거리로 가는 경우의 수 구하기	2점
❸ A 지점에서 P 지점을 거쳐 B 지점까지 최단 거리로 가는 경우의 수 구하기	2점

23 답 $\dfrac{4}{7}$

모든 경우의 수는 7개의 점 중에서 2개의 점을 선택하는 경우의 수와 같으므로 $\dfrac{7\times6}{2}=21$ ……❶

이때 만든 선분이 직사각형의 한 변과 한 점에서 만나려면 직사각형의 외부의 한 점과 내부의 한 점을 연결한 선분이어야 한다. 점 A와 직사각형 내부의 점 3개에서 생기는 선분은 3개이고 마찬가지로 세 점 B, C, D에서도 선분은 각각 3개씩 생긴다.

$\therefore 3 \times 4 = 12$ ······ ❷

따라서 구하는 확률은 $\dfrac{12}{21} = \dfrac{4}{7}$ ······ ❸

채점 기준	배점
❶ 7개의 점으로 만들 수 있는 선분의 개수 구하기	2점
❷ 직사각형의 한 변과 한 점에서 만나는 선분의 개수 구하기	4점
❸ 선택한 선분이 직사각형의 한 변과 한 점에서 만날 확률 구하기	1점

기말고사 대비 실전 모의고사 ④회   135쪽~138쪽

01 ④	02 ⑤	03 ②	04 ②	05 ④
06 ⑤	07 ⑤	08 ①	09 ②	10 ③
11 ④	12 ⑤	13 ③	14 ④	15 ①
16 ②	17 ④	18 ③	19 40 cm	20 5 cm
21 48 cm²	22 60 cm²	23 $\dfrac{20}{27}$		

01 답 ④

④ $\overline{BE} : \overline{HK} = 2 : 3$이므로 $\overline{BE} : 12 = 2 : 3$

$3\overline{BE} = 24$ ∴ $\overline{BE} = 8(cm)$

∴ □ADEB $= 6 \times 8 = 48(cm^2)$

02 답 ⑤

⑤ ∠A=50°이면 △ABC에서 ∠C=180°−(50°+70°)=60°

∠E=70°이면 ∠B=∠E, ∠C=∠F

따라서 두 쌍의 대응각의 크기가 각각 같으므로 닮음이다.

03 답 ②

큰 초콜릿 1개와 작은 초콜릿 1개의 닮음비는 $1 : \dfrac{1}{2} = 2 : 1$이므로 부피의 비는 $2^3 : 1^3 = 8 : 1$

즉, 큰 초콜릿 1개를 녹여서 작은 초콜릿 8개를 만들 수 있다.

또, 큰 초콜릿 1개와 작은 초콜릿 1개의 겉넓이의 비는 $2^2 : 1^2 = 4 : 1$이므로 큰 초콜릿 1개의 겉넓이와 작은 초콜릿 8개의 겉넓이의 합의 비는 $(4 \times 1) : (1 \times 8) = 4 : 8 = 1 : 2$

따라서 작은 초콜릿 전체를 포장하는 데 필요한 포장지의 넓이는 큰 초콜릿 1개를 포장하는 데 필요한 포장지의 넓이의 2배이다.

04 답 ②

$\overline{AD} : \overline{AB} = \overline{DE} : \overline{BC}$에서

$6 : (6+x) = 4 : 10$, $24+4x = 60$, $4x = 36$ ∴ $x = 9$

05 답 ④

$\overline{AF} /\!/ \overline{BC}$이므로 △EBC에서 $\overline{EA} : \overline{EB} = \overline{AF} : \overline{BC}$

즉, $4 : (4+8) = \overline{AF} : 9$이므로

$12\overline{AF} = 36$ ∴ $\overline{AF} = 3(cm)$

이때 □ABCD가 평행사변형이므로 $\overline{AD} = \overline{BC} = 9$ cm

∴ $\overline{FD} = \overline{AD} - \overline{AF} = 9 - 3 = 6(cm)$

06 답 ⑤

$\overline{AB} : \overline{AC} = \overline{BD} : \overline{CD}$에서

$\overline{AB} : 6 = (4+8) : 8$, $8\overline{AB} = 72$ ∴ $\overline{AB} = 9(cm)$

07 답 ⑤

△ABF에서 $\overline{BD} = \overline{DA}$, $\overline{BE} = \overline{EF}$이므로 $\overline{DE} /\!/ \overline{AF}$

∴ $\overline{AF} = 2\overline{DE} = 2 \times 4 = 8(cm)$

△CDE에서 $\overline{CF} = \overline{FE}$, $\overline{DE} /\!/ \overline{GF}$이므로 $\overline{CG} = \overline{GD}$

∴ $\overline{GF} = \dfrac{1}{2}\overline{DE} = \dfrac{1}{2} \times 4 = 2(cm)$

∴ $\overline{AG} = \overline{AF} - \overline{GF} = 8 - 2 = 6(cm)$

08 답 ①

점 G는 △ABC의 무게중심이므로 $\overline{CD}$는 △ABC의 중선이다.

이때 점 D는 빗변의 중점이므로 직각삼각형 ABC의 외심이다.

즉, $\overline{AD} = \overline{BD} = \overline{CD} = \dfrac{1}{2}\overline{AB} = \dfrac{1}{2} \times 18 = 9(cm)$

∴ $\overline{GD} = \dfrac{1}{3}\overline{CD} = \dfrac{1}{3} \times 9 = 3(cm)$

09 답 ②

오른쪽 그림과 같이 $\overline{AC}$를 긋고 $\overline{AC}$와 $\overline{BD}$의 교점을 O라 하면 $\overline{AO} = \overline{CO}$이므로 두 점 P, Q는 각각 △ABC, △ACD의 무게중심이다.

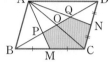

□PMCO $= \dfrac{1}{3}$△ABC $= \dfrac{1}{3} \times \dfrac{1}{2}$□ABCD

$\qquad = \dfrac{1}{6}$□ABCD $= \dfrac{1}{6} \times 24 = 4(cm^2)$

□OCNQ $= \dfrac{1}{3}$△ACD $= \dfrac{1}{3} \times \dfrac{1}{2}$□ABCD

$\qquad = \dfrac{1}{6}$□ABCD $= \dfrac{1}{6} \times 24 = 4(cm^2)$

따라서 색칠한 부분의 넓이는

□PMCO + □OCNQ $= 4 + 4 = 8(cm^2)$

10 답 ③

△ABC≡△CDE이므로

$\overline{AC} = \overline{CE}$, ∠ACE=90°

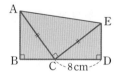

∴ △ACE $= \dfrac{1}{2} \times \overline{AC} \times \overline{CE} = \dfrac{1}{2}\overline{CE}^2$

즉, $\dfrac{1}{2}\overline{CE}^2 = 50$이므로 $\overline{CE} = 10(cm)$ ($\because \overline{CE} > 0$)

△CDE에서 $\overline{DE}^2 = 10^2 - 8^2 = 36$

∴ $\overline{DE} = 6(cm)$ ($\because \overline{DE} > 0$)

따라서 $\overline{BC} = \overline{DE} = 6$ cm, $\overline{AB} = \overline{CD} = 8$ cm이므로

□ABDE $= \dfrac{1}{2} \times (8+6) \times (6+8) = 98(cm^2)$

11 답 ④

ㄱ. $2^2 + 3^2 \neq 4^2$ ㄴ. $3^2 + 4^2 = 5^2$

ㄷ. $6^2 + 9^2 \neq 12^2$ ㄹ. $7^2 + 24^2 = 25^2$

따라서 직각삼각형인 것은 ㄴ, ㄹ이다.

12 답 ⑤

$\overline{AE} = \overline{EC}$, $\overline{BD} = \overline{DC}$이므로 $\overline{DE} = \dfrac{1}{2}\overline{AB} = \dfrac{1}{2} \times 12 = 6$

∴ $\overline{AD}^2 + \overline{BE}^2 = \overline{AB}^2 + \overline{DE}^2 = 12^2 + 6^2 = 180$

13 답 ③

3의 배수가 적힌 공을 꺼내는 경우는 3, 6, 9, 12, 15의 5가지,

7의 배수가 적힌 공을 꺼내는 경우는 7, 14의 2가지

따라서 구하는 경우의 수는 5+2=7

14 답 ④

2권의 소설책을 1권으로 생각하여 4권을 나란히 꽂는 경우의 수
는 $4\times3\times2\times1=24$

이때 소설책끼리 자리를 바꾸는 경우의 수는 2

따라서 구하는 경우의 수는 $24\times2=48$

15 답 ①

$\dfrac{8\times7}{2}=28$

16 답 ②

모든 경우의 수는 $5\times4\times3=60$

홀수가 되려면 일의 자리에 올 수 있는 숫자는 1 또는 3 또는 5
이어야 한다.

(i) 일의 자리의 숫자가 1인 경우 : 백의 자리에 올 수 있는 숫자
는 1을 제외한 4개, 십의 자리에 올 수 있는 숫자는 1과 백의
자리에 온 숫자를 제외한 3개이므로 $4\times3=12$

(ii) 일의 자리의 숫자가 3인 경우 : 백의 자리에 올 수 있는 숫자
는 3을 제외한 4개, 십의 자리에 올 수 있는 숫자는 3과 백의
자리에 온 숫자를 제외한 3개이므로 $4\times3=12$

(iii) 일의 자리의 숫자가 5인 경우 : 백의 자리에 올 수 있는 숫자
는 5를 제외한 4개, 십의 자리에 올 수 있는 숫자는 5와 백의
자리에 온 숫자를 제외한 3개이므로 $4\times3=12$

(i), (ii), (iii)에서 홀수의 개수는 $12+12+12=36$

따라서 구하는 확률은 $\dfrac{36}{60}=\dfrac{3}{5}$

17 답 ④

한 개의 바둑돌을 꺼낼 때, 흰 바둑돌일 확률은 $\dfrac{4}{6}=\dfrac{2}{3}$

두 번 모두 흰 바둑돌을 꺼낼 확률은 $\dfrac{2}{3}\times\dfrac{2}{3}=\dfrac{4}{9}$

따라서 구하는 확률은 $1-\dfrac{4}{9}=\dfrac{5}{9}$

18 답 ③

모든 경우의 수는 $6\times6=36$

직선 $y=-\dfrac{1}{3}x+3$과 x축, y축

으로 둘러싸인 부분은 오른쪽 그
림과 같다.

이때 a, b는 7보다 작은 자연수
이므로 삼각형의 내부에 있는 점 (a, b)는 $(1, 1)$, $(1, 2)$, $(2, 1)$,
$(2, 2)$, $(3, 1)$, $(4, 1)$, $(5, 1)$의 7개이다.

따라서 구하는 확률은 $\dfrac{7}{36}$이다.

19 답 40 cm

□DBEF는 마름모이므로 $\overline{DF}\ /\!/\ \overline{BE}$

△ABC와 △ADF에서

∠ABC=∠ADF (동위각), ∠A는 공통

이므로 △ABC∽△ADF (AA 닮음) ······ ❶

$\overline{BD}=\overline{DF}=x$ cm라 하면

$\overline{AB}:\overline{AD}=\overline{BC}:\overline{DF}$, 즉 $35:(35-x)=14:x$이므로

$35x=490-14x$, $49x=490$ ∴ $x=10$ ······ ❷

따라서 마름모의 한 변의 길이는 10 cm이므로 둘레의 길이는

$4\times10=40$(cm) ······ ❸

채점 기준	배점
❶ △ABC∽△ADF임을 알기	3점
❷ 마름모의 한 변의 길이 구하기	2점
❸ 마름모의 둘레의 길이 구하기	1점

20 답 5 cm

△DBC에서 $\overline{DF}:\overline{DC}=\overline{PF}:\overline{BC}$이므로

$9:(9+6)=\overline{PF}:15$, $15\overline{PF}=135$ ∴ $\overline{PF}=9$(cm) ······ ❶

△CDA에서 $\overline{CF}:\overline{CD}=\overline{QF}:\overline{AD}$이므로

$6:(6+9)=\overline{QF}:10$, $15\overline{QF}=60$ ∴ $\overline{QF}=4$(cm) ······ ❷

∴ $\overline{PQ}=\overline{PF}-\overline{QF}=9-4=5$(cm) ······ ❸

채점 기준	배점
❶ $\overline{PF}$의 길이 구하기	2점
❷ $\overline{QF}$의 길이 구하기	2점
❸ $\overline{PQ}$의 길이 구하기	2점

21 답 48 cm²

점 G는 △ABC의 무게중심이다.

△GBD와 △GEF에서

∠BGD=∠EGF (맞꼭지각), ∠GBD=∠GEF (엇각)

이므로 △GBD∽△GEF (AA 닮음)

따라서 $\overline{BD}:\overline{EF}=\overline{BG}:\overline{EG}$이므로

$\overline{BD}:4=2:1$ ∴ $\overline{BD}=8$(cm) ······ ❶

또, $\overline{DG}:\overline{FG}=\overline{BG}:\overline{EG}$이므로

$\overline{DG}:3=2:1$ ∴ $\overline{DG}=6$(cm)

이때 $\overline{AG}:\overline{GD}=2:1$이므로

$\overline{AG}:6=2:1$ ∴ $\overline{AG}=12$(cm) ······ ❷

∴ $\triangle ABG=\dfrac{1}{2}\times\overline{AG}\times\overline{BD}=\dfrac{1}{2}\times12\times8=48$(cm²) ······ ❸

채점 기준	배점
❶ $\overline{BD}$의 길이 구하기	3점
❷ $\overline{AG}$의 길이 구하기	3점
❸ △ABG의 넓이 구하기	1점

22 답 60 cm²

오른쪽 그림과 같이 꼭짓점 A에서 $\overline{BC}$에
내린 수선의 발을 D라 하면

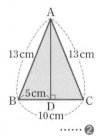

$\overline{BD}=\dfrac{1}{2}\overline{BC}=\dfrac{1}{2}\times10=5$(cm)

△ABD에서 $\overline{AD}^2=13^2-5^2=144$

∴ $\overline{AD}=12$(cm) (∵ $\overline{AD}>0$) ······ ❶

∴ $\triangle ABC=\dfrac{1}{2}\times10\times12=60$(cm²) ······ ❷

채점 기준	배점
❶ 이등변삼각형의 높이 구하기	3점
❷ △ABC의 넓이 구하기	1점

23 답 $\dfrac{20}{27}$

한 경기에서 도윤이가 이길 확률은 $1-\dfrac{2}{3}=\dfrac{1}{3}$

이때 라임이가 승리하는 경우는 다음과 같다.

(i) 첫 번째, 두 번째 경기에서 라임이가 이겨 승리할 확률

$\dfrac{2}{3} \times \dfrac{2}{3} = \dfrac{4}{9}$

(ii) 첫 번째, 세 번째 경기에서 라임이가 이겨 승리할 확률

$\dfrac{2}{3} \times \dfrac{1}{3} \times \dfrac{2}{3} = \dfrac{4}{27}$

(iii) 두 번째, 세 번째 경기에서 라임이가 이겨 승리할 확률

$\dfrac{1}{3} \times \dfrac{2}{3} \times \dfrac{2}{3} = \dfrac{4}{27}$ ······ ❶

(i), (ii), (iii)에서 구하는 확률은 $\dfrac{4}{9} + \dfrac{4}{27} + \dfrac{4}{27} = \dfrac{20}{27}$ ······ ❷

채점 기준	배점
❶ 라임이가 승리하는 각각의 경우의 확률 구하기	5점
❷ 라임이가 승리할 확률 구하기	2점

기말고사 대비 실전 모의고사 5회

139쪽~142쪽

01 ②	02 ③	03 ④	04 ①	05 ②
06 ③	07 ③	08 ②	09 ③	10 ④
11 ③	12 ①	13 ③	14 ④	15 ②
16 ④	17 ②	18 ③	19 90 cm²	
20 10000π cm³		21 30 cm	22 4	23 $\dfrac{63}{64}$

01 답 ②

$\overline{AC} : \overline{DF} = \overline{BC} : \overline{EF}$ 이므로

$9 : 12 = x : 16$, $12x = 144$ ∴ $x = 12$

$\angle C = \angle F = 34°$ ∴ $y = 34$ ∴ $x + y = 12 + 34 = 46$

02 답 ③

△ABC와 △DBE에서

$\overline{AB} : \overline{DB} = 40 : 25 = 8 : 5$, $\overline{BC} : \overline{BE} = (25+7) : 20 = 8 : 5$,

∠B는 공통이므로 △ABC∽△DBE (SAS 닮음)

따라서 $\overline{AC} : \overline{DE} = 8 : 5$, 즉 $\overline{AC} : 20 = 8 : 5$이므로

$5\overline{AC} = 160$ ∴ $\overline{AC} = 32$(cm)

03 답 ④

△ABE와 △CDE에서

∠ABE = ∠CDE (엇각), ∠AEB = ∠CED (맞꼭지각)

이므로 △ABE∽△CDE (AA 닮음)

따라서 $\overline{AE} : \overline{CE} = \overline{BE} : \overline{DE}$, 즉 $4 : (10-4) = 5 : \overline{DE}$이므로

$4\overline{DE} = 30$ ∴ $\overline{DE} = \dfrac{15}{2}$(cm)

04 답 ①

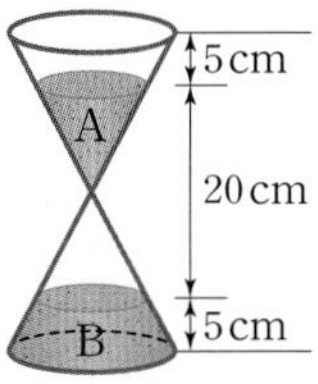

오른쪽 그림과 같이 위쪽 원뿔에서 모래가 이루고 있는 원뿔을 A, 아래쪽 원뿔에서 모래가 이루고 있는 원뿔대를 B라 하자.

위쪽 원뿔 전체와 원뿔 A의 닮음비는

$15 : (15-5) = 15 : 10 = 3 : 2$이므로

부피의 비는 $3^3 : 2^3 = 27 : 8$

즉, 원뿔 A와 원뿔대 B의 부피의 비는 $8 : (27-8) = 8 : 19$

위쪽 남은 모래가 아래로 모두 떨어질 때까지 걸리는 시간을 x분이라 하면 $x : 57 = 8 : 19$이므로 $19x = 456$ ∴ $x = 24$

따라서 위쪽 남은 모래가 아래로 모두 떨어질 때까지 걸리는 시

간은 24분이다.

05 답 ②

$\overline{DF} = x$ cm라 하면 $\overline{AF} = (12-x)$ cm

$\overline{AD} : \overline{DB} = \overline{AE} : \overline{EC} = \overline{AF} : \overline{FD}$에서

$12 : 4 = (12-x) : x$, $12x = 48 - 4x$, $16x = 48$ ∴ $x = 3$

따라서 $\overline{DF}$의 길이는 3 cm이다.

06 답 ③

$9 : 12 = 12 : x$이므로 $9x = 144$ ∴ $x = 16$

07 답 ③

△AOD와 △COB에서

∠DAO = ∠BCO (엇각), ∠AOD = ∠COB (맞꼭지각)

이므로 △AOD∽△COB (AA 닮음)

∴ $\overline{AO} : \overline{CO} = \overline{AD} : \overline{CB} = 6 : 18 = 1 : 3$

△ABC에서 $\overline{AO} : \overline{AC} = \overline{PO} : \overline{BC}$이므로

$1 : (1+3) = \overline{PO} : 18$, $4\overline{PO} = 18$ ∴ $\overline{PO} = \dfrac{9}{2}$(cm)

△ACD에서 $\overline{CO} : \overline{CA} = \overline{OQ} : \overline{AD}$이므로

$3 : (3+1) = \overline{OQ} : 6$, $4\overline{OQ} = 18$ ∴ $\overline{OQ} = \dfrac{9}{2}$(cm)

∴ $\overline{PQ} = \overline{PO} + \overline{OQ} = \dfrac{9}{2} + \dfrac{9}{2} = 9$(cm)

08 답 ②

△ABE와 △CDE에서

∠AEB = ∠CED (맞꼭지각), ∠ABE = ∠CDE (엇각)

이므로 △ABE∽△CDE (AA 닮음)

∴ $\overline{BE} : \overline{DE} = \overline{AB} : \overline{CD} = 21 : 28 = 3 : 4$

△BCD에서 $\overline{BE} : \overline{BD} = \overline{EF} : \overline{DC}$이므로

$3 : (3+4) = \overline{EF} : 28$, $7\overline{EF} = 84$ ∴ $\overline{EF} = 12$(cm)

09 답 ③

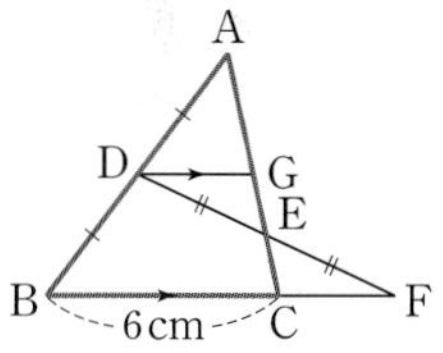

오른쪽 그림과 같이 점 D에서 $\overline{BF}$에 평행한 직선을 그어 $\overline{AC}$와 만나는 점을 G라 하면 △ABC에서

$\overline{AD} = \overline{DB}$, $\overline{DG} \parallel \overline{BC}$이므로 $\overline{AG} = \overline{GC}$

∴ $\overline{DG} = \dfrac{1}{2}\overline{BC} = \dfrac{1}{2} \times 6 = 3$(cm)

△DEG와 △FEC에서

∠GDE = ∠CFE (엇각), $\overline{DE} = \overline{FE}$,

∠DEG = ∠FEC (맞꼭지각)

이므로 △DEG≡△FEC (ASA 합동) ∴ $\overline{CF} = \overline{GD} = 3$ cm

10 답 ④

$\overline{OG} : \overline{OB} = \overline{OG'} : \overline{OC} = 1 : 3$이므로 $\overline{GG'} : \overline{BC} = 1 : 3$

즉, $2 : \overline{BC} = 1 : 3$이므로 $\overline{BC} = 6$(cm)

∴ □ABCD $= \overline{BC}^2 = 6^2 = 36$(cm²)

11 답 ③

원뿔의 높이를 h cm라 하면

$h^2 = 5^2 - 3^2 = 16$ ∴ $h = 4$ (∵ $h > 0$)

따라서 원뿔의 부피는 $\dfrac{1}{3} \times (\pi \times 3^2) \times 4 = 12\pi$(cm³)

12 답 ①

△ABC≡△CDE이므로 $\overline{AC} = \overline{CE}$, ∠ACE = 90°

$\overline{BC} = \overline{DE} = 8$이므로 △ABC에서 $\overline{AC}^2 = 6^2 + 8^2 = 100$

∴ $\overline{AC} = 10$ (∵ $\overline{AC} > 0$)

$\overline{AE}$를 지름으로 하는 반원의 반지름의 길이를 r라 하면
$\triangle ACE$에서 $\overline{AE}=2r$, $\overline{CE}=\overline{AC}=10$이므로
$(2r)^2=10^2+10^2$, $4r^2=200$ $\quad \therefore r^2=50$

따라서 $\overline{AE}$를 지름으로 하는 반원의 넓이는 $\dfrac{1}{2}\pi \times 50 = 25\pi$

13 답 ③
$\overline{A'D}=\overline{AB}=8\,\text{cm}$이므로 $\triangle A'ED$에서 $\overline{A'E}^2=10^2-8^2=36$
$\therefore \overline{A'E}=6(\text{cm})$ ($\because \overline{A'E}>0$)
따라서 $\overline{AE}=\overline{A'E}=6\,\text{cm}$이므로
$\overline{BC}=\overline{AD}=\overline{AE}+\overline{ED}=6+10=16(\text{cm})$

14 답 ④
A와 E를 제외한 나머지 4명을 한 줄로 세우는 경우의 수와 같으므로 $4\times3\times2\times1=24$

15 답 ②
$\dfrac{5\times4}{2}=10$(번)의 경기를 치러야 한다.

16 답 ④
④ 사건 A가 일어나지 않을 확률은 $1-p$이다.

17 답 ②
첫 번째에 당첨될 확률은 $\dfrac{4}{10}=\dfrac{2}{5}$, 두 번째에 당첨되지 않을 확률은 $\dfrac{6}{10}=\dfrac{3}{5}$이므로 구하는 확률은 $\dfrac{2}{5}\times\dfrac{3}{5}=\dfrac{6}{25}$

18 답 ③
모든 경우의 수는 $6\times6=36$
점 P가 꼭짓점 F의 위치에 있으려면 두 눈의 수의 합이 5 또는 11이어야 한다.
(i) 두 눈의 수의 합이 5인 경우
$(1,4)$, $(2,3)$, $(3,2)$, $(4,1)$의 4가지이므로 그 확률은 $\dfrac{4}{36}=\dfrac{1}{9}$
(ii) 두 눈의 수의 합이 11인 경우
$(5,6)$, $(6,5)$의 2가지이므로 그 확률은 $\dfrac{2}{36}=\dfrac{1}{18}$
(i), (ii)에서 구하는 확률은 $\dfrac{1}{9}+\dfrac{1}{18}=\dfrac{1}{6}$

19 답 $90\,\text{cm}^2$
$\triangle DBC$와 $\triangle HBF$에서
$\angle DCB=\angle F=90°$, $\angle B$는 공통
이므로 $\triangle DBC \infty \triangle HBF$ (AA 닮음)
따라서 $\overline{BC}:\overline{BF}=\overline{DC}:\overline{HF}$, 즉 $6:(6+15)=4:\overline{HF}$이므로
$6\overline{HF}=84$ $\quad \therefore \overline{HF}=14(\text{cm})$ ......➊
따라서 $\overline{ED}=\overline{EC}-\overline{DC}=15-4=11(\text{cm})$,
$\overline{GH}=\overline{GF}-\overline{HF}=15-14=1(\text{cm})$이므로 ......➋
$\square EDHG=\dfrac{1}{2}\times(11+1)\times15=90(\text{cm}^2)$ ......➌

채점 기준	배점
➊ $\overline{HF}$의 길이 구하기	3점
➋ $\overline{ED}$, $\overline{GH}$의 길이를 각각 구하기	2점
➌ $\square EDHG$의 넓이 구하기	2점

20 답 $10000\pi\,\text{cm}^3$
고깔의 밑면의 반지름의 길이는 $40\times\dfrac{1}{2}=20(\text{cm})$
고깔의 높이를 $h\,\text{cm}$라 하면
$h:10=(20+130):20$이므로 ......➊
$20h=1500$ $\quad \therefore h=75$ ......➋
따라서 고깔의 부피는 $\dfrac{1}{3}\times\pi\times20^2\times75=10000\pi(\text{cm}^3)$ ......➌

채점 기준	배점
➊ 닮음비를 이용하여 비례식 세우기	3점
➋ 고깔의 높이 구하기	2점
➌ 고깔의 부피 구하기	2점

21 답 $30\,\text{cm}$
점 G는 $\triangle ABC$의 무게중심이므로
$\overline{BF}=\overline{FC}$, $\overline{AG}:\overline{AF}=2:3$
$\triangle AFC$에서 $\overline{GE}/\!/\overline{FC}$이므로
$\overline{AG}:\overline{AF}=\overline{GE}:\overline{FC}$, $2:3=10:\overline{FC}$
$2\overline{FC}=30$ $\quad \therefore \overline{FC}=15(\text{cm})$ ......➊
$\therefore \overline{BC}=\overline{BF}+\overline{FC}=2\overline{FC}=2\times15=30(\text{cm})$ ......➋

채점 기준	배점
➊ $\overline{FC}$의 길이 구하기	3점
➋ $\overline{BC}$의 길이 구하기	1점

22 답 4
$\triangle ACH$에서 $\overline{AC}^2=9^2+12^2=225$
$\therefore \overline{AC}=15$ ($\because \overline{AC}>0$) ......➊
$\triangle ABH$에서 $\overline{BH}^2=20^2-12^2=256$
$\therefore \overline{BH}=16$ ($\because \overline{BH}>0$)
$\therefore \overline{BC}=\overline{BH}-\overline{CH}=16-9=7$ ......➋
또, $\overline{AD}$는 $\angle A$의 이등분선이므로
$\overline{BD}:\overline{CD}=\overline{AB}:\overline{AC}=20:15=4:3$
$\therefore \overline{BD}=\dfrac{4}{7}\overline{BC}=\dfrac{4}{7}\times7=4$ ......➌

채점 기준	배점
➊ $\overline{AC}$의 길이 구하기	2점
➋ $\overline{BC}$의 길이 구하기	2점
➌ $\overline{BD}$의 길이 구하기	2점

23 답 $\dfrac{63}{64}$
1문제를 맞힐 확률이 $\dfrac{1}{2}$이므로
1문제를 틀릴 확률은 $1-\dfrac{1}{2}=\dfrac{1}{2}$ ......➊
즉, 6문제를 모두 틀릴 확률은
$\dfrac{1}{2}\times\dfrac{1}{2}\times\dfrac{1}{2}\times\dfrac{1}{2}\times\dfrac{1}{2}\times\dfrac{1}{2}=\dfrac{1}{64}$ ......➋
따라서 적어도 한 문제는 맞힐 확률은 $1-\dfrac{1}{64}=\dfrac{63}{64}$ ......➌

채점 기준	배점
➊ 1문제를 틀릴 확률 구하기	2점
➋ 6문제를 모두 틀릴 확률 구하기	2점
➌ 적어도 한 문제는 맞힐 확률 구하기	2점

특급기출

기출예상문제집
중학 수학 2-2 기말고사

정답 및 풀이

동아출판이 만든 진짜 기출예상문제집